普通高等教育“十三五”规划教材

# Java程序设计项目教程

主　审　徐卫红

主　编　王平华　胡彩明　郭俊杰

副主编　何　妞　柯芬芬　谢晓东

　　　　刘志华　徐国红　万　嵩



電子工業出版社

Publishing House of Electronics Industry

北京 • BEIJING

## 内 容 简 介

本书以帮助读者熟练掌握 Java 技术的具体应用为目标。全书共 11 章，提供了较为真实的项目案例。每个案例从【案例描述】→【案例分析】→【案例实现】→【运行结果】几个方面进行了全面剖析，由浅入深，让读者在项目实战中成长。

本书附有案例、学习网站、教学课件、实训开发框架等教学资源，详见前言。

本书不仅可以作为高职高专院校计算机类专业学生的教材，也可以作为软件开发人员和计算机爱好者参考用书。



**图书在版编目（CIP）数据**

Java 程序设计项目教程 / 王平华，胡彩明，郭俊杰主编. —北京：电子工业出版社，2019.9

ISBN 978-7-121-36485-3

Ⅰ. ①J… Ⅱ. ①王… ②胡… ③郭… Ⅲ. ①JAVA 语言—程序设计—高等职业教育—教材 Ⅳ. ①TP312.8

中国版本图书馆 CIP 数据核字（2019）第 089248 号

责任编辑：胡辛征
印　　刷：天津画中画印刷有限公司
装　　订：天津画中画印刷有限公司
出版发行：电子工业出版社
　　　　　北京市海淀区万寿路 173 信箱　邮编　100036
开　　本：787×1 092　1/16　印张：24.25　字数：620.8 千字
版　　次：2019 年 9 月第 1 版
印　　次：2022 年 7 月第 7 次印刷
定　　价：49.80 元

凡所购买电子工业出版社图书有缺损问题，请向购买书店调换。若书店售缺，请与本社发行部联系，联系及邮购电话：（010）88254888，88258888。

质量投诉请发邮件至 zlts@phei.com.cn，盗版侵权举报请发邮件至 dbqq@phei.com.cn。

本书咨询联系方式：peijie@phei.com.cn。

# 前　言

本书是为学习 Java 程序设计课程而设计的项目化教材，以培养学生的 Java 项目开发能力为导向，通过实际项目案例阐述了 Java 程序语言概论、Java 开发环境介绍、Java 程序设计基础、程序编码规范、程序流程结构、面向对象技术、集合技术、线程技术、AWT 与 Swing 开发、JDBC 数据库编程、文件流技术等各种技术使用规范及项目应用。它与目前在售的同类型图书的不同之处在于：一是本书中的项目案例技术均来自于企业；二是本书注重项目开发能力的培养，它不是技术语法及 API 的参考书；三是本书提供了一套用于 Java 项目实训开发的软件开发框架。

**本书特点**

本书共包含若干个企业级项目案例，最大的特色是“技术实用、易教易学”。

1．真实的项目案例

本书是作者根据十多年 Java 项目开发的实战经验作为编写背景，采用真实的项目案例引导读者理解 Java 技术的具体应用，本书不仅注重知识的传递，更强调项目开发能力的培养。项目案例均独立，由浅入深、实例生动、易学易用，让读者在项目实战中成长。

2．搭建完善的项目开发框架

为了方便教师和学生进行 Java 程序设计课程实训，本书提供了一套适合 Java 项目开发的框架，框架不仅整合了本书中的所有技术，而且将一般 Java 项目开发所需的技术进行封装，利用它可以快速进行实战项目开发。

3．通过纸质教材、课程学习网站、教学课件共同打造立体化教材

丰富的网站资源、教材和图文并茂的教学课件为“教”和“学”提供了最大便利，为了帮助读者理解项目案例的设计思路，作者提供了许多原创图片，并配以文字辅助，以便读者能深入分析并解决问题；教材、项目案例、课程网站、教学课件、实训开发框架等形成了一套立体化的教学资源。以上教学资源，有需求的读者均可到华信教育资源网（www.hxedu.com.cn）免费下载使用或联系作者获得。

本书是一本校企合作、工学结合的教材，由王平华、胡彩明、郭俊杰担任主编，何妞、柯芬芬、谢晓东、刘志华、徐国红、万嵩担任副主编，徐卫红担任主审。作者王平华系国内高职院校的一线专业教师，兼任软件技术公司技术总监，编写教材时得到了思创数码科技股份有限公司及江西联微软件技术有限公司的大力支持。具体分工如下：胡彩明编写第 1、9 章，刘志华编写第 2 章，何妞编写第 3、6 章，柯芬芬编写第 5、7 章，王平华编写第 4、8、10、11 章，郭俊杰、谢晓东、徐国红、万嵩参与了本书部分内容的编写，本书由刘伟杰审稿，在此一并表示感谢！

由于编者水平有限，书中难免存在错误或不妥之处，恳请广大读者提出宝贵意见，作者的 Email 地址：software_book@163.com。同时欢迎加入软件技术专业教师 QQ 交流群（群号：528948207），群内提供教学所需全部资料，并将持续提供教学与技术支持。

编　者

# 目　　录

# 第1章

# Java 程序语言概论

Java 程序语言具有面向对象、安全、多线程和稳定等优良特性的程序设计语言，是目前软件设计中非常优秀的编程语言。Java 可广泛应用于个人电脑、超级计算机、移动电话、数据中心和 Internet 等领域，"一处可用，处处可用"是 Java 最初风靡全球的主要原因。而如今在全球云计算与移动互联网的产业环境下，Java 更是具备了广阔前景与显著优势。本章将对 Java 语言进行简单介绍，讲解 Java 语言的发展历史和 Java 语言的特点。

## 本章任务

1．Java 语言的发展历史；
2．Java 语言的特点。

## 重点内容

Java 语言的特点。

## 难点内容

1．JDK 的理解；
2．Java 语言与平台无关的特性；
3．Java 语言多线程的特性。

## 1.1　Java 语言的发展历史

相信大家都听说过 C 语言或者 C++语言等，因为这都是些非常优秀的编程语言。既然这样，为什么还要诞生出 Java 呢？下面就听我娓娓道来。

任何编程语言编写好程序后，都需要经过处理器和操作系统来运行程序，我们把运行程序时所依赖的操作系统（OS）和处理器（CPU）称作为程序运行平台。不同的 CPU 搭配不同的 OS 分别可构成不同的机器指令而成为特有的平台，不同平台可能具有不同的机器指令。

我们知道，C/C++语言在编写好程序后需要编译、连接，得到可执行文件，最后执行可执行文件得到结果。C/C++语言提供的编译器在编译时，针对当前程序所在的特定平台进行编译、连接，然后生成特定的机器指令，根据这些机器指令才能生成机器码文件，即得到可执行文件。这个可执行文件不能保证在所有平台上都能被正确运行。所以，若是更换了平台，就可能需要修改源程序并重新编译、连接，得到新的可执行文件。

Sun 公司在 1991 年成立了由 James Gosling 领导的 Green 开发小组，开始致力于开发一种可移植的、跨平台的、能生成正确运行于各种操作系统及各种 CPU 芯片上的代码。他们的精心研究和努力促成了 Java 语言的诞生。1995 年 5 月 Sun 公司推出的 Java Development Kit 1.0a2 版本，标志着 Java 的诞生。

## 1.2　Java 语言的特点

Java 语言作为目前使用最为广泛的网络编程语言之一，具有很多优秀的特点。

**1. 与平台无关**

与其他语言相比，Java 语言的最大优势就是它的平台无关性。Java 可以在平台之上提供一个 Java 运行环境（即 Java Runtime Environment，JRE），这个运行环境由 Java 虚拟机（即 Java Virtual machine，JVM）、类库和一些核心文件组成。Java 语言提供的编译器不是针对特定的平台编译，而是针对 JVM 编译成一种字节码，然后通过 JVM 将字节码翻译成虚拟机所在平台的机器码，这样平台运行对应的机器码即运行程序了。在不同的平台下，JVM 可以将字节码翻译成不同的机器码供对应平台识别运行，这样源程序只需要编译一次，即编译成字节码，而后在不同的平台都可以运行。这样就达到了“一处可用，处处可用”的效果。

**2. 结构简单**

Java 语言的程序构成与 C、C++语言类似，但 Java 语言对于一些容易混淆的、模糊的概念已经摒弃不用了，如指针、多重继承和运算符重载等，所以就只需要理解一些基本概念，就能编写出各种应用程序。Java 本身有个自动垃圾收集机制，能够大大简化程序设计者内存管理工作。此外，Java 对于环境的要求也非常低，因为它的基本解释器和类的支持只有几十千 KB，加上线程与标准类库的支持也就大约 200KB。

**3. 面向对象**

面向对象编程思想是软件工程学的一次革命，大大提升了人们软件开发的能力，是软件工程学发展的里程碑。Java 是面向对象的编程语言，将现实世界中的任何实体看作一个对象，即每个对象通过状态和行为来描述现实世界的实体，实现了模块化和信息隐藏。同时将一类对象抽象为类，通过继承机制，子类能够使用父类所提供的方法，这样又达到了代码复用的效果。

**4. 安全可靠**

Java 不支持指针，一切对内存的访问都必须通过对象的实例变量来实现，这样就防止程序员使用“特洛伊”木马等欺骗手段访问对象的私有成员，这样安全性更高。Java 语言有异常处理功能，能有效地避免因程序编写错误而导致死机的现象，从而提高可靠性。

**5. 多线程**

多线程机制使得能够同时完成多个任务。多线程让人错以为是多个任务在同时执行，其实不是这样的，计算机的处理器在同一时刻只能执行一个线程，但处理器可以在不同线程之间快速地切换。因为速度够快，远超过人们接收信息的速度，所以让人感觉这么多的任务是同一时间执行的。C++没有内置的多线程机制，所以必须调用操作系统的多线程功能来进行多线程程序的执行。而 Java 则支持内置的多线程，可以大大简化多线程应用程序的开发。

**6. 动态**

C/C++在编译时将函数库或类库中要用到的函数和类同时生成机器码，这样每当类库升级后，要重新修改、编译程序才能使用新类。而 Java 类是在运行时动态加载的，这样 Java 就可以在分布环境中动态地维护程序和类库。

# 习题

## 一、填空题

1．Java 语言的主要贡献者是____________________。

2．Java 的 3 个分支是：______________、____________和 J2ME。

3．JDK 的全称是________________________________________。

4．Java 本身有个________________________________________，能够大大简化程序设计者的内存管理工作。

5．Java 语言的最大优势是____________________________________。

## 二、选择题

1．下面关于 Java 语言特点的描述中，错误的是（　　）。

A．Java 是纯面向对象的编程语言，支持单继承和多继承

B．Java 支持多线程编程

C．Java 程序与平台无关、可移植性好

D．Java 类是在运行时动态加载的

2．Java 虚拟机是（　　）。

A．JDK　　B．JRE　　C．JVM　　D．JavaSE

3．下面说法错误的是（　　）。

A．Java 不支持指针，所以可靠性更高了

B．Java 对于环境的要求很低

C．Java 支持内置的多线程

D．Java 在编译时即将函数库或类库中要用到的函数和类同时生成机器码

4．以下不是构成 Java 运行环境的是（　　）。

A．类库　　B．一些核心文件　　C．JRE　　D．JVM

5．Java 能有效地避免因程序编写错误而导致死机是因为具有（　　）功能。

A．继承　　B．异常处理功能　　C．指针　　D．动态装载

# 第2章

# Java 开发环境介绍

在第1章中，同学们对Java语言有了大致的了解，是不是有点迫不及待想做Java开发呢？作为初学者，Java 开发环境的搭建是最开始的一步，也是比较难的一步，主要是不知道需要哪些工具。在本章中将介绍如何在 Windows 系统下搭建 Java 开发环境。

## 本章任务

1. JDK 的安装；
2. MyEclipse 的安装与配置；
3. IDEA 搭建 Android 开发环境。

## 重点内容

1. JDK 的安装；
2. 开发工具的掌握。

## 难点内容

1. JDK 的安装。
2. 开发工具的掌握。

# 2.1 JDK 开发工具

## 2.1.1 JDK 概述

SUN 公司提供了一套 Java 开发环境，简称 JDK（Java Development Kit），它是整个 Java 的核心，其中包括 Java 编译器、Java 运行工具、Java 文档生成工具、Java 打包工具等。

为了不断满足用户的需求，JDK 的版本也在不断地升级。在 1995 年，Java 诞生之初就提供了最早的版本 JDK 1.0，随后相继推出了 JDK 1.1、JDK 1.2、JDK 1.3、JDK 1.4、JDK 5.0、JDK6.0、JDK 7.0、JDK 8.0、JDK 9.0、JDK 10.0，本章节针对 JDK7.0 版本进行讲解。

SUN 公司除了提供 JDK，还提供了一种 JRE（Java Runtime Environment）工具，它是 Java 运行环境，是提供给普通用户使用的。由于用户只需要运行事先编写好的程序，不需要自己动手编写程序，因此 JRE 工具中只包含 Java 运行工具，不包含 Java 编译工具。值得一提的是，为了方便使用，SUN 公司在其 JDK 工具中自带了一个 JRE 工具，也就是说开发环境中包含运行环境，这样，开发人员只需要在计算机上安装 JDK 即可，不需要专门安装 JRE 工具了。

## 2.1.2 JDK 的安装

具体操作方法如下：

（1）下载 Java 开发工具包 JDK，下载地址：http://www.oracle.com/technetwork/java/javase/downloads/index.html，在“Downloads”选项卡下，选择“Java”，单击“DOWNLOAD”按钮，如图 2-1 所示。

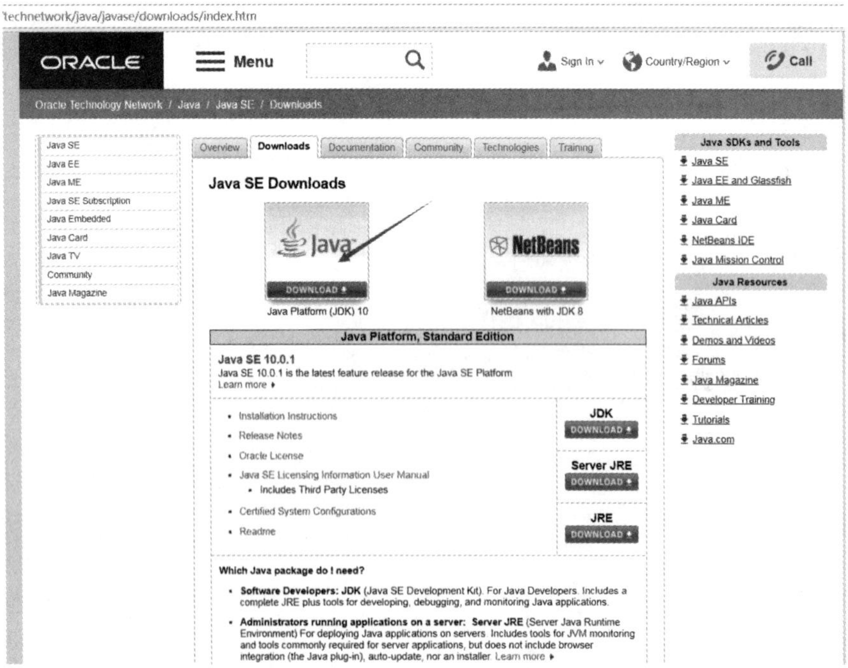


图 2-1　JDK 下载网页

（2）在下载页面中选择接受许可，并根据自己的系统选择对应的版本，建议下载 JDK7.0 及以上版本，如图 2-2 所示。

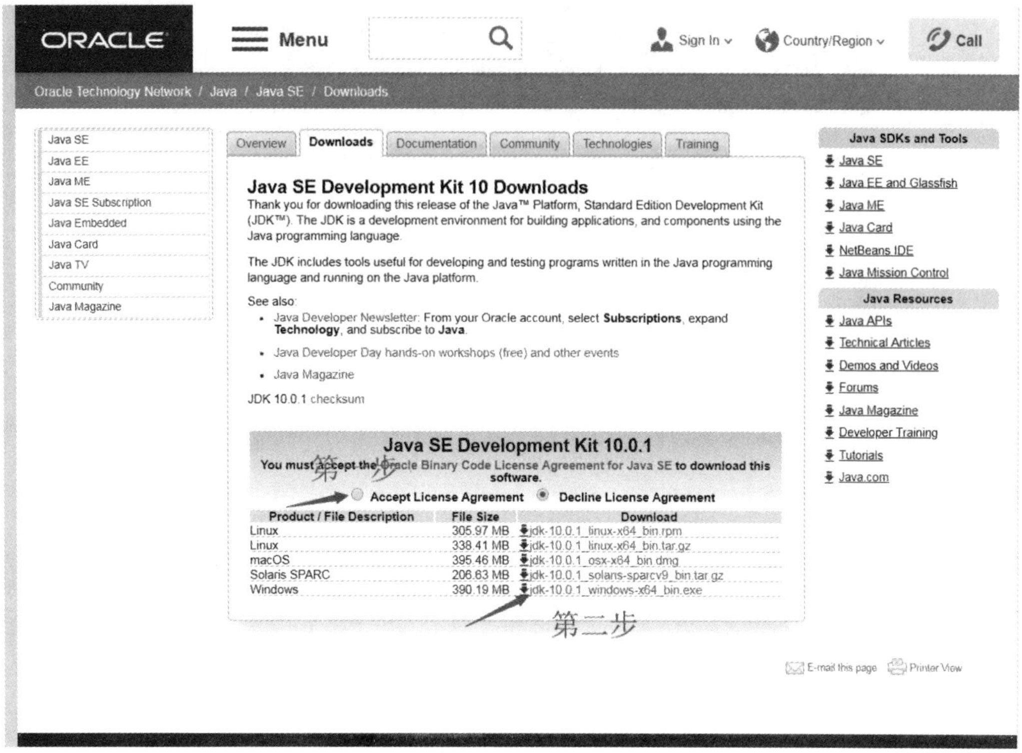


图 2-2 下载相应的 JDK

（3）双击下载后的安装文件“jdk-7u60-windows-i586.exe”，进入 JDK 安装向导，如图 2-3 所示。

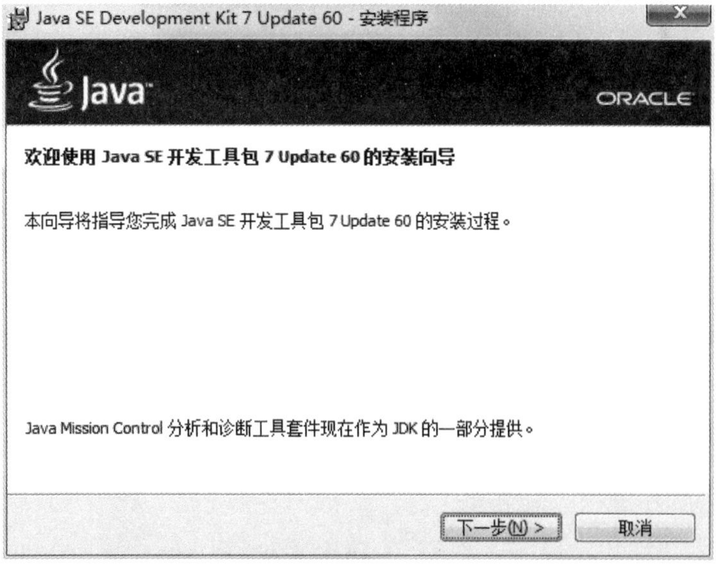


图 2-3 JDK 安装向导

（4）单击【下一步】按钮，进入 JDK 的定制安装界面，如图 2-4 所示。

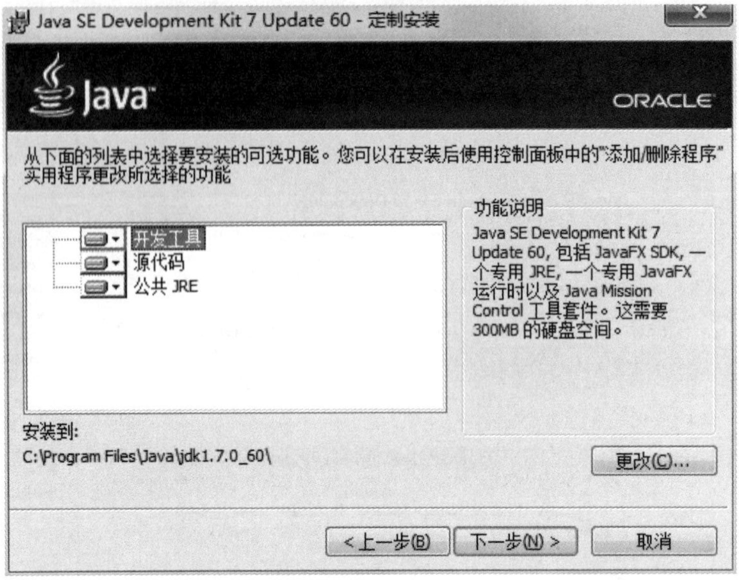


图 2-4　JDK 的定制安装界面

（5）单击【更改】按钮，更改 JDK 的安装路径，如图 2-5 所示。

图 2-5　更改 JDK 安装路径

（6）根据向导进行安装，安装完毕后会进入安装完成界面，如图 2-6 所示。

图 2-6 JDK 安装完成

（7）右击桌面上的“计算机”图标，在打开的快捷菜单中选择“属性”，在打开的“系统”窗口中选择左边的“高级系统设置”选项，然后在“高级”选项卡中单击【环境变量】按钮，打开“环境变量”对话框，如图 2-7 所示。

（8）在“环境变量”对话框中的“系统变量”区域选中名为“Path”的系统变量，单击【编辑】按钮，打开“编辑系统变量”对话框，在“变量值”文本框中输入“javac”命令所在的目录“C:\Program Files\Java\jdk1.7.0_60\bin”，末尾用英文半角分号(;)结束，与后面的路径隔开。添加完成后，依次单击【确定】按钮，完成设置，如图 2-8 所示。

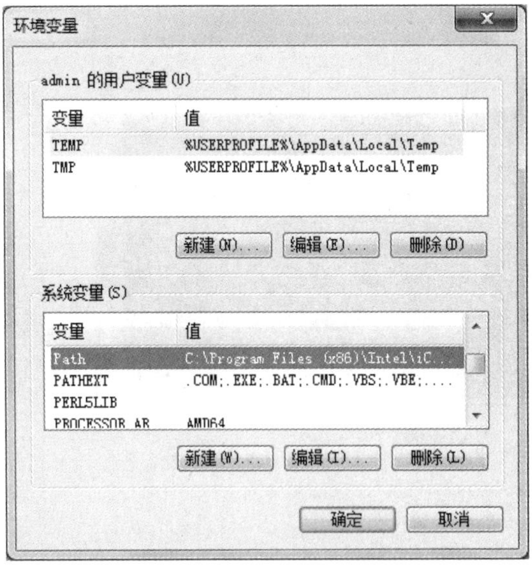


图 2-7 “环境变量”对话框

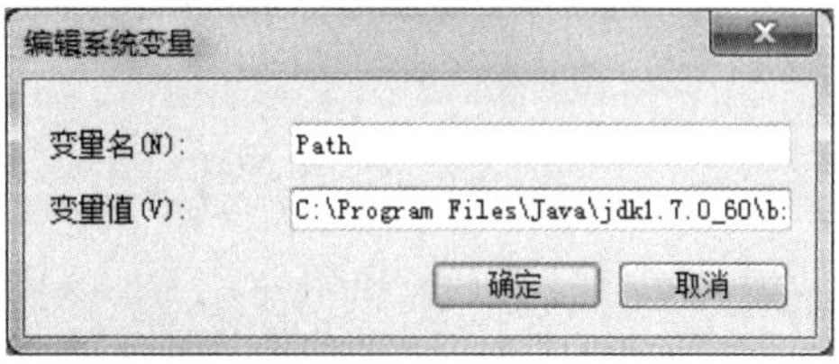


图 2-8 “编辑系统变量”对话框

（9）在“环境变量”对话框中的“系统变量”区域单击【新建】按钮，弹出 “编辑系统变量”对话框，在变量名文本框中输入“CLASSPATH”，变量值的文本框中输入“.;C:\Program

Files\Java\jdk1.7.0_60\lib\dt.jar;C:\Program Files\Java\jdk1.7.0_60\lib\tools.jar”，单击【确定】按钮。在设置 CLASSPATH 变量值时，必须在配置路径前加“.”（当前目录），用于识别当前目录下的 Java 类，如图 2-9 所示。

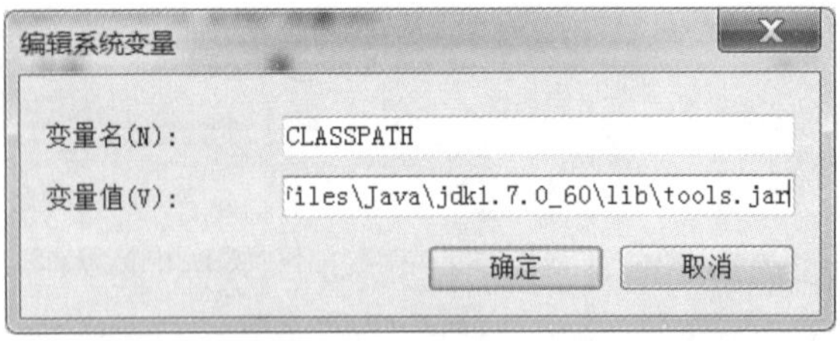


图 2-9　编辑系统变量 CLASSPATH

（10）测试 JDK 是否安装成功，在桌面上单击【开始】按钮，在文本框中输入“cmd”命令，再输入命令: java -version、java、javac，出现如图 2-10 和图 2-11 所示的信息，说明环境变量配置成功。

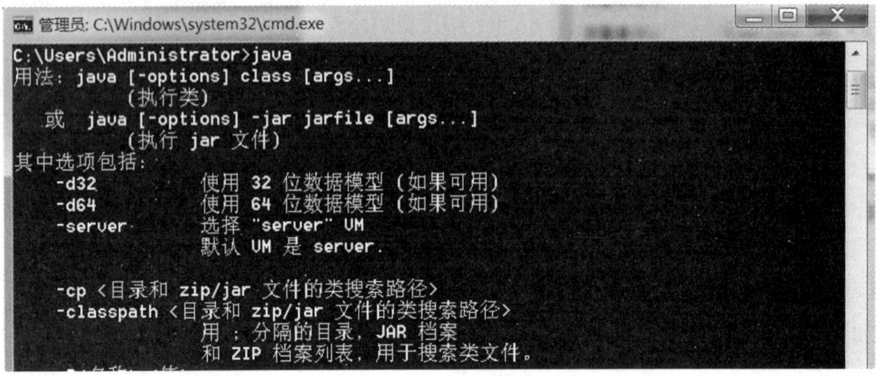


图 2-10　“java”命令界面

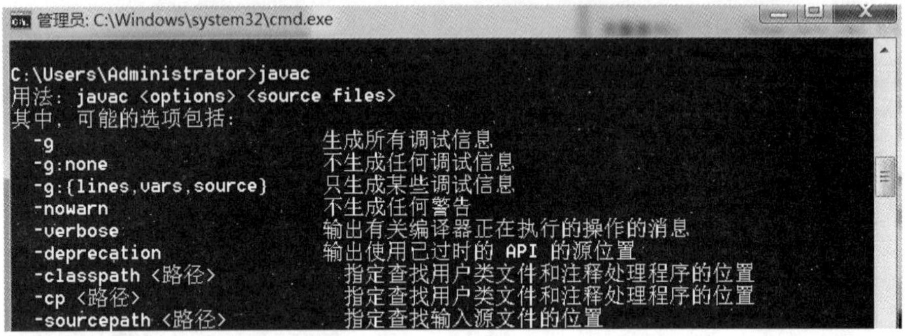


图 2-11　“javac”命令界面

### 2.1.3　JDK 目录介绍

JDK 安装完毕后，会在硬盘上生成一个目录，该目录被称为 JDK 安装目录，如图 2-12 所示。

bin 目录：该目录有各种各样的 JDK 工具。在学习本书的过程中我们只使用了其中的一小部分工具，主要用到了 javac（实际是 javac.exe）和 java（实际是 java.exe，java 应用启动器）。除上面两个可能会经常用到以外，也可能使用 jar（Java ARchive），其实就是我们平时说的 jar 包，一般 jar 包都是一些包含特殊功能的 zip 文件，与 src.zip 有点类似，可以用来添加一些特殊功能，或者更新版本，抽取一部分功能等。

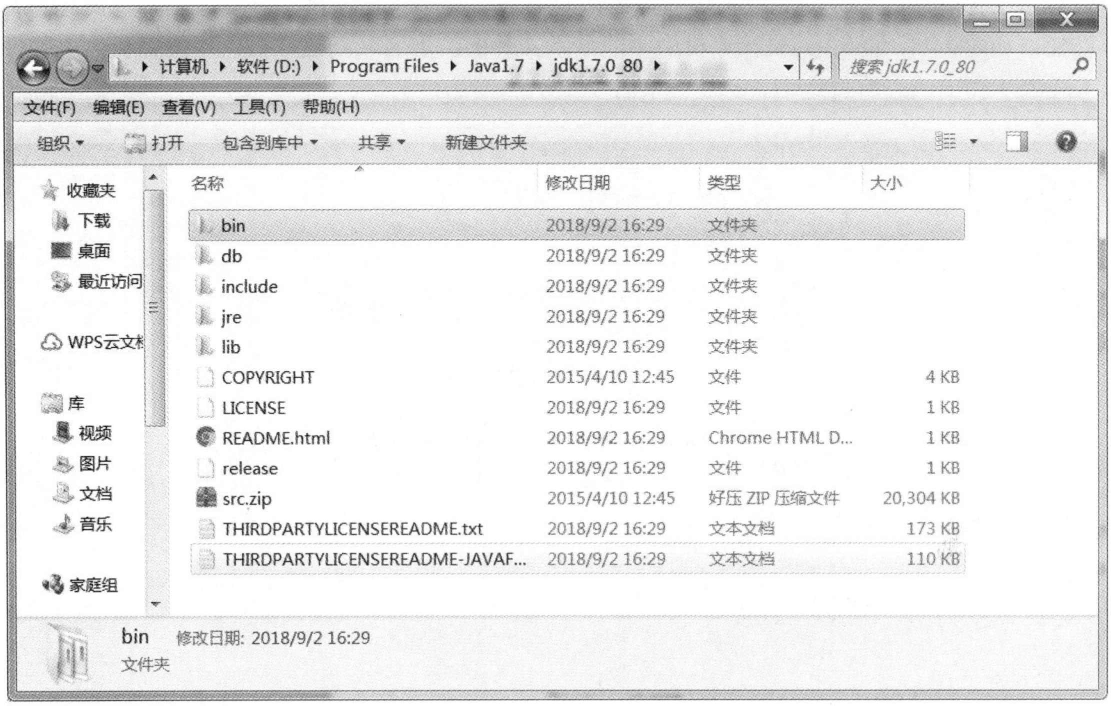


图 2-12 JDK 安装目录

db 目录：该目录是一个小型的数据库。从 JDK 6.0 开始，Java 中引入了一个新的成员 JavaDB，这是一个纯 Java 实现、开源的数据库管理系统。这个数据库不仅很轻便，而且支持 JDBC 4.0 所有的规范，在学习 JDBC 时，不再需要额外安装一个数据库软件，选择直接使用 JavaDB 即可。

include 目录：由于 JDK 是通过 C 和 C++实现的，因此在启动时需要引入一些 C 语言的头文件，该目录用于存放这些头文件。

jre 目录：该目录存放的是 JDK 私有 JRE 的副本。这样即使我们不去下载公开的 JRE 源码，也可以运行我们的程序。

lib 目录：该目录存放的是 JDK 工具可能会只用到的一些库文件。比如 tools.jar 就包含了 Java 编译器的类文件，Java 编译器是用 Java 语言编写的。

### 2.1.4 第一个 Java 程序

通过前面的学习，我们学会了安装 JDK 及配置 Java 开发环境，下面就来写第一个 Java 程序。为了让初学者加深对 Java 语言的理解，这里源代码的开发环境不使用集成开发工具。本例中源代码的编写使用的是纯文本编辑器，即 Windrows 下的记事本，其他的文本编辑器也是可以的，但是类似于 Word 这样的处理软件不是纯文本编辑器，在编译过程中会自动添加很多不可见的字符，所以不要使用类似 Word 的文字处理软件作为编写 Java 源代码的编辑器。在没有讲解开发工具之前使用记事本运行 Java 程序，具体步骤如下：

（1）新建一个文本文档，并将名字连同扩展名改为“HelloWord.java”。在这个过程中，计算机会提醒：如果改变文件扩展名，可能会导致文件不可用，确实要更改吗？单击【是】按钮，如图 2-13 所示。如果计算机中不能显示文件的扩展名，请这样做：双击“我的电脑”，单击左上角的“查看”选项，选中“文件扩展名”复选框。

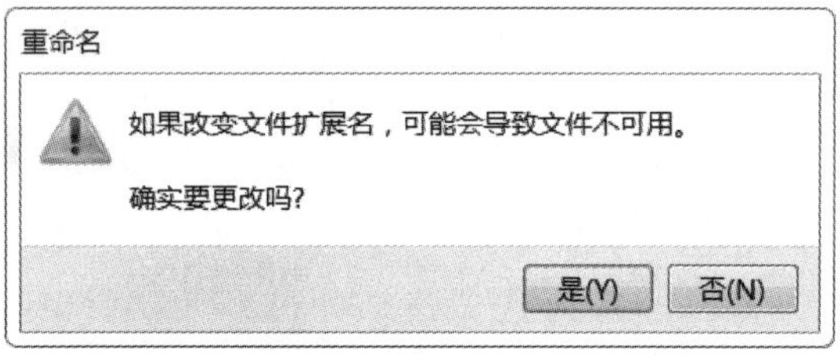


图 2-13　修改文件名称

（2）双击刚刚创建的“HelloWord.java”文件，输入以下代码并保存：

```
//下面的类实现了打印一条“Hello World! ”语句
public class HelloWorld{
    public static void main(String[] args){
        System.out.println("Hello World!");
    }
}
```

初学者对于上面的代码段很陌生是正常的，只要记得 class 后的名称一定要和文件名保持一致。上面的代码中，“System.out.println”方法不但可以输出文本信息，也可以输出其他各种类型的数据。

（3）编译运行。①单击【开始】按钮，输入“cmd”命令，在命令窗口中输入目录名称，本实例的文件是放在 D 盘，所以输入“D:”然后按下回车键；②输入“cd testjava”，按下回车键，显示所有文件名；③输入 javac+文件名.java，回车，以本实例为例，是输入 javac Hello.java。使用 javac 命令进行编译源文件。编译后的文件如图 2-14（a）所示；④输入 java+文件名，以实例为例，输入 java Hello。运行结果如图 2-14（b）所示.

（a）编译文件　　（b）运行结果

图 2-14　编译运行

（4）用记事本编写的是 Java 的源代码文件，里面的代码就是我们平时学习的 Java 代码。生成的文件后缀是.java 文件，.java 文件是不能直接执行的，需要通过后续的编译等处理才能变为可执行的程序。javac 是自带的编译器，它的作用是将源代码文件进行编译。编译，通俗来讲就是把源代码文件解析成计算机能读懂的文件的过程（计算机是无法直接读懂像 Java 之类的高级语言的）。源文件已经成功被编译成字节码文件，它是以.class 结尾的。字节码文件与操作系统无关，无论在 Windows 还是 Linux 系统下，最后编译出来的字节码文件都是一样的。

### 2.1.5 命令行

命令行方式指的是在控制台直接调用 JDK 中提供的各种工具。这些工具有些是针对独立应用程序的，有些是针对 Applet 程序的，下面简单介绍其中常用的几个工具。

**1. Java 编辑器——javac**

javac 的作用就是将源程序（.java 文件）编译成字节码（.class 文件）。Java 源程序的后缀名必须是 java。javac 一次可以编译一个或多个源程序，对于源程序中定义的每个类，都会产生一个单独的类文件。因此，Java 源程序与生成的 class 文件之间并不存在一一对应的关系。例如，在 test.java 文件中定义了 A、B、C，3 个类，则经过 javac 编译要生成 A.class、B.class、C.class，3 个类文件。javac 的调用格式如下：

```
javac [选项] 源文件名表
```

**2. Java 的语言解释器——java**

java 命令用来解释执行 Java 字节码。其格式为:

```
java [选项] 类名〈参数表〉
```

这里的类名代表由编译器生成的带.class 后缀的类文件名，但在上述命令中不需要带后缀。这个类必须是一个独立程序（不能是 Applet），程序中必须带有一个按如下格式声明的 main 方法：

```
public static void main(Str ing [ ] args ) {…}
```

并且包含 main 方法的类的类名必须与类文件名相同，即与现在命令行中的“类名”相同。

在执行 java 命令时，若类名后带有参数表，则参数表中的参数依次直接传递给该类中的 main 方法的 args 数组，这样在 main 方法中就可以使用这些数组元素。

**3. 类文件反汇编译——javap**

javap 用于反汇编一个文件，分解类的组成单元，包括方法、构造方法和变量等。鉴于 javap 的用途，它又称为类分解器。其格式如下：

```
javap [选项] 类名
```

javap 的输出结果由 javap 的选项决定，如果没有任何选项，则输出类的公共域和公共方法。

**4. Java 文档生成器——javadoc**

javadoc 从 Java 源文件生成 HTML 格式的 API 文档，内容包括类和接口的描述、类的继承层次以及类中任何非私有域的索引和介绍。其格式如下：

```
javadoc [选项] [包] [文件名]
```

用户可以用包名或一系列的 Java 源程序名作为参数。调用时，javadoc 可以自动对类、界面、方法和变量进行分析，然后为每个类生成一份 HTML 文档，并为类库中类生成一份 HTML 索引。

## 2.2 MyEclipse 开发工具

### 2.2.1 MyEclispe 简介

MyEclipse 企业级工作平台（MyEclipseEnterprise Workbench，简称 MyEclipse）是对 EclipseIDE 的扩展，利用它我们可以在数据库和 JavaEE 的开发、发布以及应用程序服务器的整合方面极大地提高工作效率。它是功能丰富的 JavaEE 集成开发环境，包括了完备的编码、调试、测试和发布功能，MyEclipse 目前支持 HTML、Struts、JSP、CSS、JavaScript、Spring，SQL，Hibernate、JDBC 数据库连接工具等多项功能。

### 2.2.2 MyEclispe 的安装及配置

可访问 http://www.myeclipsecn.com/下载 MyEclipse。根据自己操作系统的类型，选择相应的版本进行下载。双击下载好的安装文件，开始安装，如图 2-15 所示。

选中“I accept the terms of the license agreement”复选框，再单击【Next】按钮，如图 2-16 所示。

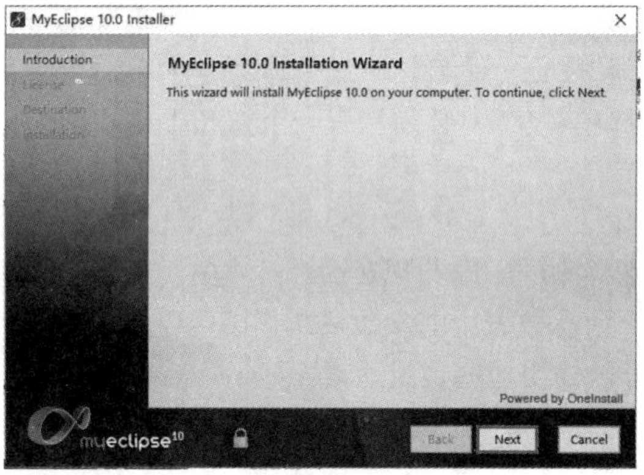


图 2-15　安装向导

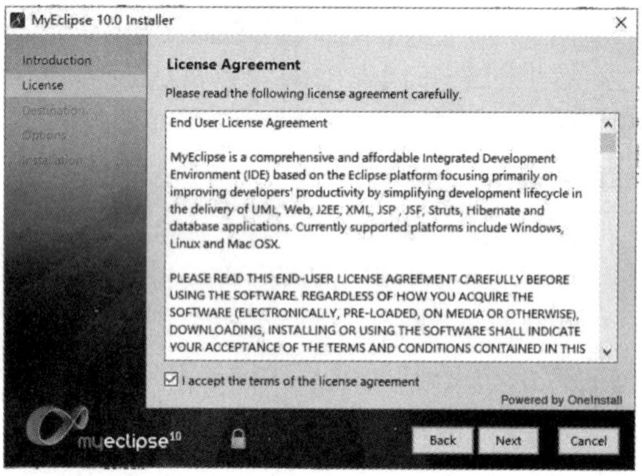


图 2-16　接受许可协议

单击【Change】按钮，设置 MyEclipse 的安装路径，本实例的安装路径为 E:\MyEclipse，接着单击【Next】按钮，如图 2-17 所示。

选择与自己计算机系统相匹配的版本，单击【Next】按钮，如图 2-18 所示。

接下来，将进行 MyEclipse 的安装过程。安装完成后如图 2-19 所示。

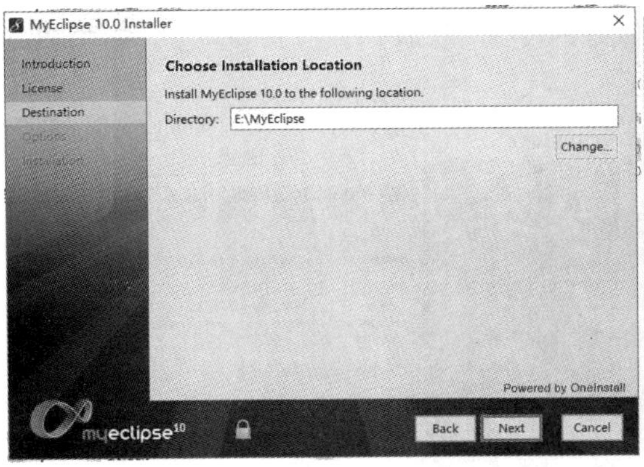


图 2-17　设置安装路径

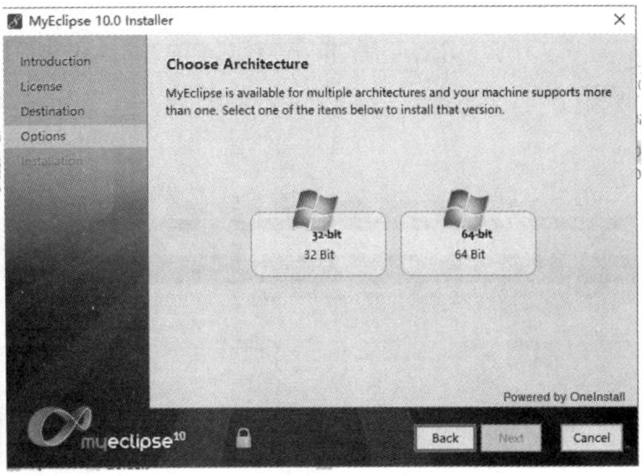


图 2-18　选择版本

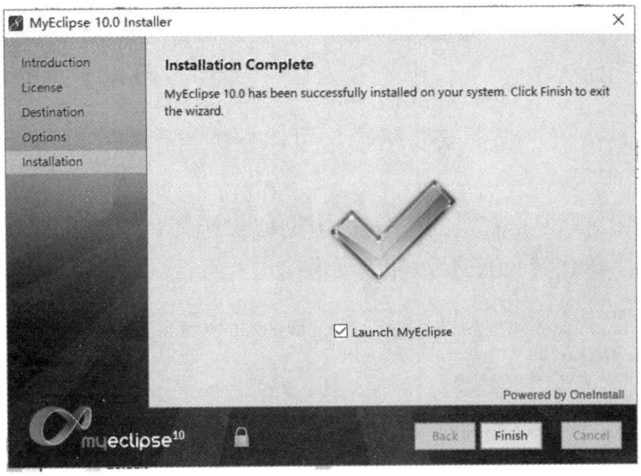


图 2-19　安装完成

## 2.3　IntelliJ IDEA 开发工具

### 2.3.1　IntelliJ IDEA 简介

IDEA 全称 IntelliJ IDEA，是用于 Java 语言开发的集成环境（也可用于其他语言），IntelliJ 在业界被公认为最好的 Java 开发工具之一，尤其在智能代码助手、代码自动提示、重构、J2EE 支持、Ant、JUnit、CVS 整合、代码审查、创新的 GUI 设计等方面的功能可以说是超常的。

### 2.3.2　IDEA 的安装及配置

具体操作步骤如下：

（1）访问 https://www.jetbrains.com/idea/download/#section=windows，选择操作系统类型，然后选择要下载的 IDEA 版本，有企业版和开源版两种，根据自己的需求下载相应的版本，如图 2-20 所示。

（2）Windows 版本安装比较简单，双击下载好的可执行文件，打开安装向导，如图 2-21 所示。

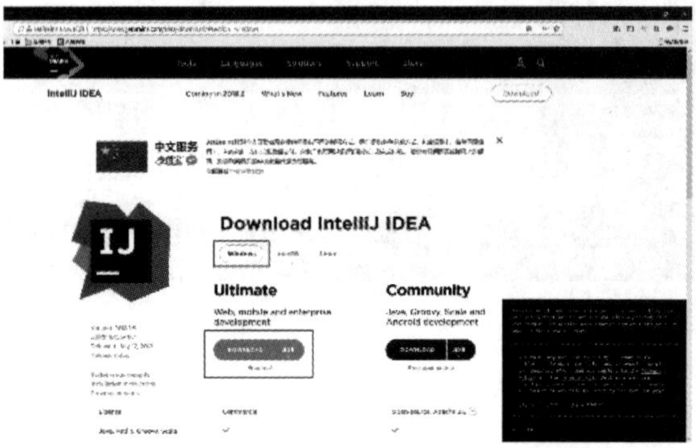


图 2-20　IDEA 下载

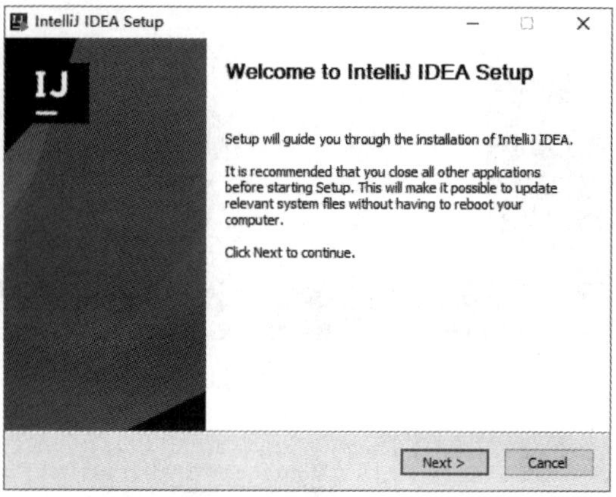


图 2-21　IDEA 安装向导

（3）单击【Next】按钮，选择安装路径。可以根据自己的实际情况进行设置，这里采用默认设置，如图 2-22 所示。

（4）新版的 IDEA，提供了需要的操作系统位数供选择，选择自己操作系统的位数，以及需要安装的一些插件，单击【Next】按钮，如图 2-23 所示。

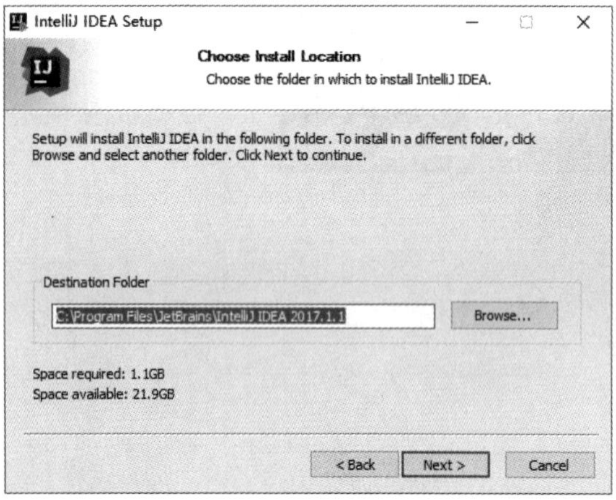


图 2-22　选择安装路径

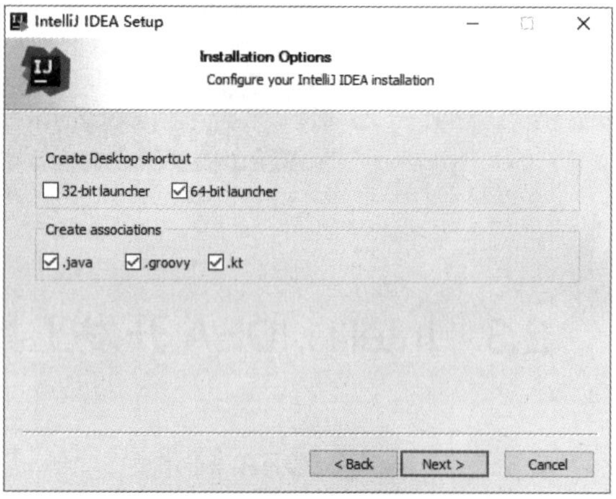


图 2-23　选择操作系统和插件

（5）接下来就是选择菜单，然后单击【Install】按钮，进入安装过程，如图 2-24 所示。

（6）安装结束后，会出现如图 2-25 所示的安装完成界面，询问是否现在打开 IDEA，此处选中“Run IntelliJ IDEA”复选框，单击【Finish】按钮，就完成了 IDEA 的安装。

（7）下面对 IDEA 进行配置，如图 2-26 所示，因为是第一次安装，所以选中下面的“Do not import settings”单选按钮，再单击【OK】按钮。

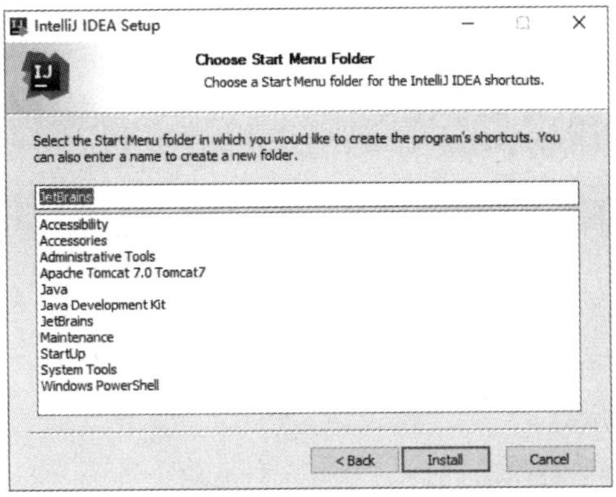


图 2-24　选择菜单

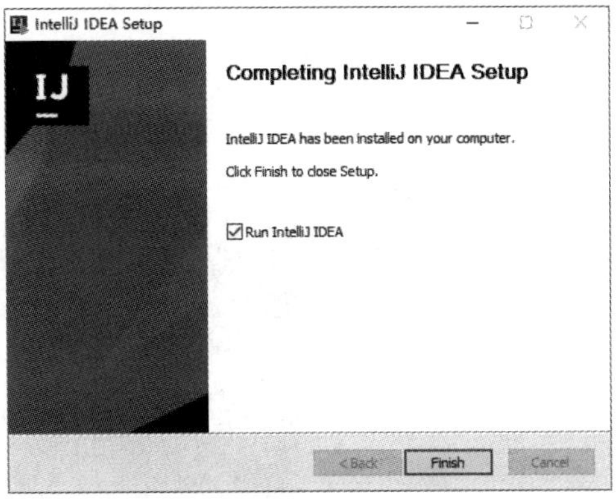


图 2-25　安装完成

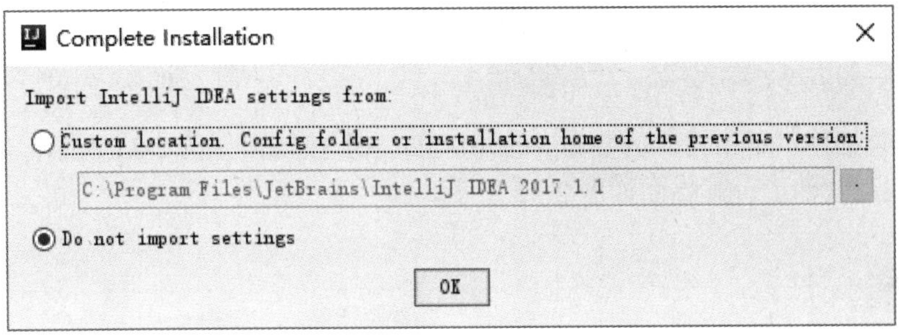


图 2-26　配置 IDEA

（8）在打开的激活界面中单击【Accept】按钮，如图 2-27 所示，接着选中“License server”单选按钮，再输入激活的网址，http://idea.iteblog.com/key.php，单击【Activate】按钮，如图 2-28 所示。

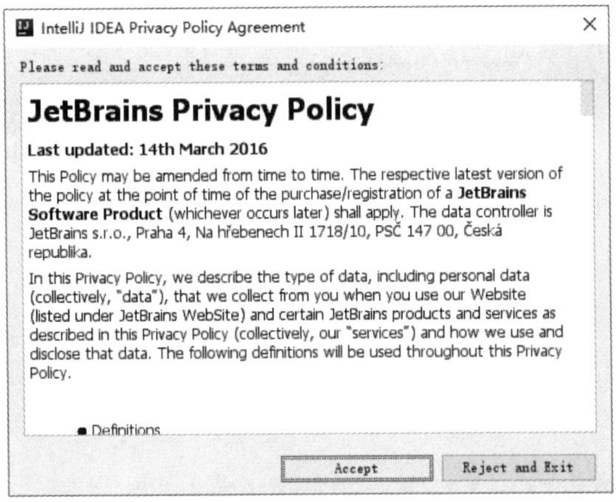


图 2-27　激活界面

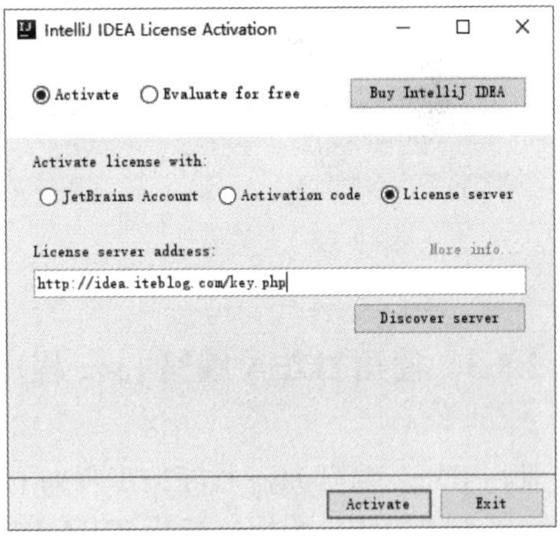


图 2-28　激活 IDEA

（9）注册完成之后来到下一个界面，选择以后编程的界面，单击【Next: Default plugins】按钮，如图 2-29 所示。

（10）接下来配置 IDEA 支持的功能，默认有很多插件，可以自行选择，这里直接单击【Next: Featured plugins】按钮，如图 2-30 所示。值得一提的是，这时配置的功能以后还可以修改。

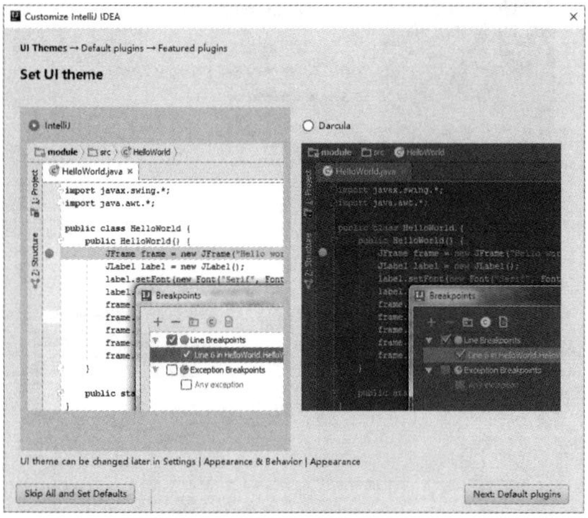


图 2-29　编程界面

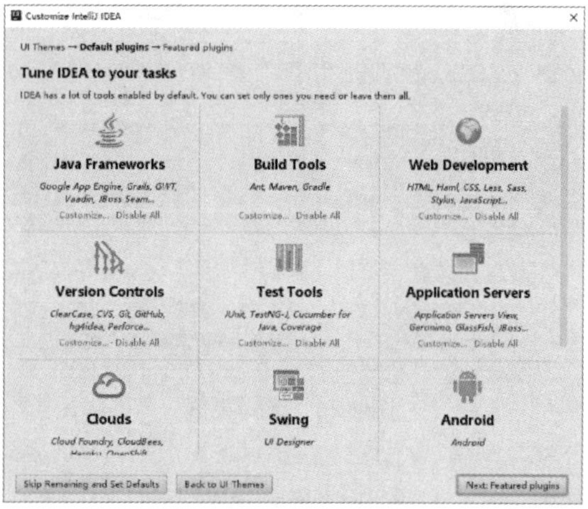


图 2-30　选择插件

（11）安装插件，单击【Start using IntelliJ IDEA】按钮，如图 2-31 所示。安装完成后就可以使用 IDEA 软件了，其界面如图 2-32 所示。

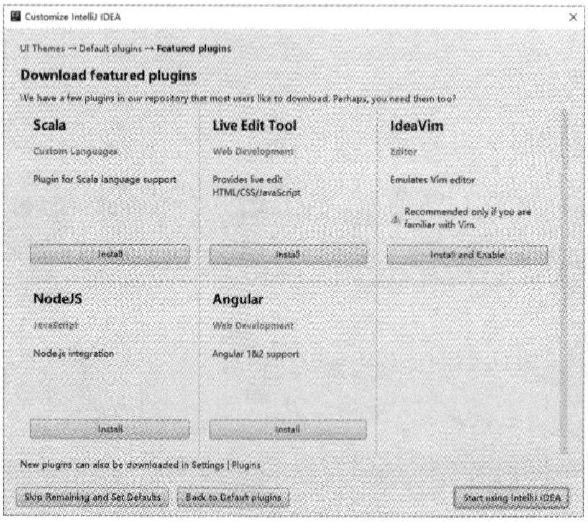


图 2-31　安装插件

图 2-32　IDEA 启动界面

### 2.3.3　使用 IDEA 编写 Java 程序

使用 IDEA 编写 Java 程序的步骤如下：

（1）双击 IDEA 图标，打开 IDEA 软件。单击【File】→【New】→【Project】命令，创建一个新文件，左边选择“Java”，右边选择 Project SDK 为“1.8”（如果没有 SDK 请先配置），单击【Next】按钮，如图 2-33 所示。需要说明的是，这里的 JDK 只需要配置一次，之后创建项目时，IDEA 会自动查找 JDK，如果计算机里装了多个 JDK 的话，你可以根据实际需要进行更改。在如图 2-34 所示的对话框中直接单击【Next】按钮。

（2）在“New Project”对话框中填写项目名称，选择项目路径，单击【Finish】按钮，如

图 2-35 所示，这里需要注意的是路径最后的文件名称必须和项目名称保持一致。

然后再选择窗口，如图 2-36 所示。

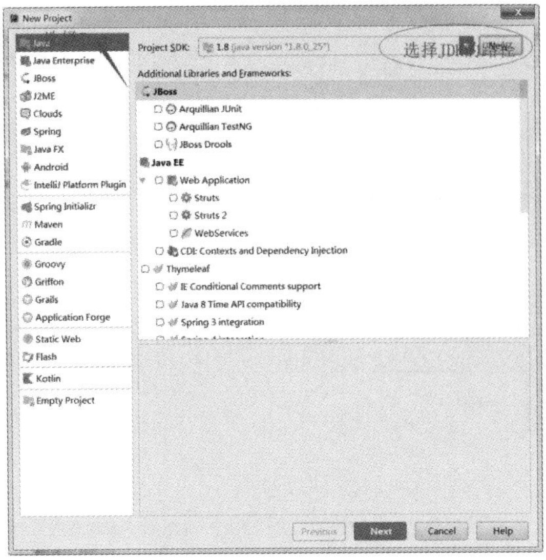


图 2-33 新建 Java 项目 1

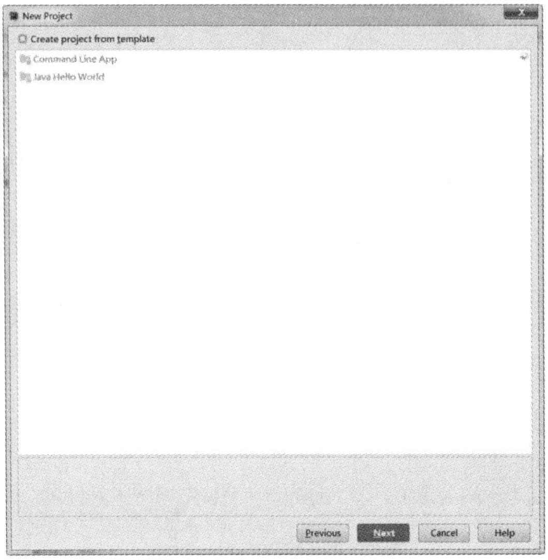


图 2-34 新建 Java 项目 2

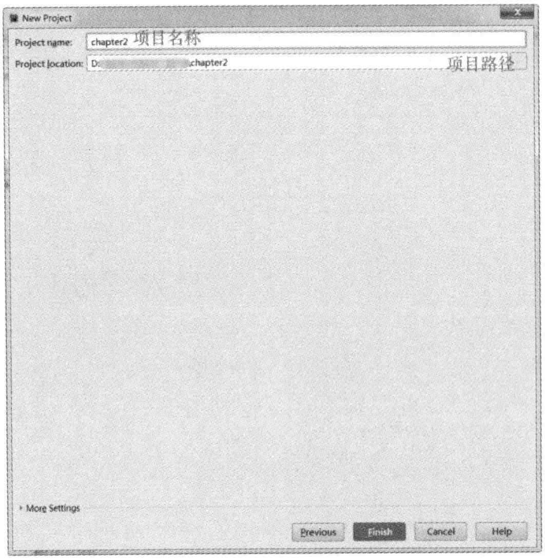


图 2-35 命名项目名称

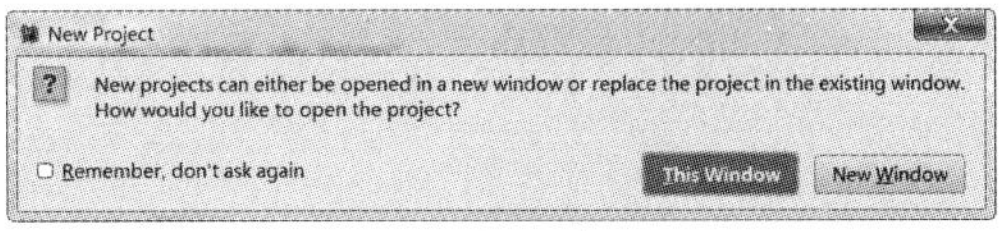


图 2-36 选择窗口

（3）首先要知道 Java 项目的文件层次是：项目、包、类，如图 2-37 所示。

（4）创建包和源代码文件。选择“src”文件，右击，在打开的快捷菜单中选择【New】→【Package】，创建好包，如图 2-38 所示。选择创建好的包 “com.example”，右击，在打开的快捷菜单中选择【New】→【Java Class】，创建好类，类名为 example1，如图 2-39 所示。

（5）编写的源代码如图 2-40 所示。

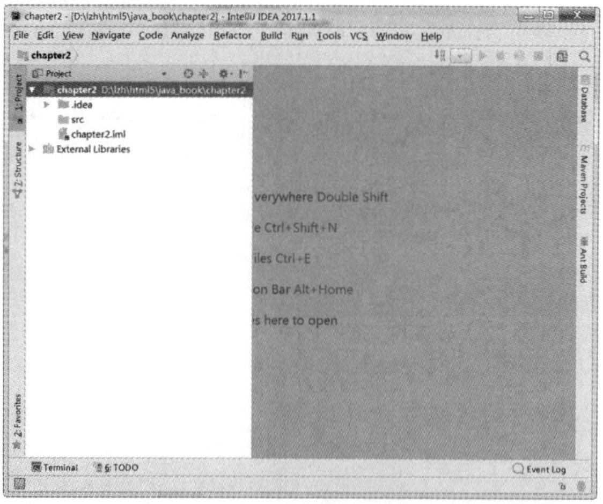


图 2-37　项目结构

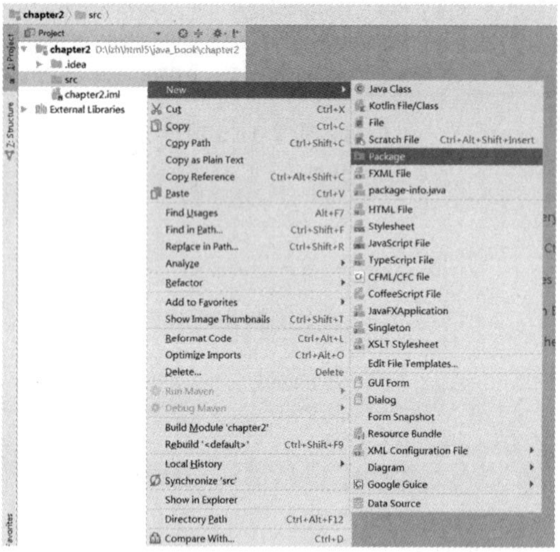

图 2-38　创建包

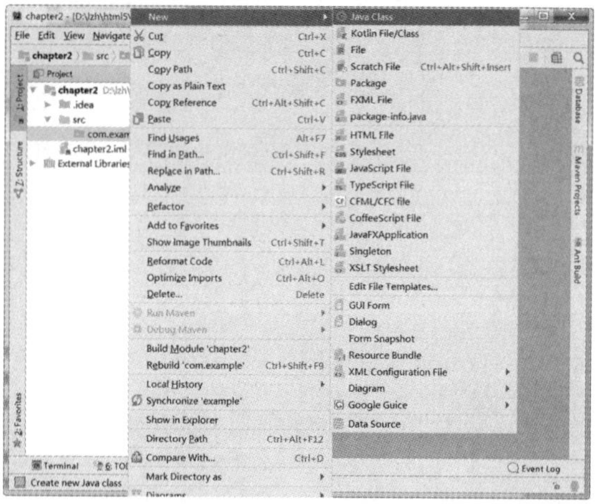

图 2-39　创建类

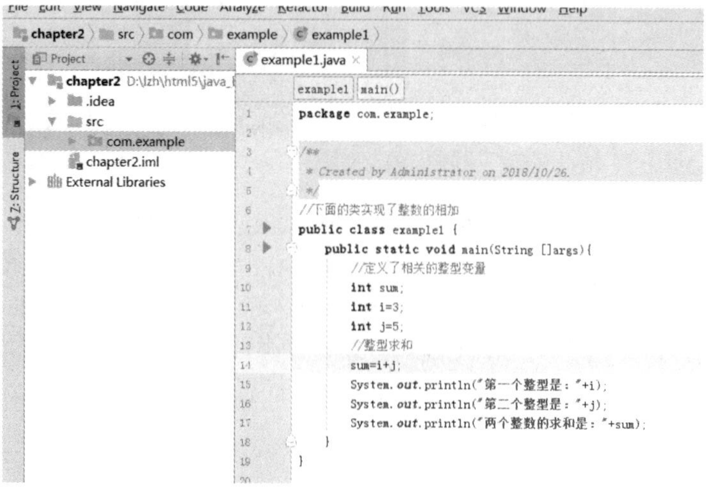


图 2-40　编写的源代码

（6）运行源代码，如图 2-41 所示，选择要运行的类名，右击，在打开的快捷菜单中选择“Run 'example1. main()'”，结果如图 2-42 所示。

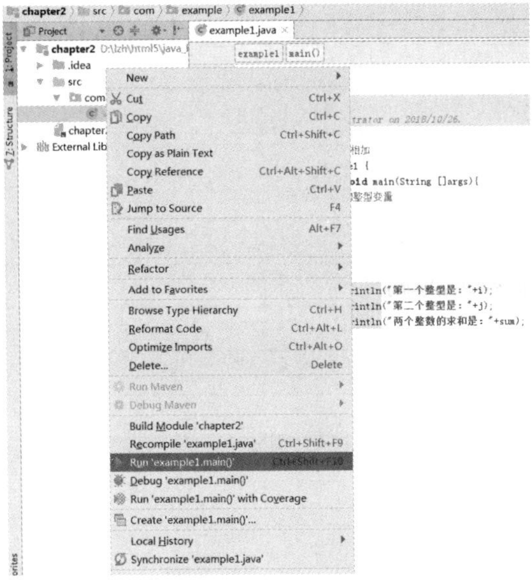


图 2-41 运行界面

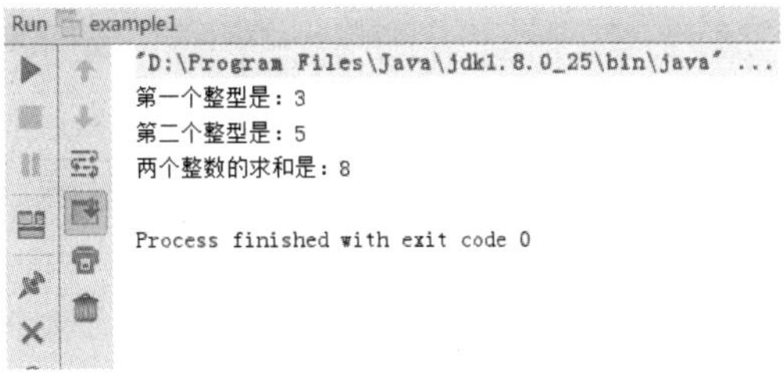


图 2-42 程序运行结果

在使用 IntelliJ Idea 的时候，使用快捷键是必不可少的。掌握一些常用的快捷键能大大提高开发效率。常用的快捷键见表 2-1。

表 2-1 常用的快捷键

| 快 捷 键 | 快捷键说明 |
|---|---|
| Ctrl+G | 跳转到指定行 |
| Ctrl+F4 | 关闭当前编辑页面 |
| Ctrl+F | 搜索 |
| Alt+回车 | 导入包，自动修正 |
| Ctrl+N | 查找类 |
| Ctrl+Shift+N | 查找文件 |
| Ctrl+Alt+L | 格式化代码 |
| Ctrl+Alt+O | 优化导入的类和包 |
| Alt+Insert | 生成代码（如 get、set 方法，构造函数等） |
| Ctrl+E 或者 Alt+Shift+C | 最近更改的代码 |
| Ctrl+R | 替换文本 |
| Ctrl+F | 查找文本 |
| Ctrl+Shift+Space | 自动补全代码 |
| Ctrl+空格 | 代码提示 |
| Ctrl+Alt+Space | 类名或接口名提示 |
| Ctrl+P | 方法参数提示 |

续表

| 快　捷　键 | 快捷键说明 |
|---|---|
| Ctrl+Shift+Alt+N | 查找类中的方法或变量 |
| Alt+Shift+C | 对比最近修改的代码 |
| Shift+F6 | 重构-重命名 |
| Ctrl+X | 删除行 |
| Ctrl+D | 复制行 |
| Ctrl+/ 或 Ctrl+Shift+/ | 注释（// 或者/…/ ） |
| Ctrl+J | 自动代码 |
| Ctrl+E | 最近打开的文件 |
| Ctrl+H | 显示类结构图 |
| Ctrl+Q | 显示注释文档 |
| Alt+F1 | 查找代码所在位置 |
| Alt+1 | 快速打开或隐藏工程面板 |
| Ctrl+Alt+ left/right | 返回至上次浏览的位置 |
| Alt+ left/right | 切换代码视图 |
| Alt+ Up/Down | 在方法间快速移动定位 |
| Ctrl+Shift+Up/Down | 代码向上/下移动 |
| F2 或 Shift+F2 | 高亮显示错误或警告快速定位 |
| 代码标签输入完成后，按 Tab 键 | 生成代码 |
| 选中文本，按 Ctrl+Shift+F7 ；按 Esc | 高亮显示所有该文本；高亮消失 |
| 选中文本，按 Alt+F3 | 逐个往下查找相同文本，并高亮显示 |
| Ctrl+Up/Down | 光标跳转到第一行或最后一行下 |
| Ctrl+B | 快速打开光标处的类或方法 |

# 习题

1. 学习下载最新版本的 JDK。
2. 学习安装与设置 JDK 的运行环境。
3. 学习下载并安装 IntelliJ IDEA。
4. 练习 IntelliJ IDEA 的快捷键。

# 第3章

# Java 程序设计基础

学做任何事情，都要先打好基础。若想熟练地使用 Java 语言，必须先充分了解并掌握 Java 程序设计的基础知识。本章主要介绍 Java 语言的基本语法、常量与变量、数据类型、运算符、表达式与语句，会根据情况选择合适的数据类型来定义变量、存储数据。最后通过完成一个综合任务——简单购物管理系统来练习如何使用程序设计基础知识进行程序设计。

## 本章任务

1. Java 中的标识符和关键字；
2. 常量和变量；
3. 数据类型；
4. 运算符。

## 重点内容

1. 常量和变量；
2. 数据类型；
3. 运算符。

## 难点内容

变量。

# 3.1 标识符和关键字

## 3.1.1 标识符

标识符指用于给变量、常量、类名、属性名、方法名、参数名、包名等元素命名的符号。

```
package com.task3_1;
/**
 *标识符举例.
 */
public class Demo3_1_1 {
    public static void main(String[] args) {
        boolean flag = true;
        int sum = 0;
        System.out.println("flag:"+flag+",sum:"+sum);
    }
}
```

如上述代码中，标识符有 com、task3_1、Demo3_1_1、flag、sum、args 共 6 个。

Java 语言中的标识符可由任意顺序的大小写字母、数字、下画线（_）和美元符号（$）组成，并且必须遵守如下命名规则：

（1）不能以数字开头，应以字母、下画线、美元符号开头。

（2）Java 标识符区分大小写。

（3）长度没有限制，最多可以标识 65535 个字符。

（4）不能是 Java 中的关键字。

为了增强代码的可读性，建议在定义标识符时遵守以下规则：

（1）标识符注意“见名知义”，使得程序便于阅读。如用 password 表示密码，name 表示用户名。

（2）变量名一般以小写字母表示，多个单词组成时，则从第 2 个单词开始，每个单词的首字母大写，如 finalValue、currentName。

（3）类名和接口名一般首字母大写，多个单词组成时，每个单词的首字母大字，如 CustomerManager、String、Date。

（4）常量名中所有字母都大写，单词之间用下画线连接。如 PI、DAY_OF_MONTH。

**【例 3-1】** 下列哪些标识符是合法的？哪些是不合法的？为什么？

2ThankYou　_First　-Month　$data　showArea　年龄　if

解析：合法标识符为：_First　$data　showArea　年龄

　　　不合法标识符为：2ThankYou　-Month　if

说明：Java 支持中文标识符，但不建议用中文进行命名，字符编码不正确时会出现中文乱码的现象。

### 3.1.2 关键字

关键字（keywords）是 Java 语言中已经被赋予特定意义的字符串，有特殊的作用，一般用来表示数据类型、程序流程结构等。

保留字（reservedword）是 Java 预留的关键字，现在没有作为关键字，但以后有可能成为关键字。

所有 Java 关键字都用小写英文字母来表示。

Java 中的保留字有 goto 和 const 共 2 个。

除去保留字，Java 中的关键字共 48 个，按字母顺序排列见表 3-1。

表 3-1 关键字

| | | | | |
|---|---|---|---|---|
| abstract | assert | break | boolean | byte |
| case | catch | char | class | continue |
| default | do | double | else | enum |
| extends | finally | final | float | for |
| if | implements | import | instanceof | int |
| interface | long | native | new | package |
| private | protected | public | return | short |
| static | strictfp | super | switch | synchronized |
| this | throw | throws | transient | try |
| void | volatile | while | | |

上表列举的关键字中，每个关键字都有特殊的作用，例如 package 关键字用于包的声明，class 关键字用于类的声明。本书后面的章节将逐步对表中的关键字进行讲解，在此没有必要对所有关键字进行记忆，只需要了解即可。

Java 中的关键字按作用类别分类见表 3-2。

表 3-2 关键字分类（按作用类别分）

| 访问控制修饰符 | 类相关关键字 | 变量、方法修饰符 | 程序控制关键字 | 异常处理关键字 | 包相关关键字 | 数据类型相关关键字 | 其他关键字 |
|---|---|---|---|---|---|---|---|
| private<br>protected<br>public | abstract<br>class<br>extends<br>implements<br>interface<br>new | final<br>native<br>static<br>strictfp<br>super<br>synchronized<br>this<br>transient<br>volatile<br>void | break<br>case<br>continue<br>default<br>do<br>else<br>for<br>if<br>instanceof<br>return<br>switch<br>while | catch<br>finally<br>throw<br>throws<br>try | import<br>package | boolean<br>byte<br>char<br>double<br>enum<br>float<br>int<br>long<br>short | assert |

使用 Java 关键字时，有几个值得注意的地方：

const 和 goto 是保留关键字，在程序中不能用来定义标识符。

true、false 和 null 不属于关键字，但它们是直接量或字面量，也不能用来定义标识符。

【例 3-2】请找出下面这段代码中的关键字。

```
package com.task3_1;
/**
 * 关键字举例
 */
public class Demo3_1_2 {
    private int age;
    private String name;
    private float score;
    public static void main(String[] args) {
        System.out.println("test");
    }
}
```

解析：关键字有 package、public、class、private、int、float、static、void 总共 8 个。

### 3.1.3 分隔符

在 Java 语言中，有一类特殊的符号，称为分隔符。分隔符主要包括空白分隔符和普通分隔符两种。不同的分隔符在 Java 语言中有不同的功能和作用，具体如下。

**1. 空白分隔符**

空白分隔符的主要作用是分隔标识符，帮助 Java 编译器理解源程序。包括空格、制表符（Tab）、回车符（\n）、换行符（\r）。

**2. 普通分隔符**

普通分隔符具有确定的语法含义，总共有 7 种普通分隔符，详见表 3-3。

表 3-3 普通分隔符

| 分隔符 | 名 称 | 作 用 |
| --- | --- | --- |
| {} | 花括号 | 花括号用来定义语句块、类、方法及局部范围；也用来包括静态初始化数组时，赋给数组的值。必须成对出现 |
| [] | 方括号 | 方括号用来进行数组声明，也用来表示对数组的引用 |
| () | 圆括号 | 圆括号在定义和调用方法时使用，用来容纳参数；在控制语句或强制类型转换时表示执行或计算的优先级 |
| : | 冒号 | 冒号是条件运算符中的组成部分；for 语句中的遍历；switch 语句中的分支；也用来表示跳转标记 |
| ; | 分号 | 分号用来表示一条语句的结束。语句必须以分号结束，否则即使一条语句跨多行也仍未结束 |
| , | 逗号 | for 语句中，逗号用来将多个表达式连接起来；变量声明时，用来分隔多个变量；在定义和调用方法时使用逗号，用来分隔多个参数 |
| . | 句号 | 句号用来将软件包中的名字与其子包或类分隔；也用来将类/对象和它的属性或者方法之间的分隔 |

【例 3-3】请找出如下代码中的分隔符，并说出它的作用。

```
package com.task3_1;
/**
 * 分隔符举例
 */
public class Demo3_1_3 {
    int a,b;
    double salary=1000,tax=0.01;
    public void func(int x,int y){
        double result;
        result=salary*tax;
        System.out.println(result);
        this.a=x;
        b=y;
        System.out.println(a+","+b);
    }
    public static void main(String[] args){
        Demo3_1_3 obj=new Demo3_1_3();
        obj.func(10,20);
    }
}
```

解析：参考表 3-3。

## 3.2 常量、变量和数据类型

### 3.2.1 常量的概念

在程序中以数据值本身字面意义出现的数据称为直接量或常量，常量在程序中是不能改变的数据。在 Java 中，常量包括整型常量、浮点型常量、布尔常量、字符常量等。

### 3.2.2 变量的概念

变量是在程序运行期间可以根据需要随时改变值的数据。它是 Java 程序的一个基本的存储单元，用于描述数据。存储单元中存储的数据就是变量的值。

为了方便引用变量的值，在程序中需要为变量定义一个名称，这就是变量名。在 Java 中，所有的变量必须先声明再使用。变量声明（定义）的一般语法格式为：

```
数据类型 变量名[=变量初值];
```

“数据类型”指的是变量的值所属的类型，如整型、浮点型等。“变量名”是指用标识符来表示的变量的名称，需要符合标识符的命名规则，在实际使用中，变量名一般和变量的用途对应，以便于程序的阅读。

变量声明作为一条独立的语句出现，结尾应以分号结束。几个相同类型的变量可以一起声明，中间用逗号隔开。

### 3.2.3 数据类型

Java 是一门强类型的编程语言，对数据类型有严格的限定，在定义变量时必须声明变量的类型。

在 Java 中，数据类型分为两种，即基本数据类型和引用数据类型。基本数据类型共有 8 种，包括 4 种整型 byte、short、int、long；2 种浮点型 float 和 double；字符型 char 和布尔型 boolean。引用数据类型包括字符串、数组、类、接口等。Java 中所有的数据类型如图 3-1 所示。

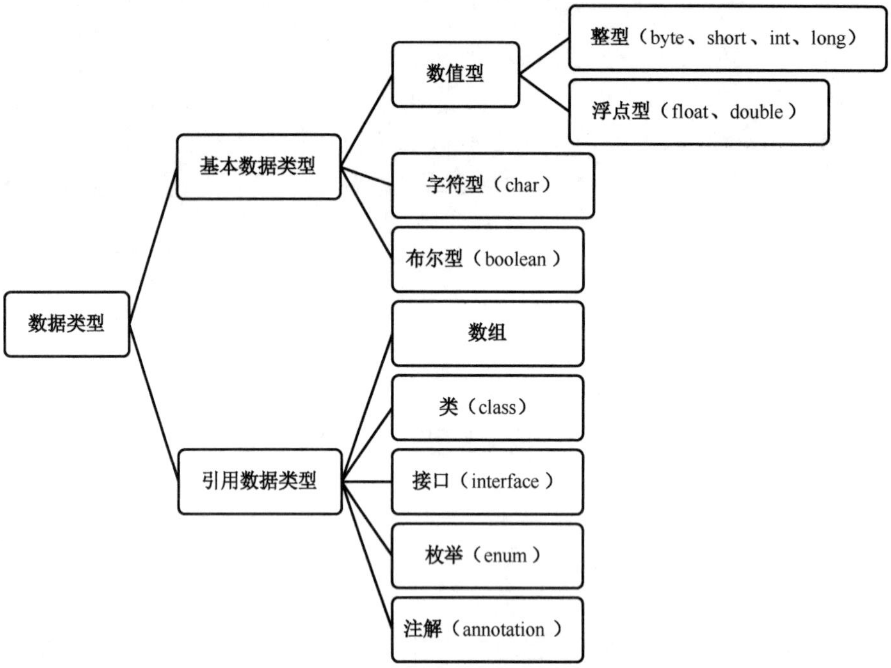


图 3-1 Java 数据类型

其中，8 种基本数据类型是 Java 语言内嵌的，在任何操作系统中都具有相同的大小和属性，而引用数据类型是在 Java 程序中由编程人员自己定义的变量类型。此处重点介绍的是 Java 中的基本数据类型，引用数据类型会在以后的章节中详细讲解。

**1. 整型**

整型是不含有小数的整数类型的数据。在 Java 中，为了给不同大小范围内的整数合理地分配存储空间，整型分为 4 种不同类型：字节型（byte）、短整型（short）、整型（int）和长整型（long）。

4 种整型类型所占存储空间的大小以及取值范围见表 3-4。

表 3-4　4 种整型类型所占存储空间的大小以及取值范围

| 类 型 名 | 占 用 位 数 | 取 值 范 围 |
|---|---|---|
| byte | 8 位（1 字节） | $-128(-2^7)\sim127(2^7-1)$ |
| short | 16 位（2 字节） | $-32768(-2^{15})\sim32767(2^{15}-1)$ |
| int | 32 位（4 字节） | $-2147483648\ (-2^{31})\sim2147483647\ (2^{31}-1)$ |
| long | 64 位（8 字节） | $-9223372036854775808\ (-2^{63})\sim9223372036854775807\ (2^{63}-1)$ |

Java 中所有的整数类型都有正负数之分，Java 不支持无符号整数。在 Java 中，整型数据占用的内存大小与平台无关，是固定的，不会随着计算机硬件环境或者操作系统的改变而改变。

- 整型常量

可以用来为整型变量赋值，有二进制、八进制、十进制和十六进制 4 种表示形式，具体如下。

①二进制：由数字 0 和 1 组成的数字序列。

②八进制：以数字 0 开头，其后由 0、1、2、3、4、5、6、7 共 8 个数字中的任意数字组成的数字序列，例如 012。

③十进制：由数字 0、1、2、3、4、5、6、7、8、9 共 10 个数字中的任意数字组成的数字序列，例如 98。

④十六进制：以 0x 或 0X 开头（注意：0x 中的 0 是数字 0，而不是字母 O），其后由数字 0、1、2、3、4、5、6、7、8、9 和字母 A、B、C、D、E、F 共 16 个数字和字母组成的数字序列，例如 0xA4。

对于整型数据，大多数情况下使用 int 类型就足够了，默认情况下未声明数据类型的数值表示 int 类型常量，如 100、5、589。

当整数范围超过 int 时，就要使用 long。若要表示 long 类型的整数值，需要在数值的后面加一个大写字母 L（或小写字母 l），说明为 long 类型，例如 100L、3l。long 类型的数据占 8 字节的存储空间。一般使用大写字母 L 表示，因为小写字母 l 容易与数字 1 混淆。如果表示的值未超出 int 类型的取值范围，则可以省略字母 L（或者小写 l）。

- 整型变量

整型变量用来存储整数类型数值。注意，为 long 型变量赋值时，当数值的范围在 int 类型范围内时，可以不加大写字母 L（或小写字母 l），超出 int 类型的范围时必须加上大写字母 L（或小写字母 l）。

**【例 3-4】**观察下面这段代码，并说明有哪些常量，有哪些变量，变量的初值是多少。

```
package com.task3_1;
/**
 * 整型
 */
public class Demo3_4_1 {
    public static void main(String[] args) {
        byte a1 = 127;
        short a2 = 32768;
        int age=18,count=9,step;
```

```
            long num=2L;
            long num1=2,num2=2147483648L;
        }
    }
```

上面这段代码中，先定义了 byte 型变量 a1 并同时分配了初始值 127。然后定义了 short 型变量 a2 同时分配初始值 32768，但是 short 短整型的最大值为 32767，所以此处程序报错。然后定义了三个 int 整型变量 age、count 和 step，在定义变量的同时为变量 age 分配了一个初始值 18，为变量 count 分配了一个初始值 9，而变量 step 没有分配初始值。接着定义了一个 long 整型变量 num，同时为 num 分配了一个初始值 2（后面加了一个字母 L 说明赋值为 long 类型，也可以不加，因为数值 2 并未超出 int 类型的取值范围），但是定义的变量 num2 为其分配的初值 2147483648 后面必须加上字母 L（或小写字母 l），否则程序会报错，因为 int 类型的数据最大值为 2147483647。

**【例 3-5】**阅读下面这段代码，其运行结果是什么？。

```
package com.task3_1;
/**
 * 整型变量
 */
public class Demo3_4_2 {
    public static void main(String[] args) {
        System.out.println(Byte.MAX_VALUE);
        System.out.println(Byte.MIN_VALUE);
        System.out.println(Short.MAX_VALUE);
        System.out.println(Short.MIN_VALUE);
        System.out.println(Integer.MAX_VALUE);
        System.out.println(Integer.MIN_VALUE);
        System.out.println(Long.MAX_VALUE);
        System.out.println(Long.MIN_VALUE);
    }
}
```

程序运行结果如图 3-2 所示。

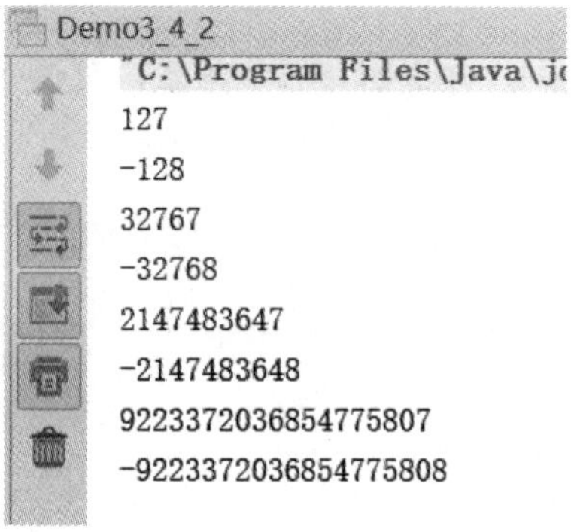


图 3-2　程序运行结果

**2．浮点数类型**

在 Java 中，浮点数类型分为两种：单精度浮点数（float）和双精度浮点数（double）。双精度浮点数 double 比单精度浮点数 float 更精确，表示的取值范围更大。两种浮点数所占存储空间的大小及取值范围见表 3-5。

表 3-5　浮点数类型

| 类 型 名 | 占 用 位 数 | 取 值 范 围 |
|---|---|---|
| float | 32 位（4 字节） | 正数：1.4E−45～3.4E+38；负数：−3.4E+38～−1.4E−45 |
| double | 64 位（8 字节） | 正数：4.9E−324～1.7E+308；负数：−1.7E+308～−4.9E−324 |

还有三种特殊的浮点值：正无穷大、负无穷大、NaN（非数字），用于表示溢出和出错。在数学运算中除法运算有一条原则：除数不能为 0，但是在 Java 程序中有些不一样。在做整型除法时，除数是不能为 0 的，否则会报异常。但是在做浮点数运算的时候，除数是可以为 0 的。如用一个非 0 的浮点数除以 0，所得结果为无穷大或无穷小，而计算浮点数 0 除以 0 则会得到 NaN。

● 浮点数类型常量

浮点数类型常量就是数学中用到的小数。float 单精度浮点数以 F 或 f 结尾，例如 10.8f、90F。而 double 双精度浮点数以 D 或 d 结尾，默认也可省略 D 或 d，例如 50.6D、12.73d、35.4。也可用指数形式来表示浮点数常量，例如 2e3f、5.7e+23f。

● 浮点数类型变量

浮点数类型变量用来存储带有小数部分的数据，也称为实型数据。

最常用的浮点型是 double。在 Java 中，一个小数默认情况下会被认为是 double 类型的值，因此在为一个 float 类型的变量赋值时需要注意一点，所赋值的后面一定要加上大写字母 F（或小写字母 f），而为 double 类型的变量赋值时，可以在所赋值的数据后面加上大写字母 D（或小写字母 d），也可以不加。

【例 3-6】阅读下面的代码，其运行结果是什么？

```
package com.task3_1;
/**
 * 浮点类型变量
 */
public class Demo3_4_3 {
    public static void main(String[] args) {
        System.out.println(Float.MAX_VALUE);
        System.out.println(Float.MIN_VALUE);
        System.out.println(Float.NEGATIVE_INFINITY);
        System.out.println(Float.POSITIVE_INFINITY);
        System.out.println(Double.MAX_VALUE);
        System.out.println(Double.MAX_VALUE);
        System.out.println(Double.NEGATIVE_INFINITY);
        System.out.println(Double.POSITIVE_INFINITY);
    }
```

```
}
```

程序运行结果如图 3-3 所示。

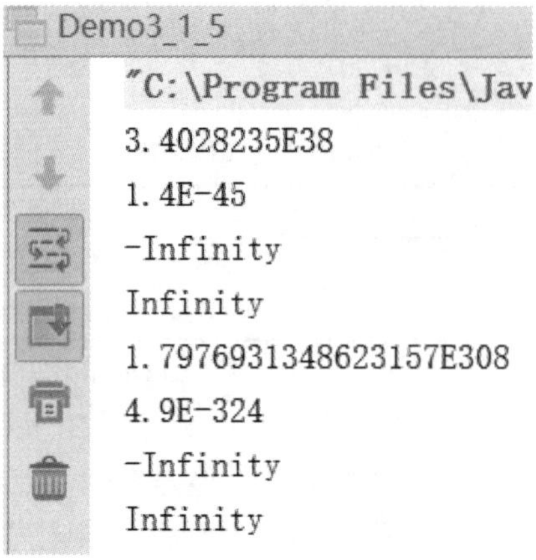


图 3-3　程序运行结果

**【例 3-7】** 阅读下面的代码，其运行结果是什么？

```
package com.task3_1;
/**
 * 浮点类型变量
 */
public class Demo3_4_4 {
    public static void main(String[] args) {
        float radius = 5.4f;
        double width = 10.5,length = 20d;
        float edge =8;
        System.out.println("长方形的面积为："+width*length);
        System.out.println("半径为 5.4 的圆的面积为："+Math.PI*radius*radius);
        System.out.println("边长为 8 的正方形的面积为："+edge*edge);
        System.out.println(1.0f/0);
        System.out.println(0d/0);
        System.out.println(1/0);
        System.out.println(0/0);
    }
}
```

上面这段代码定义了 4 个变量，两个 float 类型变量 radius 和 edge，同时分配了初值，radius 的初始值为 float 类型常量，所以用了小写字母 f，edge 的初始值为整型常量 8，在程序中可以为一个浮点数类型变量赋予一个整型常量值。另外定义了两个 double 类型变量 width 和 length，并赋予初始值，一个为 double 类型常量 10.5，一个为 double 类型常量 20。根据定义的 4 个变量输出了对应的长方形、圆、正方形的面积值。最后 4 行代码对除数为 0 的运算进行了对比。程序运行结果如图 3-4 所示。

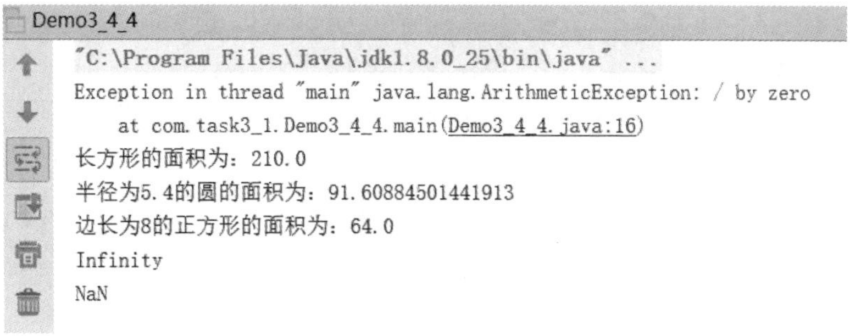


图 3-4　程序运行结果

### 3. 字符类型

字符类型用于表示单个的字符，如字母、数字、标点符号和其他符号等，在 Java 中用 char 表示字符类型。Java 使用的字符集是 16 位的 Unicode 字符集，因此 char 类型数据均是无符号的 16 位整数，占用 2 字节。取值范围为 0～65535，即 0x0000～0xffff。

Unicode 字符集是一个庞大的、全球通用的字符集，涵盖了目前人类使用的所有字符，并为每个字符进行统一编号，分配唯一的字符码。Unicode 字符集将所有字符按照使用上的频繁度划分为 17 个层面，每个层面上有 $2^{16}$=65536 个字符码空间。

- 字符型常量

一个字符常量要用一对英文半角格式的单引号‘’引起来，‘A’、’a’、’中’、’好’;。它包括普通字符和特殊字符。普通字符有英文字母、数字、标点符号等。特殊字符具有特殊意义，在程序中不能直接使用，需以转义字符“\”开头才行。常用的转义字符见表 3-6。

表 3-6　转义字符

| 转 义 字 符 | 含　义 | Unicode 编码值 |
|---|---|---|
| \n | 换行 | \u000A |
| \t | 制表符 | \u0009 |
| \b | 退格 | \u0008 |
| \r | 回车 | \u000D |
| \f | 换页 | \u000C |
| \\ | 反斜杠 | \u005C |
| \’ | 单引号 | \u0027 |
| \” | 双引号 | \u0022 |

- 字符型变量

字符型变量用于存储单个的字符。

在给 char 类型变量赋值时，需要用一对英文半角格式的单引号‘’把字符括起来，如‘K’；也可以将 char 类型的变量赋值为 0～65535 范围内的整数，计算机会自动将这些整数转化为所对应的字符，如十进制整数 97 对应的字符为‘a’，十六进制整数 0x4E2D 对应的字符为‘中’。

【例 3-8】阅读下面的代码，并测试程序的运行结果。

```
package com.task3_1;
/**
 * 字符型
```

```
 */
public class Demo3_4_5 {
    public static void main(String[] args) {
        char c1=0x4e2d;
        char c2=20013;
        char c3='中';
        System.out.println("c1:"+c1);
        System.out.println("c2:"+c2);
        System.out.println("c3:"+c3);
        System.out.println("字符型变量占用的字节数："+Character.BYTES);
        System.out.println("转义字符\t含义\t编码值\n");
    }
}
```

上述代码定义三个字符型变量 c1、c2、c3，并为其分别赋值十六进制整数、十进制整数和字符常量，其运行结果如图 3-5 所示。

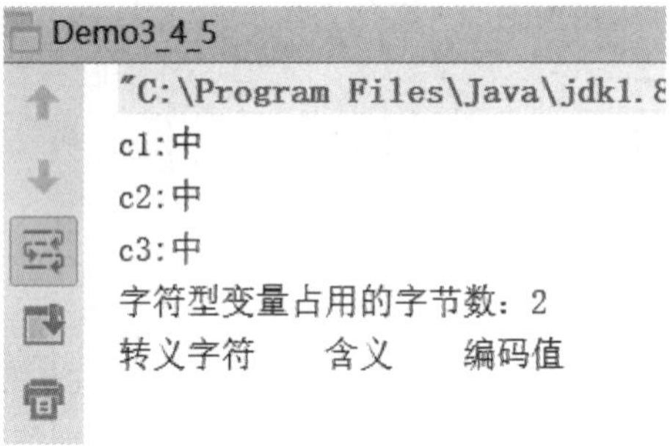


图 3-5 程序运行结果

**4. 布尔类型**

布尔类型用于表达两个逻辑状态之一的值，也称为逻辑类型。在 Java 中布尔类型用 boolean 表示，取值只有两个值，即 true 和 false，分别代表逻辑“真”和逻辑“假”。

● 布尔型常量

布尔型常量即布尔型的两个值 true 和 false，该常量用于区分一个事物的“真”与“假”。

注意，在 Java 中，布尔值和整数 0、1 不能相互转换，不能将布尔类型看作整数类型，即两者之间不存在对应关系。

● 布尔型变量

布尔型变量用来存储布尔值，布尔型变量通常被用在流程控制中作为判断条件。

【例 3-9】阅读以下代码，其运行结果是什么？

```
package com.task3_1;
/**
 * 布尔型变量
 */
public class Demo3_4_6 {
    public static void main(String[] args) {
        boolean flag = true;
        if(flag){
            System.out.println("条件为真");
        }else{
            System.out.println("条件为假");
```

```
            }
        }
    }
```

### 3.2.4 数据类型转换

在 Java 程序中，当把一种数据类型的值赋给另一种数据类型的变量时，需要进行数据类型转换；当不同的数据类型的变量或常量同时参与运算时，需要先进行数据类型转换再运算；调用方法时，当传递的实参数据类型与形参数据类型不一致时，也需要进行数据类型转换。Java 中的数据类型转换在程序编码中具有重要的作用。

在进行类型转换之前，先了解基本数据类型之间的关系。数据类型在内存中直接存储其本身的值，对于不同的数据类型，内存中会分配相应的大小存储。不同数据类型按照取值范围从低级到高级的排序为（byte，short，char）→int→long→float→double。布尔类型和其他基本数据类型都不兼容。

根据转换方式的不同，Java 中数据类型转换可分为如下两种：

①低级到高级的自动类型转换。

②高级到低级的强制类型转换。

**1. 自动类型转换**

自动类型转换也叫隐式类型转换，指的是两种数据类型在转换过程中不需要显式地进行声明。要实现自动类型转换，必须同时满足两个条件：第一是两种数据类型彼此兼容，第二是目标类型的取值范围大于源类型的取值范围。对于 byte、short、char 三种类型，它们是同一级的，因此不能自动相互转换。

【例 3-10】阅读下面的代码，观察哪些语句不符合自动类型转换条件，哪些语句可以完成自动类型转换。

```
package com.task3_1;
/**
 * 自动类型转换
 */
public class Demo3_4_7 {
    public static void main(String[] args) {
        byte v1 = 128;
        byte v2 = 3;
        char v3 = 97;
        long v4 = 'a';
        float v5= 100;
        double v6 = 10.9f;
        boolean flag = 0;
        float v7= v2 + v3;
    }
}
```

上述代码中，第一条赋值语句编译错误，byte 类型最大为 127，所以 int 型常量 128 不能赋值给 byte 类型变量 v1；第二条赋值语句自动将 int 型常量 3 转换成 byte 类型并赋值给 byte 类型变量 v2，这一情况有些特别，因为这里是将取值范围大的 int 类型自动转换成取值范围小的 byte 类型。对于默认为 int 类型的数值，当赋给一个比 int 型数值范围小的目标类型变量时，如果此 int 型数值超过目标类型的取值范围，那么会直接编译出错。但是如果此 int 型数值尚在目标类型取值范围内，则会进行一次隐式类型转换，将此 int 型数值转换成目标类型。第三条到第六条、第八条赋值语句都符合自动类型转换的两个条件，会自动进行数据类型转换，第七条赋值语句编译出错，因为 int 类型常量 0 和 boolean 类型彼此不兼容，无法自动进行类型转换。

**2. 强制类型转换**

强制类型转换也称为显式类型转换，指的是两种数据类型之间的转换需要进行显式的声明。当两种数据类型彼此不兼容，或目标类型取值范围小于源类型时，自动类型转换无法进行，这时就需要进行强制类型转换。强制类型转换也需要满足两个条件：第一是两种数据类型彼此不兼容，第二是目标类型的取值范围小于源类型或者目标类型与源类型处于同级。

先来看下面一段代码。

```
package com.task3_1;
/**
 * 强制类型转换
 */
public class Demo3_4_8 {
    public static void main(String[] args) {
        short v1 = 97;
        char v2 = v1;
        char v3 = 97;
        short v4 = v3;
        int v5 = 10.99;
    }
}
```

上述代码程序编译出错，byte、short、char 为同级，不会进行自动类型转换，double 类型常量 10.99 也不会自动转换成 int 类型，结果如图 3-6 所示。

图中有波浪线标识的也说明此处代码出现了编译错误，错误提示为不兼容的类型，这种情况下可以进行强制类型转换，具体格式如下。

```
目标数据类型 变量名 = (目标数据类型) 值或表达式;
```

将上述代码错误之处修改为如图 3-7 所示，程序编译成功。

需要注意的是，强制类型转换是缩减转换，会发生取值范围大的数据类型向取值范围小的数据类型的转换，转换后可能丢失信息，可能会导致溢出或精度下降。如上述代码中 double 类型常量 10.99 强制转换成 int 类型后，丢失了小数部分，精度下降，如图 3-8 所示。

```
package com.task3_1;

/**
 * 强制类型转换
 */
public class Demo3_4_8 {
    public static void main(String[] args) {
        short v1 = 97;
        char v2 = v1;
        char v3 = 97;
        short v4 = v3;
        int v5 = 10.99;
    }
}
```

```
Error:(9, 19) java: 不兼容的类型: 从short转换到char可能会有损失
Error:(11, 20) java: 不兼容的类型: 从char转换到short可能会有损失
Error:(12, 18) java: 不兼容的类型: 从double转换到int可能会有损失
```

图 3-6　编译结果

```
short v1 = 97;
char v2 = (char) v1;
char v3 = 97;
short v4 = (short)v3;
int v5 = (int)10.99;
```

图 3-7　修改结果

```
public class Demo3_4_8 {
    public static void main(String[] args) {
        short v1 = 97;
        char v2 = (char) v1;
        char v3 = 97;
        short v4 = (short)v3;
        int v5 = (int)10.99;
        System.out.println("double类型常量10.99强制转换成int类型后值为"+v5);
    }
}
```

```
un  Demo3_4_8
"C:\Program Files\Java\jdk1.8.0_25\bin\java" ...
double类型常量10.99强制转换成int类型后值为10
```

图 3-8　运行结果

### 3.2.5　变量的作用域

在前面介绍过，变量需要先定义然后才能使用，但这并不意味着在变量定义之后的语句都可以使用该变量。变量需要在它的有效范围才可以被使用，这个有效范围称为变量的作用域。在程序中，变量一定会被定义在某一对大括号中，这对大括号所包含的代码区域便是这个变量的作用域。若超出这个区域访问该变量，则编译时会出现错误。

变量的作用域在编程中尤为重要，接下来通过一个案例说明。

**【例 3-11】** 阅读下面的代码，观察其中三个不同的变量作用域，说说程序会有什么问题。

```
package com.task3_1;
/**
```

```
     * 变量的作用域
     */
    public class Demo3_4_9 {
        private int age=18;
        public void useAge(){
            int x = 30;
            {
                float y = age;
                System.out.println("y="+y);
            }
            x+=age;
            y+=age;
        }
        public void testScope(){
            System.out.println("age="+age);
            System.out.println("x="+x);
            System.out.println("y="+y);
        }
    }
```

程序编译报错，因为变量 x 和 y 都有在其定义的大括号区域外访问，即在变量的作用域之外访问。

图 3-9 中超出变量作用域之外的变量 x 和 y 都变成红色（在计算机中会显示红色标识），编译提示“找不到符号”。所以在编程时要注意变量的作用域问题，避免变量访问失败。

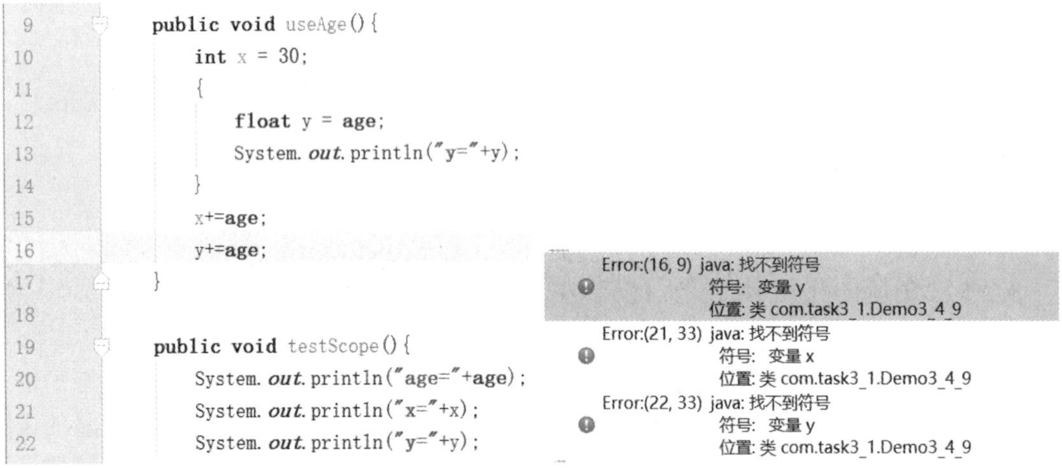


图 3-9 编译结果

在 Java 中，一般根据变量的作用域可以将变量分为成员变量和局部变量。

● 成员变量

在类体中所定义的变量称为成员变量，成员变量在整个类体中都有效。

● 局部变量

局部变量是在类的方法体中定义的变量，即在方法内部定义。

局部变量可与成员变量的名字相同，此时成员变量被隐藏，即这个成员变量在此方法中失效。

### 3.2.6 常变量

如果程序中多处用到某个值，就可以将其定义为常变量。这样，一方面可以避免反复输入同一个值，另一方面，一旦这个值需要改变，也只须在常变量定义的地方进行修改。常变量的声明格式如下：

final 数据类型 变量名[=变量初值];

常变量的“变量名”需要符合标识符的命名规则，在实际使用中，变量名一般和变量的用途对应，以便于程序的阅读，另外习惯上其变量名一般所有字母都大写，单词之间用下画线连接，如 SCHOOL_CODE。

使用常变量时有以下几点需要注意：

- 常变量只能赋值一次。
- 当成员变量为 final 常变量时，必须在定义时分配初始值。
- 当成员变量不是 final 常变量时，在定义时可不分配初始值，程序中不赋值也可直接访问，因为系统会为其分配默认值。
- 局部变量在定义时可不分配初始值，但必须在访问变量之前赋值，final 常变量只能赋值一次。

【例 3-12】阅读下面这段代码，找出代码中有哪些地方会出现编译错误。

```
package com.task3_1;
/**
 * 常变量
 */
public class Demo3_4_10 {
    private int radius;
    private final double PI;
    public double area(){
        final double DEFAULT_VALUE;
        float width,length;
        double circleArea  = PI*radius*radius;
        double rectangleArea = width*length;
        System.out.println("长方形面积为: "+rectangleArea);
        DEFAULT_VALUE = 10;
        DEFAULT_VALUE = 20;
        System.out.println("默认面积值为: "+DEFAULT_VALUE);
        return  circleArea;
    }
    public static void main(String[] args) {
```

```
            Demo3_4_10 demo = new Demo3_4_10();
            System.out.println("圆形的面积为: "+demo.area());
        }
    }
```

上述代码中，常变量 PI 为成员变量，必须在定义时进行初始化。局部变量 width 和 length 在定义时没有初始化而直接访问用于给变量 rectangleArea 赋值，出现编译错误，局部变量在访问之前必须先初始化，这是与成员变量的区别。成员变量 radius 在定义时未初始化就可以直接访问，系统为其分配了整型的默认值 0。常变量 DEFAULT_VALUE 在程序中被赋值两次，编译出错。上述代码总共出现如下 4 个的编译错误，如图 3-10 所示。

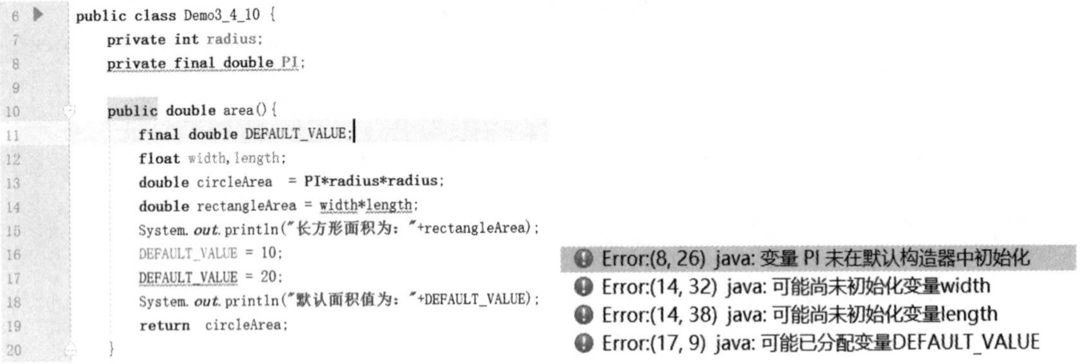

```
public class Demo3_4_10 {
    private int radius;
    private final double PI;

    public double area(){
        final double DEFAULT_VALUE;
        float width, length;
        double circleArea  = PI*radius*radius;
        double rectangleArea = width*length;
        System.out.println("长方形面积为: "+rectangleArea);
        DEFAULT_VALUE = 10;
        DEFAULT_VALUE = 20;
        System.out.println("默认面积值为: "+DEFAULT_VALUE);
        return  circleArea;
    }
```



图 3-10　编译错误

当成员变量未分配初始值时，针对不同类型的成员变量，Java 虚拟机会赋予不同的默认值，见表 3-7。

**表 3-7　默认值**

| 成员变量数据类型 | 默认初始值 |
|---|---|
| byte | 0 |
| short | 0 |
| int | 0 |
| long | 0L |
| float | 0.0f |
| double | 0.0 |
| char | 空字符 |
| boolean | false |
| 引用数据类型 | null |

# 3.3 运算符和表达式

## 3.3.1 运算符

计算机的最基本用途之一就是执行数学运算，作为一门计算机语言，Java 也提供了一套丰富的运算符来操纵变量。在 Java 中，运算符按功能可分为算术运算符、关系运算符、赋值运算符、逻辑运算符、条件运算符和位运算符。

**1. 算术运算符**

在数学运算中最常见的就是加、减、乘、除，四则运算，Java 中的算术运算符就是作用于整型、浮点型、字符型数据进行基本的算术运算。算术运算符可分为单目运算符和双目运算符，单目运算符只有一个参与运算的操作数，双目运算符有两个参与运算的操作数。接下来通过一张表来展示算术运算符及其用法，见表 3-8。

表 3-8 算术运算符

| 运算符 | 用途 | 操作数 | 范例 | 说明 |
|---|---|---|---|---|
| + | 加 | 双目 | 12+2 | 12 加 2 结果为 14 |
| – | 减 | 双目 | 12–2 | 12 减去 2 结果为 10 |
| * | 乘 | 双目 | 12*2 | 12 乘以 2 结果为 24 |
| / | 除 | 双目 | 12/2 | 12 除以 2 结果为 6 |
| % | 模数（取余） | 双目 | 12%2 | 12 除以 2 取余数，得 0 |
| + | 正号 | 单目 | +2 | 正数 2 |
| – | 负号 | 单目 | –2 | 负数 2 |
| ++ | 自增（前） | 单目 | a=5;b=++a; | b=6;a=6; |
| –– | 自减（前） | 单目 | a=5;b=––a; | b=4;a=4 |
| ++ | 自增（后） | 单目 | a=5;b=a++; | b=5;a=6 |
| –– | 自减（后） | 单目 | a=5;b=a––; | b=5;a=4; |

算术运算符不能用在布尔类型上，但可以用在 char 类型上。char 类型隐式转换成 int 类型参与运算。

整型、浮点型、字符型数据可以混合运算，不同类型的数据执行算术运算时，都会自动转换为同一类型再参与运算，转换规则为：低级类型自动转换成高级类型，运算结果与精度最高的数据类型保持一致。

在进行取模%运算时，运算结果的正负取决于被模数（%左边的数）的符号，与模数（%右边的数）的符号无关。

在进行除法运算时，当除数和被除数都为整数时，舍弃余数，得到的结果也是一个整数。如果除法运算有小数参与，得到的结果就是小数。

自增（++）或自减（––）运算符出现在变量前面时，先执行自增或自减运算，再执行其他运算。出现在变量后面时，先执行其他运算，再执行自增或自减运算。

自增（++）或自减（––）运算符只能和变量结合，而不能和常量或表达式结合使用。

【例 3-13】阅读下面的代码，分析程序的运行结果并自行测试。

```
package com.task3_1;
/**
 * 算术运算符
 */
public class Demo3_5_1 {
    public static void main(String[] args) {
        double var1 = 100;
        System.out.println(8/3);
        System.out.println(8.0f/3);
        System.out.println(8%3);
        System.out.println(8.0%3);
        System.out.println(++var1%3);
    }
}
```

**2. 关系运算符**

关系运算符是比较两个数据之间的关系，其结果是一个布尔值，即 true 或 false。关系运算符都是双目运算符，Java 中关系运算符及其用法见表 3-9。

表 3-9　关系运算符

| 运　算　符 | 用　　途 | 范　　例 | 说　　明 |
|---|---|---|---|
| == | 等于 | 5==3 | false |
| != | 不等于 | 5!=3 | true |
| > | 大于 | 5>3 | true |
| < | 小于 | 5<3 | false |
| >= | 大于等于 | 5>=3 | true |
| <= | 小于等于 | 5<=3 | false |

在一个比较运算符左右两边的两个操作数的数据类型应该一致。整数或浮点数的关系运算是比较两个数的大小，char 类型数据的关系运算是比较其 unicode 码的大小，boolean 类型数据只能进行等于（==）或不等于（!=）比较。事实上，任何类型的数据（包括基本数据类型和引用数据类型）都可以通过等于（==）或不等于（!=）来比较是否相等。

【例 3-14】阅读下面的代码，并自行分析测试程序的运行结果。

```
package com.task3_1;
/**
 * 关系运算符
 */
public class Demo3_5_2 {
    public static void main(String[] args) {
        double fv = 53.6;
        System.out.println(53.6>++fv);
        boolean bv=true,bx = false;
```

```
        System.out.println(bv==bx);
        char cw='a',cz='A';
        System.out.println(cw<cz);
    }
}
```

**3．赋值运算符**

赋值运算符是双目运算符，其左边是一个变量，右边是一个常量、变量或表达式。赋值运算符的作用是将右边的常量、变量或表达式的值赋给左边的变量。赋值运算符右边的值应当和左边的变量的数据类型一致，或者能够自动转换为左边变量的类型。Java 中赋值运算符及其用法见表 3-10。

表 3-10　赋值运算符

| 运 算 符 | 用　途 | 范　例 | 说　明 |
|---|---|---|---|
| = | 赋值 | a=10 | a=10 |
| += | 先加再赋值 | a=10;a+=10 | a=a+10 结果 a=20 |
| –= | 先减再赋值 | a=10;a–=10 | a=a–10 结果 a=0 |
| *= | 先乘再赋值 | a=10;a*=10 | a=a*10 结果 a=100 |
| /= | 先除再赋值 | a=10;a/=10 | a=a/10 结果 a=1 |
| %= | 先取余再赋值 | a=10;a%=10 | a=a%10 结果 a=0 |

赋值运算符的运算顺序是从右向左，即先计算右边的值，再将结果赋值给左边的变量。

**4．逻辑运算符**

逻辑运算符用于对布尔类型的数据进行操作，其结果仍是布尔型数据。逻辑运算符分为单目运算符和双目运算符。Java 中的逻辑运算符及其用法见表 3-11。

表 3-11　逻辑运算符

| 运 算 符 | 用　途 | 操 作 数 | 范　例 | 说　明 |
|---|---|---|---|---|
| && | 短路与 | 双目 | true&&true | true |
| | | | true&&false | false |
| | | | false&&true | false |
| | | | false&&false | false |
| \|\| | 短路或 | 双目 | true\|\|true | true |
| | | | true\|\|false | true |
| | | | false\|\|true | true |
| | | | false\|\| false | false |
| ^ | 异或 | 双目 | true^true | false |
| | | | true^false | true |
| | | | false^true | true |
| | | | false^false | false |

续表

| 运 算 符 | 用 途 | 操 作 数 | 范 例 | 说 明 |
|---|---|---|---|---|
| & | 与 | 双目 | true&true | true |
| | | | true&false | false |
| | | | false&true | false |
| | | | false&false | false |
| \| | 或 | 双目 | true\|true | true |
| | | | true\|false | true |
| | | | false\|true | true |
| | | | false\|false | false |
| ! | 非 | 单目 | !true | false |
| | | | !false | true |

使用逻辑运算符时，需要注意以下几点。

逻辑运算符的操作数只能是布尔类型的数据，可以是布尔型常量、布尔型变量或者运算结果为布尔类型的表达式。

运算符“&&”和“&”、“||”和“|”的运算结果是一样的，两者的区别在于“&&”和“||”具有短路运算的功能，只有在一定条件下才计算第 2 个操作数。对于逻辑与“&&”运算，当左边的操作数为 true 时，右边的操作数是不会进行运算的；对于逻辑或“||”运算，当左边的操作数为 false 时，右边的操作数同样不会进行运算。而对于“&”和“|”，在任何情况下都要对左右两边的操作数进行计算。

运算符“^”表示异或操作，当其左右两边的布尔值相同时结果为 false，当其左右两边的布尔值不同时结果为 true。

【例 3-15】阅读下面的代码，其运行结果是什么？

```
package com.task3_1;
/**
 * 逻辑运算符
 */
public class Demo3_5_3 {
    public static void main(String[] args) {
        boolean flag = false;
        double a = 98;
        float b = 56.9f;
        System.out.println("a>b||flag 结果为"+(a>b||flag));
        System.out.println("(flag&&((a+=b)>b))结果为
"+(flag&&((a+=b)>b)));
        System.out.println("a="+a);
    }
}
```

若将变量 flag 的值改为 true，程序的运行结果又是什么呢？

5. 条件运算符

条件运算符就是?:，是一个三目运算符，格式如下：

```
操作数 1?操作数 2:操作数 3
```

操作数 1 可以是布尔型常量、布尔型变量或者运算结果为布尔类型的表达式，最终计算结果只能是布尔类型的数据。操作数 2 和操作数 3 无要求。

条件运算符的运算顺序为：先计算操作数 1 的值，如果结果为 true，则计算操作数 2 的值，并把这个值作为整个运算的最终结果；如果操作数 1 的值为 false，则计算操作数 3 的值，并把这个值作为整个运算的最终结果。

【例 3-16】阅读下面的代码，并分析程序的运行结果。

```
package com.task3_1;
/**
 * 条件运算符
 */
public class Demo3_5_4 {
    public static void main(String[] args) {
        char ca = 'B';
        char cq = 'b';
        int rs = 500,rt=800;
        System.out.println(ca>cq?rs:rt);
    }
}
```

字符型数据的关系运算是比较其 Unicode 码的大小，字符‘B’的 Unicode 码为 66，而字符‘b’的 Unicode 码的大小为 98，故变量 ca 的值小于变量 cq 的值，所以整个条件运算的结果为 rt 的值，即 800。

### 3.3.2 表达式

由变量、常量、关键字、方法调用和运算符等元素的有效组合，构成表达式。表达式必须符合 Java 的语法规则，根据程序的要求完成计算操作，并最终返回一个结果值，表达式的计算结果的数据类型就是表达式的类型。

在对一些比较复杂的表达式进行运算时，要明确表达式中所有运算符参与运算的先后顺序，通常把这种顺序称作运算符的优先级。

结合性指的是同一个表达式中多个相同级别的运算符的执行顺序，有从左向右、从右向左两种结合性。

表达式中包含的不同运算符的计算顺序按照运算符的优先级和结合性进行，即先计算优先级高的运算符，相同级别的运算符按结合性的顺序执行。使用括号可以改变运算顺序，括号内的运算先执行，括号还可以嵌套。Java 中所有运算符的优先级及结合性见表 3-12。

表 3-12　运算符优先级

| 优先级 | 运算符 | 用途 | 类型 | 结合性 |
|---|---|---|---|---|
| 1 | [] | 数组 | 双目 | 从左向右 |
| | . | 对象运算符 | 双目 | |
| | () | 方法调用 | | |
| 2 | ++ | 自增 | 单目 | 从右向左 |
| | -- | 自减 | | |
| | + | 正号 | | |
| | - | 负号 | | |
| | ! | 逻辑非 | | |
| 3 | () | 强制转换 | 单目 | 从右向左 |
| | new | 创建对象 | | |
| 4 | * | 乘法 | 双目 | 从左向右 |
| | / | 除法 | | |
| | % | 取余 | | |
| 5 | + | 加法 | 双目 | 从左向右 |
| | - | 减法 | | |
| 6 | < | 小于 | 双目 | 从左向右 |
| | <= | 小于等于 | | |
| | > | 大于 | | |
| | >= | 大于等于 | | |
| | instanceof | 确定某对象是否属于指定的类 | | |
| 7 | == | 等于 | 双目 | 从左向右 |
| | != | 不等于 | | |
| 8 | & | 与 | 双目 | 从左向右 |
| 9 | ^ | 异或 | 双目 | 从左向右 |
| 10 | \| | 或 | 双目 | 从左向右 |
| 11 | && | 逻辑与 | 双目 | 从左向右 |
| 12 | \|\| | 逻辑或 | 双目 | 从左向右 |
| 13 | ?: | 条件运算符 | 三目 | 从右向左 |
| 14 | = | 赋值运算符 | 双目 | 从右向左 |
| | += | | | |
| | -= | | | |
| | *= | | | |
| | /= | | | |
| | %= | | | |

其实没有必要去刻意记忆运算符的优先级。编写程序时，尽量使用括号“()”来实现想要的运算顺序，以免产生歧义。

【例 3-17】阅读以下代码，并分析程序的运行结果。

```
package com.task3_1;
```

```
/**
 * 表达式
 */
public class Demo3_5_5 {
    public void test(){}
    public static void main(String[] args) {
        float f = 10.9f;
        float b = 10.9f;
        int a=100,c=200;
        System.out.println((int)++f);
        System.out.println((int)b++);
        System.out.println(f!=b?0:a>c?1:2);
        System.out.println(b>f&&a<c);
    }
}
```

程序运行结果如图 3-11 所示。

```
11
10
2
false
```

图 3-11 运行结果

## 3.4 简单购物程序

**1. 案例描述**

开发一个基于命令行的简单购物程序，实现简单购物结算功能。使用简单的变量声明与赋值，实现商品信息的存储，计算某顾客购物的消费金额及所获积分，根据实际费用计算找零，并打印购物清单。

系统中需要输入商品的信息，这里采用 DOS 界面在控制台模拟信息的输入、显示和输出。

在结算时，需要根据购买的商品单价和数量计算总金额，并根据顾客实际支付的金额计算找零。计算积分，购物每满 50 元积 1 分。

在处理过程中，需要有友好的界面提示，以便用户可以根据提示信息输入相关数据，得到所要计算的值。

**2. 案例分析**

（1）界面主要分成两部分，一部分是购物结算，一部分是消费单打印。

（2）购物结算部分需输入用户购买的商品信息并计算总金额，可定义如下几个变量。

①衬衣价格：int 类型。②衬衣购买数量：int 类型。③运动鞋价格：int 类型。④运动鞋购买数量：int 类型。⑤活动折扣：float 类型。⑥总金额：float 类型。⑦实际支付金额：float 类型。

（3）系统需要输入信息，Java 中获取控制台输入的类可以使用 java.util.Scanner 类。

（4）购物清单中另外需要计算本次购物所得积分，可设置一个单独的变量，采用 int 类型。

**3. 案例实现**

实现代码如下所示。

```
import java.util.Scanner;
```

```
    public class Pay {
        public static void main(String[] args) {
            Scanner input = new Scanner(System.in);
            System.out.print("请输入衬衣的价格：");
            int shirtPrice = input.nextInt();
            System.out.print("购买衬衣的数量：");
            int shirtNo = input.nextInt();
            System.out.print("请输入运动鞋的价格：");
            int shoePrice = input.nextInt();
            System.out.print("购买运动鞋的数量：");
            int shoeNo = input.nextInt();
            float discount = 0.8f;
            /*计算消费总金额*/
            float finalPay = (shirtPrice * shirtNo + shoePrice * shoeNo) *
discount;
            System.out.println("金额总计\t¥" + finalPay);
            System.out.print("请输入实际支付费用：");
            float realPay = input.nextFloat();
            /*计算找零*/
            double returnMoney = realPay - finalPay;
            /*计算本次购物所获积分*/
            int score = (int) finalPay / 50;
            /*打印购物小票*/
            System.out.println("\n********************        消        费        单
*************************\n");
            System.out.println("购买物品\t" + "单价\t" + "数量\t" + "金额\t");
            System.out.println("衬衣\t\t" + "¥" + shirtPrice + "\t" + shirtNo
+ "\t\t" + "¥" + (shirtPrice * shirtNo) + "\t");
            System.out.println("运动鞋\t\t" + "¥" + shoePrice + "\t" + shoeNo +
"\t\t" + "¥" + (shoePrice * shoeNo) + "\t\n");
            System.out.println("折扣：\t\t8 折");
            System.out.println("金额总计\t" + "\t¥" + finalPay);
            System.out.println("实际付费\t\t¥" + realPay);
            System.out.println("找钱\t" + "\t¥" + returnMoney);
            System.out.println("\n 本次购物所获的积分是：" + score);
        }
    }
```

**4. 运行结果**

程序运行结果如图 3-12 所示。

```
请输入衬衣的价格：25
购买衬衣的数量：2
请输入运动鞋的价格：50
购买运动鞋的数量：3
金额总计        ￥160.0
请输入实际支付费用：200

******************** 消费单 *************************

购买物品    单价      数量    金额
衬衣        ￥25.0    2       ￥50.0
运动鞋      ￥50.0    3       ￥150.0

折扣：      8折
金额总计        ￥160.0
实际付费        ￥200.0
找钱        ￥40.0

本次购物所获的积分是：  3
```

图 3-12　程序运行结果

# 习题

## 一、选择题

1．下列关于常量的描述中，错误的是________

A．Java 语言的常量有 5 种

B．浮点型数 12.456 是单精度的

C．布尔型常量只有两个可选值：true 和 false

D．字符串常量含有结束符'\0'

2．下列关于变量的作用域的描述，错误的是________

A．在某个作用域定义的变量，仅在该作用域内是可见的，而在该作用域外是可见的

B．在类中定义的变量的作用域在该类中的方法内可以使用

C．在方法中定义的变量的作用域仅在该方法体内

D．在方法中作用域可嵌套，在嵌套的作用域中可以定义同名变量

3．下列关于增 1（++）、减 1（--）运算符的描述中，正确的是________

A．增 1 减 1 运算符都是单目运算符

B．增 1 减 1 运算符都具有前缀运算和后缀运算

C．增 1 减 1 运算符都不会改变变量的值

D．增 1 减 1 运算符前缀运算和后缀运算后表达式的值是相同的

4．下列关于标识符的描述中，正确的是_______

A．标识符中可以使用下画线和美元符号

B．标识符中可以使用连接符和“#”号

C．标识符中大小写字母是无区别的

D．标识符可选用关键字

5．Java 语言的各种分隔符中，非法的是________

A．空白符　　B．分号　　C．逗号　　D．问号

## 二、填空题

1．Java 语言是一种强类型语言，数据类型转换有两种：_________和_______。

2．Java 语言中定义符号常量使用_______关键字。

3．字符型变量中只存放________字符。

4．三目运算符有：______。

5．Java 语言中的基本数据类型有________种。

# 第4章

# 程序编码规范

在程序编码过程中，有些规则需要强制性遵守，例如，语法规则，这些强制性标准确保程序编译能够通过；但是，并不是说通过编译的程序就是好程序。衡量程序的好坏并没有官方统一的标准，但是应该做到：一是程序的正确性，编写符合任务目标、正确解决问题的程序；二是可靠性，编写的程序能够稳定运行；三是易读性，编写的程序不光自己看懂，他人也可以看懂，做到程序通俗易懂；四是易维护性，编写的程序能够方便维护，不建议编写过于刁钻的算法、以常人难以理解的方式编写程序、不按规范编写程序、过于随意，这些都无法做到程序易维护。程序的编码规范没有强制性的官方标准，它不像程序设计语言的语法那样必须遵守，不遵守就无法通过编译程序自然无法运行，本章不谈语法强制标准，只讲程序编码规范，属于一种建议参考，这种规范是开发团队内部自行遵循的一种标准，不具有强制性，但非常重要。一个优秀的开发团队一定有自己的程序编码规范。良好的程序编码规范是实现程序正确性、可靠性、易读性及易维护性的强有力保证。

## 本章任务

1. 命名规范的常用规则及使用；
2. 注释规范的常用规则及使用；
3. 代码格式规范的常用规则及使用；
4. 面向对象规范的常用规则及使用。

## 重点内容

1. 命名规则；
2. 代码格式规范；
3. 面向对象规范。

## 难点内容

命名规范。

# 4.1 命名规范

在程序代码中，除规定的关键字、特殊符号外，几乎其他的程序代码名称都是程序员自己命名的，这些自定义命名主要是不同的标识符，标识符在不同的程序设计语言中都有规则定义，这些规则成为强制性规则，程序员必须遵循，而作为一名合格的程序员除遵循强制性标准外，还需要遵循一些团队内部规范，它不具备强制性标准，但却非常重要，可以提高程序的易读性及可维护性。

程序编写中的各种名称的命名规范需要遵守以下标准：

- 强制遵循该门语言的标识符命名的强制性标准，例如 Java 中，标识符需要做到：一是标识符由字母、数字、下画线和美元符号组成；二是不能以数字开头；三是不能用关键字作为标识符等。
- 标识符命名做到望文生义，即看到程序中的标识符后，大概就知道该标识符的作用和意义，这个属于标识符强制之外的建议标准。
- 标识符出现复合词时，建议采用驼峰式的编写规则，具体详细见后面案例解析。
- 标识符中不建议出现中英文混写或中文拼音与英文混写模式。

## 4.1.1 变量命名

变量在程序编写过程中经常使用到，变量名称通俗易懂对程序的理解及维护非常重要。变量名称命名需要遵循本章提到的命名规范，除此之外，建议还要做到：

（1）局部变量、类成员变量及参数变量，首字母小写；

（2）静态变量，即类变量，首字母大写。

**案例 1：**

商品折扣局部变量：

**建议：** float discount=0.1f;或者 float zheKou=0.1f;

**不建议：** float dis=0.1f;或者 float zhekou=0.1;

> **说明：** 商品折扣变量定义 dis 名称，不能做到望文生义，意义不清；zhekou 这个命名没有遵循驼峰式编写规范。

**案例 2：**

定义学生类中的静态变量保存班级人数：

**建议：** protected static int ClassCount=0;//班级人数

**不建议：** protected static int 班级人数=0;//中文命名

protected static int classCount=0;//首写字母为大写

protected static int c=0;//过于随意

> **说明：** 班级人数静态变量定义中，在建议与不建议的四个部分中，语法在编译器中都能通过，但不建议部分出现了中文命名，首写字母没有大写，无法区分与实例变量区

别，而“c”变量名过于随意，不能做到望文生义。

### 4.1.2 常量命名

常量在Java编程中，相对于变量而言，最大的区别就是常量的值是在定义的时候就确定了，之后就不能再变更，它的命名规范除遵循本章命名规范的规则外，还要建议做到：

（1）常量名称全部大写；

（2）常量名称如果出现复合名称，复合词之间用下画线隔开。

**案例3：**

学生最大入学年龄：

**建议：**final int MAX_AGE=30;

**不建议：**final int max_age=30;//通过常量名无法辨别出

final int maxAge=30;

**说明：**在学生最大入学年龄的常量定义中，如果没有规范的定义，很难只通过名称来辨别出是常量还是变量，只有统一规范，就可以做到根据名称辨别出常量还是变量。

### 4.1.3 类相关命名

Java 中的类涉及命名的内容包括包名、类名、方法名、参数名等。这些命名除遵循本文前面的总体规范外，建议还要做到：

（1）包名称字母小写，不要出现复合名称，如果需要，复合名称之间用“.”隔开；

（2）类名称首字母大写；

（3）接口名称第一个字母建议为I，表示接口的意思，后面按照类名称命名即可；

（4）实现接口的类名称在接口名称前去掉字母I，接口名称结尾添加Impl即可；

（5）抽象类名称命名时，建议在类名称前加上“Abstract”；

（6）方法名、参数名、成员变量名首字母小写；

（7）如果是布尔型变量，变量命名时不建议使用is开头。

**案例4：**

项目中的持久层类存放的包命名。

**建议：**com.kesun.model;

**不建议：**com.kesun_model;//不建议

Com.KesunModel;//不建议

**说明：**在案例4中，项目中持久层类存放在包model中，存在各级包的com顶级包中,子包kesun表示公司标识或项目标识；在不建议部分中，包名容易与类名称混淆。

**案例5：**

对“考勤表”进行类名称命名。

**建议：**TimeSheet 或 KaoQinBiao;

**不建议：**timeSheet;//首写字母未大写

TimeBiao;//中英文混写

**说明**：在案例 5 中，不建议部分出现了类名称首写字母小写和英文与拼音混写问题。

**案例 6**：

定义对象常用操作接口名称命名。

**建议**：IDoData 或 IOperate 或 ICaoZuo;

**不建议**：DoData 或 Operate 或 CaoZuo;

**说明**：在案例 6 中，建议在接口命名前加上大写的“I”，在不建议的部分，都没有加上“I”字母，这样比较难以区分该名称是类还是接口。

**案例 7**：

实现接口 IDoData 类的类名称命名。

**建议**：DoDataImpl;

**不建议**：DoData

**说明**：在案例 7 中，建议实现接口的子类名称去掉大写字母“I”，并且在剩下接口名称后面加上“Impl”；在不建议部分，“DoData”不符合要求，这样的做法无法区分当前类是实现接口的还是普通的类。

**案例 8**：

实现人类抽象类的类名称命名。

**建议**：AbstractPeople;

**不建议**：People;

**说明**：在案例 8 中，建议部分的抽象类名称加了 Abstract，可以看到名称就知道该类是抽象类，而不建议部分的 People 很难通过名称来辨别该类是否为抽象类。

**案例 9**：

定义 POJO 中的布尔型变量是否允许下载成员变量。

**建议**：private Boolean download=false;//是否允许下载

**不建议**：private Boolean isDownload=false; //是否允许下载

**说明**：在案例 9 中，从变量名称命名规范来讲都没有问题，但是在 POJO 中，如果布尔型的变量名称前加了“is”，在开发工具自动产生 get 和 set 方法时会出现错误，Ideal 工具错误结果：

```
public Boolean getDownload() {
return isDownload;
}
public void setDownload(Boolean download) {
    isDownload = download;
}
```

显然，这不是所期待的结果。

## 4.2 注释规范

注释在程序中不会对程序的编译及功能、性能产生任何影响，却可以提高程序的易读性及易理解性，便于程序的维护。在Java中，注释分为行注释与块注释，块注释建议遵循Javadoc规范。使用注释时，建议使用母语较好，通俗易懂，准确反映设计思想和逻辑代码，注释不是越长越好，简短明确，多用行业术语。

### 4.2.1 块注释

块注释在 Java 中使用“/*注释内容*/”格式表示，可以换行，一般建议在类、属性、方法中使用；类注释在类的定义上面，可以注释说明类的功能作用、创建日期、作者、版本号等；属性注释写在属性定义的上方，说明属性的作用、数据类型等；方法注释写在方法定义的上面，说明方法的功能作用、返回值、参数等。例如：定义学生的基本信息 POJO 类，学生具有学号、姓名、性别和出生年月等四个属性，其中要求出生年月在 15～30 岁，其实现代码如下。

```
/**
 * @name：学生类
 * @description：学生基本属性特征.
 * @date：2018-7-23
 * @author :wph
 * @version :1.0.0.0
 */
public class Student extends Object {
    private String number="";//学号
    private String name="";//姓名
    private char sex='男';//性别
    private Date birthday;//出生年月
    /**
    *获取学生学号信息
    *@return：返回学生学号
    */
    public String getNumber() {
        return number;
    }
    /**
     *设置学生学号信息
     *@param number 学号参数，字符串型
```

```
 */
public void setNumber(String number) {
    this.number = number;
}
/**
 *获取学生姓名信息
 *@return：返回学生姓名
 */
public String getName() {
    return name;
}
/**
 *设置学生姓名信息
 *@param name 学号参数，字符串型
 */
public void setName(String name) {
    this.name = name;
}
/**
 *获取学生性别
 *@return：返回学生性别
 */
public char getSex() {
    return sex;
}
/**
 *设置学生性别信息
 *@param sex 性别参数，字符型
 */
public void setSex(char sex) {
    this.sex = sex;
}
/**
 *获取学生出生年月
 *@return：返回学生出生年月信息
 */
public Date getBirthday() {
    return birthday;
}
/**
 *设置学生出生年月，要求年龄在 15~30 岁
```

```
    *@param birthday 出生年月参数
    */
   public void setBirthday(Date birthday) {
       //创建出生年月日历对象
       Calendar cal = Calendar.getInstance();
       //设置出生年月日历时间
       cal.setTime(birthday);
       //创建当前日历对象
       Calendar calNow=Calendar.getInstance();
       /*判断参数是否在规定的年龄之间，符合条件赋值*/
       if (calNow.YEAR-cal.YEAR>=15 && calNow.YEAR-cal.YEAR<=30)
          this.birthday = birthday;
       else
           this.birthday=null;

   }
}
```

在学生类 Student 中，类注释采用了“/*类说明*/”格式的说明，其中@name 表示类的中文名称，@description 表示类的功能说明，@date 表示类的创建日期，@author 表示类的创建者，@version 表示类的版本号等。注释以“/*”开头，以“*/”结束，中间不管有多少行，都表示注释的内容。在 Student 学生类的方法属性注释中，也采用了块注释，其中@param 表示参数属性，@return 表示返回值注释。

### 4.2.2 行注释

在 Java 中，行注释通常应用于类定义的成员变量说明和类方法内部，对需要说明的代码进行注释，注释可以在该代码的最后面或者代码的上面都可以。一般如果代码指令不太长，可以直接写在该代码的最后，如果代码过长，可以写在代码的上面。行注释使用“//”表示，不能换行，如果需要换行进行注释，请使用块注释即可。

例如在 Student 学生类中，成员变量学号、姓名、性别和出生年月的行注释：

```
private String number="";//学号
private String name="";//姓名
private char sex='男';//性别
private Date birthday;//出生年月
```

在设置出生年月的功能代码中，采用了行注释放在代码上面：

```
/**
 *设置学生出生年月，要求年龄在 15~30 岁
 *@param birthday 出生年月参数
 */
public void setBirthday(Date birthday) {
```

```
        //创建出生年月日历对象
        Calendar cal = Calendar.getInstance();
        //设置出生年月日历时间
        cal.setTime(birthday);
        //创建当前日历对象
        Calendar calNow=Calendar.getInstance();
        /*判断参数是否在规定的年龄之间，符合条件赋值*/
        if (calNow.YEAR-cal.YEAR>=15 && calNow.YEAR-cal.YEAR<=30)
          this.birthday = birthday;
        else
           this.birthday=null;

    }
```

## 4.3 代码格式规范

代码格式规范会影响读者对代码的理解，一般现在的编译器都有自动排版的功能，代码格式对齐规范不在本节范围，本小节主要内容包括方法内部的一行代码过长处理、代码块中的空行和空格处理。

### 4.3.1 代码过长

编写 Java 代码时，每行代码的长度从语法角度来看并没有具体规定，理论上可以一直写下去，但是代码过长显然不利于代码的阅读和管理，所以在编写代码过程中需要适当控制每行代码的长度。每行代码的长度控制多少个字符，这里并没有统一的规定，有的 120 个字符，也有 130 个字符甚至更长，但是有个原则，在遵循代码缩进式的对齐方式下，每行代码不能通过拖动水平滚动条的方式查看全部。代码换行时，需要遵循以下原则：

（1）换行的第二行相对于第一行要有一定的缩进，可以是 4～8 个空格；而如果存在第三行换行，第三行需要与第二行对齐，不需要进行任何缩进；

（2）如果换行处是运算符，则运算符作为下一行的首字符；

（3）如果是在调用的方法时换行，则下一行以点作为首字符；

（4）如果在多个方法参数处换行，则需要以参数逗号后的字符作为下一行第一个字符；

（5）换行不可以在分号结束处。

例如：a,b,c,d 字符串连接。

```
public String contact(String a,String b,
                      String c,String d) {
    //临时保存字符串对象
    StringBuilder sb=new StringBuilder();
    return sb.append(a)
```

```
            .append(b)
            .append(c)
            .append(d)
            .toString();

    }
```

### 4.3.2 代码块中空行

代码块更多出现在类的方法中，在代码块中，有时会在不同业务逻辑或语义之间空一行，这样做的目的表示当前上下相邻两块代码关联性较弱，方便代码的阅读。空行时建议按照以下原则：

（1）不要在代码块中故意空行；

（2）不要在代码关联较强的部分空行；

（3）空行时不要过多，一行足以；

（4）空行时注意代码之间的逻辑结构，遵循模块化设计理念。

### 4.3.3 空格处理

空格在代码中运用较多，可以提升代码的可阅读性，一般在以下几种情况下使用空格：

（1）代码缩进处理时，需要增加空格，一般一层的缩进用 4 个空格代替；

（2）如果一行代码过长需要换行，第二行代码与第一行代码空出 4 个空格字符；第二行以后只要与第二行首个字符对齐即可；

（3）方法定义时，多个参数之间的逗号后面增加一个空格；

（4）赋值号“=”左右两边各增加一个空格。

## 4.4 面向对象规范

Java 是一门纯面向对象的编程语言，在编码过程中建议遵循一些非语法性规范，具体范围内容包括：

（1）类的静态变量或静态方法需要通过类名直接引用。

（2）子类重写父类的方法，需要加上关键字@Override。

（3）接口过时，需要加上修饰符@Deprecated。

（4）在调用类或类的方法时，避免使用过时的类或方法，应该用新的类或方法替代。

（5）对象比较是否相等，建议使用 equals 方法，常量在前，变量在后，例如：“myname”.equals（object）。

（6）局部变量建议使用基本数据类型，POJO 类属性建议使用包装数据类型。

（7）定义 DO（Domain Object）域对象、DTO（Data Transfer Object）数据传输对象、VO

（View Object）视图对象的类时，建议不要设置属性的初始值。

（8）类的构造方法中，建议不要写任何的业务逻辑功能。

（9）当一个类有多个同名的方法时，建议将这些方法放在一起，方便阅读。

（10）类中成员定义的顺序建议按照：属性 >公共方法或保护方法>私有方法>getter/setter 方法。

（11）类中的 getter/setter 方法中，建议不要增加业务逻辑。

（12）字符串的连接建议使用 StringBuilder 类。

（13）在定义不需要改变值的变量、不需要被继承或重写的方法或最终类时，建议加上 final，可以提升程序的响应效率。

（14）如果类不允许通过 new 创建对象，需要将构造方法设置成 private。

（15）类的成员变量如果仅本类使用，必须是 private，如果子类与父类共享，则使用 protected。

（16）如果类的方法仅供本类使用，必须使用 private。

## 习题

### 一、填空题

1．局部变量、类成员变量及参数变量，首写字母_______，类变量首写字母________。
2．抽象类名称命名时，建议在类名称前加上____________。
3．注释分为__________和__________。
4．代码缩进处理时，需要增加空格，一般一层的缩进用__________个空格代替。
5．字符串的连接建议使用__________类。

### 二、选择题

1．在编写程序中，各种名称的命名规范需要遵守的标准是（　　）。
   A．强制遵循该门语言的标识符命名的强制性标准
   B．标识符做到望文生义，标识符出现复合词时，建议采用驼峰式的编写规则
   C．标识符中不建议出现中英文混写或中文拼音与英文混写模式
   D．以上都是
2．项目中持久层类存放的包名在命名时，符合规范的是（　　）。
   A．com.kesun_model　　B．Com.Kesun.Model
   C．com.kesun.model　　D．com.KesunModel
3．以下定义对象常用操作接口名称命名正确的是（　　）。
   A．IdoData　　B．Operate　　C．CaoZuo　　D．DoData
4．代码换行时，需要遵循以下原则（　　）。
   A．换行的第二行相对于第一行要有一定的缩进，可以是 4～8 个空格；而如果存在第三行换行，第三行需要与第二行对齐，不需要进行任何的缩进
   B．如果在运算符处换行，则运算符作为下一行的首字符

C．如果是在调用的方法处换行，则下一行以点作为首字符

D．以上都要遵循

5．代码块中空行处理原则不正确的是（　　）。

A．不要在代码块中故意空行

B．不要在代码关联较强的部分空行

C．为了美观，适当增加多个空行

D．空行时，注意代码之间的逻辑结构，遵循模块化设计理念

# 第5章

# Java 程序流程结构

在实际生活中，有时要求程序对一些条件做出判断，从而决定执行哪一段代码，有时又要求程序对同一件事情重复做很多次，实现将某一段代码重复执行，例如：你开车来到一个装有红绿灯的十字路口，这时需要对红绿灯进行判断，如果你想走的那条路是红灯，就停车等待；如果是绿灯，就可以通行。再比如你想编程实现打印 1 ~ 100 以内的整数，将打印语句这一件事情重复做 100 遍，在 Java 程序中，要达到这种效果，可以采用程序流程控制语句来实现。Java 程序流程结构是用来控制程序中各语句的执行顺序的，可分为顺序结构、选择结构、循环结构三大类。顺序结构是语句按照预定的顺序依次执行；选择结构是模拟日常的选择行为，实现程序中哪些语句执行而哪些语句跳过不执行；循环结构是反复执行特定且相同的代码块。流程的控制主要体现在选择和循环两种结构。程序流程控制结构通过流程控制语句实现，Java 中的流程控制语句主要有选择语句、循环语句和跳转语句。

## 本章任务

1. 熟悉 Java 程序流程控制三种方式的定义与区别；
2. 理解选择结构语句的基本语法，使用 if、switch 分支语句做出条件判断；
3. 掌握循环结构语句的基本语法，应用 while、do...while、for 循环语句循环执行一段代码；
4. 了解跳转语句的用法。

## 重点内容

1. if、switch 分支语句；
2. while、do...while、for 循环语句；
3. break、continue 跳转语句。

## 难点内容

while、do...while、for 循环语句。

在一个 Java 程序执行的过程中，各条语句的执行顺序对程序的结果是有直接影响的，也就是说程序的流程对运行结果有直接的影响。所以，必须清楚每条语句的执行流程。而且，很多时候我们要通过控制语句的执行顺序来实现要完成的功能。Java 中的流程控制语句同其他编程语言（如 C、C++、PHP）中的流程控制语句大体相近，均是用来控制程序中各语句的执行顺序的。

由于顺序结构是程序中最简单、最基本的流程控制，没有特定的语法结构，它的执行过程是按照语句的先后顺序依次执行，且程序中大多数的代码都是这样执行的，因此在本章对顺序结构只做简单的阐述。一句话概括顺序结构：写在前面的先执行，写在后面的后执行。顺序结构的执行流程如图 5-1 所示。

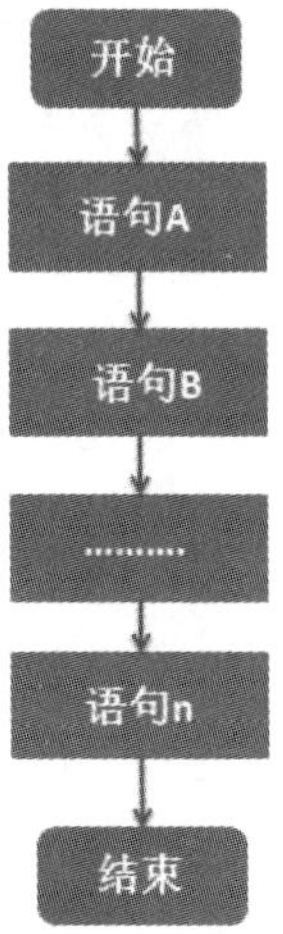

图 5-1　顺序结构流程图

【例 5-1】 计算 3 位学生考试成绩的平均分。

```
public class Example5_1 {
    public static void main(String[] args) {
        //声明 3 个整型变量用来保存 3 位学生的考试成绩
        int a,b,c;
        float average; //声明一个浮点型变量用于保存平均分数
        a=90;b=87;c=95;//给这 3 个变量赋值
        average=(a+b+c)/3;//计算平均分
        System.out.println("平均分:"+average);//输出平均分
    }
}
```

接下来我们重点介绍选择语句、循环语句和跳转语句。

## 5.1　选择语句

选择语句，也称为分支语句，它有特定的语法规则，需要对一些条件做出判断，条件判断的结果有两个，所以产生选择，按照不同的选择执行不同的代码。Java 语言提供了两种选择语句：if 语句、switch 语句，上述划定考试成绩等级的案例向我们展示了如何在程序中使用 if 选择语句模拟日常行为的判断，如果你想要应用 if、switch 分支语句做出条件判断，就必须清楚它们的语法格式，接下来针对选择语句进行详细的讲解。

### 5.1.1　if 语句

if 语句也称条件语句，它分为 3 种语法格式，每一种格式都有其自身的特点，下面分别介绍这 3 种语法格式：

（1）if 单分支语句。

（2）if...else 双分支语句。

（3）if...else if...else 多分支语句。

### 1. if 单分支语句

if 单分支语句是指如果满足某种条件，就进行某种处理，具体语法格式如下：

```
if(表达式) {
    语句体;
}
```

功能：判断表达式的结果是 true（真值）还是 false（假值），如果是 true 就执行语句体，如果是 false 就不执行语句体。

其中，表达式是必要参数，可以由多个表达式组成，但是结果一定是 boolean 类型：true 或 false。语句体是可选参数，它可以由一条或多条语句组成，如果该语句体只有一条语句，大括号可以省略不写，但为了增强程序的可读性，建议读者最好不要省略。若是去掉大括号，那么就需要在 if 语句的末尾添加分号“;”，也就是说 if 语句后面有左大括号就没有分号，有分号就没有左大括号，具体格式如下：

```
if(表达式);
```

或者

```
if(表达式) {}
```

if 单分支语句的执行流程如图 5-2 所示。

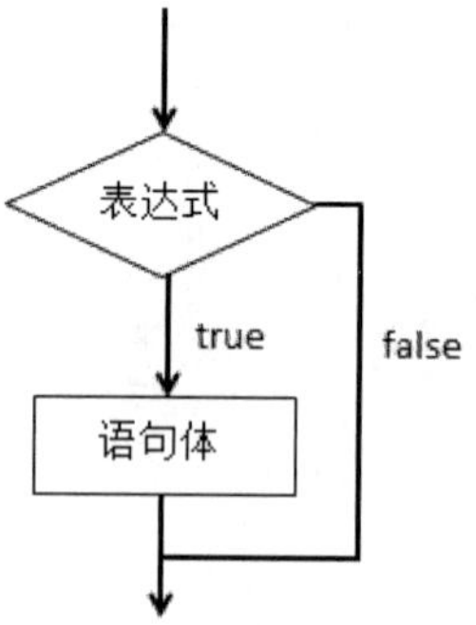


图 5-2　if 单分支语句流程图

**【例 5-2】** 判断整型变量 x 是否为偶数，若为偶数，打印“x 是一个偶数”，无论 x 是否为偶数，都要输出 x 的值。

```
public class Example5_2 {
    public static void main(String[] args) {
        int x=6;
        if(x%2==0) {
            //表达式的值为 true,即 x 被 2 整除，说明 x 是一个偶数
            System.out.println("x 是一个偶数");
        }
        System.out.println("x="+x);
    }
}
```

上述案例定义了一个整型变量 x，其初始值为 6。在 if 单分支语句的表达式中判断 x 是否被 2 整除，由于 6 能被 2 整除，故条件成立，{}中的语句体会被执行，程序会在控制台打印“x 是一个偶数”，最后在控制台输出 x 的值，程序运行结果如图 5-3 所示。

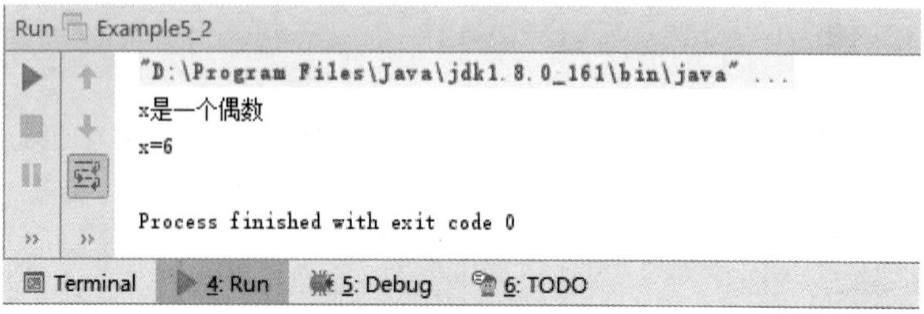


图 5-3　程序运行结果

**2．if...else 双分支语句**

if...else 双分支语句的操作比 if 单分支语句多了一步，它是指如果满足某种条件，就进行某种处理，否则就进行另一种处理，具体的语法格式如下：

```
if(表达式) {
    语句体 1;
}else {
    语句体 2;
}
```

功能：判断表达式的结果是 true（真值）还是 false（假值），如果是 true 就执行语句体 1，如果是 false 就执行语句体 2。

其中，表达式是必要参数，可以由多个表达式组成，但是结果一定是 boolean 类型：true 或 false。语句体 1 是可选参数，它可以由一条或多条语句组成，如果表达式的值为 true 时执行语句体 1。语句体 2 是可选参数，它可以由一条或多条语句组成，如果表达式的值为 false 时执行语句体 2。else 后面是没有表达式的，只有 if 后面有表达式。

if...else 双分支语句的执行流程如图 5-4 所示。

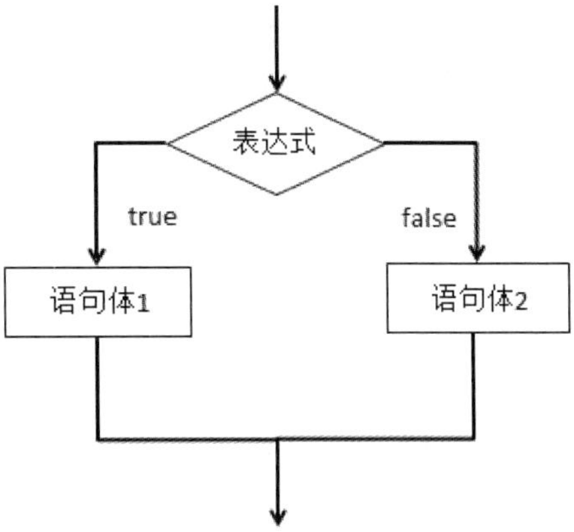


图 5-4　if...else 双分支语句流程图

【例 5-3】 判断一个整型变量 x 是奇数还是偶数。

```
public class Example5_3 {
    public static void main(String[] args) {
        int x=9;
        if(x%2==0) { //判断表达式 x 是否能被 2 整除
            //如果 x 能被 2 整除，说明 x 是一个偶数
            System.out.println("x 是一个偶数");
        } else {
            //否则 x 不能被 2 整除，说明 x 是一个奇数
            //if...else 语句二选一
            System.out.println("x 是一个奇数");
        }
        System.out.println("x="+x);
    }
}
```

上述案例是在【例 5-2】的基础上新增了 else 部分，整型变量 x 的初值为 9，判断表达式 x 是否能被 2 整除，如果条件成立，执行 if 后面{}中的语句体，否则执行 else 后面{}中的语句体，由于 9 不能被 2 整除，故打印“x 是一个奇数”，最后在控制台输出 x 的值，程序运行结果如图 5-5 所示。

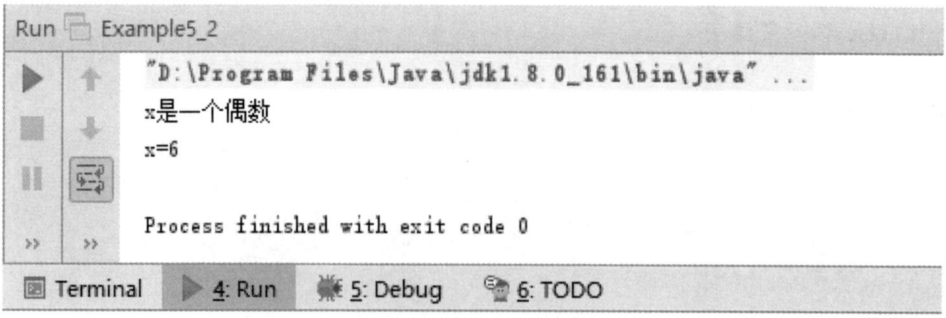


图 5-5　程序运行结果

【例 5-4】 输入年份判断其是否为闰年。

```
public class Example5_4 {
    public static void main(String[] args) {
        System.out.println("请输入年份:");
        //Scanner 类接收键盘输入的数据
        Scanner scanner=new Scanner(System.in);
        //nextInt()方法读取输入的整型数据
        int year=scanner.nextInt();
        if(year%4==0 && year%100!=0 || year%400==0) {
          //如果表达式条件成立,
          //即 year 能被 4 整除且不能被 100 整除,或者能被 400 整除,则是闰年
          System.out.println(year+"年是闰年");
        }else {
          //否则表达式条件不成立,year 就不是闰年
           System.out.println(year+"年不是闰年");
        }
        scanner.close();//关闭 scanner
    }
}
```

上述案例利用 java.util 包下的 Scanner 类接收用户从键盘输入的年份并赋值给 year 整型变量，如果输入的年份能被 4 整除且不能被 100 整除，或者能被 400 整除，说明表达式条件成立，执行 if 后面{}中的语句体，否则执行 else 后面{}中的语句体，最后关闭 scanner，程序运行结果如图 5-6 所示。

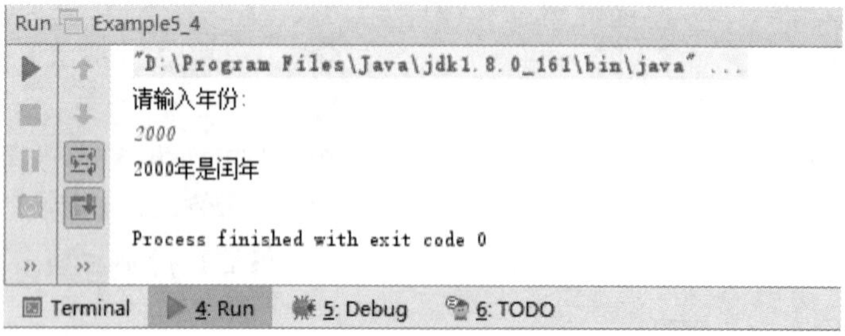


图 5-6　程序运行结果

### 3. if...else if...else 多分支语句

if...else if...else 多分支语句常用于对某一事件的多种情况进行处理，具体的语法格式如下：

```
if(表达式 1) {
    语句体 1;
}else if(表达式 2) {
    语句体 2;
}…
else {
    语句体 n+1;
}
```

功能：首先判断表达式 1 的结果是 true 还是 false，如果是 true 就执行语句体 1，如果是 false 就继续判断表达式 2 的结果是 true 还是 false，如果是 true 就执行语句体 2，以此类推，如果没有任何表达式为 true，就执行语句体 *n*+1。

if...else if...else 多分支语句是从上到下逐个对表达式进行判断的，一旦发现条件满足就执行与该条件相关的语句，并跳过其他的条件判断；若没有一个条件满足，则执行最后一个 else{}后面的语句体；如果没有最后的 else 语句，则不执行任何操作，直接执行该多分支语句后面的语句。同样，语句体中包含多条语句时，必须使用大括号{}把多条语句括起来。

if...else if...else 多分支语句的执行流程如图 5-7 所示。

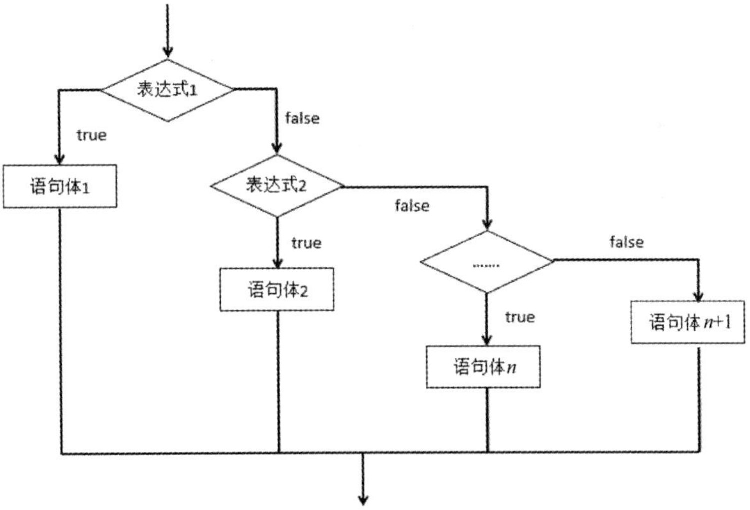


图 5-7 if...else if...else 多分支语句流程图

**【例 5-5】** 假设程序使用数字 1～7 表示星期一到星期天，实现根据给定的数值输出对应的星期值。

```
public class Example5_5 {
    public static void main(String[] args) {
        int week=2;
        if(week==1) {
```

```
            //判断 week 是否等于 1
            //如果 week 等于 1 条件成立，输出星期一
            System.out.println("星期一");
         }else if(week==2) {
            //如果 week 不等于 1,继续判断 week 是否等于 2
            //如果 week 等于 2 条件成立，输出星期二
            System.out.println("星期二");
         }else if(week==3) {
            //如果 week 不等于 1 且不等于 2,继续判断 week 是否等于 3
            //如果 week 等于 3 条件成立，输出星期三
            System.out.println("星期三");
         }else if(week==4) {
            //以此类推
            //如果 week 等于 4 条件成立，输出星期四
            System.out.println("星期四");
         }else if(week==5) {
            //如果 week 等于 5 条件成立，输出星期五
            System.out.println("星期五");
         }else if(week==6) {
            //如果 week 等于 6 条件成立，输出星期六
            System.out.println("星期六");
         }else if(week==7) {
            //如果 week 等于 7 条件成立，输出星期日
            System.out.println("星期日");
         }else {
            //当前面所有的判断条件都不成立的时候,执行 else{}后面的语句体
            System.out.println("给定的数值不在星期值范围内");
         }
      }
   }
```

上述案例定义一个整型变量 week，其初始值为 2，它不满足第一个判断条件 week==1，会执行第 2 个判断条件 week==2，条件成立，打印“星期二”，并跳过其他的条件判断，运行结果如图 5-8 所示。

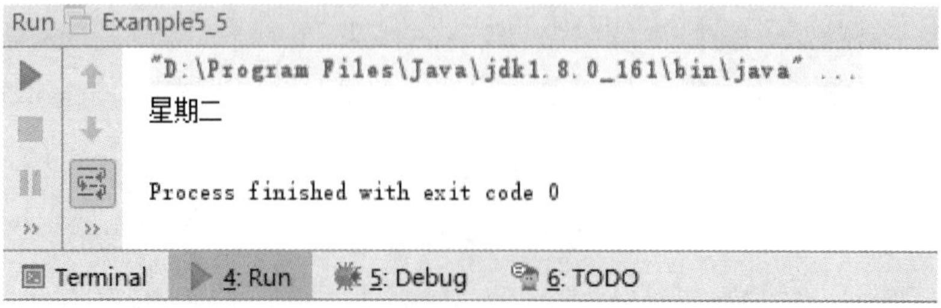


图 5-8　运行结果

**4. if 语句的嵌套**

if 语句的嵌套是指在 if 语句中又包含了一个或多个 if 语句，只有当外层 if 语句的条件成立时，才会判断内层 if 语句的条件，一般形式如下：

```
if(表达式 1) {
    if(表达式 2) {
        语句体 1;
}else {
        语句体 2;
}
}else {
    语句体 3;
}
```

功能：首先判断表达式 1 的结果是 true 还是 false，如果是 false 就执行语句体 3，如果是 true 就继续判断表达式 2 的结果是 true 还是 false，如果是 true 就执行语句体 1，如果是 false 就执行语句体 2。

if 语句嵌套的执行流程如图 5-9 所示。

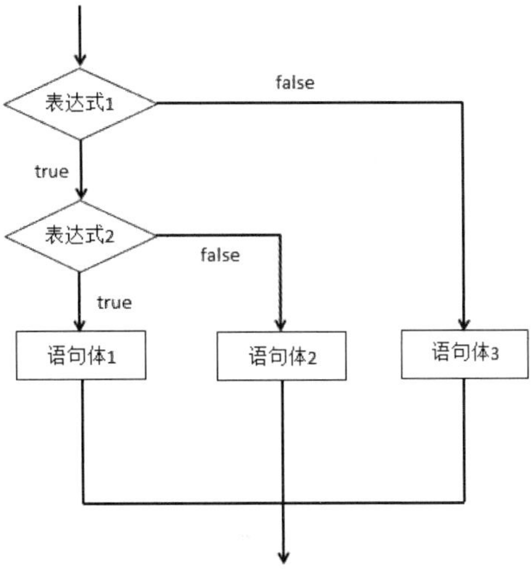


图 5-9 if 语句嵌套的流程图

在这里需要注意的一点，由于 if 语句分为 3 种形式，而 if 语句的嵌套又是 if 语句中包含了一个或多个 if 语句，甚至可能层层嵌套，故 if 语句的嵌套形式有很多种，上述为了给读者有一个 if 语句嵌套的轮廓，给出一般形式，但实际在程序开发过程中，读者可能需要根据不同的情况编写对应的嵌套 if 语句。

【例 5-6】从键盘输入年份、月份，程序用数字 1～12 表示月份，如果输入的月份不是 2，提示“输入的月份不是 2 月份”，否则计算并输出该年 2 月份的天数。

```
public class Example5_6 {
    public static void main(String[] args) {
         System.out.println("请输入年份、月份:");
         //Scanner 类接收键盘输入的数据
         Scanner scanner=new Scanner(System.in);
         //nextInt()方法读取输入的整型数据
         int year=scanner.nextInt();
         int month=scanner.nextInt();
         int day=0;
         if(month==2) {
              if(year%4==0 && year%100!=0 || year%400==0) {
```

```
                    //year 能被 4 整除且不能被 100 整除,或者能被 400 整除,则是闰年
                    //闰年 2 月份是 29 天
                    day=29;
                } else {
                    //非闰年 2 月份是 28 天
                  day=28;
                }
                 System.out.println(year+"年"+month+"月有"+day+"天");
            } else {
                System.out.println("输入的月份不是 2 月份");
            }
            scanner.close();//关闭 scanner
        }
    }
```

上述案例利用 Scanner 类接收用户从键盘输入的年份、月份并分别赋值给 year、month 整型变量，判断输入的月份是否等于 2，如果条件不成立，控制台打印“输入的月份不是 2 月份”，如果条件成立，继续判断输入的年份是否是闰年，如果是闰年，说明 2 月份的天数是 29 天，否则天数是 28 天，最后关闭 scanner。程序运行结果如图 5-10 所示。

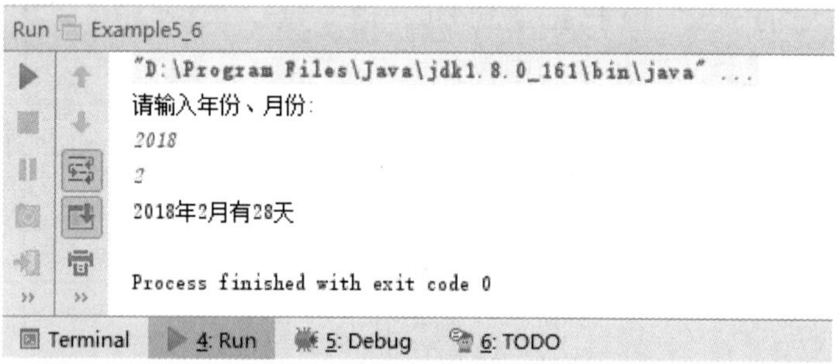


图 5-10　程序运行结果

### 5.1.2　switch 语句

前面我们讲到 if...else if...else 多分支语句可以对某一事件的多种情况进行处理，但是当分支比较多时，程序的可阅读性差且容易出错。Java 提供了 switch 语句来实现“多选一”的功能，switch 语句是多分支的开关语句，它由一个表达式和多个 case 标签组成，具体的语法格式如下：

```
switch (表达式) {
    case 目标值 1:
         语句体 1; break;
    case 目标值 2:
         语句体 2; break;
    ....
```

```
    case 目标值 n:
        语句体 n; break;
    default:
        语句体 n+1; break;
}
```

功能：首先计算出表达式的值，然后和每一个 case 进行匹配，如果有匹配的就会执行相应的语句体，在执行的过程中，遇到 break 就跳出 switch 语句。最后如果所有的 case 都和表达式的值不匹配，就会执行 default 语句体部分。

其中，switch 是关键字，标识这是一个 switch 语句。switch 语句中的表达式在 JDK1.5 之前只能是 byte、short、int、char 类型的值，如果传入其他类型的值，程序会报错。在 JDK1.5 版本及以上，新增 enum 枚举类型作为 switch 语句表达式的值，在 JDK1.7 版本及以上，新增 String 类型作为 switch 语句表达式的值。case 后面跟的目标值就是要和表达式进行比较的值。语句体 i(i=1～n+1)可以是空语句，也可以是一条或多条语句。

switch 语句的执行流程如图 5-11 所示。

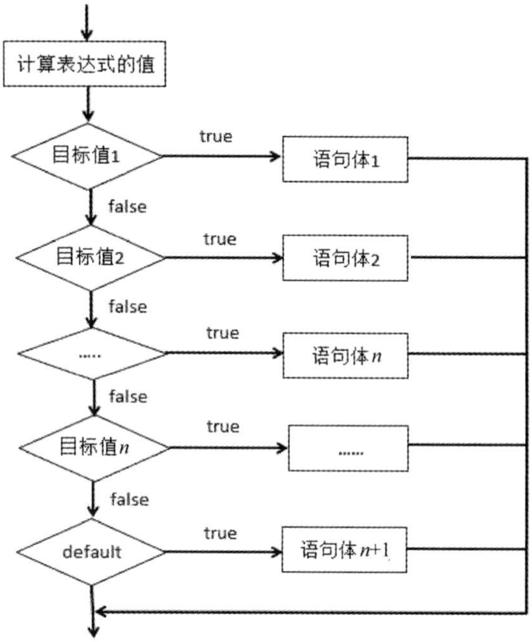


图 5-11 switch 语句的执行流程图

switch 语句表达式的值在与每一个 case 进行匹配的过程中，程序会自动从上到下扫描，寻找匹配的 case，可能存在以下情况：

（1）所有的 case 都和表达式的值不匹配，则执行默认的 case 后的语句。

```
int i = 3;
    switch(i){
        case 0:
            System.out.println("0");break;
        case 1:
            System.out.println("1");break;
        case 2:
            System.out.println("2");break;
        default:
            System.out.println("not found");break;
    }
```

输出：not found

（2）如果每一个 case 都不存在 break 时，所有的 case 匹配不成功则返回默认 case。

```
int i = 3;
switch(i){
   case 0:
      System.out.println("0");
   case 1:
      System.out.println("1");
   case 2:
      System.out.println("2");
   default:
      System.out.println("not found");
}
```

输出：not found

（3）如果每一个 case 都不存在 break 时，其中一个 case 匹配成功后，从当前 case 开始，依次执行后面所有的 case 语句。

```
int i = 1;
switch(i){
   case 0:
      System.out.println("0");
   case 1:
      System.out.println("1");
   case 2:
      System.out.println("2");
   default:
      System.out.println("not found");
}
```

输出：1
2
Not found

（4）如果当前匹配成功的 case 不存在 break，则从当前 case 开始，依次执行后面 case 的语句，直到遇到 break，跳出 switch 语句。

```
int i = 1;
switch(i){
   case 0:
      System.out.println("0");
   case 1:
      System.out.println("1");
   case 2:
      System.out.println("2"); break;
   default:
      System.out.println("not found");
}
```

输出：1

2

使用 switch 语句的注意事项：

（1）不允许有重复的 case 取值；

（2）case 后面紧跟常量数值或者常量表达式，不能是变量；

（3）可以把功能相同的 case 语句合并起来，比如：

```
case 1:
case 2:
   System.out.println("good"); break;
```

（4）default 块可以出现在任意位置，也可以省略。

**【例 5-7】** 利用 switch 语句实现划定考试成绩等级的程序。

```
public class Example5_7 {
    public static void main(String[] args) {
        System.out.println("-----请输入考试成绩-----");
        //从键盘输入考试成绩,利用 Scanner 类的 System.in 接收数据
        Scanner scanner=new Scanner(System.in);
        int score=scanner.nextInt();
        int n=score/10;
        switch (n) {
        case 10:
        case 9:
           System.out.println("成绩等级为优="+score);
           break;
        case 8:
           System.out.println("成绩等级为良="+score);
           break;
        case 7:
           System.out.println("成绩等级为中="+score);
           break;
        case 6:
           System.out.println("成绩等级为及格="+score);
           break;
        default:
           System.out.println("成绩等级为不及格="+score);
           break;
        }
        scanner.close();
    }
}
```

上述案例中我们可以看出，利用 switch 语句处理多分支情况时，程序易于阅读。定义一个整型变量 n=score/10，如果 score 等于 100 分，n=10；如果 score 大于等于 90 分且小于

100 分，n=9。因此 case 10 和 case 9 两种情况可以共用同一个语句体，也就是说可以把功能相同的 case 语句合并起来。如果 score 大于等于 80 分且小于 90 分，n=8 执行 case 8 后面的语句体，以此类推，如果 score 在 60 分以下，执行 default 语句后面的语句体，运行结果请自行验证。

**【例 5-8】** 应用 switch 语句重写【例 5-5】，根据给出的数值输出对应的星期值。

```
public class Example5_8 {
    public static void main(String[] args) {
        int week=2;
        switch (week) {
        case 1:
          System.out.println("星期一");
          break;
        case 2:
          System.out.println("星期二");
          break;
        case 3:
          System.out.println("星期三");
          break;
        case 4:
          System.out.println("星期四");
          break;
        case 5:
          System.out.println("星期五");
          break;
        case 6:
          System.out.println("星期六");
          break;
        case 7:
          System.out.println("星期日");
          break;
        default:
          System.out.println("给定的数值不在星期值范围内");
          break;
        }
    }
}
```

上述案例定义变量 week 的值为 2，switch 语句判断的结果满足 case 2 的条件，因此打印“星期二”，运行结果和【例 5-5】一致。default 语句用于处理和前面 case 都不匹配的情况，如果 week 赋值为 10，控制台会打印“给定的数值不在星期值范围内”，程序运行结果如图 5-12 所示。

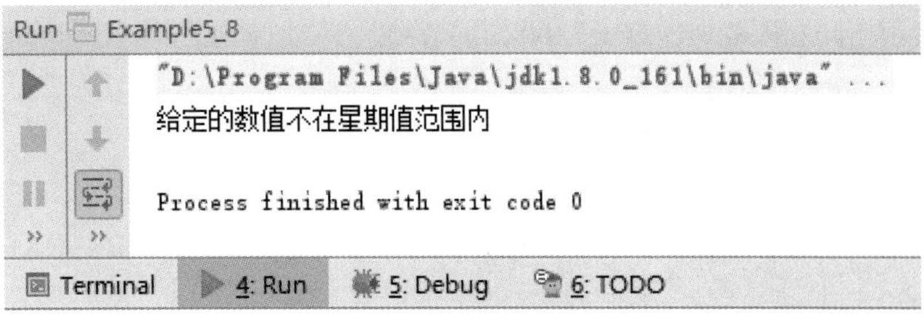


图 5-12　程序运行结果

# 5.2　循环语句

在实际生活中经常会将同一件事情重复做很多次，比如车子的轮胎在行驶过程中就是一直在循环转，马拉松跑也要求运动员不停地一圈一圈在跑，那么我们为什么要学循环语句呢?如果要求在程序中打印 100 遍“我要学好 Java”，那么你可能很快在程序中写 100 条 System.out.println("我要学好 Java");语句。如果让你打印 1 万遍呢?难道你在程序里面写 1 万条打印语句吗?这虽然能够解决问题，但很显然这种方式使得代码冗长，不易于阅读。Java 提供了能够重复执行某段代码，直到满足特定条件为止的循环语句。Java 包含三种循环语句：while 语句、do...while 语句和 for 语句，接下来针对循环语句进行详细的讲解。

## 5.2.1　while 循环语句

while 语句是循环语句中基本的结构，它的语法格式如下：

```
while(循环条件) {
    循环体;
}
```

功能：首先判断循环条件，如果循环条件为 false，则直接执行 while 语句后续的代码，如果循环条件为 true，则执行循环体代码，然后再判断循环条件，一直到循环条件不成立为止。

while 关键字的中文意思是“当……的时候”，也就是当条件成立时循环执行对应的代码。其中，循环条件的类型为 boolean 类型，表示循环成立的条件，循环体部分则是需要重复执行的代码，循环体是否执行取决于循环条件。

while 循环语句和前面所学的 if 条件语句有些类似，都是根据条件判断来决定是否执行{}内的语句，不同之处在于，if 条件语句会并且只会执行一次，而 while 语句会重复地进行条件判断，只要条件成立，循环体就会执行，直到条件不成立，整个 while 循环过程才会结束，可能执行 0 次或多次。

while 循环语句的执行流程如图 5-13 所示。

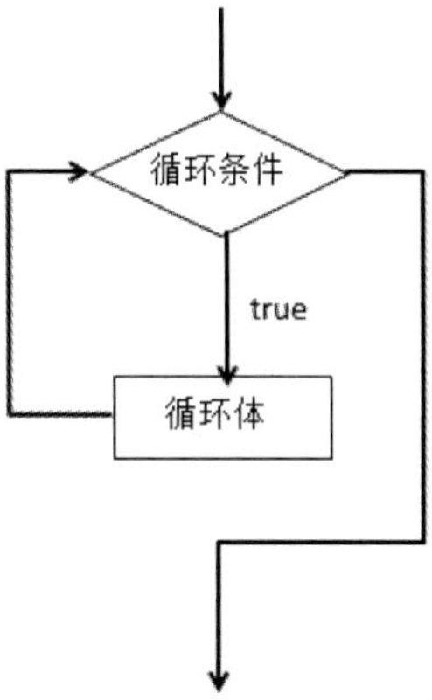


图 5-13　while 循环语句的执行流程图

【例 5-9】应用 while 语句计算 1～100 的整数和。

```
public class Example5_9 {
    public static void main(String[] args) {
        //定义 sum 变量用于记录 1~100 整数累加的和
        int sum=0;
        int i=1;  //定义变量 i,初始值为 1
        //循环条件,判断 i 是否小于等于 100
        while(i<=100) {
          //条件成立,执行整数累加
          sum+=i; //等价于 sum=sum+i;
          i++;    //i 自增,等价于 i=i+1;
        }
        System.out.println("1+2+3+...+100="+sum);
    }
}
```

上述案例定义变量 sum 用于记录 1～100 整数累加的和，变量 i 初始值为 1，在满足循环条件 i<=100 的情况下，循环体会重复执行，i 的值会在 1～100 之间变化，sum 通过 sum+=i 不断地进行累加，当 i=101 时，循环条件不成立，跳出循环语句，执行下一条语句，打印 sum 累加的和，程序运行结果为 1+2+3+...+100=5050。

【例 5-10】打印 1～10 的奇数。

```
public class Example5_10 {
    public static void main(String[] args) {
        int i=1;//定义变量 i,初始值为 1
        while(i<=10) {          //循环条件,判断 i 是否小于等于 10
          //条件成立
          if(i%2!=0) {     //判断 i 是否不能被 2 整除
              //i 不能被 2 整除,说明 i 是奇数
              System.out.println(i+"是奇数");
          }
          i++;              //自增,等价于 i=i+1;
        }
    }
}
```

上述案例定义一个变量 i，初始值为 1，反复地对循环条件 i<=10 进行判断，只要条件成立，循环体就会执行。判断 i 的值是否是奇数，如果 i 不能被 2 整除，说明 i 是奇数，打印 i 的值，之后让 i 进行自增，程序运行结果如图 5-14 所示。

下面列举一些初学者在使用 while 语句时容易犯的错误。

（1）在 while 循环条件的括号后面加“;”，比如：

```
while(i<=10);
```

这时程序会认为要执行一条空语句，从而进入无限循环，也称为死循环，Java 编译器又不会报错，这时可能会浪费时间去调试，需要注意。

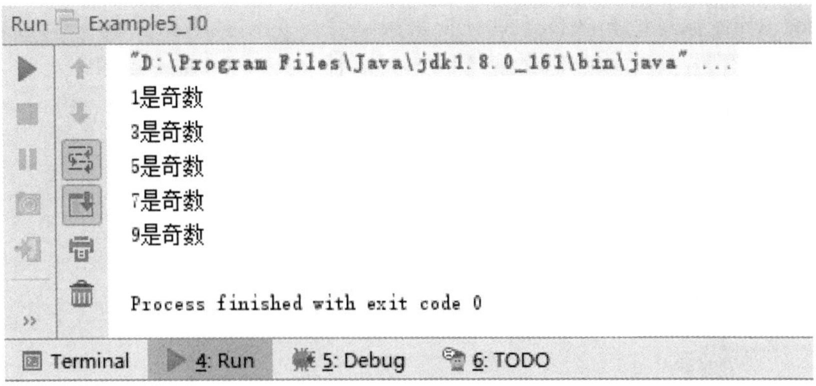


图 5-14　程序运行结果

（2）循环条件永远成立，进入死循环，比如：

```
int i=1;
while(i<=10) {
    System.out.println(i);
}
```

在这里 1 永远小于等于 10，运行后程序将不停地输出 1。因此在【例 5-9】和【例 5-10】中写一段代码 i=i+1;用于在每次循环时改变变量 i 的值，从而都达到最终改变循环条件的目的。如果没有这行代码，整个循环就会进入无限循环的状态，永远不会结束。

### 5.2.2　do...while 循环语句

do...while 循环语句的语法格式如下：

```
do{
    循环体;
} while(循环条件);
```

功能：先执行一遍循环体部分的语句，然后判断循环条件是否成立，如果条件成立，则再次执行循环体，直到循环条件不成立为止。

do...while 循环语句的执行流程如图 5-15 所示。

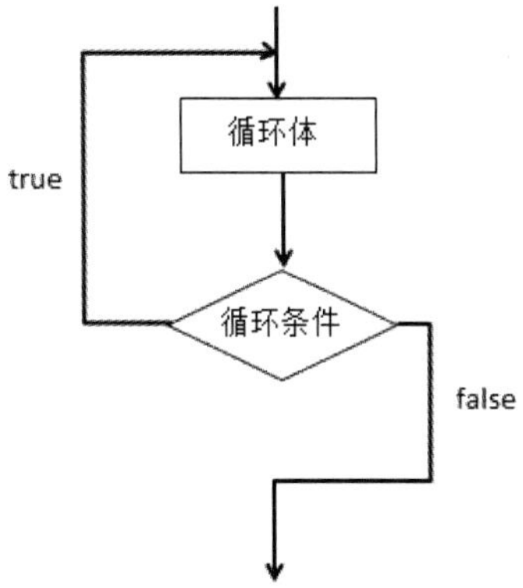


图 5-15　do...while 循环语句的执行流程图

do...while 循环语句和 while 循环语句功能类似，但是两者之间也存在着区别之处：

（1）语法格式不同，在 while 循环条件的括号后面不能加“;”，否则会进入无限循环，而在 do...while 循环条件的括号后面必须要加“;”，不然程序会报错。

（2）while 循环语句的特点是先判断，再执行，如果判断循环条件不成立，那么循环体不会执行；do...while 循环语句的特点是先执行，后判断，循环体会无条件执行一次，然后再根据循环条件来决定是否继续执行。换句话说，如果循环条件在循环语句开始时就不成立，那么 while 循环的循环体一次都不执行，do...while 循环的循环体不管任何情况都至少执行一次。

【例 5-11】应用 do...while 语句实现【例 5-9】，计算 1～100 的整数和。

```
public class Example5_11 {
    public static void main(String[] args) {
        //定义 sum 变量用于记录 1~100 整数累加的和
        int sum=0;
        int i=1;  //定义变量 i,初始值为 1
        //循环条件，判断 i 是否小于等于 100
        do{
           //条件成立,执行整数累加
          sum+=i; //等价于 sum=sum+i;
          i++;     //i 自增,等价于 i=i+1;
        }while(i<=100);//循环条件一开始是成立的 1<=100
        System.out.println("1+2+3+...+100="+sum);
    }
}
```

上述案例的运行结果与【例 5-9】的结果一致，通常情况下，如果 while 循环语句和 do...while 循环语句的循环体相同，并且循环条件一开始是成立的，那么它们的输出结果就相同。但如果 while 和 do...while 循环条件一开始是不成立的，那么它们的结果就有所不同。

【例 5-12】while 和 do...while 循环语句区别测试示例。

```
public class Example5_12 {
    public static void main(String[] args) {
        int i=0; //定义一个变量 i,初始值为 0
        System.out.println("开始 while 循环");
        while(i<0) { //判断循环条件 i<0 是否成立
          //一开始循环条件就不成立,循环体一次都不执行
          i++;
          System.out.println("进行第"+i+"次 while 循环");
        }
        System.out.println("结束 while 循环");
        System.out.println("开始 do...while 循环");
        i=0;
        do {
          i++; //do...while 不管怎样会执行一次循环体
          System.out.println("进行第"+i+"次 do...while 循环");
        }while(i<0);//判断循环条件 i<0 是否成立
        System.out.println("结束 do...while 循环");
    }
}
```

上述案例变量 i 的初始值为 0，while 循环语句先判断循环条件 i<0 是否成立，由于条件一开始就不成立，故 while 循环体一次都不执行。将 i 重置为 0，继续执行 do...while 循环语

句，先执行一遍 do...while 的循环体，i++自增变成 1，打印“进行第 1 次 do...while 循环”，然后判断循环条件 i<0 是否成立，条件也不成立，故 do...while 循环体不再执行，程序运行结果如图 5-16 所示。

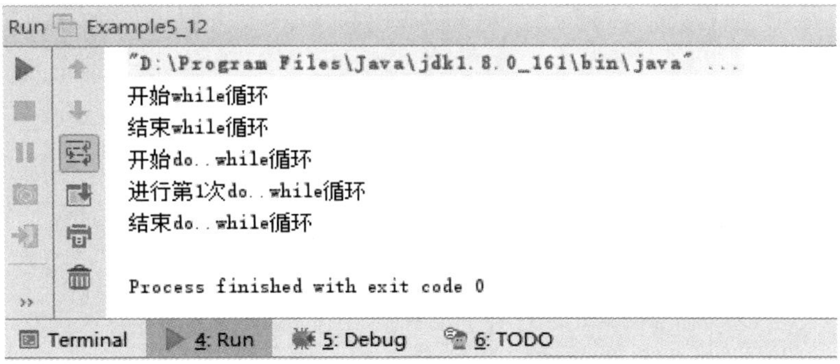


图 5-16 程序运行结果

### 5.2.3 for 循环语句

for 循环语句是最常用的循环语句，它的语法格式如下：

```
for(初始化语句;循环条件;控制条件语句) {
    循环体;
}
```

功能：首先执行初始化语句，其次判断循环条件的结果是 true 还是 false，如果是 false，循环结束，如果是 true，继续执行循环体，然后执行控制条件语句，重复执行循环条件判断，直到循环条件不成立为止。

其中，初始化语句一般是用来初始化循环体变量，循环条件用于判断是否继续执行循环体，其值是 boolean 类型，只能是 true 或 false，控制条件语句是用于改变循环条件的语句。初始化语句、循环条件和控制条件语句之间用“;”分隔。

循环体如果是一条语句，大括号可以省略，如果是多条语句，大括号不能省略，建议读者最好不要省略。

for 循环语句的执行流程如图 5-17 所示。

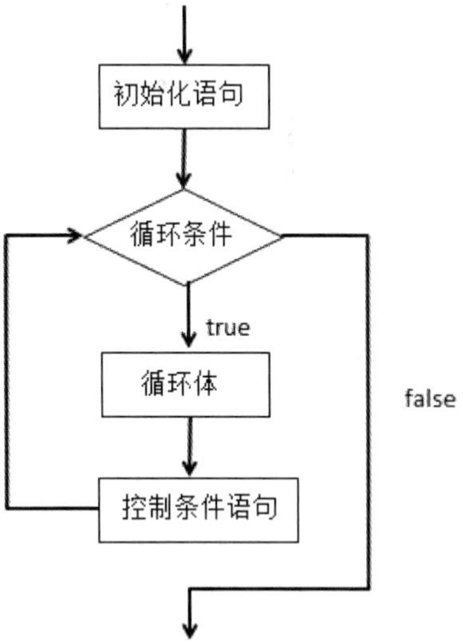


图 5-17 for 循环语句的执行流程图

for 循环语句使用注意事项：

（1）for 关键字后面括号中的初始化语句、循环条件和控制条件语句之间必须用“;”隔开，且都可以省略，但“;”不能省略。

①省略 “初始化语句”，可以在 for 循环语句之前由赋值语句进行变量初始化操作，如下：

```
int i=0; //变量 i 在 for 循环语句之前赋值
for(;i<=5;i++) {//省略初始化语句
```

```
        System.out.println("hello world");
    }
```

②省略“循环条件”，将可能会造成循环一直执行下去，进入无限循环，也就是死循环，如下：

```
    for(int i=0;;i++) {//省略循环条件
        System.out.println("hello world");
    }
```

③省略“控制条件语句”，可以在循环体中进行循环变量的变化，如下：

```
for(int i=0;i<=5;) {//省略控制条件语句
        System.out.println("hello world");
i++;
    }
```

（2）for 循环变量初始化和循环变量变化部分，可以使用“,”来同时初始化或改变多个循环变量的值，如下：

```
    // 初始化变量部分同时对两个变量 i 和 j 赋值
    // 循环变量变化部分也同时对两个变量进行变化
    for(int i=0,j=5;i<=5;i++,j--) {
        System.out.println("i="+i+" j="+j);
    }
```

**【例 5-13】**求 1 到 10 的阶乘和，1!+2!+..+10!。

```
public class Example5_13 {
    public static void main(String[] args) {
        int sum=0;  //定义变量 sum,用于记录 1~10 各阶乘的和
        for(int i=1,j=1;i<=10;i++) {
          j*=i;   //等价于 j=j*i;
          sum+=j; //等价于 sum=sum+j;
        }
        System.out.println("1!+2!+...+10!="+sum);
    }
}
```

上述案例变量 sum 初始值为 0，在 for 循环的初始化语句中初始化变量 i 和 j 的值为 1，i 变量用于控制循环条件变化，j 变量用于记录各阶乘的值，在判断条件 i<=10 为 true 的情况下，会执行循环体中 j*=i; sum+=j;这两条语句，执行完毕后，执行控制条件语句 i++来改变循环条件，然后继续进行条件判断，直到 i>10 条件不成立为止，为了让读者能尽快掌握 for 循环语句的执行过程，下面以表格的形式呈现程序在运行期间每次循环时变量 i、j 和 sum 的值变化，见表 5-1。

表 5-1　i、j 和 sum 变量循环中的值

| 循 环 次 数 | i | j | sum |
|---|---|---|---|
| 1 | 1 | 1 | 1 |
| 2 | 2 | 2 | 3 |

续表

| 循 环 次 数 | i | j | sum |
|---|---|---|---|
| 3 | 3 | 6 | 9 |
| 4 | 4 | 24 | 33 |
| 5 | 5 | 120 | 153 |
| 6 | 6 | 720 | 873 |
| 7 | 7 | 5040 | 5913 |
| 8 | 8 | 40320 | 46233 |
| 9 | 9 | 362880 | 409113 |
| 10 | 10 | 3628800 | 4037913 |

程序运行结果如图 5-18 所示。

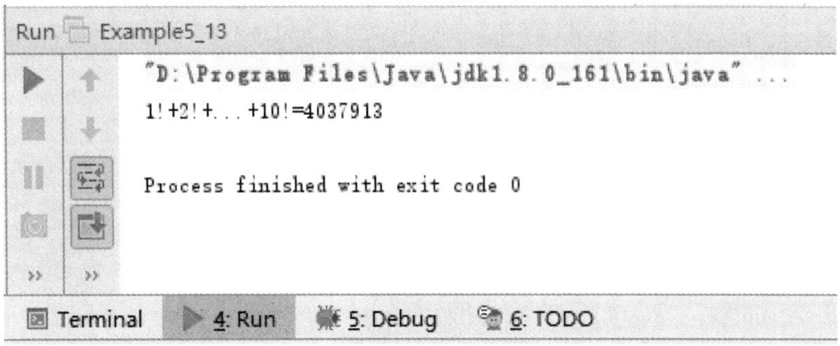


图 5-18　程序运行结果

### 5.2.4　循环的嵌套

循环的嵌套就是一个循环语句的循环体内又包含另一个完整的循环结构。循环语句分为 while、do...while 和 for 三种循环语句，这三者之间是可以相互嵌套的，下面列举几种常见的循环嵌套的形式。

**1．for 循环语句的嵌套**

for 循环语句的嵌套是最常见的循环嵌套，格式如下：

```
for(初始化语句;循环条件;控制条件语句) {
    for(初始化语句;循环条件;控制条件语句) {
        循环体;
    }
    ......
}
```

**2．while 循环语句的嵌套**

其格式如下：

```
while(循环条件) {
    while(循环条件) {
        循环体;
    }
```

```
    ......
}
```

**3．for 循环语句与 while 循环语句嵌套**

其格式如下：

```
for(初始化语句;循环条件;控制条件语句){
    while(循环条件) {
        循环体;
    }
    ......
}
```

**4．while 循环语句与 for 循环语句嵌套**

其格式如下：

```
while(循环条件) {
    for(初始化语句;循环条件;控制条件语句){
        循环体;
    }
    ......
}
```

**【例 5-14】**使用“*”打印如下的平行四边形。

```
***************
 ***************
  ***************
   ***************
    ***************
```

```
public class Example5_14 {
    public static void main(String[] args) {
        //使用 for 循环嵌套实现平行四边形的打印
        for(int i=1;i<=5;i++) { //外层循环控制打印的行数
            for(int j=1;j<=i;j++) { //内层循环控制打印的空格
                System.out.print(" ");
            }
            //每一行的*个数都是 15 个
            for(int k=1;k<=15;k++) {//内层循环控制打印*
                System.out.print("*");
            }
            System.out.println("");//换行
            //等价于 System.out.print("\n");
        }
    }
}
```

上述代码定义了两层 for 循环，分别为外层循环和内层循环，其中外层循环用来控制打印的行数，第一个内层循环用于打印每一行的空格数，分析可知，每一行的空格数是和行数有关的，所处第几行就打印多少个空格，第二个内层循环用于打印“*”，每一行的“*”个数都是 15 个，每打印完一行换行。

**【例 5-15】**打印九九乘法口诀表。

```
public class Example5_15 {
    public static void main(String[] args) {
        int j;
        //使用 for 循环语句与 while 循环语句嵌套实现
        //当然也可以使用 for 循环嵌套等其他方式实现
        for(int i=1;i<=9;i++){ //外层循环
          j=1;//列变量
           while(j<=i){   //内层循环
               System.out.print(j+"*"+i+"="+(i*j)+"\t");
               j++;      //等价于 j=j+1;
           }
           System.out.println();//换行
           //等价写法 System.out.print("\n");
        }
    }
}
```

如果我们把九九乘法表中如 1*1=1 等式全部看作一个个整体的话，九九乘法表可看作一个直角三角形，实现直角三角形可用循环嵌套来实现，那么我们最后输出 System.out.print(变量 1+ " * " +变量 2+ " = " +(变量 1*变量 2)+ "   " ); 上述案例采用 for 循环语句与 while 循环语句嵌套实现，i 变量是行变量，j 变量是列变量，for 外层循环用于控制打印的行数，以及控制每行输出的乘法表达式数量。分析可知，每一行的乘法表达式数量与行数有关，所处第几行就有多少个乘法表达式。while 内层循环用于打印行列变量组成的乘法表达式，循环条件 j<=i 是确保列小于或等于行数，每执行完一次外层循环换行，最后输出九九乘法表，程序运行结果如图 5-19 所示。

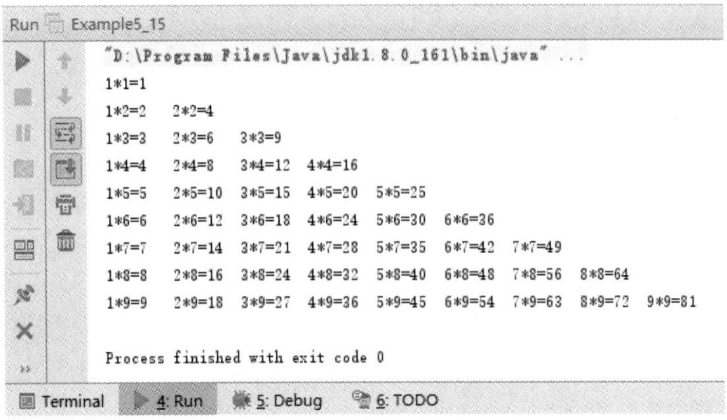


图 5-19　程序运行结果

## 5.3 跳转语句

在使用循环语句时，只有循环条件不成立时，才能结束循环。但有时想要提前中断循环，那怎么办呢？要实现这一点，只需要在循环体中添加跳转语句。Java 提供了 break 和 continue 两种跳转语句，接下来分别对其进行介绍。

**1. break 语句**

break 语句可以出现在 while、do...while、for 和 switch 语句体中，如果用在循环语句的循环体中，其作用是强行退出循环，忽略循环体中其他语句和循环条件的限制，直接执行循环后面的代码。如果用在 switch 条件语句中，其作用是终止某个 case 并跳出 switch 语句，执行 switch 语句后面的代码。

【例 5-16】打印 10 以内的素数，并统计个数，素数是指一个大于 1 的自然数，除 1 和它自身外，不能被其他自然数整除的数。

```
public class Example5_16 {
    public static void main(String[] args) {
        int count=0;    //记录素数的个数
        boolean isPrimeNum;//变量 isPrimeNum,素数标识
        for(int i=2;i<10;i++) {
          //isPrimeNum 变量记录该数是不是素数,默认是素数
          isPrimeNum=true;
          for(int j=2;j<i;j++) {
                        if(i%j==0) {
                 isPrimeNum=false;
                 break; //跳出内层循环
              }
          }
          if(isPrimeNum) {
              System.out.println(i+"是素数");
              count++;
          }
        }
        System.out.println("2~10 以内总共有"+count+"个素数");
    }
}
```

上述案例变量 count 用于统计素数的个数，变量 isPrimeNum 用于标识某个数是否是素数，采用 for 循环嵌套实现素数的打印和统计，外层 for 循环使变量 i 的值在 2～9 之间循环，内层 for 循环主要是判断 i 是否是素数，一旦发现 i 能被 1 和自身以外的数整除，用 break 语句跳出内层循环。值得注意的是，当 break 语句出现在嵌套循环中的内层循环时，它只能跳出内层循环，换句话说，break 语句如果用在循环语句的循环体中，只能跳出离它最近的循环语句。

程序运行结果如图 5-20 所示。

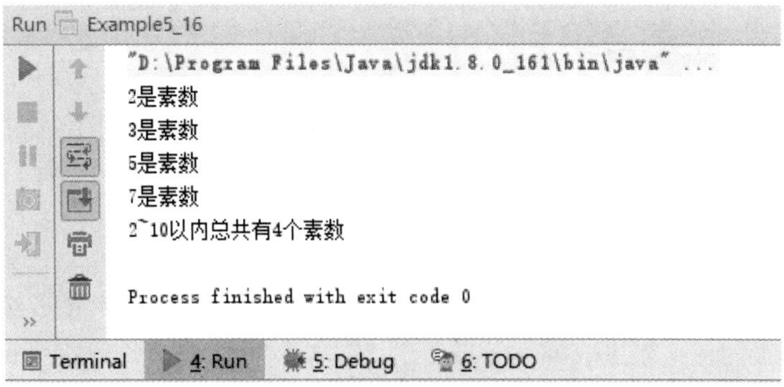


图 5-20　程序运行结果

**2．continue 语句**

continue 语句用在循环语句中，用于终止本次循环过程，跳过循环体中 continue 语句后面未执行的语句，开始下一次循环过程，continue 语句只能应用在 for、while 和 do…while 循环语句中。

**【例 5-17】** 计算 1～100 的偶数和。

```
public class Example5_17 {
    public static void main(String[] args) {
        int sum=0;     //定义 sum 变量用来记录偶数和
        for(int i=1;i<=100;i++) {  //for 循环遍历 1~100 的每一个数
          if(i%2!=0) {    //判断 i 是否不能被 2 整除
              continue;  //如果条件成立,结束本次循环
          }
          sum+=i; //等价于 sum=sum+i;
        }
        System.out.println("1~100 以内的偶数和:"+sum);
    }
}
```

上述案例变量 sum 记录 1～100 的偶数和，使用 for 循环让变量 i 在 1～100 之间变化，循环体内判断 i 是否不能被 2 整除，如果条件成立，利用 continue 语句结束本次循环，不执行 continue 语句之后未执行的循环体语句，也就是 sum+=i;不执行，直接进入下一次循环；如果条件不成立，说明 i 是偶数，则将 sum 和 i 进行累加，程序运行结果如图 5-21 所示。

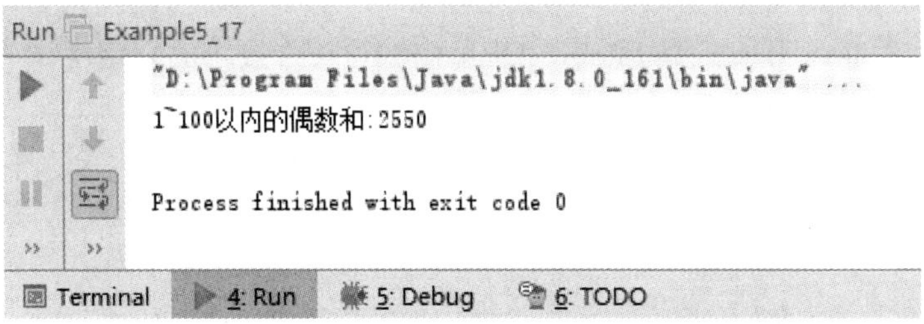


图 5-21　程序运行结果

## 5.4 考试成绩等级划分

通过本节的案例来了解选择结构语句的基本语法，以及掌握 Java 语言提供的 if 语句和 switch 语句两种选择结构语句的用法。

**1. 案例描述**

编写一个划定考试成绩等级的程序，用户键盘输入一位学生的考试成绩，如果成绩大于或等于 90 分，等级为优；如果成绩大于或等于 80 分且小于 90 分，等级为良；如果成绩大于或等于 70 分且小于 80 分，等级为中；如果成绩大于或等于 60 分且小于 70 分，等级为及格；当成绩小于 60 分，等级为不及格。假设用户输入的考试成绩只在 0~100 分范围内，程序运行结果如图 5-22 所示。

**2. 案例分析**

根据问题描述，需要解决划定考试成绩等级程序的编写，首先程序要使用键盘输入学生的考试成绩，利用 java.util 包下的 Scanner 类从 System.in 中读取输入的成绩，然后确定成绩在哪一个分数段内，从而划分成绩等级且在控制台输出结果，具体的实现流程参照图 5-22。

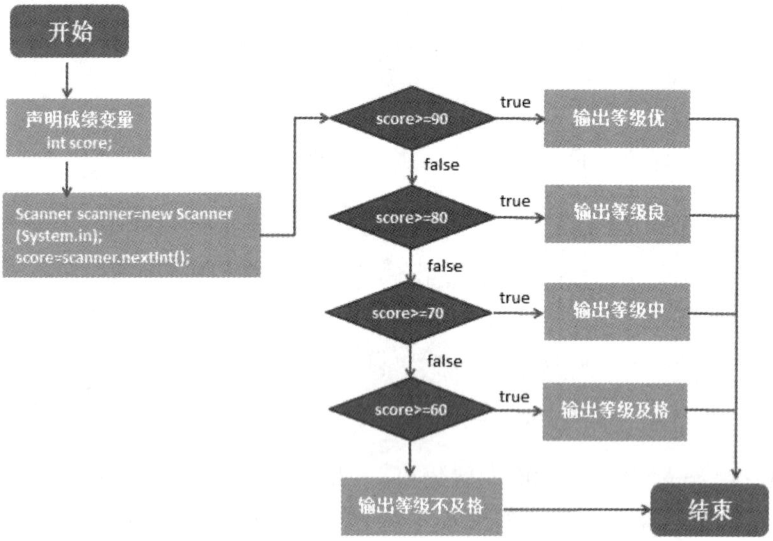


图 5-22 考试成绩等级划定流程图

**3. 案例解决**

根据图 5-22 在 Java 开发工具 IntelliJ IDEA 中编写符合要求的划定考试成绩等级程序，具体实现的程序代码如下：

```
public class ScoreLevel {
    public static void main(String[] args) {
        System.out.println("-----请输入考试成绩-----");
        //从键盘输入考试成绩,利用 Scanner 类的 System.in 接收数据
        Scanner scanner=new Scanner(System.in);
        int score=scanner.nextInt();
        if(score>=90) {
```

```
            //如果成绩大于或等于 90 分，等级为优
            System.out.println("成绩等级为优="+score);
        } else if(score>=80) {
            //如果成绩大于或等于 80 分且小于 90 分,等级为良
            System.out.println("成绩等级为良="+score);
        } else if(score>=70) {
            //如果成绩大于或等于 70 分且小于 80 分,等级为中
            System.out.println("成绩等级为中="+score);
        } else if(score>=60) {
            //如果成绩大于或等于 60 分且小于 70 分,等级为及格
            System.out.println("成绩等级为及格="+score);
        } else {
            //如果成绩小于 60 分,等级为不及格
            System.out.println("成绩等级为不及格="+score);
        }
        scanner.close();//关闭 scanner
    }
}
```

**4．运行结果**

程序运行结果如图 5-23 所示。

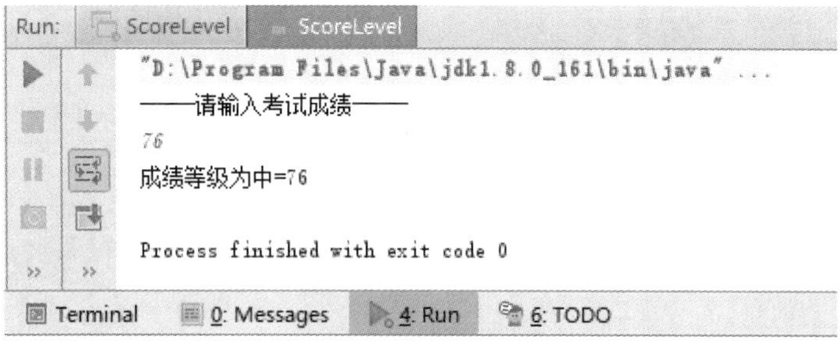


图 5-23　程序运行结果

# 5.5　计算 1～100 的整数和

通过本节的案例来了解循环语句的基本语法，以及掌握 Java 语言提供的 while 语句、do...while 语句和 for 语句三种循环结构语句的用法。

**1．案例描述**

请利用循环语句计算 1～100 的整数和，程序运行结果如图 5-24 所示。

**2．分析问题**

根据问题描述，需要解决 1～100 的整数和程序的编写。运用之前所学的知识点，读者可能会想到一种解决方法：将 100 个整数进行相加，定义一个整型变量 sum=1+2+3+…+100，但是该方法实现起来代码过长，不便于阅读。利用循环语句计算 1～100 的整数和的具体实现

流程如图 5-24 所示。

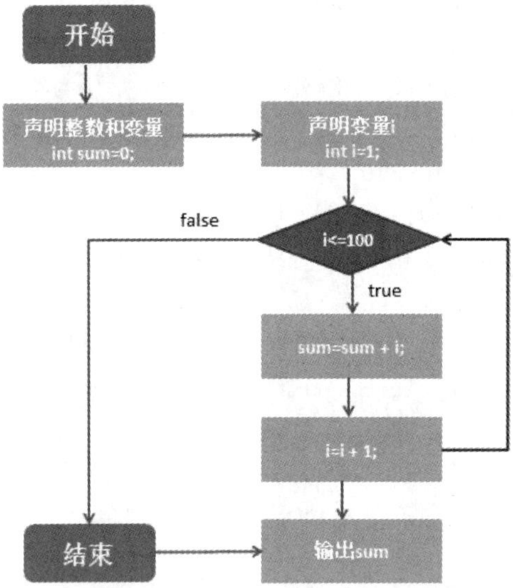


图 5-24　计算 1～100 整数和的流程图

**3．案例解决**

根据如图 5-24 所示的流程图编写符合要求的计算 1～100 整数和程序，具体实现的程序代码如下：

```
public class NumberSum {
    public static void main(String[] args) {
        //定义 sum 变量用于记录 1~100 整数累加的和
        int sum=0;
        for(int i=1;i<=100;i++) {
          //i 的值会在 1~100 之间变化
          sum+=i;//等价于 sum=sum+i;
        }
        System.out.println("1+2+3+...+100="+sum);
    }
}
```

**4．运行结果**

程序运行结果如图 5-25 所示。

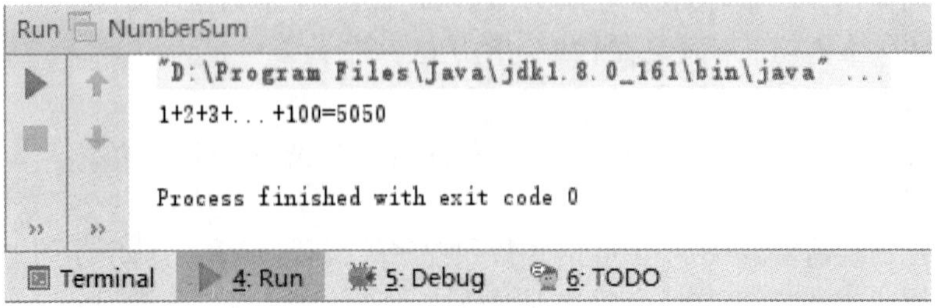


图 5-25　程序运行结果

# 习题

## 一、填空题

1. 条件语句有__________语句和__________语句两种。
2. if 语句括号中的条件是__________表达式。
3. switch 语句中 switch 关键字后面的表达中的类型应为_________________类型。
4. Java 语句中，__________循环语句的循环体至少被执行一次。
5. __________语句可以用于跳出当前循环。

## 二、选择题

1. 下列关于条件语句的描述中，错误的是（　　）。
   A. if 语句可以有多个 else 子句和 else if 子句
   B. if 语句可以没有 else 子句和 else if 子句
   C. if 语句中的条件可以使用任何表达式
   D. if 语句的 if 体、else 体内可以有循环语句
2. 下列关于开关语句的描述中，错误的是（　　）。
   A. 开关语句中，default 子句可以省略
   B. 开关语句中，case 子句中一定含有 break 语句
   C. 开关语句中，case 子句和 default 子句都可以有
   D. 退出开关语句的唯一条件是执行 break 语句
3. 下列关于循环语句的描述中，错误的是（　　）。
   A. 任何一种循环体内都可以包含另一种循环语句
   B. 循环体可以是空语句
   C. 循环体内可以出现多个 break 语句
   D. 循环语句中，循环体至少被执行一次
4. 下列循环语句的循环次数是（　　）。

```
int i=5;
do{
   System.out.println(i--);
   i--;
}while(i!=0);
```

   A. 0　　B. 1　　C. 5　　D. 无限
5. 下列循环语句中，循环体被执行的次数为（　　）。

```
for(int i=0,j=0;(j!=18)||(i<4);i++);
```

   A. 3　　B. 4　　C. 不确定　　D. 无限

# 第6章

# 面向对象技术

软件开发中，用户的需求是随时变化的，为了更好地适应用户的需求，产生了面向对象编程技术，Java 是面向对象编程语言。本章主要介绍面向对象基础知识、类的定义、类的封装、static 关键字、方法重载、构造方法、this 关键字、继承、方法重写、多态性、super 关键字、final 关键字、抽象类、接口、内部类、包及访问控制权限。最后通过项目案例的形式来为读者阐述如何应用面向对象技术进行 Java 程序开发。

## 本章任务

1. 类的定义、static 关键字；
2. 方法重载、构造方法；
3. 类的继承、多态性；
4. 抽象类和接口；
5. 包。

## 重点内容

1. 类的定义、方法重载；
2. 类的继承、多态性；
3. 抽象类和接口。

## 难点内容

1. 类的继承；
2. 多态性；
3. 抽象类和接口。

# 6.1 类与对象

## 6.1.1 面向对象基础知识

程序设计经历了“面向过程”和“面向对象”的不同阶段，Java 语言是面向对象编程语言，C 语言是面向过程编程语言。那什么是面向对象，什么是面向过程呢？

面向过程就是分析问题、解决问题所需要的步骤，然后用函数把这些步骤一一实现，使用的时候依次调用就可以了。仔细思考一下，我们在学习和工作中，如需实现某项功能或完成某项任务时，一般会按部就班地罗列出做事情的步骤，而罗列步骤去解决问题的思想就如同面向过程的思想，罗列的步骤就是过程，按照步骤解决问题就是面向过程。

面向对象则是分析问题中的对象，把构成问题的事务按照一定规则划分为多个独立的对象，并分析这些对象应该有哪些属性和方法，然后通过调用对象的属性和方法来解决问题。当然，一个应用程序会包含多个对象，通过多个对象的相互配合来实现应用程序的功能，这样当应用程序功能发生变动时，只需要修改个别的对象就可以了，从而使代码更容易得到维护。

可以拿生活中的实例来理解面向过程与面向对象，例如五子棋。

面向过程的设计思路就是先分析问题的步骤：①开始游戏；②黑子先走；③绘制画面；④判断输赢；⑤白子后走；⑥判断输赢；⑧返回步骤②；⑨输出最后结果。把上面每个步骤用不同的方法来实现，最后按照步骤依次调用这些方法即可。

面向对象的设计思路则完全不一样。先分析问题涉及的实体：棋子（黑白双方，行为完成一样）、棋盘系统（负责绘制画面）、规则系统（负责判定犯规、输赢等）。棋子对象负责接收用户的输入，并告知棋盘对象棋子布局的变化，然后棋盘对象负责在屏幕上显示相应变化，同时规则对象对棋局进行判定。

可以明显地看出，面向对象是以功能来划分问题的，而不是步骤。这是一种符合人类思维习惯的编程思想。为了让程序中对对象的描述可与现实中的事物保持一致，面向对象的思想中提出了两个概念，即类和对象。

把众多事物归纳、划分成类是人类在认识客观世界时经常采用的思维方法，分类的原则是抽象。类是具有相同属性和行为的一组对象的集合，为属于该类的所有对象提供了统一的抽象描述。对象是用来描述客观事物的一个实体。类描述了对象的属性和行为，类是对象的模板，对象是类的一个实例，是一个实实在在的个体，一个类可以对应多个对象。接下来通过一个图例来描述类与对象的关系，如图 6-1 所示。

如图 6-2 所示，假如有四只小狗分别叫小黑、小花、小黄、小灰，我们把所有小狗的共同特点进行抽象，会得到如下信息：凡是小狗都有姓名、性别、年龄、毛色等属性特征，而且有“汪汪叫”的行为。那么就抽象出“狗”这个类。小黑、小花、小黄、小灰就是实实在在的个体，每个个体的属性值和行为有所不同，但又都属于一类事物。从图中可以明显看出，对象是根据类创建的。

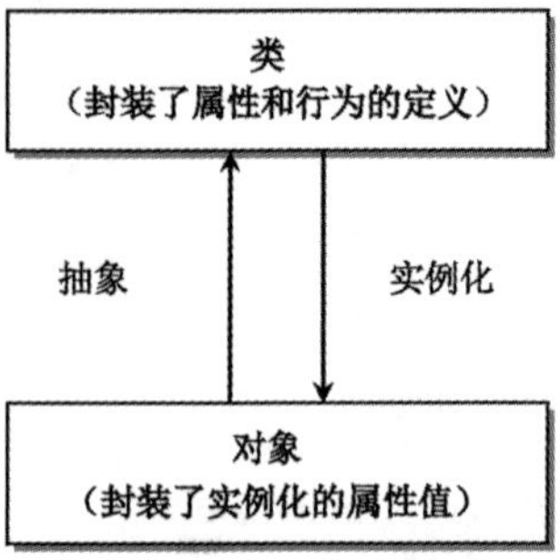


图 6-1　类与对象的关系

图 6-2　类与对象关系举例

### 6.1.2　类的定义

在面向对象编程语言中，类是一个独立的程序单位，它应该有一个类名并包括属性说明和行为说明两个主要部分。面向对象程序设计的重点是类的设计，而不是对象的设计。

在 Java 语言中，类是一种最基本的复合数据类型，是组成 Java 程序的基本要素。Java 类中包含成员变量定义和方法定义，分别描述对象的属性和行为。

**1. 类定义格式**

定义类就是创建一种新的引用数据类型，利用定义的类可以创建类的实例——对象。定义类的语法格式如下：

```
[访问修饰符] [存储修饰符] class <类名称> [extends <父类名>] [implements <接口名>]    ⇐ 类声明
{
    [访问修饰符][存储修饰符]   数据类型  成员变量 1[=初值];
    [访问修饰符][存储修饰符]   数据类型  成员变量 2[=初值];
    ……  //其他成员变量                                                      } 成员变量
    [访问修饰符][存储修饰符]  返回值类型  成员方法 1（[参数列表]）
    {     }
    [访问修饰符][存储修饰符]  返回值类型  成员方法 2（[参数列表]）
    {     }
    ……//其他成员方法                                                        } 成员方法
}
```

类定义格式中主要包括类声明和类体，类体由类的成员变量（属性）和成员方法组成。

定义类的关键字为 class，其后给出类的名称。类名称的命名需要遵守 Java 的命名规范，一般类名称的首字母大写。

类定义格式中有很多修饰符，如访问修饰符、存储修饰符、成员修饰符，这些修饰符会在后面的小节中一一介绍，在此不详细介绍。还有关键字 extends 和 implements，在后面的小节中都有详细介绍，在此略过。

【例 6-1】阅读下面的代码，学习最简单的类的定义。

```
package com.task6_1;
/**
 * 最简单的类
 */
```

```
public class Person {//定义类，类名为Person
    String name;//定义类的属性,数据类型为String，名称为name
    String getName(){//定义类成员方法，返回值为String,方法名称为getName
        return name;//方法主体
    }
}
```

上述代码中采用关键字 class 定义了名称为 Person 的类，类的访问修饰符为 public，说明该类能被其他包中的类使用，若无 public 关键字，则该类只能在同一包内被访问。name 是成员变量，getName 是成员方法，在成员方法中可以直接访问成员变量。

**温馨提示**：public class 声明的类的类名称必须和文件名称一致，未使用 public 访问修饰符声明的类的类名称可与文件名称不一致，如图 6-3 所示。

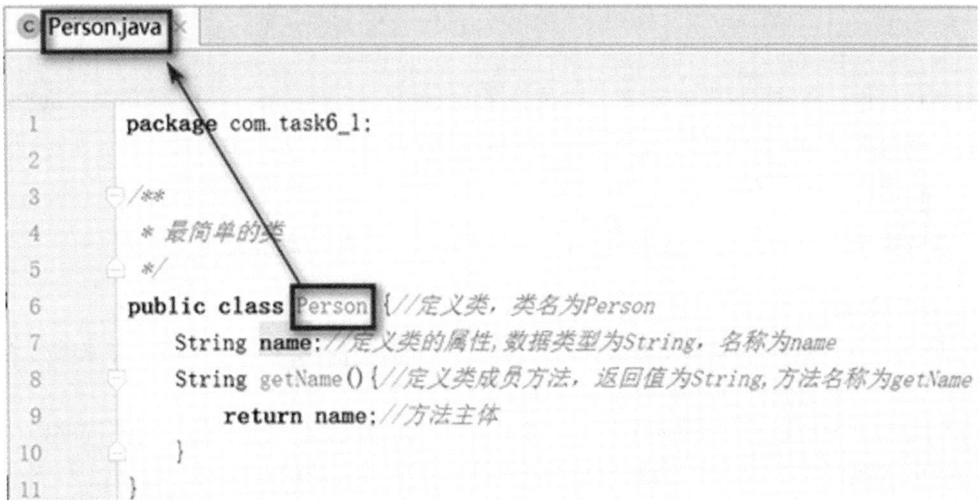


图 6-3　类的定义

**2. 成员变量**

在 Java 程序设计中，成员变量即属性。成员变量可以是 Java 的基本数据类型，也可以是复合数据类型。在类体中定义的成员变量，可以被类体中的所有方法访问。类体中成员变量的声明格式如下：

```
[访问修饰符][存储修饰符]  数据类型 成员变量1[=初值];
```

类的成员变量在使用前必须先声明，声明时必须指定成员变量的数据类型。成员变量的访问修饰符和存储修改符在后面的小节中会一一介绍，在此略过。

**温馨提示**：在 Java 中，定义在类体中的变量称为成员变量，定义在方法中的变量称为局部变量。在一个方法中定义的局部变量可以和成员变量同名，此时方法中通过变量名访问到的是局部变量，而并非成员变量。

在定义成员变量时，注意以下两点：

- 成员变量一般定义在类体的最前面。
- 成员变量名称必须符合标识符命名规范。

【例 6-2】阅读下面代码，分析程序的运行结果是什么。

```
package com.task6_1;
/**
 * 图书类
 */
public class Book {
    String bookName="红楼梦";
    float price=59.9f;

    public void showPrice(){
        float price = 100.9f;
        System.out.println("图书《"+bookName+"》的价格为"+price+"元");
    }
}
```

上述代码中，在 Book 类中定义了成员变量 price 和 bookName，在成员方法 showPrice 中定义了与成员变量 price 同名的局部变量 price，此时方法中访问的是局部变量 price，所以方法中的输出值应为 100.9f。

**温馨提示：** 局部变量在被调用之前必须初始化，这是与成员变量的区别。

**3．成员方法**

在 Java 程序设计中，成员方法描述了对象所具有的功能或操作，反映了对象的行为，是具有某种相对独立功能的程序模块。它与函数概念相当。

一个类或对象可以有多个成员方法，成员方法一旦被定义，便可在不同的程序段中多次调用，故可增强程序结构的清晰度，提高编程效率。成员方法的定义格式如下：

```
[访问修饰符][存储修饰符] 返回值类型 成员方法 1（[参数列表]）[throws Exception]
{
    //方法主体
}
```

一个方法的定义，从整体上来说包括方法声明和方法主体两部分，如图 6-4 所示。

图 6-4　方法的定义

在定义成员方法时，需要注意以下几点：

方法的返回值有两种：有返回值和无返回值。有返回值的方法的返回值类型可以是 Java 允许的任何数据类型。无返回值的方法用 void 关键字声明。

如果类体中的一个成员方法只有声明部分，没有方法主体，则此方法是抽象方法，此类为抽象类，抽象类和抽象方法会在后面的小节中详细介绍。

### 6.1.3 对象的创建

设计好了类之后，应用程序想要完成具体的功能还须根据类创建具体的对象，即实例化一个类，让对象根据需求来执行应用程序对应的功能。

**1．创建对象**

创建对象包括对象声明和实例化两部分。声明的格式为：

```
类名 对象名称;
```

对象的声明只是定义了一个变量，并不为对象分配内存空间，而只是分配一个引用空间；对象的引用类似于C语言中的指针，是一个地址。

对象的实例化可以使用new关键字和默认构造方法来实现，具体格式如下：

```
new 类名()
```

对象的实例化为对象分配内存空间，根据参数的不同调用对象的相应构造方法，构造对象后返回引用。一个类的不同对象分别占据不同的内存空间。

可以将对象声明和对象实例化两部分结合起来，即声明对象的同时对其实例化，相当于声明变量的同时为变量赋值。具体格式如下：

```
类名 对象名称=new 类名();
```

也可以将对象声明和对象实例化分开，先声明对象，然后再实例化对象。具体格式如下：

```
类名 对象名称;
对象名称=new 类名();
```

**2．访问对象的成员变量和成员方法**

定义和创建了对象之后，就可以在程序中使用对象了。可以通过对象的引用来访问对象的成员变量和成员方法，借助成员运算符“.”来实现。

访问对象成员变量的格式如下：

```
对象.成员变量
```

访问对象成员方法的格式如下：

```
对象.成员方法
```

**【例6-3】**阅读下面的代码，学习如何创建对象及访问对象的成员变量和成员方法，并分析程序的运行结果。

```
package com.task6_1;
/**
 * 创建对象并访问对象
 */
public class Demo6_1_1 {
    public static void main(String[] args) {
        Book book = new Book();//声明对象book的同时并实例化对象
        book.price=30;//访问对象book的成员变量price
        book.bookName="前方";//访问对象book的成员变量bookName
        book.showPrice();//访问对象book的成员方法showPrice

        Book book2 = book;//将对象book赋值给对象book2
```

```
        book2.showPrice();
        Book book3 = new Book();//声明对book3同时实例对象book3
        book3.showPrice();
    }
}
```

上述代码中定义了三个对象 book、book2 和 book3，其中 book 对象和 book2 对象引用地址相同，实际指向的是同一段内存空间，故两者拥有的成员变量和成员方法是相同的。而 book3 对象是另一个完全独立的实体，与 book 对象完全不一样，程序运行结果如图 6-5 所示。

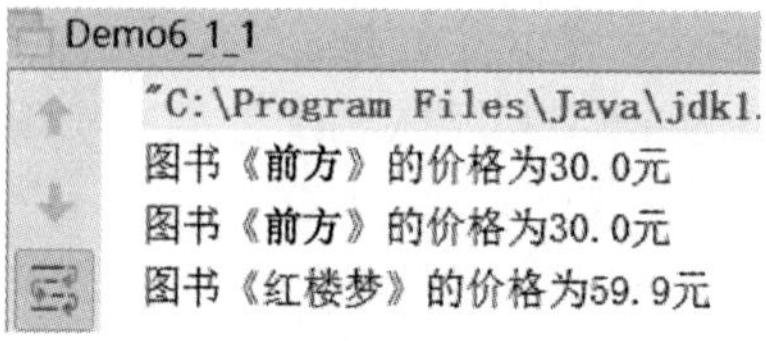


图 6-5 运行结果

**温馨提示：** 在 Java 中，null 是一种特殊的常量，当一个变量的值为 null 时，表示该变量不指向任何一个对象，可以将 null 值赋值给对象，如 Book book=null;此时 book 对象不再指向任何一个对象。

### 6.1.4 构造方法

从前面学到的知识可以发现，实例化对象需用到 new 关键字和构造方法。构造方法是一种特殊的方法，主要用来实例化对象。那构造方法和成员方法有什么不同呢？

**构造方法的定义**

在一个类中定义的方法如果同时满足以下 3 个条件，该方法称为构造方法：

①方法名称和类名完全相同；

②没有返回值，也不用 void 修饰。构造方法的默认返回类型就是对象类型本身；

③在方法中不能使用 return 语句返回一个值，但可以单独写 return 语句作为方法的结束。

所以构造方法的定义格式如下：

```
[访问修饰符] 类名([参数列表])
{
    //方法主体
}
```

定义构造方法的访问修饰符一般为 public，此时构造方法为公有的构造方法，可在类的外部被调用。

构造方法不能由用户直接调用，只有使用 new 关键字创建对象时系统自动调用。而其他成员方法要么由创建对象后由对象直接调用，要么由类名直接调用。

每个类中必定都有构造方法，即使用户没有定义，系统也会自动添加无参的构造方法，称为默认构造方法。

【例 6-4】阅读下面的代码，找出其中的构造方法。

```
package com.task6_3;
```

```
/**
 * 构造方法
 */
class Person {
    public static void main(String[] args) {
        Person person = new Person();
    }
}
```

上述代码中，定义了类 Person，类体中并没有定义构造方法。但是却可以通过 Person()方法使用 new 关键字来实例化对象，而 Person()方法就是系统自动给类 Person 添加的默认构造方法。添加默认的构造方法如下：

```
Person (){
    //默认构造方法
}
```

当然，我们也可以显式地在类中定义构造方法，代码如下所示。

```
package com.task6_3;
/**
 * 构造方法
 */
class Person {
    public Person(){
        System.out.println("无参的构造方法被调用");
    }
    public static void main(String[] args) {
        Person person = new Person();
    }
}
```

程序运行结果如图 6-6 所示。

从程序运行结果可以看出，程序中定义的无参构造方法 Person()被调用了。

**温馨提示：**当用户自己定义了构造方法之后，系统就不会再自动添加默认构造方法了。

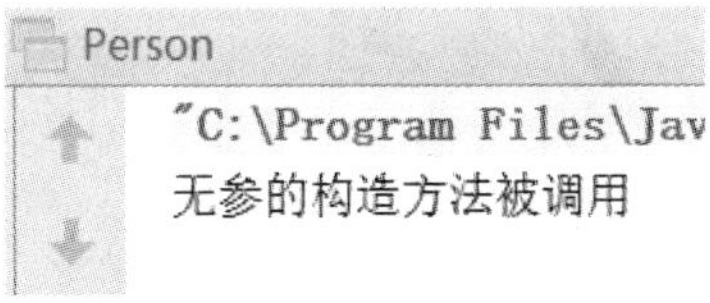

图 6-6　程序运行结果

同成员方法一样，构造方法可以定义为无参的，也可以定义为有参的。即构造方法可分为无参构造方法和有参构造方法。

有参的构造方法主要有两个作用：

①实例化对象；

②传递的参数一般用于给实例化的对象的成员变量赋值。

**【例 6-5】**定义有参的构造方法。

```
package com.task6_3;
```

```
/**
 * 构造方法
 */
class Person {
    private int age;

    public Person(int a){
        age = a;
    }
    public static void main(String[] args) {
        Person person = new Person();
    }
}
```

程序出现如下的编译错误，如图 6-7 所示。

```
public static void main(String[] args) {
    Person person = new Person();
}

Error:(13, 25) java: 无法将类 com.task6_3.Person中的构造器 Person应用到给定类型;
  需要: int
  找到: 没有参数
  原因: 实际参数列表和形式参数列表长度不同
```

图 6-7　编译错误

类 Person 中只定义了有参的构造方法，此时系统不会再自动添加默认构造方法，而实例化对象时却调用了无参的构造方法，由于无参的构造方法在类中没有显式定义，而系统也不会自动添加无参的构造方法，所以才会出现编译错误。

修改代码如下：

```
package com.task6_3;
/**
 * 构造方法
 */
class Person {
    private int age;
    public Person(int a){
        age = a;
    }
    public int getAge() {
        return age;
    }
    public static void main(String[] args) {
        Person person = new Person(18);
        System.out.println("年龄为："+person.getAge());
```

```
    }
}
```

程序运行结果如图 6-8 所示。

### 6.1.5 this 关键字

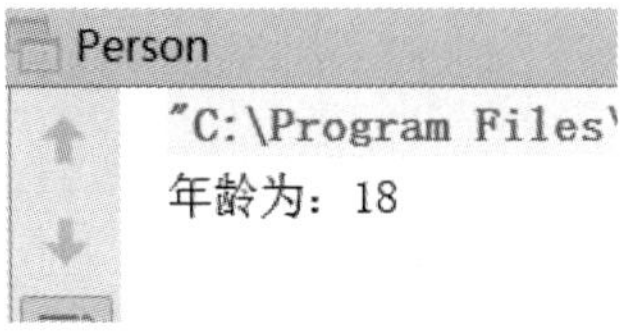


图 6-8 程序运行结果

下面的代码中，类 Book 中定义了一个有参的构造方法和无参的构造方法，有参构造方法有一个形参 n，为了给成员变量 name 赋值。这样的代码其可读性不好，因为形参 n 的取名无意义。

```
class Book{
    private String name;
    public Book(){}
    public Book(String n){
        name = n;
    }
}
```

为了增强程序的可读性，将构造方法的形参也取名为 name，代码如下：

```
class Book{
    private String name;
    public Book(){}
    public Book(String name){
        name = name;
    }
public String getName() {
        return name;
    }
}
```

此时程序的可读性增加了，但产生了一个新的问题：成员变量 name 和局部变量的名称冲突，导致构造方法中无法为成员变量 name 赋值。按照 Java 语言的变量的作用域规定，当局部变量和成员变量同名时，成员变量在此方法中失效。编写测试代码如下：

```
public class Demo6_3_3 {
    public static void main(String[] args) {
        Book book = new Book( name: "三国演义");
        System.out.println("图书名称为："+book.getName());
    }
}
```

程序运行结果如图 6-9 所示。

为了增强程序的可读性，同时又能解决成员变量和局部变量的名称冲突问题，Java 中提供了 this 关键字，this 关键字用来指代当前对象。

**温馨提示**：this 可以用于访问本类中的成员变量、本类中的成员方法，也可用于访问本类中的构造方法。但注意 this 关键字不能出现在类方法中。

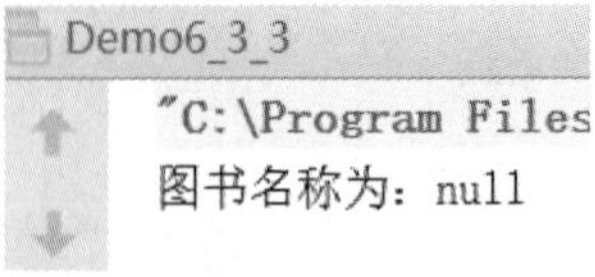


图 6-9　程序运行结果

**1．使用 this 关键字访问本类中的成员变量**

使用 this 关键字访问本类中的成员变量的格式如下：

```
this.成员变量名;
```

**【例 6-6】**观察下面的代码，分析 this 关键字在访问成员变量时可否省略。

```
package com.task6_3;
/**
 * this 关键字访问成员变量
 */
public class Demo6_3_3 {
    public static void main(String[] args) {
        Book book = new Book("三国演义");
        System.out.println("图书名称为："+book.getName());
    }
}
class Book{
    private String name;
    public Book(){}
    public Book(String name){
        this.name = name;//this 关键字访问成员变量，不可省略
    }
    public String getName() {
        return this.name; //this 关键字访问成员变量，可省略 this
    }
}
```

程序运行结果如图 6-10 所示。

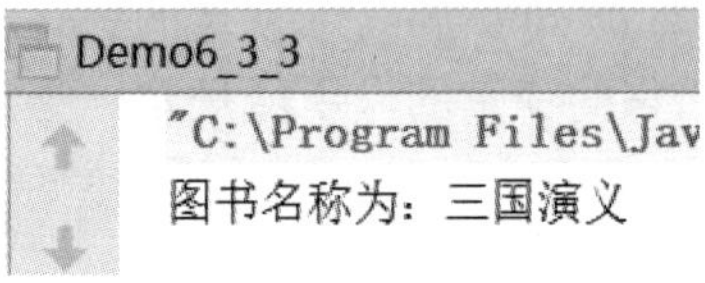


图 6-10　程序运行结果

在上述代码中，使用了两次 this 关键字访问成员变量 name。构造方法中存在成员变量名和局部变量名同名，必须使用 this 关键字。成员方法 getName 不存在同名现象，可以不使用。但为了突出成员变量属于当前对象，建议在不同名的情况下也加上 this 关键字。

**2．使用 this 关键字访问本类中的成员方法**

使用 this 关键字访问本类中的成员变量的格式如下：

```
this.成员方法名([实参列表]);
```

不过，成员方法的访问一般习惯不写 this。

**【例 6-7】**阅读下面的代码，学习如何使用 this 访问本类中的成员方法。

```
package com.task6_3;
/**
```

```
 * this 关键字访问成员方法
 */
public class Demo6_3_4 {
    public static void main(String[] args) {
        Book book = new Book("红楼梦");
        book.print();
    }
}
class Book{
    private String name;
    public Book(){}
    public Book(String name){
        this.name = name;
    }
    public String getName() {
        return this.name;
    }
    public void print(){//使用 this 关键字访问成员方法，可省略 this
        System.out.println("图书名称为："+this.getName());
    }
}
```

程序运行结果如图 6-11 所示。

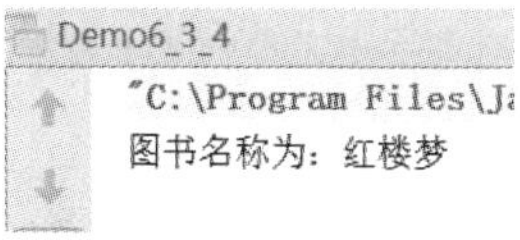


图 6-11　程序运行结果

### 3. 使用 this 关键字访问本类中的构造方法

构造方法一般只能和 new 关键字一起用于实例化对象，不能像其他的成员方法一样被调用。但可以在一个构造方法中使用 this 关键字来调用其他的构造方法。具体格式如下：

```
this([实参列表]);
```

在使用 this 访问构造方法时，还应注意以下几点：

- 只能在构造方法中使用 this 调用其他的构造方法，不能在成员方法中使用。
- 在构造方法中，this 调用构造方法的语句必须位于方法体的第一行，且只能出现一次。
- 不能一个类的两个构造方法中两两互相使用 this 调用，否则会导致调用死循环，编译出错。

**【例 6-8】**观察下面的代码，找出其中的错误之处，并分析如何修改。

```
package com.task6_3;
/**
 * this 调用本类的构造方法
 */
public class Demo6_3_5 {
    public static void main(String[] args) {
        Account account = new Account(100);
        System.out.println("开户成功!");
```

```
        Account account1 = new Account("李晨");
        System.out.println("开户成功!");
    }
}
class Account{
    private String name;//账户名称
    private float balance;//账户余额
    public Account(){
        System.out.println("准备开户...");
    }
    public Account(float balance) {
        this();
        this.balance = balance;
    }
    public Account(String name) {
        this.name = name;
        this();
    }
}
```

上述代码中，出现如下的编译错误，如图 6-12 所示。

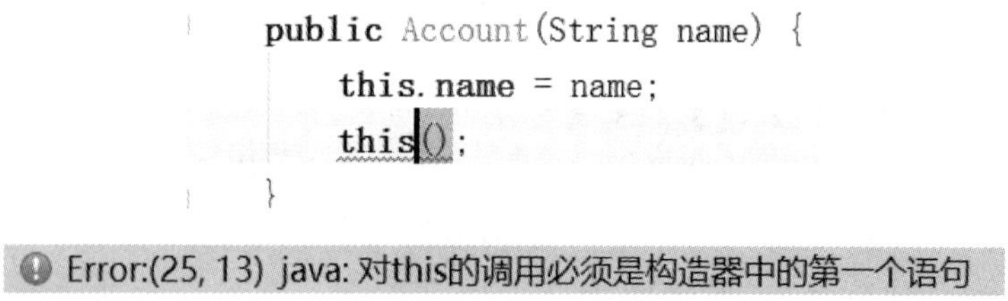


图 6-12　编译结果

修改此处代码，将 this()放在第一行，程序运行结果如图 6-13 所示。

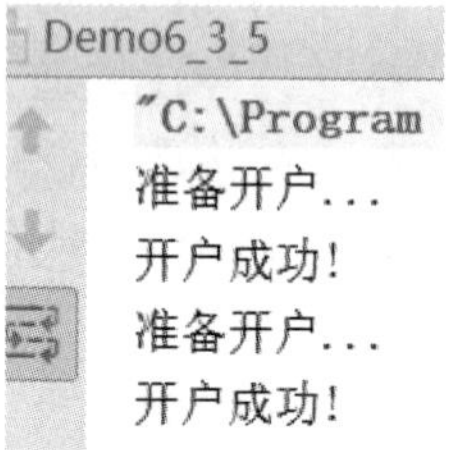


图 6-13　运行结果

**4．使用 this 关键字表示当前对象**

在一个类的内部，也可以使用 this 代表当前对象。为了更好地理解，可以想像成在类中有一个隐含的成员变量，成员变量的数据类型为该类本身，成员变量的名称为 this。

【例 6-9】this 表示当前对象。

```
package com.task6_3;
/**
 * this 表示当前对象
 */
class Increase {
    private int value = 0;
```

```
    Increase add(){
        value++;
        return this;
    }
    public int getValue() {
        return value;
    }
    public static void main(String[] args) {
        Increase inc = new Increase();
        inc.add();
        System.out.println(inc.getValue());
        inc.add().add().add();
        System.out.println(inc.getValue());
    }
}
```

程序运行结果如图 6-14 所示。

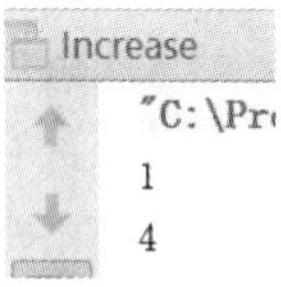

图 6-14 运行结果

上述代码中，类 Increase 中定义的 add 方法将成员变量 value 的值自增加，同时返回当前对象。在测试代码中，inc.add().add().add()这一条语句对当前对象 inc 调用了三次成员方法 add()，致使成员变量最终值为 4。

### 6.1.6 static 修饰符

static 表示“静态”的意思，用来修饰成员变量和成员方法，也可以修饰代码块。被 static 修饰的成员有一些特殊属性。

**1. 类变量**

成员变量根据在内存中的存储方式和作用范围可分为类变量和实例变量。普通的成员变量也称实例变量。成员变量如果用 static 修饰，则成员变量称为静态成员变量，也叫类变量。

定义格式：

```
[访问修饰符] static 数据类型 成员变量名[=初始值];
```

实例变量是依赖于对象的。一般在定义一个类时，只是在描述某类事物的特征和行为，并没有产生具体的数据。当通过 new 关键字创建对象后，系统才会为每个对象分配存储空间，实例变量也随着对象的创建而创建，并随着对象的消亡而消亡。不同的对象之间，其实例变量是相互独立的，任何一个对象改变了自己的实例成员，只会影响这个对象本身，而不会影响其他对象中的实例成员。

而类变量是依赖于类的，它随着类的加载而诞生，并随着类的卸载而销毁。被这个类所创建的所有对象共享。

访问类变量的格式有两种：

①对象名.类变量名

②类名.类变量名

**温馨提示：**建议使用第二种，突出类变量与实例变量的区别。

【例 6-10】阅读下面的代码，理解类变量和实例变量的区别，并分析程序的运行结果。

```
package com.task6_2;
/**
 * 类变量与实例变量区别
 */
public class Demo6_2_1{
    public static void main(String[] args) {
        Person person = new Person();//创建对象 person
        Person person2 = new Person();//创建对象 person2
        person.setName("邓伦");//设置实例变量的值
        Person.country = "中国";//通过类名.类变量名设置类变量的值
        person2.setName("杨紫");//设置实例变量的值
        System.out.println(person.getName()+"在"+person.country);
        System.out.println(person2.getName()+"在"+person2.country);
    }
}
class Person {
    private String name;//姓名
    public static String country;//国家
    public String getName() {
        return name;
    }
    public void setName(String n) {
        name = n;
    }
}
```

上述代码中，定义了一个 Person 类，包含实例变量 name 和类变量 country。测试类 Demo6_2_1 中，创建了两个对象 person 和 person2，分别给两个对象的实例变量设置了值，并给类变量 country 设置了值“中国”，由于类变量被所有对象共享，实例变量只属于某个对象，所以对象 person 和 person2 的 country 值是一样的，程序运行结果如图 6-15 所示。

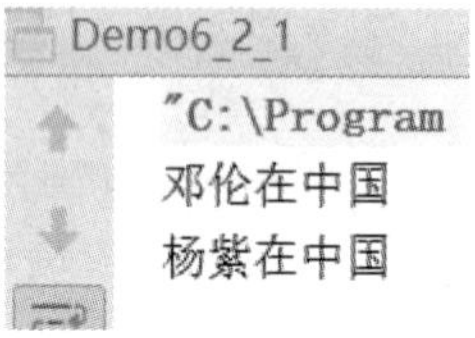


图 6-15　运行结果

**温馨提示：** static 关键字只能用于修饰成员变量，不能用于修饰局部变量，否则编译会报错。

**2．类方法**

成员方法根据在内存中的存储方式和作用范围可分为类方法和实例方法。成员方法如果用 static 修饰，则成员方法称为静态成员方法，也叫类方法。没有使用 static 修饰的成员方法叫实例方法。类方法定义格式如下：

```
[访问修饰符] static void 成员方法名([参数列表]){}
```

在实际开发时，有时会希望在不创建对象的情况下就可以调用某个方法，比如下面的代码，整型的包装类 Interger 中的方法 max，就可以在不创建对象的情况下直接由类名调用，使用起来很方便，此方法就是类方法。

```
public static void main(String[] args) {
    System.out.println(Integer.max(10,20));
}
```

实例方法依赖于对象，类方法依赖于类。实例方法为每个对象独有，类方法被所有对象共有。

访问类方法的格式有两种：

①对象名.类方法名

②类名.类方法名

**温馨提示：**建议使用第二种，突出类方法与实例方法的区别。

在定义和使用类方法时，还有几点需要注意的地方，先来看下面的例子。

**【例 6-11】**阅读下面的代码，分析程序中有哪些问题。

```
package com.task6_2;
/**
 * 类方法和实例方法的区别
 */
public class Demo6_2_2 {
    private String name;//姓名，实例变量
    public static String country;//国家，类变量
    public String getCountry(){//实例方法
        System.out.println(name);//在实例方法中访问实例变量name
        return country;//在实例方法中访问类变量country
    }
    public static void setCountry(String c){//类方法
        country = c;//在类方法中访问类变量country
        System.out.println(name);//在类方法中访问实例变量name
    }

    public static void main(String[] args) {//类方法
        setCountry("中国");//在类方法中访问类方法setCountry
        getCountry();//在类方法中访问实例方法getCountry
    }
}
```

程序运行时，出现了如下的编译错误，如图 6-16 所示。

```
15    public static void setCountry(String c){//类方法
16        country = c;//在类方法中访问类变量country
17        System.out.println(name);//在类方法中访问实例变量name
18    }
19
20    public static void main(String[] args) {//类方法
21        setCountry("中国");//在类方法中访问类方法setCountry
22        getCountry();//在类方法中访问实例方法getCountry
23    }
Error:(17, 28) java: 无法从静态上下文中引用非静态 变量 name
Error:(22, 9) java: 无法从静态上下文中引用非静态 方法 getCountry()
```

图 6-16　编译错误

上述代码中出现类方法 setCountry 中访问实例变量 name 和类变量 country 的情况，同时也出现类方法 main 中访问类方法 setCountry 和实例方法 getCountry 的情况。但是在类方法 setCountry 中访问实例变量 name 出现了编译错误，说明在类方法中不能访问实例变量。另外，在类方法 main 中访问实例方法 getCountry 时也出现了编译错误，说明在类方法中也不能访问实例方法。

**温馨提示：**同一个类中，类方法中可以访问类变量和类方法，但不能访问实例变量和实例方法。实例变量和实例方法只能先创建对象再通过对象来调用。在实例方法中访问类变量和类方法是可行的。

**【例 6-12】**阅读下面的代码，观察类方法的调用方式，并分析程序的运行结果。

```
package com.task6_2;
/**
 * 类方法的调用
 */
public class Demo6_2_3 {
    public static void main(String[] args) {
        Account account = new Account();
        account.setName("马云");
        account.setPassword("my");
        System.out.println(Account.getBankName());
        System.out.println(account.getName()+",欢迎您! ");
    }
}
class Account {
    private String name;
    private String password;
    private static String bankName="中国建设银行";
    public String getName() {
        return name;
```

```
        }
        public void setName(String n) {
            name = n;
        }
        public String getPassword() {
            return password;
        }
        public void setPassword(String p) {
            password = p;
        }
        public static String getBankName() {
            return bankName;
        }
    }
```

上述代码中，在类 Account 中定义了类变量 bankName，以及类方法 getBankName()。在测试类 Demo6_2_3 中通过类名.类方法名的格式访问了 Account 类中的类方法 getBankName()，程序的输出结果如图 6-17 所示。

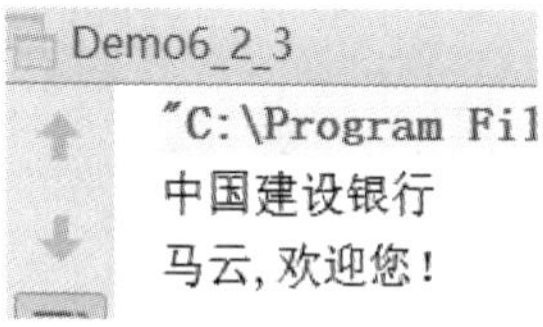


图 6-17　运行结果

### 6.1.7　包

在 Java 中，当软件系统功能比较多、系统规模比较大时，软件系统一般是团队开发，而不同的程序员有可能会创建相同名称的文件和类名，如果它们都放在一个文件夹中，名字就会产生冲突。另外一个规模较大的软件系统一般会生成许多的 Java 文件和其他资源文件，如果这些 Java 文件毫无规律地存放在一个文件夹中，管理这些文件就会比较困难。如果想要在众多的文件中查找自己需要的文件，也比较费时。那么如何对一个软件系统的相关文件合理进行组织管理，使得开发人员协同开发时可以避免相同名字的冲突，同时又可以方便快捷地查找和使用呢？Java 提供了包的机制。

**1. 包的概念及作用**

包是 Java 语言提供的一种区别类名字命名空间的机制，它是类的一种文件组织管理方式。一个包实际上就是一个文件夹，所以包名要和路径名对应。一个包中可以包含很多类文件，包中还可以有子包，形成树状的包结构。

可以将一个大型项目中相关的类或接口分门别类地存放在同一包下，这样就方便了 Java 文件的管理，也可以根据包名更有效地查找文件。

Java 规定，同一包内不允许有重名的文件、类和接口，但在不同的包中则没有限制，这种包的管理机制和 Windows 中的文件管理机制完全相同。不同的程序员可以创建相同名称的类，只要把它们放在不同的包中。因此包有助于区分和管理 Java 文件，避免命名冲突，即扩大了 Java 的命名空间。

**2. 包的声明**

声明包用关键字 package，该语句必须是类文件的第一条语句，具体格式如下：

```
package 包名;
```

其中，包名是包的标识符。这句声明包的语句将会使得该语句所在的 Java 文件中所有的类都属于该语句中指定的包。

包名即为存放类文件的目录名。如果目录为多层次的，那么包名也是分层次的。一个多级包的表示方式需要用点号“.”将不同层次的包名分隔开。形式如下：

```
package 包名[.子包名[.子包名…]];
```

**【例 6-13】** 在 idea 的工程中创建名称为包 com.task6_7.self，并在包内创建一个类，类声明前面添加一条包的声明语句。

① 右击工程名，弹出如下的快捷菜单，选择“New”→“Package”命令，如图 6-18 所示。

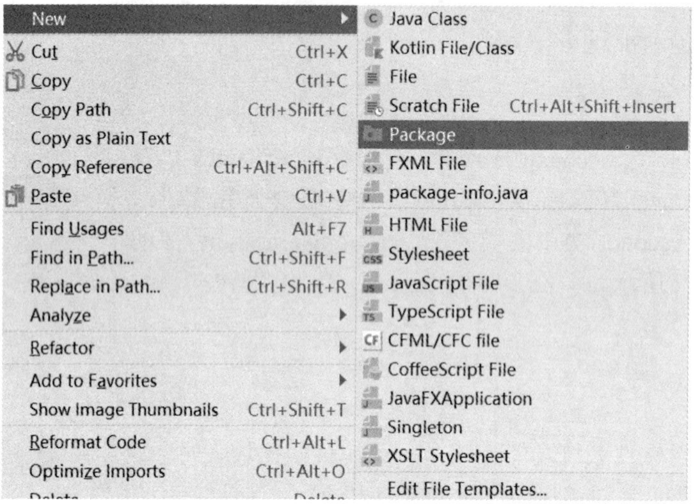


图 6-18 选择“Package”命令

② 在弹出的“New Package”对话框中输入需要创建的包名 com.task6_7.self，单击“OK”按钮，生成包，如图 6-19 所示。

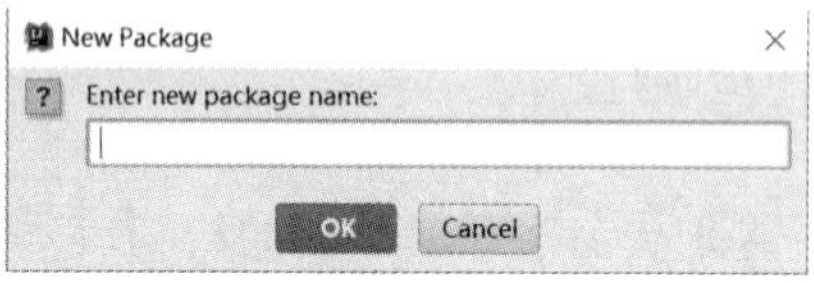


图 6-19 “New Package”对话框

③ 右击包“com.task6_7.self”，选择“New”→“Class”命令，在弹出的“Create New Class”对话框中输入要创建的类名 A，如图 6-20 所示。

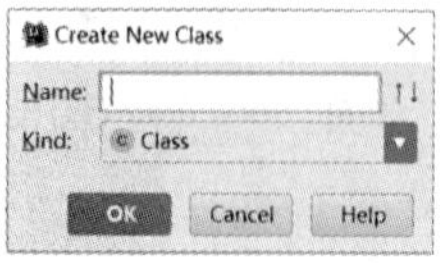


图 6-20 “Create New Class”对话框

④ 在 A.java 文件中的第一条语句为“package com.task6_7.self”，如下所示：

```
package com.task6_7.self;

/**
 * 包的声明
 */
public class A {
}
```

**3. 包的导入**

声明包之后，包中被声明为 public 的类及其成员如果想被其他包的类访问，则需要在其他类之前先进行包的导入。导入包需要用到关键字 import。具体格式如下：

```
import 包名[.子包名[.子包名…]][.类名|*];
```

展开来可以分成下面四种常见格式：

```
import 包名.类名;
import 包名.子包名….类名;
import 包名.*;
import 包名.子包名….*;
```

导入包的语句最后，要么指定一个类名，要么使用一个星号“*”。星号“*”表示通配符，匹配包中的所有 public 类。

**温馨提示：**星号形式可能会增加编译时间，特别是在引入多个大包时。因此，明确导入需要的类比导入整个包效果更好。

注意，import 语句的位置应该在 package 语句之后，任何类定义之前。

## 6.2 面向对象特征

面向对象的特征主要概括为封装性、继承性和多态性，接下来针对这 3 种特性进行简单介绍。

- 封装性

封装是面向对象的特征之一，是对象和类概念的主要特性。封装从字面上来理解就是包装的意思，专业说法叫信息隐藏，是指利用抽象数据类型将数据和基本数据的操作封装在一起，使其构成一个不可分割的独立实体，数据被保护在抽象数据类型的内部，尽可能隐藏内部的细节，只保留一些对外接口使之与外部发生联系。对于封装而言，一个对象所封装的是自己的属性和方法，所以不需要依赖其他对象就可以完成自己的操作。

- 继承性

继承性主要描述的是类与类之间“is-a”的关系，通过继承，可以在无须重新编写原有类的情况下，对原有类的功能进行扩展，大大提高了开发的效率。

- 多态性

多态性指的是在程序中允许出现重名的现象，在一个程序中定义的方法被其他类继承后，它们可以具有不同的行为，这使得同一个方法在不同的类中具有不同的语义。对于面向对象而言，多态性可分为编译时多态和运行时多态。其中编译时多态也叫静态多态，主要是指方法重载，它是根据参数列表的不同来区分不同的函数的。而运行时多态也叫动态多态，它是通过动态绑定来实现的，主要是指方法的重写。

### 6.2.1 类的封装

对【例 6-3】中的代码进行修改，将 book 对象的价格赋值为-30，如图 6-21 所示。

程序运行结果如图 6-22 所示。

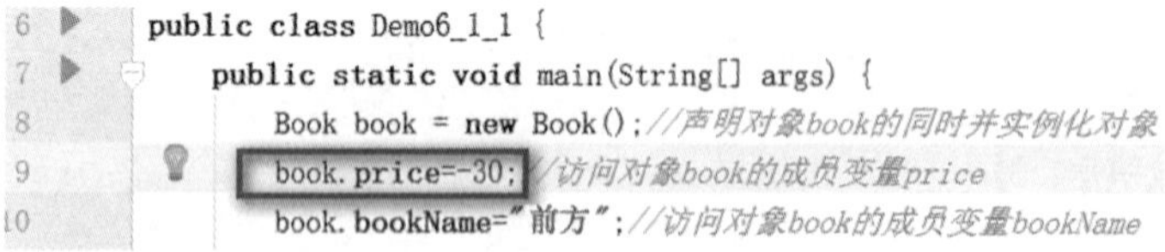


图 6-21 代码修改

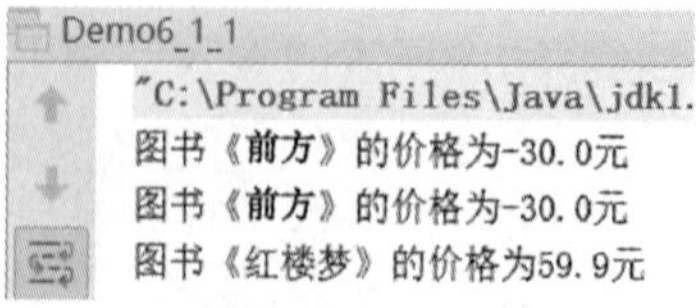


图 6-22 程序运行结果

将价格设置为-30，程序不会有任何问题，但在现实生活中明显是不合理的。为了解决这个问题，在设计类的时候，应该对成员变量的访问做出一些限定，不允许外界随意访问，此时就需要实现类的封装。

前面介绍过面向对象的 3 种特性之一——封装性，此处需要用封装性来实现。如何实现类的封装呢？即将类中的成员变量私有化，使用访问修饰符 private 关键字来修饰成员变量。私有属性只能在它所在类中被访问，如果外界想要访问私有属性，需要在定义类时保留一些对外接口，即将成员方法公有化，也就是使用访问修饰符 public 来修饰成员方法，其中包括用于获取属性值的 getter 方法和设置属性值的 setter 方法。

【例 6-14】接下来通过案例实现类的封装：

```
class Book2 {
    private String bookName;
    private float price=59.9f;
    public String getBookName() {
        return bookName;
    }

    public void setBookName(String name) {
        bookName = name;
    }
    public float getPrice() {
        return price;
    }
    public void setPrice(float p) {
        if (p<0){
            System.out.println("图书价格不能设置为负数");
        }else {
```

```
            price = p;
        }
    }
    public void showInfo(){
        System.out.println("图书《"+bookName+"》的价格为"+price+"元");
    }
}
```

下面编写代码测试上面设计的类 Book2：

```
package com.task6_1;
/**
 * 类的封装
 */
public class Demo6_1_3 {
    public static void main(String[] args) {
        Book2 book = new Book2();//声明对象 book 的同时并实例化对象
        book.price=-30;//访问对象 book 的成员变量 price
        book.bookName="前方";//访问对象 book 的成员变量 bookName
        book.showInfo();//访问对象 book 的成员方法 showPrice
    }
}
```

上述测试代码中，创建了 book 对象，然后直接通过对象名去访问成员变量 bookName 和 price，此时因为成员变量已经私有化，不能在外界访问，所以会出现编译错误，如图 6-23 所示。

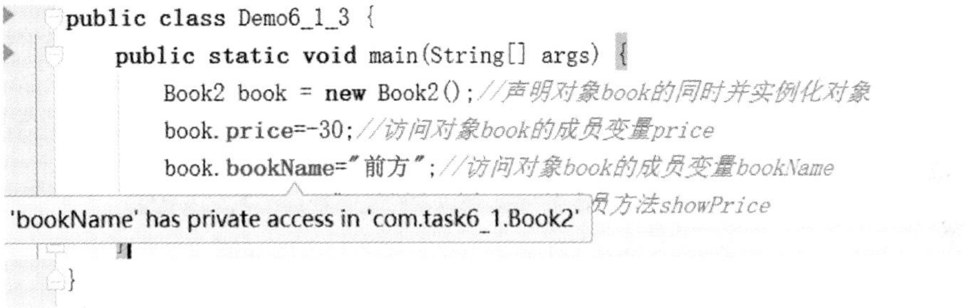


图 6-23　编译错误

成员变量私有化后不能直接访问，可以通过对外的成员方法来访问，修改测试代码如下。

```
public class Demo6_1_3 {
    public static void main(String[] args) {
        Book2 book = new Book2();//声明对象 book 的同时并实例化对象
        book.setBookName("前方");
        book.setPrice(-30);
        book.showInfo();//访问对象 book 的成员方法 showPrice
    }
}
```

程序正常运行，结果如图 6-24 所示。

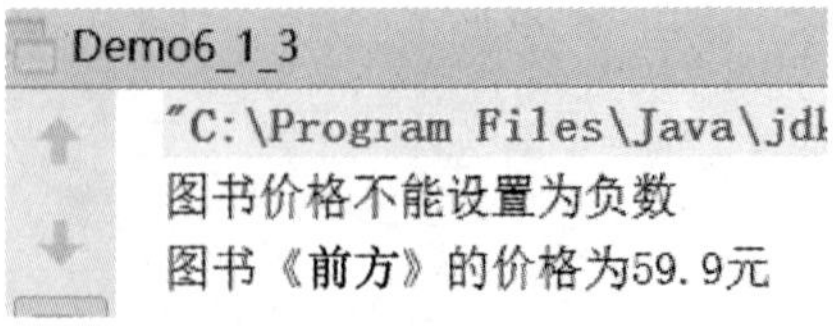


图 6-24　运行结果

从程序运行结果可知，图书的价格设置为负数时并没有设置成功，还是原来的价格 59.9 元。通过类的封装，可以保护其内部数据不被随意修改，但通过对外接口又可以独立完成自己的操作。

**访问控制权限**

Java 中，针对类、成员属性和成员方法提供了访问修饰符来说明它们的可访问范围，总共有 4 种访问级别：private、default（省略不写）、protected 和 public。而这 4 种访问权限的限定需要通过包来控制。

对于一个类而言，只有两个访问级别：默认的或公共的。如果一个类声明成 public，那么它可以被任何包中的其他类访问。如果该类的访问修饰符是默认的，那么它仅能被同一包中的其他类访问。

①类的成员访问控制权限。

类的成员变量和成员方法可以使用的访问控制修饰符有四个：private、default、protected 和 public。

对于类的成员而言，四种访问控制修饰符表示的访问权限如下：

- 声明为 private 的成员只能在这个类中被访问，不能在该类之外被访问。
- 声明为 public 的成员可以在任何地方被访问，即在本类中、同一包中的其他类中或其他包中的其他类都可以被访问。
- 声明为 default（即缺省）的成员可以在本类中、同一包中的其他类中被访问，包外的其他类则不可以访问。
- 声明为 protected 的成员可以在本类中被访问，也可在本类的所有子类中被访问，无论是在同一包中的子类还是在其他包中的子类都可以被访问，还可以在同一包中的其他类中被访问。

如图 6-25 所示为四种类的成员访问控制修饰符限定的访问权限按照范围从小到大排列。

图 6-25　四种访问控制修饰符访问权限范围大小

也可以将四种类的成员访问控制修饰符和其限定的访问权限列出，见表 6-1。

**表 6-1　访问修饰符**

| 访问修饰符 | 本类中 | 同一包中其他非子类 | 同一包中的子类 | 其他包中的子类 | 其他包中的非子类 |
|---|---|---|---|---|---|
| **private** | √ | | | | |
| **public** | √ | √ | √ | √ | √ |
| 缺省 | √ | √ | √ | | |
| **protected** | √ | √ | √ | √ | |

**温馨提示**：类的成员访问权限受到类的访问控制权限的限制，如果一个类的访问控制修饰符为缺省的，那么该类仅在同一包中可被访问，该类的成员即使是 public 修饰的，

也只能和该类本身一样在同一包中可被访问。

②类的访问控制权限。

在 Java 语言中，定义类可以使用的访问控制修饰符有两个：public 或 default。如果一个类声明成 public，那么它可以被任何包中的其他类访问。如果该类的访问修饰符是默认的，那么它仅能被同一包中的其他类访问。

每个 Java 程序的主类都必须是 public 类，主类所在的文件名必须和类名保持相同的名字。

**【例 6-15】** 阅读下面的代码，观察类 A 中的属性 name 的访问控制修饰符，猜猜如果在类 B 中访问类 A 的成员属性 name 会怎么样？

```
package com.task6_7.self;
/**
 * 包的声明
 */
public class A {
    private String name;
}
package com.task6_7.self;
/**
 * 类的成员访问控制权限
 */
public class B {
    public void visitA(){
        A a=new A();
        System.out.println(a.name);
    }
}
```

程序编译结果如图 6-26 所示。

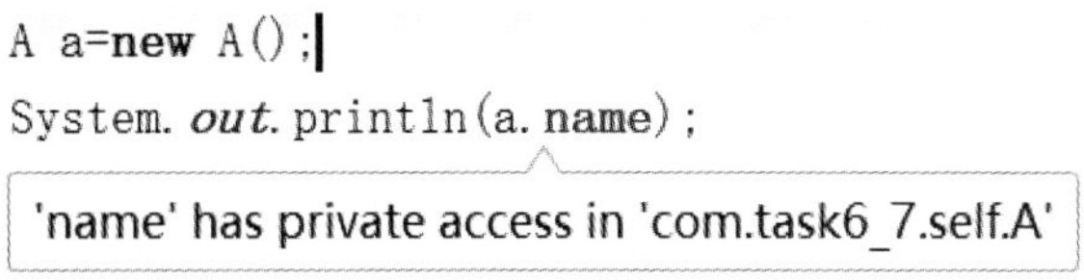


图 6-26 程序编译结果

由于类 A 中的属性 name 被 private 修饰，只允许在本类中访问，所以 B 类访问不到，编译报错。

修改属性 name 的修饰符为缺省、protected、public，则编译正常。

**【例 6-16】** 创建 com.task6_7.other，将类 B 移至此包。此时类 B 需访问类 A，需先采用 import 语句导入包。注意类 A 的属性 name 访问控制权限为默认的，那么此时在类 B 中访问类 A 的属性 name 会怎么样呢？

```
package com.task6_7.self;
/**
```

```
 * 包的声明
 */
public class A {
    String name;
}
package com.task6_7.other;
import com.task6_7.self.A;

/**
 * 类的成员访问控制权限
 */
public class B {
    public void visitA(){
        A a=new A();
        System.out.println(a.name);
    }
}
```

由于 name 属性为缺省的，不允许在包外被访问，所以程序编译出现如图 6-27 所示的错误。

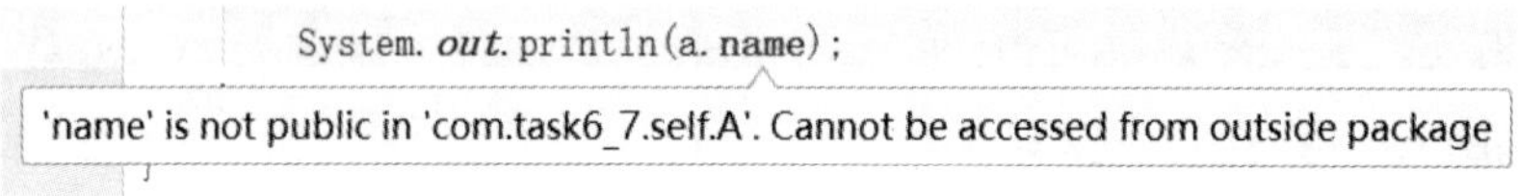


图 6-27　编译错误

将 name 属性的访问控制修饰符修改为“public”，则编译正常。

【例 6-17】将类 A 中的 name 属性的访问控制修饰符修改为“protected”，类 B 继承自类 A，类 B 中通过创建对象访问该对象的属性 name 会怎么样呢？

类 A

```
package com.task6_7.self;
/**
 * 包的声明
 */
public class A {
    protected String name;
}
```

类 B

```
package com.task6_7.other;

import com.task6_7.self.A;

/**
```

```
 * 类的成员访问控制权限
 */
public class B extends A{
    public void visitA(){
        A a=new A();
        System.out.println(a.name);
    }
}
```

protected 修饰的成员允许本类的子类访问，可是子类 B 中访问父类 A 中的 name 属性却出现编译错误，如图 6-28 所示。

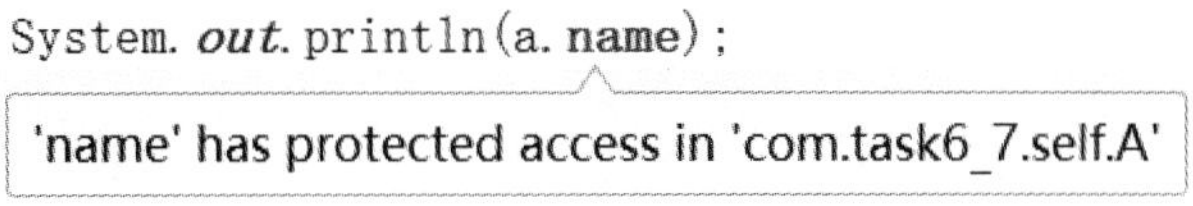


图 6-28 编译结果

原来，子类如果想访问父类中的成员，可以直接访问，不需要创建对象，代码如下所示。

```
package com.task6_7.other;
import com.task6_7.self.A;
/**
 * 类的成员访问控制权限
 */
public class B extends A{
    public void visitA(){
        System.out.println(name);
    }
}
```

在继承关系的类中，protected 修饰的成员允许本类的子类访问，子类如果想访问父类中的成员，可以直接访问，不需要创建对象。

### 6.2.2 类的继承

继承性是面向对象的 3 大特性之一。类通过继承可以实现代码复用，从而提高程序设计的效率，缩短开发周期，同时还可提高软件的可维护性和可扩展性。

**1. 继承的概念**

在程序中，继承描述的是事物之间的所属关系，通过继承可以使多种事物之间形成一种关系体系。例如图书管理系统中的学生和教师都属于该系统中的读者用户，学生和教师属于用户，在程序中可以描述为学生和教师继承自用户。这三者之间构成如图 6-29 所示的继承体系。

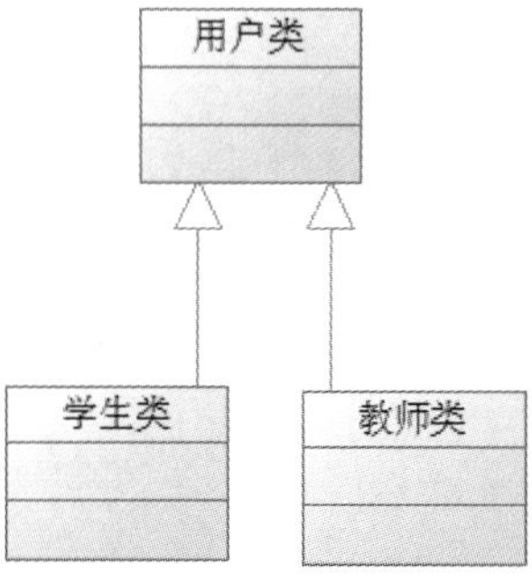


图 6-29 继承体系

在 Java 中，继承是基于已经存在的类构造一个新类。在此基础上，可以添加新的成员变量和方法，从而扩充现在类的功能。

构建出来的新类被称作子类，现有类被称作父类。在 Java 中，子类继承父类后，除构造方法外，子类可继承父类所有的成员变量和成员方法，但是否能够访问，还需看父类的成员变量和成员方法的访问修饰符。

例如，图书管理系统中学生是读者用户，所有的读者用户都可以借书、还书、预约书、交违约金等，学生类从用户类继承过来，保留了用户类具有的成员变量和成员方法，但是在用户类的基础上又扩充了借书的功能，比如借书的期限有相应的限制。

**2．继承的实现**

继承能清晰体现相关类间的层次结构关系。如果想声明一个类继承另一个类，需要使用 extends 关键字，具体格式如下：

```
[访问修饰符] [存储修饰符] class 子类名 extends <父类名>{
    //类体
}
```

子类名必须符合 Java 的命名规范。

父类可以是自定义的类，也可以是系统提供的基础类。如果一个类没有声明 extends 父类，则默认父类为 Object 类。Object 类称为万类之源。Java 中所有类的终极父类是 java.lang.Object，它是所有类的根。

【例 6-18】观察下面的代码，学习子类继承父类是如何定义的。

```
package com.task6_4;
/**
 * 继承的定义
 */
public class Demo6_4_1 {
    public static void main(String[] args) {
        Dog dog = new Dog();
        dog.setName("小黑");
        dog.speak();
    }
}
/*
 *定义狗类继承自动物类
 */
class Dog extends Animal{


}
/*
 *  定义动物类
 */
class Animal{
```

```
    private String name;
    public String getName() {
        return name;
    }
    public void setName(String name) {
        this.name = name;
    }
    public void speak(){
        System.out.println(name+"发出叫声");
    }
}
```

上述代码中，定义了父类 Animal 类，父类中拥有成员变量 name 和成员方法 setName、getName。然后定义了子类 Dog 继承于 Animal 类，子类中并未扩展任何功能。按照继承的概念，子类继承父类时，便拥有父类原有的成员变量和成员方法，即子类 Dog 也有成员变量 name 和成员方法 setName、getName。所以子类对象就可以使用这些功能。

在测试类 Demo6_4_1 中创建了 Dog 类对象，并调用了对象的成员方法，程序运行结果如图 6-30 所示。

图 6-30 程序运行结果

从运行结果可知，子类虽然没有定义成员变量和成员方法，但却能访问，说明子类继承父类时，拥有了父类的成员变量和成员方法。

接下来修改上述代码，扩展子类 Dog 的功能。

```
class Dog extends Animal{
    //子类扩展了自己的功能：看门
    public void watchDoor(){
        System.out.println(getName()+"可以看门");
    }
}
测试功能代码如下：
/**
 * 继承的定义
 */
public class Demo6_4_1 {
    public static void main(String[] args) {
        Dog dog = new Dog();
        dog.setName("小黑");
        dog.speak();
        dog.watchDoor();
    }
}
```

程序运行结果如图 6-31 所示。

通过上面的例子，希望读者可以深入理解继承的概念。子类继承父类会自动拥有父类所有成员变量和成员方法，同时子类可以扩展自己的功能。

在类的继承中，还有一些需要注意的地方，具体通过案例来说明。

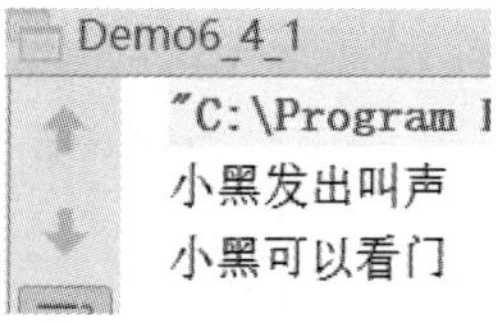


图 6-31　程序运行结果

【例 6-19】下面的代码中，Dog 类和 Animal 类同【例 6-15】定义，如果 Dog 类有两个父类 Animal 类和 Plane 类，会出现什么现象呢？

```
/*
 *定义狗类继承自动物类，飞机类
 */
class Dog extends Animal,Plane{
    //子类扩展了自己的功能：看门
    public void watchDoor(){
        System.out.println(getName()+"可以看门");
    }
}
/*
 *定义父类飞机类
 */
class Plane{
    public void fly(){
        System.out.println("我可以飞");
    }
}
```

**温馨提示：**在 Java 中，类只支持单继承，即一个子类只能继承一个父类，不允许多重继承。

所以上述代码会出现编译错误，如图 6-32 所示。

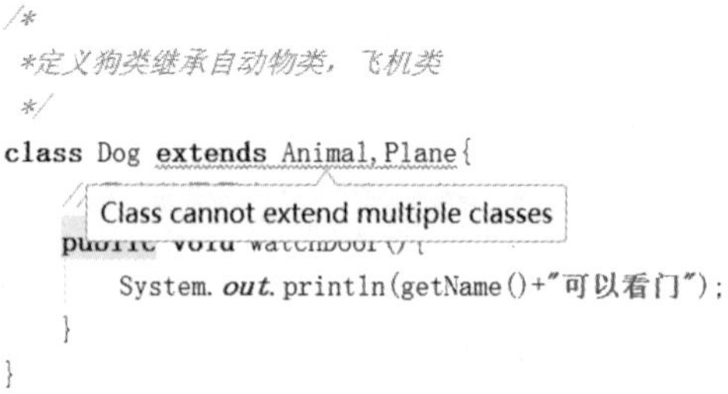


图 6-32　程序运行结果

【例 6-20】下面的代码中，Dog 类、Cat 类都继承自 Animal 类，会出现什么现象呢？

```
package com.task6_4;
/**
 * 多个类继承一个父类
 */
public class Demo6_4_2 {
    public static void main(String[] args) {
        Dog dog = new Dog();
        dog.setName("小黑");
        dog.speak();
        dog.watchDoor();
```

```
            Cat cat = new Cat();
            cat.setName("白猫");
            cat.speak();
            cat.catchMouse();
        }
    }
    class Cat extends Animal{
        public void catchMouse(){
            System.out.println("猫可以抓老鼠");
        }
    }
```

**温馨提示**：在 Java 中，多个类可以继承一个父类。

上述代码中，Dog 类和 Cat 类都继承父类 Animal，这种情况是允许的。程序运行结果如图 6-33 所示。

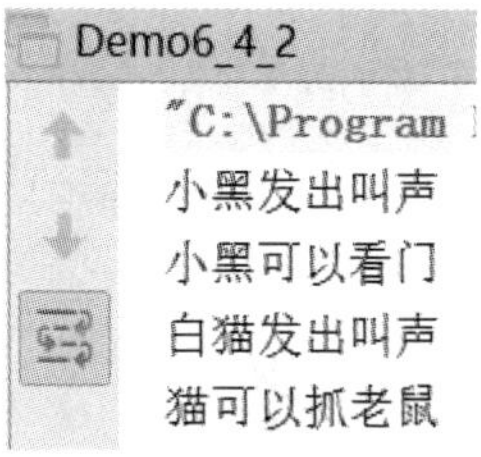


图 6-33　程序运行结果

【例 6-21】下面的代码中，类 TeddyDog 继承自 Dog 类，Dog 类继承自 Animal 类，那么 TeddyDog 类拥有哪些成员变量和成员方法呢？Dog 类和 Animal 类的代码参考【例 6-15】。

```
package com.task6_4;
/**
 * 多层继承
 */
public class Demo6_4_3 {
    public static void main(String[] args) {
        TeddyDog teddyDog = new TeddyDog();
        teddyDog.setName("路飞");//从间接父类 Animal 继承
        teddyDog.speak();//从间接父类 Animal 继承
        teddyDog.watchDoor();//从直接父类 Dog 继承
    }
}
class TeddyDog extends Dog{
}
```

**温馨提示**：在 Java 中，类之间的继承具有传递性，即多层继承，一个类的父类可以再去继承另外的父类。如 C 类继承 B 类，B 类继承 A 类，那么 C 类也可以称为 A 的子类。

### 6.2.3　多态性

多态性是面向对象的 3 大特性之一。

多态性指的是在程序中允许方法出现重名的现象。多态性可以使程序具有良好的扩展性，程序可以对所有子类对象进行通用的处理。对于面向对象而言，多态性可分为编译时多态和运行时多态。其中编译时多态也叫静态多态，主要是指方法重载，它是根据参数列表的不同来区分不同的函数。而运行时多态也叫动态多态，它是通过动态绑定来实现的，主要是指方法重写。

**1．方法重载**

编译多态指在程序编译过程中出现的多态性，可以通过方法重载实现。Java 在编译时可以根据实际参数的数据类型、个数和次序确定执行重载方法中的哪一个。

在 Java 中，允许同一类中的多个方法可以有相同的方法名称，但这些方法具有不同的参数列表，这种情况叫做方法重载（overload）。如果一个类中多个方法名称相同，参数列表也相同，只是返回值类型的不同，则不能称之为方法重载，会出现编译错误。

**温馨提示：** 参数列表包括参数的数据类型、参数的个数和参数的顺序，只要其中有一个不同就叫做参数列表不同。

**【例 6-22】** 阅读下面的代码，找出其中有哪个方法重载了。

```
package com.task6_3;
/**
 * 方法重载
 */
public class Demo6_3_1 {
    public int sum(int x,int y){
        return x+y;
    }
    public float sum(int x,int y){
        return x+y;
    }
    public float sum(int x,float y, int z){
        return x+y+z;
    }
    public float sum(float x,float y){
        return x+y;
    }
}
```

上述代码中，类 Demo6_3_1 定义了四个成员方法，方法名称都为 sum，但是四个成员方法有两个方法的方法名称和参数列表都相同，只是返回值不同，出现如图 6-34 所示“方法已经定义”的编译错误。其余的 sum 方法属于方法重载现象。

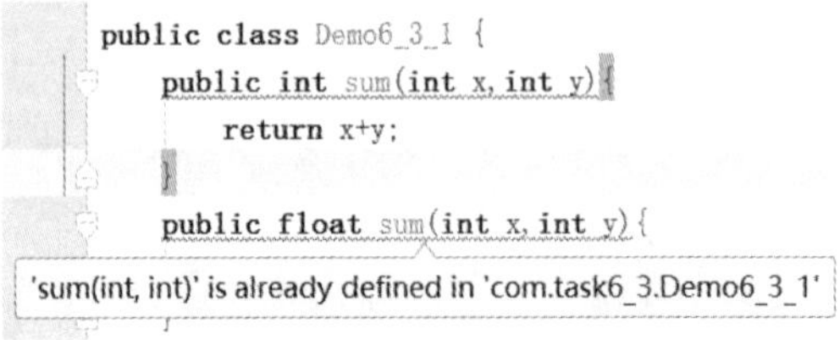


图 6-34　编译错误

方法重载属于面向对象的特性之一——多态性的体现。它是静态多态，也叫编译时多态。当一个重载方法被调用时，Java 用参数的类型和参数的数量来确定实际调用的重载方法的版本。当重载方法的参数与调用参数匹配成功时，该重载方法被执行。

将上述代码修改如下，观察方法重载的现象。

```
package com.task6_3;
/**
 * 方法重载
 */
public class Demo6_3_1 {
    public static int sum(int x,int y){
        return x+y;
    }
    public static float sum(int x,float y, int z){
        return x+y+z;
    }
    public static float sum(float x,float y){
        return x+y;
    }

    public static int sum(int ... args){
        int s=0;
        for (int i=0;i<args.length;i++){
            s+=args[i];
        }
        return s;
    }
}
```

修改后的代码可以正常编译，且 sum 方法重载了四次，方法名称相同，或方法的参数个数不同，或者方法的参数类型不同。注意第四个 sum 方法的参数为可变参数。

可变参数适用于参数类型确定而参数个数不确定的情况。Java 把可变参数当做数组处理。可变参数的特点如下：

- 位于数据类型和参数名之间，前后有无空格都可以。
- 可变参数只能出现在参数列表的最后。

在类 Demo6_3_1 中添加 main 函数，用于测试上述方法，代码如下。

```
public static void main(String[] args) {
    System.out.println(sum(3,5,8,10,37));
    System.out.println(sum(156,235));
    System.out.println(sum(15.60f,34.80f));
    System.out.println(sum(78,293.4f,90));
}
```

程序运行结果如图 6-35 所示。

**2．构造方法的重载**

若在一个类体中定义了多个具有不同参数列表的同名构造方法，此为构造方法的重载。在创建对象时，可以通过调用不同的构造方法来为不同的成员变量赋值。

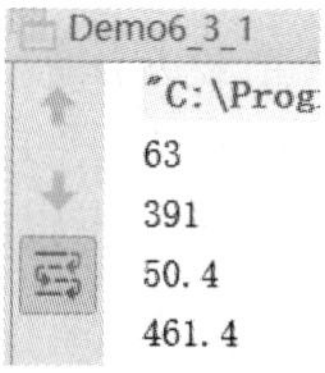

图 6-35　程序运行结果

【例 6-23】构造方法的重载。

```
package com.task6_3;
/**
 * 构造方法
 */
class Person {
    private int age;
    public Person(){
        System.out.println("无参的构造方法被调用");
    }
    public Person(int a){
        System.out.println("有参的构造方法被调用");
        age = a;
    }

    public int getAge() {
        return age;
    }
    public void setAge(int a) {
        age = a;
    }
    public static void main(String[] args) {
        Person person1 = new Person();
        person1.setAge(30);
        System.out.println("person1 的年龄为："+person1.getAge());
        Person person2 = new Person(18);
        System.out.println("person2 的年龄为："+person2.getAge());
    }
}
```

程序运行结果如图 6-36 所示。

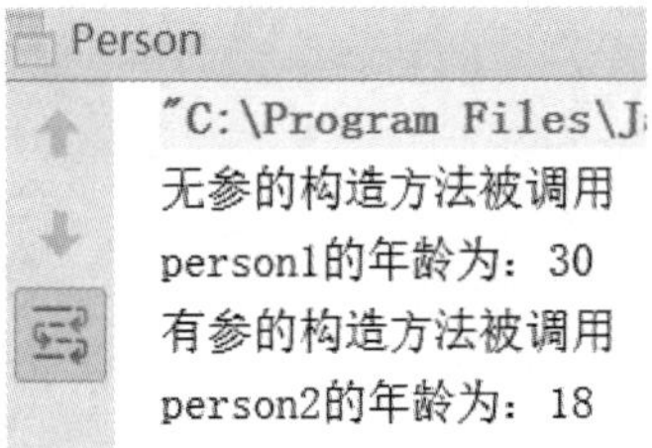

图 6-36　程序运行结果

上述代码中定义了两个构造方法，构成了方法的重载。在创建对象 person1 和 person2 时，根据传入的参数不同，分别调用了不同的构造方法。

**3．方法重写**

运行时多态指在程序运行过程中出现的多态性，可以通过方法重写实现。

子类继承了父类，当通过子类对象调用某个方法时，到底系统是调用父类的方法还是子类的方法呢？如果子类重写了父类的方法，则调用子类的方法；如果子类没有重写父类的方法，则调用父类的方法。

子类继承了父类，当通过父类对象调用某个方法时，到底系统是调用父类的方法还是子类的方法呢？这无法在编译时确定，需要在系统运行过程中根据实际对象类型来确定，所以称之为运行时多态。

通过继承，子类会自动拥有父类中定义的成员方法。子类也可以增加自己的成员方法。子类还可以对从父类继承过来的成员方法进行修改，从而适应子类自身的需要，即对父类的成员方法进行重写，简称方法重写。

**温馨提示：**在子类中重写的方法与父类中被重写的方法具有完全相同的方法名称、参数列表、返回值类型。

观察下面的例子，学习如何进行方法重写。父类 Animal 和 Dog 类参考前面的例子代码。

```
package com.task6_4;
/**
 * 方法重写
 */
public class Demo6_4_4 {
    public static void main(String[] args) {
        Dog dog = new Dog();
        dog.setName("小黑");
        dog.speak();
        Tiger tiger = new Tiger();
        tiger.setName("山大王");
        tiger.speak();
    }
}
class Tiger extends Animal{
    @Override
    public void speak() {
        System.out.println(getName()+"老虎啊呜叫~");
    }
}
```

上述代码中定义了 Tiger 类继承自 Animal 类，并在子类 Tiger 类中对父类 Animal 中的方法 speak 进行了重写。此时，在测试类 Demo6_4_4 的 main 方法中，定义了两个对象 dog 和 tiger，分别调用了各自的 speak 方法，但是 dog 对象调用的 speak 方法是继承自父类的，而 tiger 对象调用的 speak 方法是自己定义的，并不会调用父类 Animal 的 speak 方法。所以两者执行结果不同，程序运行结果如图 6-37 所示。

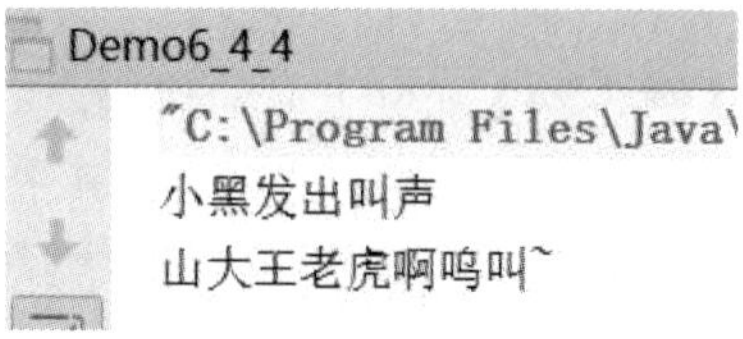


图 6-37 程序运行结果

请读者思考如何通过子类对象 tiger 调用父类中被重写的方法 speak。

**温馨提示**：子类对父类方法重写时，子类的方法的访问权限不能比父类被重写的方法访问权限更严格。

如图 6-38 所示，子类 speak 方法的访问权限为默认，而父类 Animal 的 speak 方法的访问权限为 public，默认的访问权限比 public 的访问权限更严格，程序报错。

```
class Tiger extends Animal{
    @Override
    void speak() {
        System.out.println(getName()+"老虎啊呜叫~");
    }
}
```

图 6-38　程序运行结果

**温馨提示**：子类不可以对父类的类方法进行重写，只可以对父类的类方法进行隐藏。

如下所示，父类 Animal 中的 speak 方法定义为类方法。

```
public static void speak(){
    System.out.println("动物发出叫声");
}
```

在子类 Tiger 中同样定义 speak 方法，如下所示。

```
class Tiger extends Animal{
    @Override
    public static void speak() {
        System.out.println("老虎啊呜叫~");
    }
}
```

此时，程序编译报错，如图 6-39 所示。

Error:(17, 5) java: 方法不会覆盖或实现超类型的方法

图 6-39　程序运行结果

如果把子类中 speak 方法上面的“@Override”标识去掉，则程序可以正常编译，无报错信息。说明在 Java 中，如果父类中含有一个静态方法，且在子类中也含有一个返回类型、方法名、参数列表均与之相同的静态方法，那么该子类实际上只是将父类中的该同名方法进行了隐藏，而非重写。换句话说，父类和子类中含有的其实是两个没有关系的方法。

**【例 6-24】**观察下面的代码，其运行结果是什么？父类 Animal 定义了属性 name，两个构造方法和 3 个普通成员方法，其中有一个为 speak 方法。Animal 有三个子类 Dog 类、Tiger 类和 Duck 类，Tiger 类和 Duck 类都对父类的方法 speak 进行了重写。测试类中定义了一个静态方法，接收一个 Animal 类型的参数，方法中调用其 speak 方法，main 函数中创建了三个子类对象，实际运行时具体调用父类还是子类的方法呢？

Animal 类

```
package com.task6_4;
/*
 *  定义动物类
 */
public class Animal{
    private String name;
    public Animal(){
        System.out.println("动物类的默认构造方法");
    }
    //定义有参的构造方法
    public Animal(String name) {
        System.out.println("动物类的有参构造方法");
        this.name = name;
    }
    public String getName() {
        return name;
    }
    public void setName(String name) {
        this.name = name;
    }
    public void speak(){
        System.out.println("动物发出叫声");
    }
}
```

Dog 类

```
package com.task6_4;
 /*
 *定义狗类继承自动物类
 */
class Dog extends Animal{
     //子类扩展了自己的功能：看门
    public void watchDoor(){
        System.out.println(getName()+"可以看门");
    }
}
```

Tiger 类

```
class Tiger extends Animal{
    @Override
    public void speak() {
        System.out.println("老虎啊呜叫~");
```

```
    }
}
```

Duck 类

```
package com.task6_4;
/**
 * 定义鸭类继承自动物类
 */
class Duck extends Animal{
    @Override
    public void speak() {
        System.out.println("鸭子嘎嘎叫~");
    }
}
```

测试类

```
package com.task6_4;
/**
 * 运行时多态
 */
public class Demo6_4_3_1 {
    public static void main(String[] args) {
        Animal a1 = new Dog();
        Animal a2 = new Tiger();
        Animal a3 = new Duck();
        a1.setName("小黄狗");
        a2.setName("山大王");
        a3.setName("小黄鸭");
        speak(a1);
        speak(a2);
        speak(a3);
    }
    public static void speak(Animal a) {
        a.speak();
    }
}
```

程序的运行结果如图 6-40 所示。

```
"C:\Program Files\Java\jdk1.8.0_25\bin\java" ...
小黄狗发出叫声
老虎啊呜叫~
小黄鸭嘎嘎叫~
```

图 6-40　程序运行结果

从程序运行结果可看出，父类对象 a1 实际是 Dog 类型，父类对象 a2 实际是 Tiger 类型，父类对象 a3 实际是 Duck 类型，speak(a1)方法输出结果为“小黄狗发出叫声”，说明调用了父类 Animal 的 speak 方法，因为子类 Dog 没有重写父类的 speak 方法；speak(a2)方法输出结果为“老虎啊呜叫~”，说明调用了子类 Tiger 重写的方法，speak(a3)也是调用了子类 Duck 重写的方法。

Java 规定，对于重写的方法，系统根据运行时实际调用的对象类型来决定选择调用哪个重写的方法，这就是运行时多态。

在程序中，要达到运行时多态需要满足以下几个条件：

- 类和类之间有继承关系；
- 子类对父类的方法进行了重写；
- 存在父类引用子类对象。

在实际编程中，定义父类对象时，可以将其引用为该类或该类的子类对象。此时，父类对象调用的同一个方法将随其指向的对象类型不同而不同，从而使程序变得更加灵活，提高了程序的可扩展性和可维护性。

**4. 对象类型转换**

在【例 6-20】中，涉及将父类对象引用子类对象，即涉及子类类型和父类类型之间的转换。和基本的数据类型转换一样，类实例之间也可以进行类型转换，转换可分为向上转型和向下转型两种。

① 上转型

向上转型指父类引用子类对象，即将子类对象当作父类使用。【例 6-20】中“Animal a1=new Dog();”就是将新创建的子类对象当作父类 Animal 对象 a1 用。这种操作存在隐式转换，即隐式将子类对象转换为父类对象类型，不需要显式地强制转换。

【例 6-25】修改【例 6-20】的测试类中的代码，将父类对象 a1 调用子类 Dog 的方法 watchDoor，结果会怎么样呢？

父类对象 a1 调用子类 Dog 中的方法 watchDoor 时出现了编译错误如图 6-41 所示，因为 watchDoor 方法为子类独有的新增加的方法，父类对象不可访问。

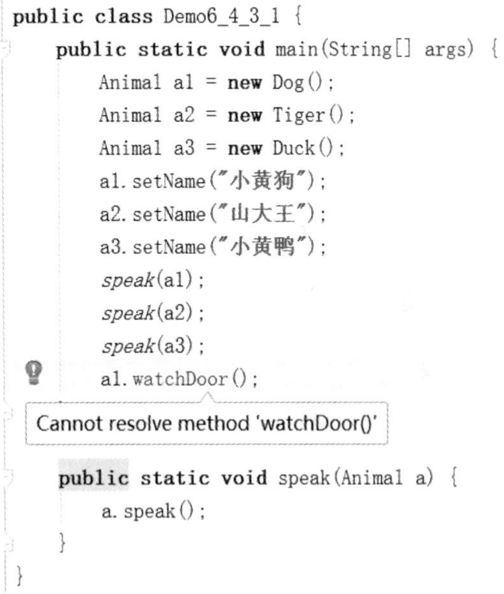


图 6-41 编译结果

②向下转型

向下转型指子类引用父类对象，即将父类对象当子类对象使用。

【例 6-26】下面代码定义了父类 Animal 对象 a1，并让其引用子类 Dog 类对象，然后定义了子类对象 d2，并将其引用为父类对象 a1，此时程序输出结果是什么呢？

```
package com.task6_4;
/**
```

```
 * 向下转型
 */
public class Demo6_4_3_2 {
    public static void main(String[] args) {
        Animal a1 = new Dog();
        a1.setName("小黄狗");
        Dog d2 = (Dog)a1;
        d2.speak();
    }
}
```

程序运行结果如图 6-42 所示。

```
"C:\Program Files\Java\jdk1.8.0_25\bin\java" ...
小黄狗发出叫声
```

图 6-42　程序运行结果

由上述结果可知，子类对象向上转型为父类对象时不需要显式转换，而父类对象转换为子类对象时，需显式强制类型转换。

**温馨提示**：向下转型还有几点需要注意的地方：

必须确保父类对象是子类的一个实例，否则程序将抛出异常；

向下转型对象即可以操作父类的成员变量和成员方法，也可以操作子类的成员变量和成员方法。

向下转型对象访问重写的方法时，操作的是子类的方法。

【例 6-27】观察下面的代码，程序会出现什么情况？

```
package com.task6_4;
/**
 * 向下转型
 */
public class Demo6_4_3_2 {
    public static void main(String[] args) {
        Animal a1 = new Dog();//将新创建的子类对象向上转型为 Animal 类型对象
        a1.setName("小黄狗");
        Dog d2 = (Dog)a1;//将父类对象 a1 向下转型为 Dog 类型对象
        d2.speak();
        Tiger t2 = (Tiger)a1;//将父类对象 a1 向下转型为 Tiger 类型对象
        d2.watchDoor();//向下转型对照调用子类中扩展的方法
    }
}
```

上述代码中，父类对象 a1 引用的是子类 Dog 对象，而不是 Tiger 类的对象，可以将 a1 强制转换为 Dog 类型，不能将 a1 强制转换为 Tiger 类型，因为向下转型必须确保父类对象是子类的一个实例，故程序在运行时会出现强制转换类型异常，如图 6-43 所示。

```
"C:\Program Files\Java\jdk1.8.0_25\bin\java" ...
Exception in thread "main" java.lang.ClassCastException: com.task6_4.Dog cannot be cast to com.task6_4.Tiger
    at com.task6_4.Demo6_4_3_2.main(Demo6_4_3_2.java:13)
小黄狗发出叫声
小黄狗可以看门
```

图 6-43 程序运行结果

从程序运行结果也可看出，向下转型对象 d2 可以调用 Dog 类中新增加的方法，而父类对象 a1 不可以调用子类中新增加的方法。

**温馨提示：** 子类对象的向上转型不能操作子类新增的成员变量和成员方法，但在强制向下转型为该子类的一个对象后又具备了子类的所有属性和方法。

② instanceof 运算符

向下转型必须确保父类对象是子类的一个实例，否则程序将抛出异常。为了确保向下转型不抛出异常，Java 提供了 instanceof 运算符。

instanceof 运算符用来在运行时指出对象是否是特定类的一个实例。使用格式为：

```
对象名 instanceof 类名
```

instanceof 返回一个布尔值来指出这个对象是否是这个特定类或者是它的子类的一个实例。如果结果为 true，则对象为这个类或其子类的一个实例。

**【例 6-28】**修改**【例 6-23】**中的代码，在将对象 a1 向下转型为子类对象前先采用 instanceof 判断是否为其子类的实例，若结果为 true 才进行向下转型。

```
package com.task6_4;
/**
 * instanceof运算符
 */
public class Demo6_4_3_3 {
    public static void main(String[] args) {
        Animal a1 = new Dog();//将新创建的子类对象向上转型为Animal类型对象
        a1.setName("小黄狗");
        if (a1 instanceof Dog) {//判断父类对象a1是否为子类Dog的一个实例
            Dog d2 = (Dog) a1;//将父类对象a1向下转型为Dog类型对象
            d2.speak();
            d2.watchDoor();//向下转型对照调用子类中扩展的方法
        }
        if (a1 instanceof Tiger) {//判断父类对象a1是否为子类Tiger的一个实例
            Tiger t2 = (Tiger) a1;//将父类对象a1向下转型为Tiger类型对象
        }
    }
}
```

程序运行结果如图 6-44 所示。

```
"C:\Program Files\Java\jdk1.8.0_25\bin\java" ...
a1为Dog类的一个实例
小黄狗发出叫声
小黄狗可以看门
```

图 6-44 运行结果

从程序运行结果可知，在向下转型之前采用 instanceof 运算符进行判断可以避免程序出现异常，使程序更加友好。

### 6.2.4 属性隐藏

通过继承，子类可以拥有父类的所有成员变量。子类从父类继承的成员变量不用再定义即可以使用，这样可以简化程序，提高工作效率。

但是子类也可以增加自己的成员变量。当子类增加了一个成员变量且该成员变量名与父类的成员变量同名时，这种情况叫作属性隐藏，即在子类中会隐藏父类同名的成员变量。此时，当子类执行继承自父类的方法时，处理的是继承自父类的成员变量，当子类执行自己定义的方法时，处理的是子类自己定义的成员变量。若在子类自己定义的方法中想访问父类同名的成员变量，则需要使用 super 关键字。

### 6.2.5 super 关键字

当子类 Tiger 重写了父类 Animal 的 speak 方法后，子类对象将无法访问到父类的 speak 方法。如果此时想在 Tiger 类中访问父类被重写的方法 speak，那么可以使用 super 关键字。

使用 super 关键字，可以访问父类中构造方法和被隐藏的属性、方法。

**1．使用 super 关键字访问父类中的构造方法**

子类在构造过程中必须调用其父类的构造方法，即没有父类就没有子类，要创建子类对象必须先创建其父类对象，再创建子类对象。

**【例 6-29】**下面的代码中，Animal 类显式定义了无参的构造方法，其子类 Dog 类也显式地定义了无参的构造方法，在测试类 Demo6_4_5 中的 main 方法中，实例化 Dog 类对象，猜猜程序输出结果会是什么呢？

①Animal 类

```
package com.task6_4;
/*
 * 定义动物类
 */
class Animal{
    private String name;
    public Animal(){
        System.out.println("动物类的默认构造方法");
    }
```

```java
    public String getName() {
        return name;
    }
    public void setName(String name) {
        this.name = name;
    }
    public void speak(){
        System.out.println("发出叫声");
    }
}
```

②Dog 类

```java
package com.task6_4;
/*
 *定义狗类继承自动物类
 */
class Dog extends Animal{
    public Dog() {
        System.out.println("狗类的默认构造方法");
    }
    //子类扩展了自己的功能：看门
    public void watchDoor(){
        System.out.println(getName()+"可以看门");
    }
}
```

③测试类

```java
package com.task6_4;
/**
 * 使用super 访问父类的构造方法
 */
public class Demo6_4_5 {
    public static void main(String[] args) {
        Dog dog = new Dog();
    }
}
```

程序运行结果如图 6-45 所示：

```
"C:\Program Files\Java\jdk1.8.0_25\bin\java" ...
动物类的默认构造方法
狗类的默认构造方法
```

图 6-45　程序运行结果

从结果可以看出，在子类实例化时先调用了父类的无参构造方法再调用子类的构造方法。

在实例化子类的时候会自动地实例化父类，如果此时的父类还继承了其他的类，那么便会逐级向上查询，直到找到顶级的父类，然后开始逐个实例化。这属于隐式调用父类的构造方法，并且只能隐式调用父类无参的构造方法。

我们也可以通过 super 关键字显式地调用父类的构造方法，既可以调用父类无参构造方法，也可调用父类有参构造方法。super()可显式地调用父类的无参构造方法，super(参数列表)可显式地调用父类有参的构造方法。在使用 super 关键字调用父类的构造方法时必须注意：super 调用构造方法必须为子类构造方法中的第一行代码。

上面的例子中可以在 Dog 类的默认构造方法的第一行添加 super()，用于显式调用父类的无参构造方法，请读者自行测试。

**【例 6-30】**在【例 6-20】的基础上，给 Animal 类添加有参构造方法，并在 Dog 子类的构造方法中调用父类的有参构造方法。

①Animal 类

```
package com.task6_4;
/*
 *  定义动物类
 */
class Animal{
    private String name;
    public Animal(){
        System.out.println("动物类的默认构造方法");
    }
    //定义有参的构造方法
    public Animal(String name) {
        System.out.println("动物类的有参构造方法");
        this.name = name;
    }
    public String getName() {
        return name;
    }
    public void setName(String name) {
        this.name = name;
    }

    public void speak(){
        System.out.println(name+"发出叫声");
    }
}
```

②Dog 类

```
package com.task6_4;
 /*
 *定义狗类继承自动物类，飞机类
```

```
 */
class Dog extends Animal{
    public Dog() {
        super("吖蜜");//通过 super 关键字调用父类的有参构造方法
        System.out.println("狗类的默认构造方法");
    }
   //子类扩展了自己的功能：看门
   public void watchDoor(){
       System.out.println(getName()+"可以看门");
   }
}
```

③测试类

```
package com.task6_4;
/**
 * super 调用有参的构造方法
 */
public class Demo6_4_6 {
    public static void main(String[] args) {
        Dog dog = new Dog();
        dog.speak();
        dog.watchDoor();
    }
}
```

程序运行结果如图 6-46 所示：

```
"C:\Program Files\Java\jdk1.8.0_25\bin\java" ...
动物类的有参构造方法
狗类的默认构造方法
吖蜜发出叫声
吖蜜可以看门
```

图 6-46　程序运行结果

在构造子类对象时，必须调用父类的构造方法。一般默认调用父类无参的构造方法，也可使用 super 关键字根据需要调用父类的有参构造方法。由此可知，当子类继承父类时，父类必须有无参的构造方法，子类才可以顺利继承父类。当父类添加了一个有参的构造方法时，此时系统将不会再默认添加无参的构造方法，所以必须自己手动添加一个无参的构造方法，这样才能保证被子类顺利地继承。

**2．使用 super 关键字访问父类中的成员变量**

若在子类自己定义的方法中想访问父类同名的成员变量，则需要使用 super 关键字。格式为：

```
super.父类成员变量名
```

注意，如果父类中的成员变量和子类不同名，即父类的成员变量没有被子类隐藏，则可以直接通过成员变量名访问。

### 3. 使用 super 关键字访问父类中的成员方法

若在子类自己定义的方法中想访问父类中被子类重写的成员方法，也可使用 super 关键字。格式为：

```
super.父类成员方法名(参数列表)
```

注意，如果父类的某个方法没有被子类重写，那么在子类的成员方法中可以通过父类的方法名直接调用，无须使用 super 关键字。

【例 6-31】观察下面的代码，学习如何使用 super 关键字来访问父类中的隐藏属性和被重写的方法。

①Animal 类

```
package com.task6_4;
/*
 * 定义动物类
 */
class Animal{
    private String name;
    public Animal(){
        System.out.println("动物类的默认构造方法");
    }
    //定义有参的构造方法
    public Animal(String name) {
        System.out.println("动物类的有参构造方法");
        this.name = name;
    }
    public String getName() {
        return name;
    }
    public void setName(String name) {
        this.name = name;
    }
    public void speak(){
        System.out.println(name+"发出叫声");
    }
}
```

②Duck 类和测试类 Demo6_4_7

```
package com.task6_4;
/**
 * super 关键字访问父类中的被隐藏的属性和方法
 */
public class Demo6_4_7 {
    public static void main(String[] args) {
        Duck duck = new Duck();
```

```
        duck.setName("小黄鸭");
        duck.speak();
    }
}
class Duck extends Animal{
    //定义属性和父类的属性同名
    private String name;
    @Override
    public void setName(String name) {
        super.setName("鸭妈妈");
        this.name=name;
    }
    @Override
    public void speak() {
        super.speak();
        System.out.println(this.name+"嘎嘎叫~");
    }
}
```

上述代码中，子类 Duck 中定义了和父类 Animal 同名的属性 name，此时父类的属性在子类中被隐藏。另外子类中重写了父类的方法 setName 和 speak，并通过 super 关键字调用了父类的 setName 方法和 speak 方法，从而给父类的属性赋值。程序的运行结果如图 6-47 所示。

```
"C:\Program Files\Java\jdk1.8.0_25\bin\java" ...
动物类的默认构造方法
鸭妈妈发出叫声
小黄鸭嘎嘎叫~
```

图 6-47 程序运行结果

### 6.2.6 final 关键字

final 关键字可用于修饰类、方法和变量，被 final 修饰的类、方法和变量具有以下一些特性：

- final 修饰的类不能被继承；
- final 修饰的方法不能被子类重写；
- final 修饰的变量（成员变量或局部变量），也叫常变量，只能赋值一次。

下面通过具体的例子来说明这几个特性。

**1. 最终类**

在 Java 中，被 final 关键字修饰的类称为最终类，格式为：

```
public final class 类名{}
```

最终类指的是不能被继承的类，也就是说最终类不可以有子类。Java 中，Math 类、Integer 类、Float 类等都是最终类，不能被继承。

**【例 6-32】** 如果将前面例子中的动物类 Animal 修改为最终类，那么其子类 Dog、Tiger 类会怎么样呢？

Animal 类

```
package com.task6_4;
/*
 *  定义动物类
 */
public final class Animal{
    //中间代码省略
}
```

此时，打开子类 Dog 类，可以看到出现了编译错误，如图 6-48 所示。

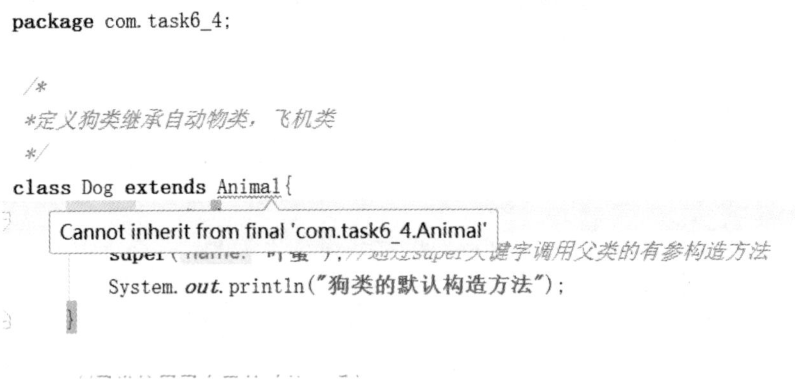


图 6-48　编译结果

该错误提示表示 Dog 类不可以从最终类 Animal 继承。由此可见，最终类不可以被其他类继承。

**2．最终方法**

当一个类的方法被 final 关键字修饰时，该方法称为最终方法。格式为：

```
public final 返回值 方法名（参数列表）{}
```

如果定义了某个普通类，却又希望其中的某个方法不被子类重写，可以使用 final 关键字来修饰该方法达到此目的。

另外，最终类中的方法都自动成为 final 方法。

**【例 6-33】**假设定义一个普通类 Animal，但将其中的一个方法 speak 定义为最终方法，现在子类 Tiger 继承自 Animal 类，如果此时子类 Tiger 想重写父类 Animal 的成员方法 speak，会怎么样呢？

Animal 类

```
package com.task6_4;
/*
 *  定义动物类
 */
public class Animal{
    public final void speak(){//最终方法
        System.out.println(name+"发出叫声");
    }
```

```
    }
```

此时，Tiger 类对父类 Animal 的方法 speak 进行重写。

```
class Tiger extends Animal{
    @Override
    public  void speak() {
        System.out.println("老虎啊呜叫~");
    }
}
```

可以看到，程序出现了编译错误，如图 6-49 所示。

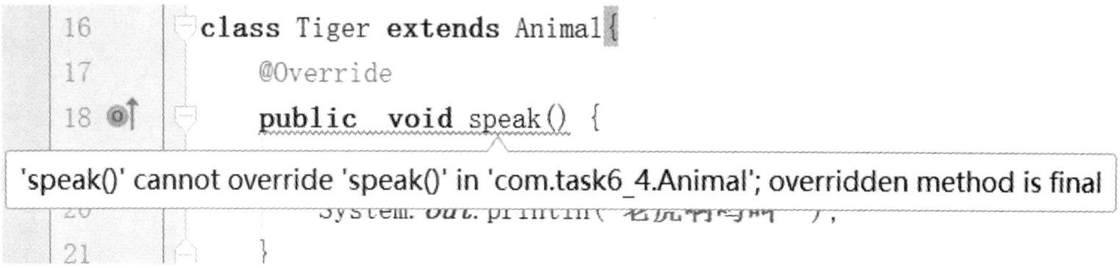


图 6-49　编译结果

该错误提示不能对父类 Animal 的方法 speak 进行重写，因为该方法为最终方法。

**3. 常变量**

Java 中，用 final 关键字修饰的变量称为常变量，它只能被赋值一次。也就是说被 final 关键字修饰的变量一旦赋值，那么它的值将不能再被改变。如果再次对该变量进行赋值，程序将会出现编译错误。

# 6.3　抽象类

在继承的特性支持下，父类的设计越来越一般、通用，子类越来越具体。父类的设计应该保证父类和子类能够共享特征，越到顶层，父类设计得越抽象，以致于它没有足够的信息来描述一个具体的对象，即它没有具体的实例，而需要其他具体的类来支撑它。抽象类的作用就是为它的子类定义共同特征和某些依赖于具体实例而实现的抽象方法。

## 6.3.1　抽象方法

抽象方法是只有方法声明而没有方法主体的特殊方法，采用 abstract 关键字修饰。其定义格式为：

public abstrack　返回值类型　方法名(参数列表);

抽象方法用来描述系统的功能或者规范某些操作，不提供具体的实现。具体的实现通常由抽象方法所在的类的子类来实现。没有 abstract 关键字修饰的方法称为具体方法，具体方法必须有具体实现，即方法体。

### 6.3.2 抽象类

定义抽象类需要用到 abstract 关键字。没有用到 abstract 关键字修饰的类称为具体类。具体类可以实例化，抽象类不可以实例化。

定义抽象类的格式为：

```
public abstract class 类名{类体;}
```

在程序设计中，当一些具体的类有若干个相同的属性或若干个功能类似的行为时，可将这些类的相同属性和相似行为进行概括和抽象，若有某个方法的具体实现无法确定，可将此方法定义为抽象方法，从而形成抽象类，然后再由具体的子类来继承这个抽象类，在子类中重写这个抽象类中未实现的方法，完成特定的具体功能。

### 6.3.3 抽象类和抽象方法的特点

抽象类和抽象方法具体以下几个特点：

■ 抽象类不能使用 new 关键字来创建对象；

■ 和具体类一样，抽象类中可以有成员变量、成员方法和构造方法。

■ 和具体类不同，抽象类中可以有抽象方法，也可以没有抽象方法。

■ 包含抽象方法的类必须是抽象类，所以抽象类中的所有抽象方法必须在其子类中全部实现，否则其子类也成为抽象类。

## 6.4 接口

从前面的章节我们可知，Java 不支持多继承，如果希望一个类能同时继承两个以上的父类，可以考虑使用接口来实现多继承的效果。

### 6.4.1 接口的概念及定义

接口是面向对象的一个重要概念，也是 Java 实现数据抽象的重要途径。接口是比抽象类更加抽象的概念，它是一种“纯粹”的抽象类。接口由抽象方法和常量组成。接口和抽象类非常相似，但接口中所有的方法都是抽象的。

定义接口需要用到 interface 关键字，接口的定义格式为：

```
[public] interface 接口名 [extends 接口 1,接口 2…]{
    //声明常量
[public] [static] [final] 数据类型 常量名=初始值;
    //其他常量
    //声明抽象方法
    [public] [abstract] 返回值 抽象方法名(参数列表);
    //其他抽象方法
```

```
}
```

在上面的格式中，可以看到，接口具有继承性，可以通过 implements 关键字来声明一个接口的父接口。但和普通类的继承性不同的是，一个接口可以有多个父接口，父接口之间用逗号隔开，而普通的类只能有一个父类。而 Java 使用接口的目的就是为了克服普通类单继承的机制。

接口由抽象方法和常量组成。常量即为接口的属性，所有属性都必须使用 public static final 修饰，也可全部或部分省略不写，此时系统会默认添加这些修饰符。而且必须要给这些常量赋初值。接口中的抽象方法也必须使用 public abstract 修饰，也可全部或部分省略不写，此时系统也会默认添加这些修饰符。

**温馨提示：** 在设计接口时，需要注意一点：接口可以用来声明多个不相关类的相同行为，而不需要考虑这些类之间的层次关系。

### 6.4.2 接口的实现

由于接口是特殊的抽象类，所以接口也不可以直接实例化来创建对象调用接口中的方法，所以需要定义一个或多个类来实现接口。定义类实现接口时可以使用 implements 关键字。一个类只能继承一个父类，但可以实现多个接口，且一个类可以在继承某个父类的同时实现多个接口，多个接口之间用逗号隔开。实现接口的类的声明格式如下：

```
public class 类名 extends 父类名 implements 接口1，接口2…{类体}
```

实现接口时要注意以下几点：

■ 某个类实现了接口，那么该类就可以使用接口中的常量；

■ 某个类要实现接口，必须实现该接口中声明的所有抽象方法，否则该类将变成抽象类或接口。

■ 类在实现接口对接口中声明的方法进行重写时，重写的方法的访问权限必须为 public，否则会编译出错。

【例 6-34】观察下面的代码，掌握接口的定义及接口实现方法。首先定义了 USB 接口，包括设备启动和设备关闭的方法。然后定义了两个类 Mouse 和 Keyboard，分别实现了 USB 接口的方法。在类 Demo6_6_1 中进行测试。

USB 接口

```
package com.task6_6;
/**
 * USB 接口
 */
public interface USB {
    void turnOn();//设备启动
    void turnOff();//设备关闭
}
```

Mouse 类

```
package com.task6_6;
```

```java
/**
 * 鼠标实现USB接口
 */
public class Mouse implements USB {
    @Override
    public void turnOn() {
        System.out.println("鼠标启动了");
    }
    @Override
    public void turnOff() {
        System.out.println("鼠标已关闭");
    }
}
```

Keyboard 类

```java
package com.task6_6;
/**
 * 键盘
 */
public class Keyboard implements USB {
    @Override
    public void turnOn() {
        System.out.println("键盘启动了");
    }
    @Override
    public void turnOff() {
        System.out.println("键盘已关闭");
    }
}
```

测试类

```java
package com.task6_6;
import java.util.ArrayList;
/**
 * 电脑,可接收USB设备和COM设备
 */
public class Demo6_6_1 {
    public static void main(String[] args) {
        ArrayList<USB> usbs = new ArrayList<USB>();
        usbs.add(new Mouse());
        usbs.add(new Keyboard());
```

```
        for (int i=0;i<usbs.size();i++){
            usbs.get(i).turnOn();
        }
        for (int i=0;i<usbs.size();i++){
            usbs.get(i).turnOff();
        }
    }
}
```

上述代码中，Mouse 类和 Keyboard 类都实现了接口 USB，所以两个类创建的对象都可以加入 usbs 动态数组中，然后再循环遍历动态数组，实现所有 USB 设备的启动和关闭。程序运行结果如图 6-50 所示。

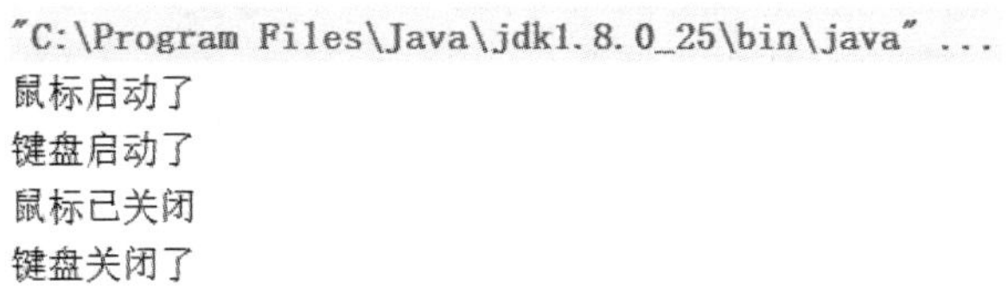


图 6-50　程序运行结果

### 6.4.3　抽象类与接口的区别

抽象类和接口都是用来对数据进行抽象的，但其两者存在较大的区别，主要如下：

■　抽象类使用 abstract class 定义，接口使用 interface 声明。

■　抽象类中可以有抽象方法和非抽象方法，普通属性和静态属性，接口中只有抽象方法和静态属性。

■　抽象类只能单继承，抽象类可以有一个父类，一个类也只能继承一个抽象类；而接口支持多继承，一个接口可以有多个父类，一个类也可以实现多个接口。

■　从设计上看，抽象类表示的还是类之间的层次关系，而接口表示的是非层次关系。

### 6.4.4　内部类

在 Java 程序中，可以将一个类定义在另一个类里面或者一个方法里面，这样的类称为内部类。内部类是外部类的一个成员。内部类可以分为成员内部类、方法内部类和匿名内部类。

**1. 成员内部类**

成员内部类是最普通的内部类，它定义在另一个类的内部，如下面的格式：

```
class 外部类{
    //外部类体
    class 内部类名{
        //内部类体
    }
}
```

成员内部类可以无条件访问外部类的所有成员属性和成员方法，不过要注意的是，当成员内部类拥有和外部类同名的成员变量或者方法时，会发生隐藏外部类成员的现象，即默认情况下访问的是成员内部类的成员。成员内部类可以无条件地访问外部类的成员，而外部类想访问成员内部类的成员，必须先创建一个成员内部类的对象，再通过指向这个对象的引用来访问。成员内部类是依附外部类而存在的，也就是说，如果要创建成员内部类的对象，必须存在一个外部类的对象，再通过外部类对象来创建内部类对象。

**2．方法内部类**

方法内部类是定义在一个方法里面的类，它和成员内部类的区别在于方法内部类的访问仅限于方法内。方法内部类就像是方法里面的一个局部变量一样。

**3．匿名内部类**

相比于其他类型的内部类，匿名内部类应该是平时我们编写代码时用得最多的。如果一个类在整个操作中只使用一次的话，就可以将其定义成匿名内部类。所谓匿名内部类就是没有名字的内部类，当程序使用匿名内部类时，往往在匿名内部类定义的时候直接创建该类的一个对象。匿名内部类的定义格式如下：

```
new 类名(参数列表)或接口(){
    //匿名内部类实现部分
}
```

匿名内部类一般用来实现接口。

【例 6-35】修改 Demo6_6_1 中的测试代码，使用匿名内部类来实现 USB 接口，创建麦克风对象，加入 usbs 动态数组中。

```
package com.task6_6;
import java.util.ArrayList;
/**
 * 匿名内部类
 */
public class Demo6_6_2 {
    public static void main(String[] args) {
        ArrayList<USB> usbs = new ArrayList<USB>();
        usbs.add(new Mouse());
        usbs.add(new Keyboard());
        USB microphone = new USB() {
            @Override
            public void turnOn() {
                System.out.println("麦克风启动了");
            }
            @Override
            public void turnOff() {
                System.out.println("麦克风已关闭");
            }
        };
        usbs.add(microphone);
        for (int i=0;i<usbs.size();i++){
```

```
                usbs.get(i).turnOn();
            }
            for (int i=0;i<usbs.size();i++){
                usbs.get(i).turnOff();
            }
        }
    }
```

上述代码中，定义了USB接口类型的变量mircophone，并声明了一个匿名内部类，并创建了匿名内部类对象赋值给microphone。然后将microphone对象加入usbs中，程序的运行结果如图6-51所示。

```
"C:\Program Files\Java\jdk1.8.0_25\bin\java" ...
鼠标启动了
键盘启动了
麦克风启动了
鼠标已关闭
键盘已关闭
麦克风已关闭
```

图6-51　程序运行结果

**温馨提示**：匿名内部类在整个操作中只能使用一次，如果想重复利用某个类，需要给类取名字，使用类名来创建对象，然后调用类中的成员。

## 6.5　图书管理系统中学生类的设计

**1. 案例描述**

图书管理系统拥有各种图书管理和图书借阅等服务的功能。一般图书管理系统面向的用户有管理员、读者（包括教师和学生）。在图书管理系统中，管理员为每个读者建立一个账户，账户内存储读者个人的详细信息。读者可以在图书馆进行图书的借、还、续借、查询等操作，不同类别的读者在借书期限、借书数量及可续借的次数上有所不同。

借阅图书时，管理员录入借书卡号，系统首先验证该卡号的有效性。若无效，则提示无效的原因；若有效，则显示卡号、姓名、借书限额、已借数量、可再借数据等信息，本次实际借书的数量不能超出可再借数量的值。完成借书操作的同时要修改相应图书信息的状态、读者信息中的已借数量、在借阅信息中添加相应的记录。

归还图书时，管理员录入借书卡号和等待归还的图书编号，显示借书卡号、读者姓名、图书编号、图书名称、借书日期、应还日期等信息，并自动计算是否超期以及超期的罚款金额，若进行续借则取消超期和罚款等信息。完成归还操作的同时，修改相应图书信息的状态、修改读者信息中的已借数量、在借书信息中对相应的借书记录进行标记、在还书信息中添加相应的记录。

图书管理员不定期对图书信息进行添加、修改和删除等操作，在图书尚未归还的情况下不能对图书信息进行删除。也可以对读者信息进行添加、修改、删除等操作，在读者还有未归还的图书的情况下不能进行删除读者信息，即此时读者账户不能被注销。

系统管理员主要进行图书管理员权限的设置、读者类别信息的设置、图书类别的设置以及罚款和赔偿标准的设置等。

图书管理系统中的读者有教师和学生，本任务是设计学生类，学生类的属性主要包括学号、姓名、性别、班级、学院、密码。设计方法用于设置学生的个人信息、显示学生的个人信息。

**2．案例分析**

通过任务的描述可知，此程序需要定义一个学生类，该类中包含对应的属性和方法。属性有 6 个，分别为学号、姓名、性别、班级、学院、密码。方法有 8 个，其中 6 个方法分别用于设置学生的学号、姓名、性别、班级、学院、密码，第 7 个方法用于显示学生的个人信息。最后一个方法为 main 方法，方法中实例化学生类，创建学生对象，并通过学生对象调用方法给属性赋值，最后调用显示方法显示该学生对象的个人信息。案例分析流程如图 6-52 所示。

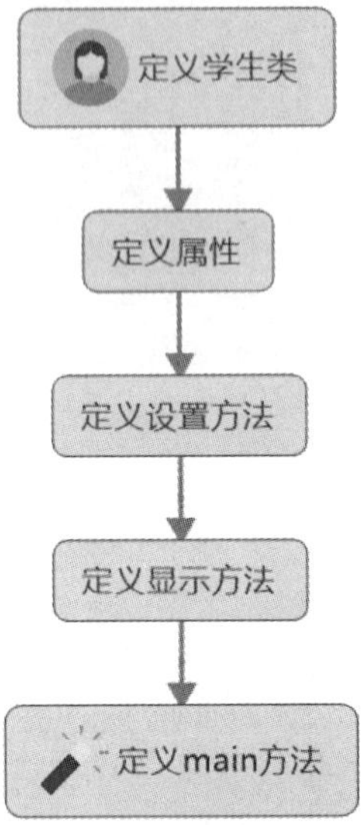


图 6-52　案例分析流程

**3．案例实现**

（1）定义学生类，包含 6 个属性、6 个设置属性的方法、1 个显示学生个人信息的方法，另外 main 方法中用于实例化学生对象，并通过学生对象调用方法给属性赋值，最后调用方法显示该学生对象的个人信息。

```
/**
 * 学生类的设计
 */
public class Student {
    //定义学生类的 6 个属性
    private String stuID;//学号
    private String sclass;//学生班级
    private char sex;//性别
    private String college;//学生所属分院
    private String name;
    private String password;

    //定义 7 个设置属性的方法
    public void setSex(char sex) {
        this.sex = sex;
    }
    public void setStuID(String stuID) {
        this.stuID = stuID;
    }
    public void setSclass(String sclass) {
        this.sclass = sclass;
    }
    public void setCollege(String college) {
```

```
            this.college = college;
        }
        public void setName(String name) {
            this.name = name;
        }
        public void setPassword(String password) {
            this.password = password;
        }
        //定义显示学生个人信息的方法
        public void show(){
            System.out.println("学生个人信息如下：");
            System.out.println("学号："+stuID+",姓名："+name+",性别："+sex+",班级：
"+sclass+",学院："+college);
        }
        //定义main方法用于测试
        public static void main(String[] args) {
            Student stu = new Student();
            stu.setStuID("0001");
            stu.setName("邓紫棋");
            stu.setSex('女');
            stu.setSclass("13级音乐2班");
            stu.setCollege("音乐学院");
            stu.show();
        }
    }
```

**4. 运行结果**

程序运行结果如图6-53所示。

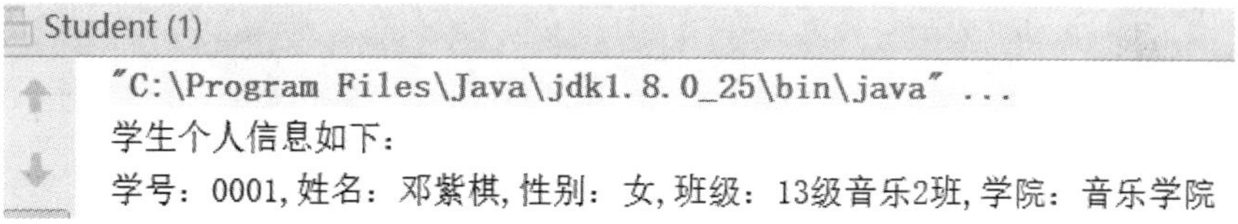


图6-53 运行结果

## 6.6 使用static设计学生类

**1. 案例描述**

我们知道，一个学校的所有学生都有一个共同的属性，那就是学校名称。当学校名称变更时，那么所有学生的学校名称属性值应该一同变更。因此，在6.5节案例的基础上增加一个功能，给所有对象添加共有属性——学校名称，并测试当共有属性变化时，所有对象的该属性值同时变化。

**2．案例分析**

Java 类的成员属性中，有一种属性称为类成员属性，也叫静态成员，静态成员属于这个类而不是属于这个类的对象，它由这个类的所有对象共同拥有。对于本任务需要用 static 修饰符来修饰成员属性——学校名称。

**3．案例实现**

在 6.5 节案例的基础之上，添加类成员属性 school，并在显示学生个人信息的 show 方法中，添加学校信息输出代码。在 main 方法中，创建两个学生类的对象，并分别显示信息，然后通过“类名.类成员”的方式采用 Student.school 将所有学生的学校名称统一修改。

```
package com.task6_2;
/**
 * 使用static 设计学生类
 */
public class Student {
    //定义学生类的 6 个属性
    private String stuID;//学号
    private String sclass;//学生班级
    private char sex;//性别
    private String college;//学生所属分院
    private String name;
    private String password;
    //定义类成员属性
    public static String school;//学校名称
    public void setStuID(String stuID) {
        this.stuID = stuID;
    }
    public void setSclass(String sclass) {
        this.sclass = sclass;
    }
    public void setSex(char sex) {
        this.sex = sex;
    }
    public void setCollege(String college) {
        this.college = college;
    }

    public void setName(String name) {
        this.name = name;
    }
    public void setPassword(String password) {
        this.password = password;
```

```
        }
        public void show(){
            System.out.println("学校："+Student.school);
            System.out.println("学生个人信息如下：");
            System.out.println("学号："+stuID+",姓名："+name+",性别："+sex+",班级：
"+sclass+",学院："+college);
        }
        public static void main(String[] args) {
            Student.school="北京电影学院";
            Student stu1 = new Student();
            stu1.setStuID("0001");
            stu1.setName("邓紫棋");
            stu1.setSclass("13 级音乐 2 班");
            stu1.setCollege("音乐学院");
            stu1.show();
            Student stu2 = new Student();
            stu2.setStuID("0002");
            stu2.setName("周笔畅");
            stu2.setSclass("13 级音乐 2 班");
            stu2.setCollege("音乐学院");
            stu2.show();
            System.out.println("-----学校名称统一变更后-----------");
            Student.school="中央戏剧学院";
            stu1.show();
            stu2.show();
         }
    }
```

**4. 运行结果**

程序运行结果如图 6-54 所示。

```
Student
"C:\Program Files\Java\jdk1.8.0_25\bin\java" ...
学校：北京电影学院
学生个人信息如下：
学号：0001,姓名：邓紫棋,性别：,班级：13级音乐2班,学院：音乐学院
学校：北京电影学院
学生个人信息如下：
学号：0002,姓名：周笔畅,性别：,班级：13级音乐2班,学院：音乐学院
-----学校名称统一变更后-----------
学校：中央戏剧学院
学生个人信息如下：
学号：0001,姓名：邓紫棋,性别：,班级：13级音乐2班,学院：音乐学院
学校：中央戏剧学院
学生个人信息如下：
学号：0002,姓名：周笔畅,性别：,班级：13级音乐2班,学院：音乐学院
```

图 6-54 程序运行结果

# 6.7 使用构造方法设计学生类

**1. 案例描述**

前两个任务在实例化学生对象时，通过 new Student()的方式来实现，然后再调用设置属性值的方法来给属性赋值，现在希望在创建学生对象的同时就给其属性赋值，如何实现呢？请编写代码实现在创建学生对象的同时给属性学号、姓名、密码、班级、分院、性别赋值。并调用此方法创建学生对象进行测试。

**2. 案例分析**

在 Java 类的方法中，有一种特殊的方法叫构造方法。构造方法的主要作用是创建对象，另外还可以在创建对象的同时给构造方法设置参数，用于给对象的属性赋值。当用户没有定义构造方法时，系统会自动生成无参的构造方法。用户也可以自定义有参的构造方法，用于创建对象的同时给属性赋值。在 main 方法中通过有参的构造方法来创建对象。案例分析流程如图 6-55 所示。

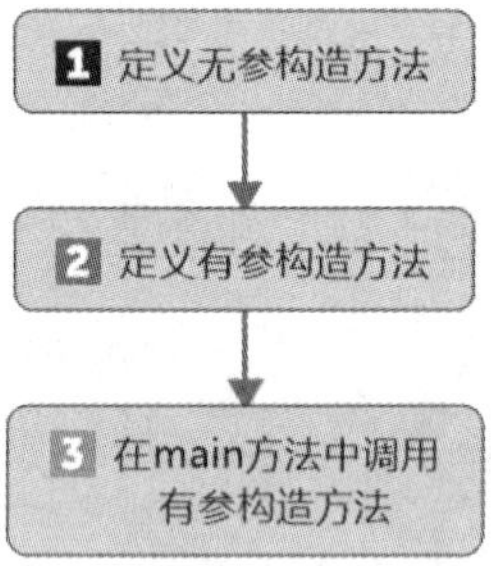


图 6-55 案例分析流程

**3. 案例实现**

定义学生类 Student，添加与类同名的构造方法 Student(String stuID, String sclass, char sex, String college, String name, String password)，在 main 方法中通过 new Student("0001","13 级音乐 2 班",'女',"音乐学院","邓紫棋","")来创建对象并对属性赋值。

```
package com.task6_3;
/**
 * 使用构造方法设计学生类
 */
public class Student {
    //定义学生类的 6 个属性
    private String stuID;//学号
    private String sclass;//学生班级
    private char sex;//性别
    private String college;//学生所属分院
    private String name;
    private String password;
    //定义类成员属性
    public static String school;//学校名称
  //定义构造方法实现在创建学生对象的同时给属性学号、姓名、密码、班级、分院、性别赋值
    public Student(String stuID, String sclass, char sex, String college, String name, String password) {
        this.stuID = stuID;
        this.sclass = sclass;
        this.sex = sex;
```

```
            this.college = college;
            this.name = name;
            this.password = password;
        }
        public void show(){
            System.out.println("学校: "+Student.school);
            System.out.println("学生个人信息如下: ");
            System.out.println("学号: "+stuID+",姓名: "+name+",性别: "+sex+",班级: "+sclass+",学院: "+college);
        }
        public static void main(String[] args) {
            Student stu1 = new Student("0001","13 级音乐 2 班",'女',"音乐学院","邓紫棋","");
            stu1.show();
        }
    }
```

**4. 运行结果**

程序运行结果如图 6-56 所示。

```
"C:\Program Files\Java\jdk1.8.0_25\bin\java" ...
学校: null
学生个人信息如下:
学号: 0001,姓名: 邓紫棋,性别: 女,班级: 13级音乐2班,学院: 音乐学院
```

图 6-56 程序运行结果

## 6.8 图书管理系统中用户类的设计

**1. 案例描述**

图书管理系统中的用户除有学生外还有教师，对于这两类用户有一些共同的属性，比如姓名、性别、密码等，但是学生和教师各自拥有特有的属性，学生有学号、班级、分院，教师有工号、部门。学生和教师都拥有一个共同的行为用于显示个人信息。现在要给学生和教师都提供借书的业务功能，但是学生和教师每次借书的期限和数量不一样，学生每次共可借 4 本，期限一个月，教师每次共可借 8 本，期限两个月，请完成这个简单的图书管理系统。设计，根据不同的身份显示不同的借书功能。

**2. 案例分析**

由案例描述我们可知，学生类和教师类有一些相同的属性和方法，意味着学生类和教师类会有很多重复的代码。那么如何设计类，可以减少这些重复，使得数据表示更加合理？如何使重复的编程工作变得简单？我们可以利用面向对象技术中的继承性来设计一个用户类，用户类中包含学生和教师共同的属性和方法，再设计学生类和教师类分别继承用户类，然后给学生类和教师类分别添加自己独有的属性和方法，最后设计图书管理类来完成借书的业务

功能，并进行测试。系统设计图如图 6-57 所示。

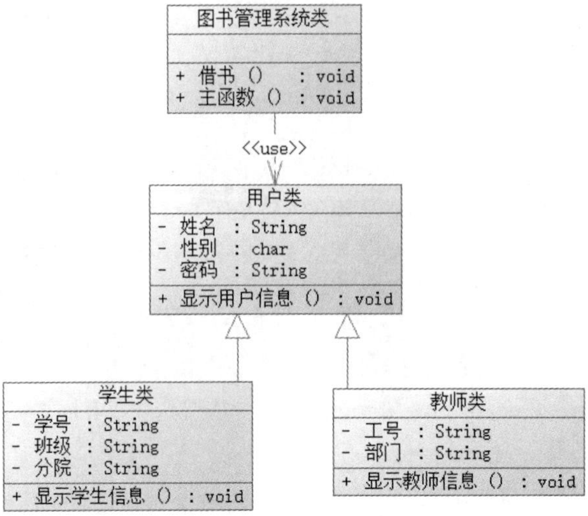


图 6-57　系统设计图

**3．案例实现**

（1）定义用户类，包含属性编号、姓名、性别、密码，无参及有参的构造方法，显示用户信息的方法等。

```
package com.task6_5;
/**
 * 继承性
 */
public class User {
    private String no;//编号
    private String name;//姓名
    private char sex;//性别
    private String password;//密码
    public User() {
    }
    public User(String no, String name, char sex, String password) {
        this.no = no;
        this.name = name;
        this.sex = sex;
        this.password = password;
    }
    public String getNo() {
        return no;
    }
    public void setNo(String no) {
        this.no = no;
    }
```

```
    public String getName() {
        return name;
    }
    public void setName(String name) {
        this.name = name;
    }
    public char getSex() {
        return sex;
    }
    public void setSex(char sex) {
        this.sex = sex;
    }
    public String getPassword() {
        return password;
    }
    public void setPassword(String password) {
        this.password = password;
    }
    public void show(){
        System.out.print("姓名："+name+",性别："+sex);
    }
}
```

（2）定义学生类，继承用户类，添加学生类独有的属性班级、学院，无参及有参构造方法，并对父类的show()方法进行重写。

```
package com.task6_5;
/**
 * 学生类
 */
public class Student extends User {
    private String sclass;//学生班级
    private String college;//学生所属分院
    public Student() {
    }
    public Student(String no, String name, char sex, String password, String
sclass, String college) {
        super(no, name, sex, password);
        this.sclass = sclass;
        this.college = college;
    }
    public String getSclass() {
        return sclass;
    }
```

```
        public void setSclass(String sclass) {
            this.sclass = sclass;
        }
        public String getCollege() {
            return college;
        }
        public void setCollege(String college) {
            this.college = college;
        }
        @Override
        public void show() {
            super.show();
            System.out.println(",学号: "+super.getNo()+", 班级: "+sclass+", 分院:
"+college);
        }
    }
```

（3）定义教师类，继承用户类，添加教师类独有的属性部门，无参及有参构造方法，并对父类的 show()方法进行重写。

```
    package com.task6_5;
    /**
     * 教师类
     */
    public class Teacher extends User {
        private String department;//部门
        public Teacher() {
        }
        public Teacher(String no, String name, char sex, String password,  String
department) {
            super(no,name, sex, password);
            this.department = department;
        }
        public String getDepartment() {
            return department;
        }
        public void setDepartment(String department) {
            this.department = department;
        }
        @Override
        public void show() {
            super.show();
            System.out.println(", 工号: "+super.getNo()+", 部门: "+department);
        }
```

```
}
```

（4）定义图书管理系统类，添加借书的方法，用于区别不同类型用户的借书业务，在主函数中创建不同类型的用户对象，并显示各种用户信息，调用借书业务功能。

```
package com.task6_4;
/**
 * 图书管理系统
 */
public class BookSystem {
    public static void main(String[] args) {
        User u1 = new Student("001","小小斌",'男',"","17级机械1班","机械学院");
        User u2 = new Teacher("033001","张杰",'男',"","信工学院");
        u1.show();
        u2.show();
        borrowBook(u1);
        borrowBook(u2);
    }

    public static void borrowBook(User user) {
        if(user instanceof Student){
            System.out.println("学生借阅期限1个月，最多借阅4本");
        }else if(user instanceof Teacher){
            System.out.println("教师借阅期限2个月，最多借阅8本");
        }
    }
}
```

**4. 运行结果**

程序运行结果如图6-58所示。

```
"C:\Program Files\Java\jdk1.8.0_25\bin\java" ...
姓名：小小斌,性别：男,学号：001，班级：17级机械1班，分院：机械学院
姓名：张杰,性别：男，工号：033001，部门：信工学院
学生借阅期限1个月，最多借阅4本
教师借阅期限2个月，最多借阅8本
```

图6-58 程序运行结果

## 6.9 图书管理系统中图书信息管理功能的设计

**1. 案例描述**

图书管理系统中的图书有很多种不同的类型，最常见的有两种类型：报刊杂志类、馆藏图书类。所有图书类型都具有以下共同的属性：名称、ISBN、价格、状态、馆藏地。报刊杂志类特有的属性有刊期、刊号、发报刊局、邮发代号、详细描述；馆藏图书类特有属性有作

者、出版社、中图法分类号、随书附盘、摘要、条码。所有的图书都可以显示简略信息（包括名称、ISBN、价格、状态、馆藏地），不同类型的图书详细信息根据自身的所有属性及其属性值显示。对于这两种类型的图书都开通借书功能，但报刊杂志类图书不可借阅，只供阅览，馆藏图书类图书可借阅。图书管理系统中有个书库类，可以将新书都加入书库中，也可将书库中的所有书简略显示或详细显示出来，还可修改某本图书的状态。

**2．案例分析**

从案例描述中可知，对于图书有两种类型：报刊杂志类和馆藏图书类，对于这两种类型，分别设计两个类。这两个类有共同的属性（名称、ISBN、价格、状态、馆藏地）和方法（显示简略信息），也有独有的属性和方法（显示详细信息），故根据这两个类抽象出一个父类，父类中包括两个子类共有的属性和方法，还有一个显示详细信息的方法，但是方法的具体实现由子类确定，所以显示详细信息的方法应该为抽象方法，父类即为抽象类。

还需要一个书库类，包含入库方法、简略显示所有图书信息方法、详细显示所有图书信息方法、修改图书状态方法。

还需要设计一个测试类，创建不同类型的图书对象，并将它们加入书库中，调用显示书库所有图书信息的方法，调用修改图书状态的方法，并显示图书信息。类图如图 6-59 所示。

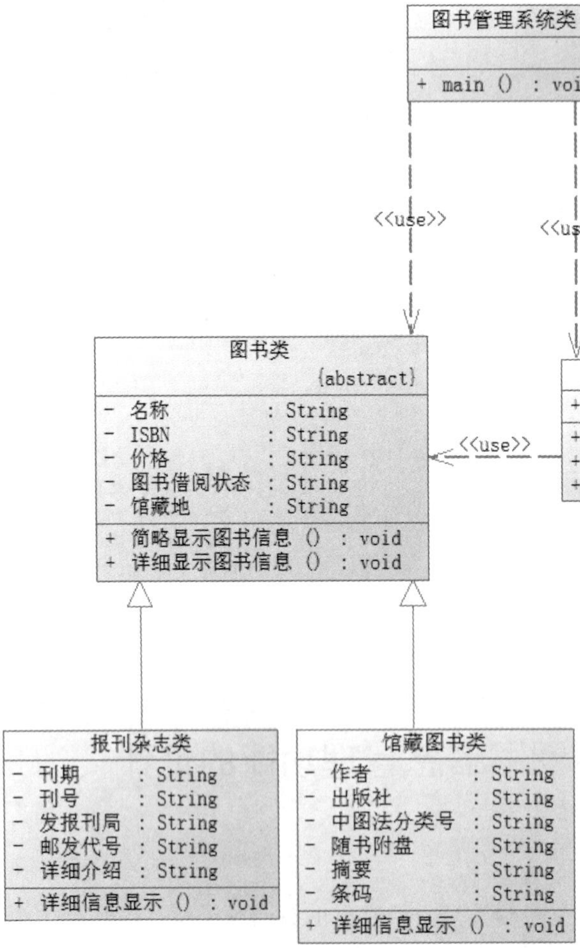


图 6-59　类图

### 3．案例实现

（1）设计图书类为抽象类，主要包括所有类型的图书的共有属性：图书名称、ISBN、图书价格、图书借阅状态、馆藏地，还有简略显示图书信息的方法 briefShow()，详细显示图书信息的抽象方法 show()。为了在创建对象时对属性值直接初始化，添加了有参的构造方法。

```
package com.task6_5;
/**
 * 图书类
 */
public abstract class Book {
    private String name;//图书名称
    private String ISBN;
    private float price;//图书价格
    private String state;//图书状态
    private String site;//馆藏地
    public Book() {
    }
    public Book(String name, String ISBN, float price, String state, String site) {
        this.name = name;
        this.ISBN = ISBN;
        this.price = price;
        this.state = state;
        this.site = site;
    }
    public String getName() {
        return name;
    }
    public void setName(String name) {
        this.name = name;
    }
    public String getISBN() {
        return ISBN;
    }
    public void setISBN(String ISBN) {
        this.ISBN = ISBN;
    }
    public float getPrice() {
        return price;
    }
    public void setPrice(float price) {
        this.price = price;
```

```
        }
        public String getState() {
            return state;
        }
        public void setState(String state) {
            this.state = state;
        }
        public String getSite() {
            return site;
        }
        public void setSite(String site) {
            this.site = site;
        }
        public void briefShow(){
            System.out.print("名称: "+this.getName()+",ISBN: "+this.getISBN()+",
价格: "+this.getPrice()+",状态: "+this.getState()+" ,馆藏地: "+this.getSite()+"\n");
        }
        public abstract void show();
    }
```

（2）设计报刊杂志类，继承自图书类，主要包括报刊杂志类型图书的特有属性：刊期、刊号、发报刊局、邮发代号、图书详细介绍，实现了父类详细显示图书信息的抽象方法 show()。为了在创建对象时对属性值直接初始化，添加了有参的构造方法，并调用父类的有参构造方法，但要注意，报刊杂志类只供阅览，所有报刊杂志的借阅状态只能是阅览。

```
    package com.task6_5;
    /**
     * 报刊杂志类
     */
    public class Magazine extends Book{
        private String period;//刊期，如月刊、季刊、半月刊、年刊、周报、月报
        private String number;//刊号
        private String unit;//刊局
        private String code;//邮发代号
        private String describe;//详细描述
        public Magazine() {
        }
        public Magazine(String name, String ISBN, float price, String site,
String period, String number, String unit, String code, String describe) {
            super(name, ISBN, price, "阅览", site);
            this.period = period;
            this.number = number;
            this.unit = unit;
```

```
        this.code = code;
        this.describe = describe;
    }
    public String getPeriod() {
        return period;
    }
    public void setPeriod(String period) {
        this.period = period;
    }
    public String getNumber() {
        return number;
    }
    public void setNumber(String number) {
        this.number = number;
    }
    public String getUnit() {
        return unit;
    }
    public void setUnit(String unit) {
        this.unit = unit;
    }
    public String getCode() {
        return code;
    }
    public void setCode(String code) {
        this.code = code;
    }
    public String getDescribe() {
        return describe;
    }
    public void setDescribe(String describe) {
        this.describe = describe;
    }
    @Override
    public void show() {
        System.out.println("==========报刊杂志信息显示===============");
        System.out.println("名称: "+super.getName());
        System.out.println("刊期: "+this.getPeriod());
        System.out.println("ISBN: "+super.getISBN());
        System.out.println("价格: "+super.getPrice());
        System.out.println("发报刊局: "+this.getUnit());
```

```
            System.out.println("邮发代号: "+this.getCode());
             System.out.println("详细描述: "+this.getDescribe());
            System.out.println("馆藏地: "+this.getSite());
            System.out.println("书刊状态: "+super.getState());

System.out.println("==============================================");
        }
    }
```

（3）设计馆藏图书类。继承自图书类，主要包括馆藏书特有的属性：作者、出版社、中图法分类号、随书附盘、摘要、条码，实现了父类详细显示图书信息的抽象方法 show()。为了在创建对象时对属性值直接初始化，添加了有参的构造方法，并调用父类的有参构造方法。但要注意的是，所有馆藏图书的借阅状态初始为可借，若有用户借书成功后，借阅状态需变为已借出。

```
    package com.task6_5;

    /**
     * 馆藏图书类
     */
    public class Collection extends Book {
        private String author;//作者
        private String publish;//出版社
        private String type;//中图法分类号
        private String appendix;//随书附盘
        private String summary;//摘要
        private String barcode;//条码

        public Collection() {
        }
        public Collection(String name, String ISBN, float price, String site,
String author, String publish, String type, String appendix, String summary, String
barcode) {
            super(name, ISBN, price, "可借", site);
            this.author = author;
            this.publish = publish;
            this.type = type;
            this.appendix = appendix;
            this.summary = summary;
            this.barcode = barcode;
        }
        public String getAuthor() {
            return author;
```

```
    }
    public void setAuthor(String author) {
        this.author = author;
    }
    public String getPublish() {
        return publish;
    }

    public void setPublish(String publish) {
        this.publish = publish;
    }
    public String getType() {
        return type;
    }
    public void setType(String type) {
        this.type = type;
    }
    public String getAppendix() {
        return appendix;
    }
    public void setAppendix(String appendix) {
        this.appendix = appendix;
    }
    public String getSummary() {
        return summary;
    }
    public void setSummary(String summary) {
        this.summary = summary;
    }
    public String getBarcode() {
        return barcode;
    }
    public void setBarcode(String barcode) {
        this.barcode = barcode;
    }
    @Override
    public void show() {
        System.out.println("===============馆藏书信息显示==============");
        System.out.println("名称: "+super.getName());
        System.out.println("作者: "+this.getAuthor());
        System.out.println("ISBN: "+super.getISBN());
```

```
        System.out.println("价格："+super.getPrice());
        System.out.println("出版社："+this.getPublish());
        System.out.println("随书附盘："+this.getAppendix());
        System.out.println("摘要："+this.getSummary());
        System.out.println("条码："+this.getBarcode());
        System.out.println("馆藏地："+this.getSite());
        System.out.println("书刊状态："+super.getState());

System.out.println("=============================================");
    }
}
```

（4）设计书库类，为了方便操作，将该类中的所有属性及方法设计成静态的，即使用 static 关键字，可以直接由类名调用。包含一个静态属性 bookList，用于存放所有图书，三个静态方法，分别用于图书入库、修改某本图书状态、简略显示所有图书信息和详细显示所有图书信息。

```
package com.task6_5;
import java.util.ArrayList;
/**
 * 书库
 */
public class BookStorage {
    public static ArrayList<Book> bookList = new ArrayList<Book>();
    /**
     * 图书入库
     * @param book
     */
    public static void putInBook(Book book){
        bookList.add(book);
    }
    public static void editBookState(Book book, String state){
        int index = bookList.indexOf(book);
        book.setState(state);
        bookList.set(index,book);
    }
    /**
     * 简略显示所有图书
     */
    public static void briefShowBookList(){
        System.out.println("================图书简略信息显示===========");
        for (int i=0;i<bookList.size();i++){
            bookList.get(i).briefShow();
        }
```

```
    }
    /**
     * 详细显示所有图书
     */
    public static void showBookList(){
        System.out.println("===============图书详细信息显示============");
        for (int i=0;i<bookList.size();i++){
            bookList.get(i).show();
        }
    }
}
```

（5）设计测试类图书管理系统类，先创建不同类型的图书子类对象，用父类图书类指向子类对象，然后将所有的图书加入书库中，并详细显示图书信息。接着修改某本图书状态为已借出，并查看是否修改成功。

```
package com.task6_5;
/**
 * 图书管理系统
 */
public class BookSystem {
    public static void main(String[] args) {
        Book b1 = new Collection("高等数学", "978-7-300-23237-9", 29, "前湖校区—前湖-流通书库", "叶海江", "中国人民大学出版社",
                    "O13", "无记录",
                    "本书共四章，主要内容有：函数与极限、一元函数微分学、一元函数积分学、微分方程。本书充分注重逻辑思维的规律，突出重点，说理透彻。本书配有学习指导书，能够帮助读者很快地掌握教材中的重点、难点，掌握该部分知识在体系中的位置和作用，了解习题的类型及解题思路和方法，同时进一步补充理论和习题的深度。",
                    "AN1683798");
        Book b2 = new Magazine("环球科学", "9771673515356", 30, "电子文献阅览室", "月刊", "CN11-5480/N", "环球科学", "", "科普 天文 科技 人文科学 自然科学 高中 预售学习辅导 ");
        BookStorage.putInBook(b1);
        BookStorage.putInBook(b2);
        BookStorage.showBookList();
        System.out.println("修改图书状态：");
        BookStorage.editBookState(b1,"已借出");
        BookStorage.briefShowBookList();
    }
}
```

**4．运行结果**

程序运行结果如图 6-60 所示。

```
"C:\Program Files\Java\jdk1.8.0_25\bin\java" ...
==============图书详细信息显示===========
==============馆藏书信息显示=============
名称：高等数学
作者：叶海江
ISBN：978-7-300-23237-9
价格：29.0
出版社：中国人民大学出版社
随书附盘：无记录
摘要：本书共四章，主要内容有：函数与极限、一元函数微分学、一元函数积分学、微分方程。本书充分注重逻辑思维的规律，突出重点，说理透彻。本
 点，掌握该部分知识在体系中的位置和作用，了解习题的类型及解题思路和方法，同时进一步补充理论和习题的深度。
条码：AN1683798
馆藏地：前湖校区—前湖-流通书库
书刊状态：可借
========================================
===========报刊杂志信息显示===============
名称：环球科学
刊期：月刊
ISBN：9771673515356
价格：30.0
发报刊局：环球科学
邮发代号：
详细描述：科普 天文 科技 人文科学 自然科学 高中 预售学习辅导
馆藏地：电子文献阅览室
书刊状态：阅览
========================================
修改图书状态：
===============图书简略信息显示==========
名称：高等数学,ISBN：978-7-300-23237-9,价格：29.0,状态：已借出 ,馆藏地：前湖校区—前湖-流通书库
名称：环球科学,ISBN：9771673515356,价格：30.0,状态：阅览 ,馆藏地：电子文献阅览室
```

图 6-60　程序运行结果

## 6.10　图书管理系统的用户信息管理及图书借阅功能实现

**1．案例描述**

图书管理系统中对图书信息管理的功能在前面已经完成，对用户信息的管理功能还未完成，现在需要添加对用户信息的管理功能。不管是学生还是教师，所有的用户应该存放在一起管理，并对这些用户信息添加一些基本的操作，如新增一个用户到用户信息库中、将用户信息库中的所有用户列表显示出来。

图书管理系统中对于报刊杂志类和馆藏类的图书都开通借书功能，但报刊杂志类图书不可借阅，只供阅览，馆藏图书类图书可借阅，借阅成功后该书的状态即变为已借出。对于不同的用户借书的期限和数量不一样，学生每次共可借 4 本，期限一个月，教师每次共可借 8 本，期限两个月。其他身份用户不可借书。现在需要给图书管理系统添加借书的业务功能。

另外，用户还可以查询本人当前的借书情况。请完成这个图书管理系统的功能设计与实现。

**2．案例分析**

首先，要完成用户信息的管理功能，需要设计一个用户信息库类，该类中有一个属性用于存放所有的用户信息，不管是学生的信息还是教师的信息；同时该类中还要设计新增用户的方法，用于将新创建的用户加入到用户信息库中；接着设计一个显示所有用户信息的方法，循环遍历所有的用户，并调用每个用户显示信息的方法将所有用户的信息显示出来。

其次，图书管理系统中的借书业务功能涉及用户和图书两个实体类，所以需要设计一个借书记录类，用来保存用户借的图书以及借阅时间，属性可以设置为用户编号、图书编号、

借书日期。

最后，对于图书管理系统中的所有业务功能，包括借书、获取用户的借阅记录、显示用户的借阅记录清单等功能，可以定义一个业务功能接口，接口中设计所有业务功能方法，但都不实现，让需要实现的所有图书业务功能的类去实现，这样可以对图书管理系统中的业务功能有一个严格的规范。

图书管理系统的总体类型设计如图6-61所示：

由于图书管理系统中的借书业务流程相对复杂，辅以该业务的流程图加以描述，如图6-62所示。

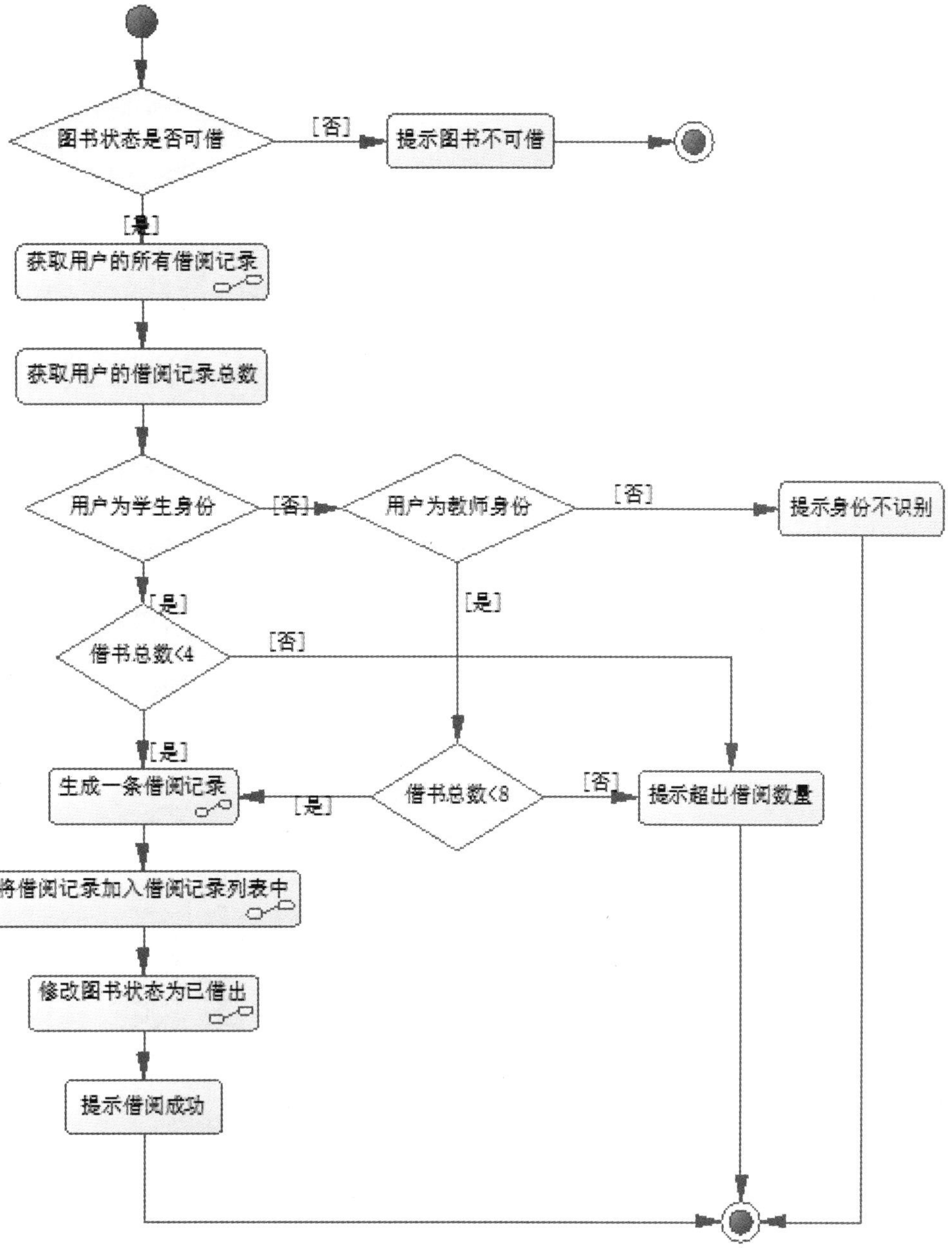


图6-62 活动图

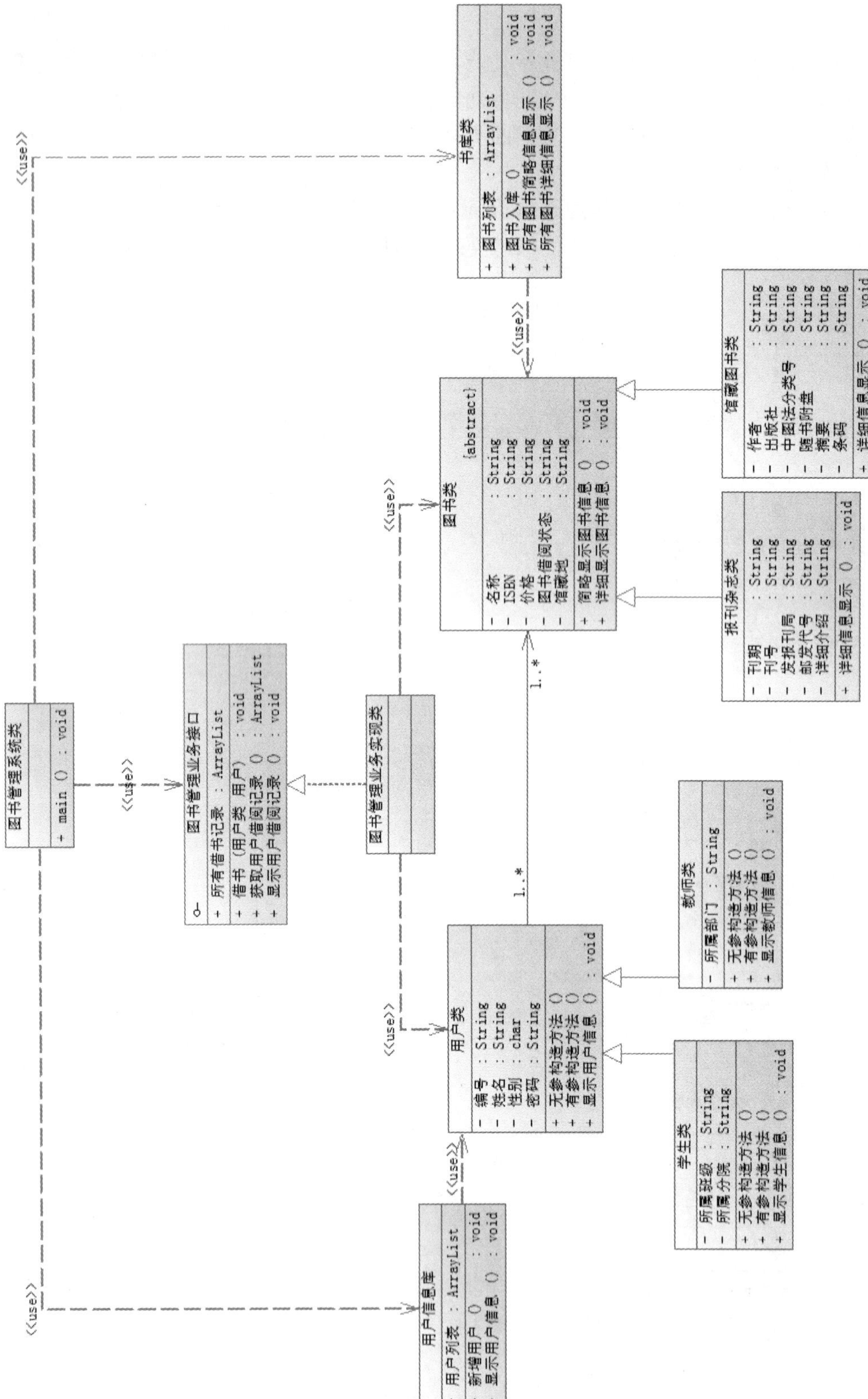
书库类
+ 图书列表 : ArrayList
+ 图书入库 () : void
+ 所有图书简略信息显示 () : void
+ 所有图书详细信息显示 () : void
图书类
{abstract}
- 名称 : String
- ISBN : String
- 价格 : String
- 图书借阅状态 : String
- 馆藏地 : String
+ 简略显示图书信息 () : void
+ 详细显示图书信息 () : void
馆藏图书类
- 作者 : String
- 出版社 : String
- 中图法分类号 : String
- 随书附盘 : String
- 摘要 : String
- 条码 : String
+ 详细信息显示 () : void
报刊杂志类
- 刊期 : String
- 刊号 : String
- 发报刊局 : String
- 邮发代号 : String
- 详细介绍 : String
+ 详细信息显示 () : void
图书管理系统类
+ main () : void
图书管理业务接口
+ 所有借书记录 : ArrayList
+ 借书 (用户类 用户) : void
+ 获取用户借阅记录 () : ArrayList
+ 显示用户借阅记录 () : void
图书管理业务实现类
用户类
- 编号 : String
- 姓名 : String
- 性别 : char
- 密码 : String
+ 无参构造方法 ()
+ 有参构造方法 ()
+ 显示用户信息 () : void
教师类
- 所属部门 : String
+ 无参构造方法 ()
+ 有参构造方法 ()
+ 显示教师信息 () : void
学生类
- 所属班级 : String
- 所属分院 : String
+ 无参构造方法 ()
+ 有参构造方法 ()
+ 显示学生信息 () : void
用户信息库
- 用户列表 : ArrayList
+ 新增用户 () : void
+ 显示用户信息 () : void
<<use>>
1..*

图 6-61 总体设计

**3. 案例实现**

（1）学生类、教师类、用户类、图书类、报刊杂志类、馆藏图书类、书类库全都参考前面的案例代码编写。

（2）设计用户信息库，包含一个属性表示所有用户列表，并设置为静态变量，可以直接由类名调用。添加两个静态方法，直接由类名调用。一个方法用于向用户列表中添加用户，一个方法用于循环遍历所有用户，调用每个用户显示各自信息的方法，将所有用户的信息显示出来。

```
package com.task6_6;
import java.util.ArrayList;
/**
 * 所有用户信息
 */
public class UserLibrary {
    public static ArrayList<User> userList = new ArrayList<User>();//用户
列表
    /**
     * 新增用户
     * @param user
     */
    public static void addUser(User user){
        userList.add(user);
    }
    /**
     * 显示所有用户信息
     */
    public static void showUserList(){
        System.out.println("===============用户信息显示================");
        for (int i=0;i<userList.size();i++){
            userList.get(i).show();
        }
    }
}
```

（3）设计借阅记录类，包含属性用户编号、图书编号、借书日期。

```
package com.task6_6;
import java.util.Date;
/**
 * 借书情况
 */
public class Borrow {
    private String userno;//用户编号
    private String ISBN;//图书编号
    private Date start;//借书日期
```

```
    public String getUserno() {
        return userno;
    }

    public void setUserno(String userno) {
        this.userno = userno;
    }
    public String getISBN() {
        return ISBN;
    }
    public void setISBN(String ISBN) {
        this.ISBN = ISBN;
    }
    public Date getStart() {
        return start;
    }
    public void setStart(Date start) {
        this.start = start;
    }
}
```

（4）设计图书业务功能接口，包含一个静态常量——借阅记录列表；三个抽象方法：借书、获取用户借书功能、显示用户借阅记录。

```
package com.task6_6;
import java.util.ArrayList;
/**
 * 业务接口
 */
public interface BookBusinessInterface {
    public static ArrayList<Borrow> borrowList = new ArrayList<Borrow>();//
所有的借阅记录
    public void boorowBook(User user, Book book);//借书
    public ArrayList<Borrow> getBorrowList(User user);//获取用户的借书记录
    public void showBorrowList(User user);//显示用户的借书记录
}
```

（5）设计图书业务功能实现类，将上述接口的所有抽象方法实现。借书方法 borrowBook() 需要传递用户和图书两个参数。先判断图书是否可借，若该书不可借，则直接借阅失败，否则继续。先获取用户当前的借阅记录，判断用户的身份以及获取当前借阅图书总数，根据身份及借阅总数判断是否还能再借图书，若可以再借，则生成一条借阅记录，并加入到借阅列表中，同时更新书库中该图书的状态为“已借出”。

```
package com.task6_6;
import java.util.ArrayList;
```

```
import java.util.Date;
/**
 * 图书管理系统业务功能实现
 */
public class BookBusiness implements BookBusinessInterface {
    @Override
    public void boorowBook(User user, Book book) {
        if(!book.getState().equals("可借")){
            System.out.println("该书不可借，谢谢。");
            return;
        }
        ArrayList<Borrow> userBorrowList = getBorrowList(user);
        if(user instanceof Student && userBorrowList.size()<4){
            System.out.println("学生"+user.getName()+"准备借书");
            Borrow borrow = new Borrow();
            borrow.setUserno(user.getNo());
            borrow.setISBN(book.getISBN());
            borrow.setStart(new Date());//借书日期为当前系统时间
            borrowList.add(borrow);
            System.out.println("借书成功，学生借阅期限1个月，最多借阅4本");
            BookStorage.editBookState(book,"已借出");
        }else if(user instanceof Teacher &&userBorrowList.size()<8){
            System.out.println("教师"+user.getName()+"准备借书");
            Borrow borrow = new Borrow();
            borrow.setUserno(user.getNo());
            borrow.setISBN(book.getISBN());
            borrow.setStart(new Date());//借书日期为当前系统时间
            borrowList.add(borrow);
            BookStorage.editBookState(book,"已借出");
            System.out.println("借书成功，教师借阅期限2个月，最多借阅8本");
        }else if(user instanceof Student &&userBorrowList.size()>=4){
            System.out.println("学生"+user.getName()+"超出最多借阅数量，不可再
借");
        }else if(user instanceof Teacher&&userBorrowList.size()>=8){
            System.out.println("教师"+user.getName()+"超出最多借阅数量，不可再
借");
        }else {
            System.out.println("身份不识别");
        }
    }
    /**
```

```
     * 获取用户的借书记录
     * @param user
     * @return
     */
    @Override
    public ArrayList<Borrow> getBorrowList(User user) {
        ArrayList<Borrow> userBorrowList = new ArrayList<Borrow>();
        for (int i=0;i<borrowList.size();i++){
            if(borrowList.get(i).getUserno().equals(user.getNo())){
                userBorrowList.add(borrowList.get(i));
            }
        }
        return userBorrowList;
    }
    /**
     * 显示某个用户的借书清单
     * @param user
     * @return
     */
    @Override
    public void showBorrowList(User user) {
        System.out.println("==================借书记录==================");
        ArrayList<Borrow> userBorrowList = getBorrowList(user);
        int total=userBorrowList.size();//借书总数
        System.out.println(user.getName()+"共借了"+total+"本书");
        for (int i=0;i<total;i++){
            BookStorage.getBook(userBorrowList.get(i).getISBN()).
briefShow();
            System.out.println(" 借 书 时 间 ： "+userBorrowList.get(i).
getStart());
        }
    }
}
```

（6）设计测试类——图书管理系统类。在主函数中创建图书，并调用书库类的入库方法更新书库，并显示书库的图书信息；创建用户，并调用用户库的增加用户方法更新用户库，并显示所有用户信息；创建图书管理系统业务接口实现类的对象，给某个用户借阅某本图书，并显示某个用户借阅记录列表。

```
package com.task6_6;
/**
 * 图书管理系统
 */
```

```
    public class BookSystem {
        public static void main(String[] args) {
            Book b1 = new Collection("高等数学","978-7-300-23237-9", 29, "前湖校区—前湖-流通书库", "叶海江", "中国人民大学出版社",
                    "O13", "无记录",
                    "本书共四章，主要内容有：函数与极限、一元函数微分学、一元函数积分学、微分方程。本书充分注重逻辑思维的规律，突出重点，说理透彻。本书配有学习指导书，能够帮助读者很快地掌握教材中的重点、难点，掌握该部分知识在体系中的位置和作用，了解习题的类型及解题思路和方法，同时进一步补充理论和习题的深度。",
                    "AN1683798");
            Book b2 = new Magazine("环球科学","9771673515356", 30, "电子文献阅览室","月刊","CN11-5480/N","环球科学","","科普 天文 科技 人文科学 自然科学 高中 预售学习辅导 ");
            Book b3 = new Collection("Java 程序设计基础", "978-7-04-04328-3",38.8f,"前湖校区—前湖-流通书库","蒋卫祥","高等教育出版社",
                    "TP312JA","无记录",
                    "本书共 11 章，包括 Java 开发环境的搭建及其运行机制、基本语法、面向对象的思想，采用典型翔实的例子、通俗易懂的语言阐述面向对象中的抽象概念。在多线程、常用 API、集合、IO、GUI、网络编程章节中，通过剖析案例、分析代码结构含义、解决常见问题等方式，帮助初学者培养良好的编程习惯。最后，讲解了 Eclipse 开发工具，帮助初学者熟悉开发工具的使用。",
                    "AN1702356");
            BookStorage.putInBook(b1);
            BookStorage.putInBook(b2);
            BookStorage.briefShowBookList();
            User u1 = new Student("001","小小斌",'男',"","17 级机械 1 班","机械学院");
            User u2 = new Teacher("033001","张杰",'男',"","信工学院");
            User u3 = new User();
            u3.setName("系统管理员");
            UserLibrary.addUser(u1);
            UserLibrary.addUser(u2);
            UserLibrary.addUser(u3);
            UserLibrary.showUserList();
            System.out.println("\n");
            BookBusinessInterface bc = new BookBusiness();
            bc.boorowBook(u1,b1);
            bc.showBorrowList(u1);
        }
    }
```

**4. 运行结果**

程序运行结果如图 6-63 所示。

```
"C:\Program Files\Java\jdk1.8.0_25\bin\java" ...
===============图书简略信息显示==========
名称：高等数学,ISBN：978-7-300-23237-9,价格：29.0,状态：可借,馆藏地：前湖校区—前湖-流通书库
名称：环球科学,ISBN：9771673515356,价格：30.0,状态：阅览,馆藏地：电子文献阅览室
===============用户信息显示===============
姓名：小小斌,性别：男,学号：001，班级：17级机械1班，分院：机械学院
姓名：张杰,性别：男，工号：033001，部门：信工学院
姓名：系统管理员,性别：

学生小小斌准备借书
借书成功，学生借阅期限1个月，最多借阅4本
=================借书记录================
小小斌共借了1本书
名称：高等数学,ISBN：978-7-300-23237-9,价格：29.0,状态：已借出,馆藏地：前湖校区—前湖-流通书库
借书时间：Thu Nov 01 09:48:10 CST 2018
```

图 6-63 程序运行结果

## 6.11 图书管理系统的包管理

**1. 案例描述**

目前图书管理系统的所有功能主要分为 3 大块，包括用户信息管理功能（增加用户、显示用户列表）、图书信息管理功能（入库、修改图书状态、简略显示所有图书、详细显示所有图书）、借书功能（借书、获取用户借阅记录、显示用户借阅记录）。目前总共的文件数目有 12 个，现在需要对这 12 个文件进行组织管理，避免后期功能越来越强、文件越来越多时文件混乱，也为了避免系统功能更多时团队合作开发文件命名出现同名的冲突问题，同时为了方便用户快速查找文件。如何完成这个任务呢？

**2. 案例分析**

前面的任务中，所有的功能代码文件全都放在一个文件夹中，没有分类存放，文件同名的组织管理。随着系统规模的加大，Java 文件数量越来越多，程序员协同开发时产生文件同的概率增大，同时查找所需文件的耗时也加大，Java 提供了包的机制来解决这个问题。采用包将文件分类组织存放，有利于文件的组织管理。

在图书管理系统中，所有 Java 文件可以按照以下三层架构来组织管理。如图 6-64 所示。

图 6-64 组织结构

持久对象层主要包括持久化的实体类，一般涉及系统中的实体及实体之间的关系。

数据访问层主要包括 DAO 接口和数据库访问的实现类，此处因为不涉及数据库操作，所以采用 ArrayList 动态数组模仿数据库操作，不采用接口的形式。

业务层主要包括业务功能接口及其实现类，一般涉及系统的业务逻辑，需要调用 DAO 层的操作。

**3．案例实现**

（1）创建三层架构需要的包。

①选中工程名，右击，弹出的快捷菜单如图 6-65 所示，选择“New”→“Package”命令。

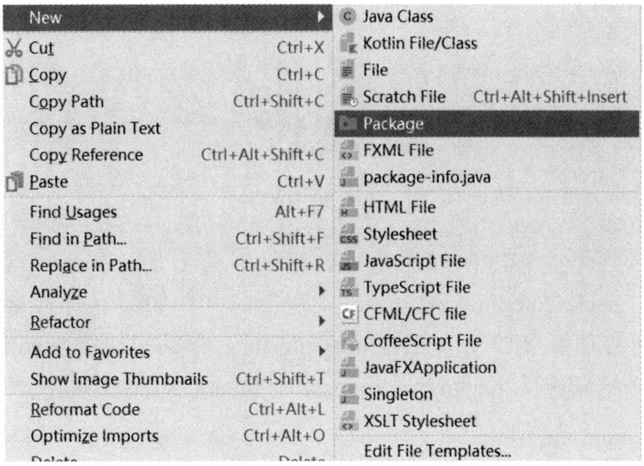


图 6-65　快捷菜单

②弹出“New Package”对话框，如图 6-66 所示。输入需要创建的包名 com.task6_7.service、com.task6_7.dao、com.task6_7.po。

③生成如下多级包，如图 6-67 所示。

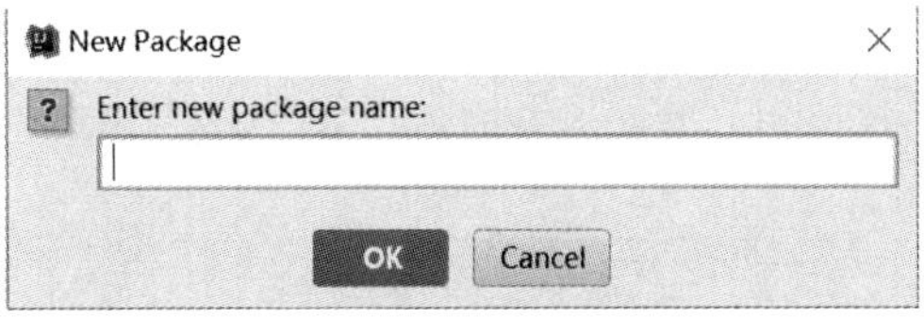


图 6-66　对话框

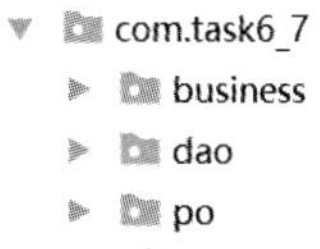


图 6-67　多级包

（2）给 Java 文件添加包的声明。

①持久对象层的实体类有学生类 Student、教师类 Teacher、用户类 User、报刊杂志类 Magazine、馆藏图书类 Collection、图书类 Book、借阅记录类 Borrow。这些实体类全部存放在包 com.task6_7.po 中，所以这些类所在的 Java 文件的第一条语句需为 package com.task6_7.po，如图 6-68 所示。

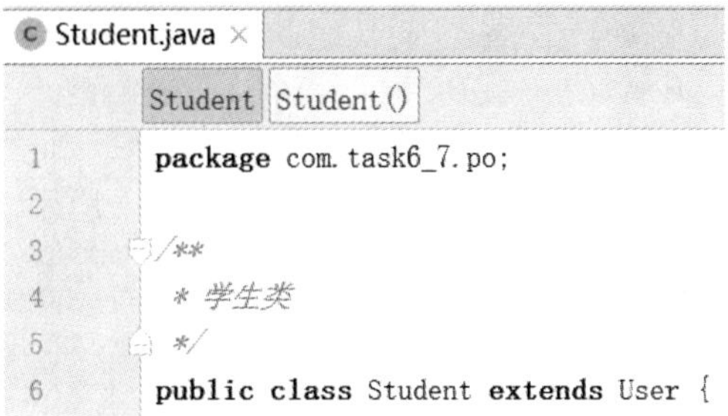


图 6-68　包的声明

最后 com.task6_7.po 包中的文件如图 6-69 所示。

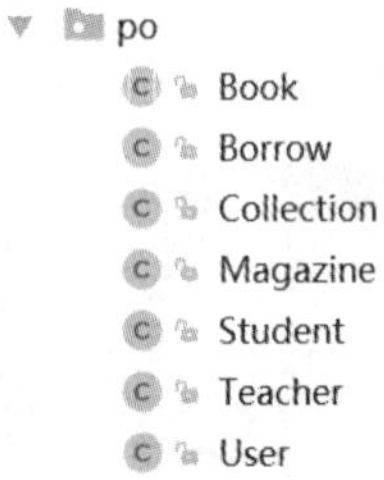


图 6-69　包中的文件

②数据访问层的类有书库类 BookStorage、用户库类 UserLibrary，这些类所在的 Java 文件的第一条语句需为 package com.task6_7.dao，包中的文件如图 6-70 所示。

③业务层包括业务功能接口 BookBusinessInterface 和其实现类 BookBusiness，两者所在的 Java 文件的第一条语句需为 package com.task6_7.business。包中的文件如图 6-71 所示。

图 6-70　包中的文件

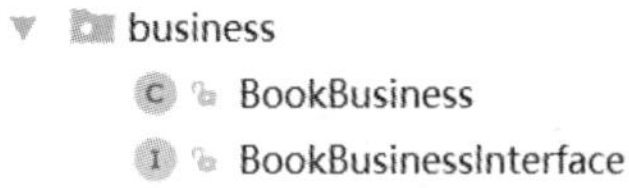


图 6-71　包中的文件

④最后的图书管理系统测试类 BookSystem 不放在这三层架构中，放在三层架构之外，作为功能测试使用。

（3）给 Java 文件添加包的导入。

①持久对象层中，类 Borrow 有一个属性为借书时间，类型涉及时间类型 Date，需要导入对应的包，导入语句为：

```
import java.util.Date;
```

②数据访问层中，类 BookStorage 和 UserLibrary 都用到了动态数组 ArrayList，需要导入对应的包，导入语句为：

```
import java.util.ArrayList;
```

③业务逻辑层中，类 BookStorage 需要访问大部分的持久对象层的实体类和数据访问层的类 BookStorage，所以采用两种形式导入包，如下所示：

```
import com.task6_7.dao.BookStorage;
import com.task6_7.po.*;
import java.util.ArrayList;
import java.util.Date;
```

④测试类 BookSystem 需要访问持久对象层、数据访问层、业务逻辑层三层的类，所以需要导入所有的包，采用“*”形式导入来匹配所有的类，如下所示：

```
import com.task6_7.business.*;
import com.task6_7.dao.*;
import com.task6_7.po.*;
```

**4. 运行结果**

程序运行结果如图 6-72 所示。

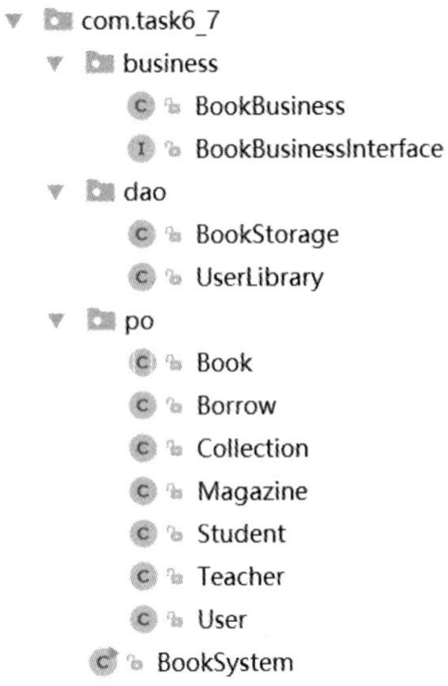


图 6-72 程序运行结果

# 习题

在图书管理系统的功能中，未实现对图书信息进行维护的功能，请修改代码完成该功能，具体要求如下：

1．采用 ArrayList 临时存储所有的图书信息。

2．实现对图书信息进行修改的操作。

3．实现对图书信息进行删除的操作。

# 第7章

# Java 集合技术

通常，程序在运行时才知道创建了多少个对象，但如果处在非运行期间，即程序开发阶段，开发人员无法预先确定需要多少个对象，亦或是不知道它的准确数据类型。有些时候又想要更复杂的方式来保存对象。为了满足编程需要，要求能够在任何时候、任何地点创建任意数量的对象，那么这些对象用什么来容纳呢？集合便应运而生了，学习 Java 语言，就必须要学习如何使用 Java 的集合类，为了方便理解，可以把 Java 的集合看成是一个容器，用来存放 Java 类的对象，例如，可以用容器保存一个学校的所有学生信息，如果有新生来报到，就往容器里添加学生信息；如果有学生毕业离开学校，那么就从容器里将学生信息删除，如果想要查找某位学生的信息，就遍历容器读取指定学生信息。学习本章，需要先学习 Java 面向对象技术这一章，接下来，本章将针对 Java 中的集合类进行详细的讲解。

## 本章任务

1. 理解集合框架的应用方法；
2. 掌握 List 集合、Set 集合以及 Map 集合的使用；
3. 掌握 Iterator 迭代器和 foreach 循环的使用；
4. 掌握数组的基本用法；
5. 熟练使用数组解决实际问题。

## 重点内容

1. 掌握 List 集合、Set 集合以及 Map 集合的使用；
2. 熟练使用数组解决实际问题。

## 难点应用

熟练应用集合类和数组解决实际问题。

为了保存数量不确定的数据，以及保存具有映射关系的数据（也被称为关联数组）。Java 提供集合类，集合类主要负责保存、容纳其他数据，因此集合类也被称为容器类。所有集合类都位于 java.util 包下。Java 的集合类主要由两个接口派生而出：Collection(集合)和 Map(映射)，Collection 和 Map 是 Java 集合框架的根接口，这两个接口又包含了一些子接口或实现类。

（1）Collection：从存储结构上来看，也称之为单列集合，用于存储一系列符合某种规则的元素，它是 List 接口和 Set 接口的父接口，其中，List 是一个有序的集合，可以包含重复的元素，并且提供了按索引访问的方式，其特点是元素有序、可重复。Set 是一个无序的集合，不能有重复的元素，其特点是元素无序、不可重复。JDK 没有提供 Collection 接口直接的实现类，通常情况下不被直接使用。

（2）Map：从存储结构上来看，也称之为双列集合，用于存储具有 key-value(键-值)映射关系的元素，每个元素都包含一个键值对。Map 不能包含重复的 key，在使用 Map 集合时可以通过指定的 key 找到对应的 value。

Collection 和 Map 接口的区别在于 Collection 中存储了一组对象，而 Map 存储一组键值对。下面通过一张图来描述常用集合类的继承体系框架，也是本章接下来要详细讲解的集合接口和实现类，如图 7-1 所示。

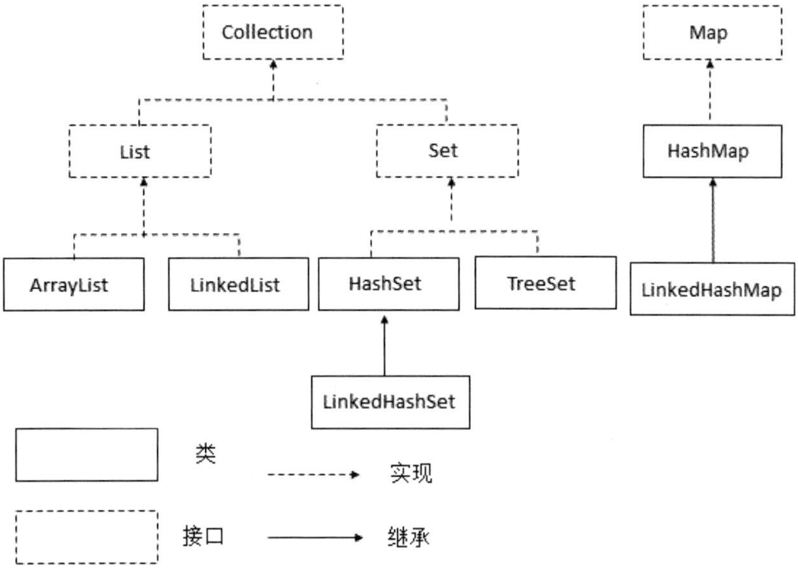


图 7-1　常用集合类的继承体系框架

## 7.1　Collection 接口

Collection 接口是 List 接口和 Set 接口的父接口，它定义了一些通用的方法，通过这些方法可以实现对集合的基本操作，由于 List 接口和 Set 接口实现了 Collection 接口，所以这些方法对 List 和 Set 集合也是通用的。Collection 接口的方法见表 7-1。

表 7-1 Collection 接口的方法

| 方法声明 | 功能描述 |
|---|---|
| boolean add(Object o) | 向该集合中添加一个元素 |
| boolean addAll(Collection c) | 将指定 Collection 集合中的所有元素添加到该集合中 |
| void clear() | 删除该集合中的所有元素 |
| boolean isEmpty() | 判断该集合是否为空 |
| boolean remove(Object o) | 删除该集合中的指定元素 |
| boolean removeAll(Collection c) | 删除指定集合中的所有元素 |
| boolean contains(Object o) | 判断该集合中是否包含某个元素 |
| boolean containsAll(Collection c) | 判断该集合中是否包含指定集合中的所有元素 |
| int size() | 获取该集合的元素个数 |
| Iterartor<E> iterator() | 返回在该集合的元素上进行迭代的迭代器，用于遍历该集合中的所有元素 |
| Object[] toArray() | 返回一个数组，该数组中包括集合中的所有元素 |

表 7-1 所列举的部分方法来自于 Java API 文档，读者想要对 Collection 接口定义的方法有一个更深入、更全面的了解，可以通过查询 Java API 文档来学习，学会查阅 API 文档，这也是学好 Java 语言的必备技巧。

**【例 7-1】** 演示操作 Collection 接口的方法。

```
public class Example7_1 {
    public static void main(String[] args) {
        //创建一个集合对象 c1
        Collection c1=new ArrayList();
        //向集合中添加元素,add(Object o)
        c1.add("张三");
        c1.add("李四");
        c1.add("王五");
        System.out.println("集合 c1 的内容:"+c1);
        //获取集合元素个数 size()
        System.out.println("集合 c1 的大小:"+c1.size());
        //从集合 c1 中删除"张三"元素,删除指定元素 remove(Object o)
        c1.remove("张三");
        //判断该集合是否包含某元素,contains(Object o)
        System.out.println("集合 c1 是否包含张三:"+c1.contains("张三"));
        //创建另一个集合对象 c2
        Collection c2=new ArrayList();
        //将 c1 集合中的所有元素都加入 c2 集合中,addAll(Collection c)
        c2.addAll(c1);
        System.out.println("集合 c2 的内容:"+c2);
        //删除 c2 集合所有的元素,clear()清空
        c2.clear();
        System.out.println("集合 c2 是否为空:"+c2.isEmpty());
    }
```

```
    }
```

上述案例中 Collection 只是一个接口，在使用时，是创建该接口的一个实现类，从图 7-1 常用集合类的继承体系框架中可以看出，常用的 Collection 接口具体实现类有好几个，选用 ArrayList 实现类来创建一个集合对象，程序运行结果如图 7-2 所示。

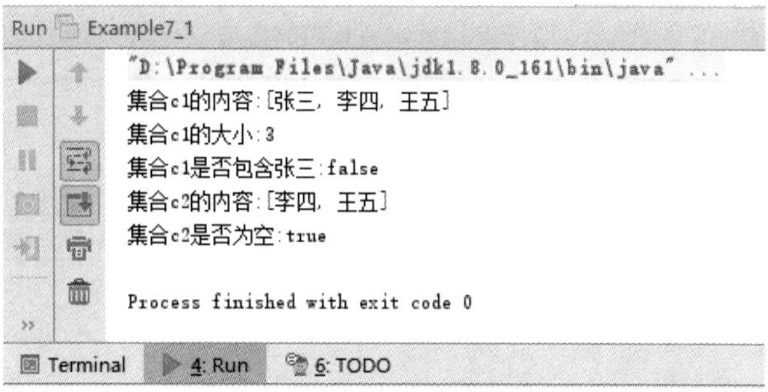


图 7-2 程序运行结果

值得注意的是，如果在 Eclipse Java 开发工具编译 Collection c1=new ArrayList();这行代码会出现如图 7-3 所示的警告信息，意思是说在使用 Collection、ArrayList 集合时并没有显示指定集合中存储什么类型的元素，会产生一定的安全隐患，这涉及泛型的相关知识。由于本书采用 IntelliJ IDEA Java 开发工具进行程序编写，所以不会出现警告信息，为了让读者更好地解决未来可能出现的泛型警告问题，与泛型相关的知识放到了 Iterator 接口小节进行讲解。

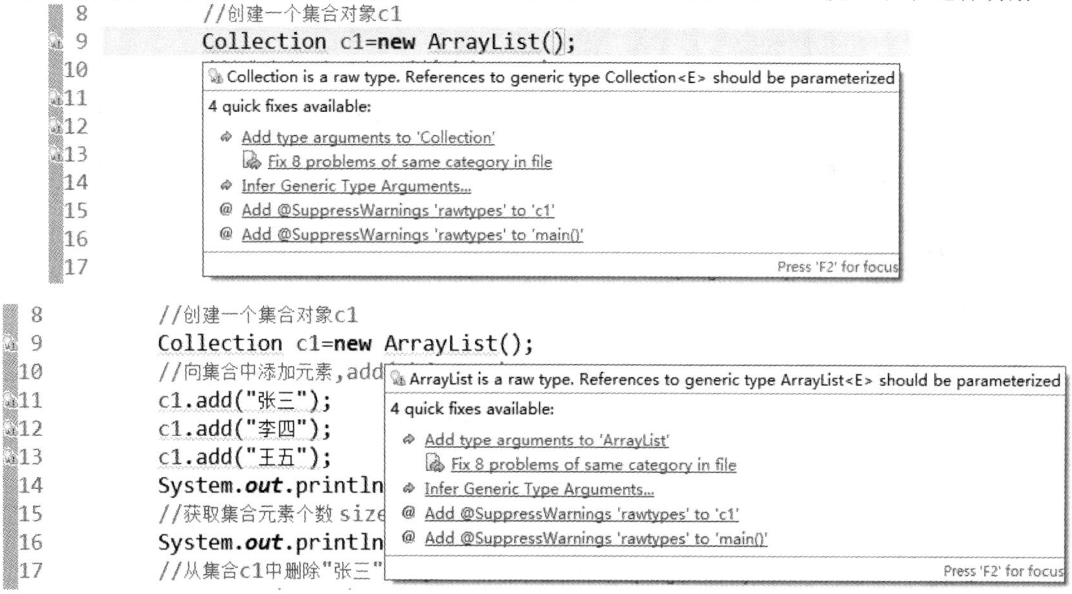


图 7-3 警告信息

## 7.2 Iterator 接口

在程序开发中，经常需要遍历集合中的所有元素。针对这种需求，JDK 专门提供了一个

Iterator 接口。Iterator 接口是 Java 集合的顶层接口，不包括 map 系列的集合，Map 接口是 map 系列集合的顶层接口。Iterator 接口与 Collection、Map 接口有所区别，Collection、Map 接口主要用于存储元素，而 Iterator 接口主要用于遍历 Collection 集合中的元素。Iterator 接口定义了一些常用的方法，如表 7-2 所示。

表 7-2 Iterator 接口的方法

| 方法声明 | 功能描述 |
|---|---|
| hasNext() | 判断集合中是否存在下一个元素 |
| next() | 获得集合中的下一个元素 |
| remove() | 从集合中删除上一次 next()方法返回的元素 |

【例 7-2】演示操作 Iterator 接口的方法。

```
public class Example7_2 {
    public static void main(String[] args) {
        //创建一个集合对象
        Collection collection=new ArrayList();
        //向集合中添加元素,add(Object o)
        collection.add("张三");
        collection.add("李四");
        collection.add("王五");
        //判断集合是否为空
        if(collection.isEmpty()){
          System.out.println("集合 collection 为空");
        } else {
           System.out.println("集合 collection 不为空,元素个数:"+
           collection.size());
        }
        //接下来遍历这个集合
        Iterator iterator=collection.iterator();
        //判断集合中元素是否遍历完毕，如果没有，就返回
        System.out.print("第一次遍历集合:");
        while(iterator.hasNext()) {   //循环遍历
          //获得集合中的元素
          String element=(String)iterator.next();
          System.out.print(element+" ");
        }
        System.out.println();
        //迭代器移除集合元素
        System.out.print("第二次遍历集合且移除元素:");
        Iterator iterator2=collection.iterator();
        while(iterator2.hasNext()) {
          //获得集合中的元素
```

```
            String element=(String)iterator2.next();
            System.out.print(element+" ");
            //从集合中删除上一次 next()方法返回的元素
            iterator2.remove();
        }
        System.out.println();
        //继续判断集合是否为空
        if(collection.isEmpty()){
            System.out.println("集合 collection 为空");
        }
    }
}
```

程序运行结果如图 7-4 所示。

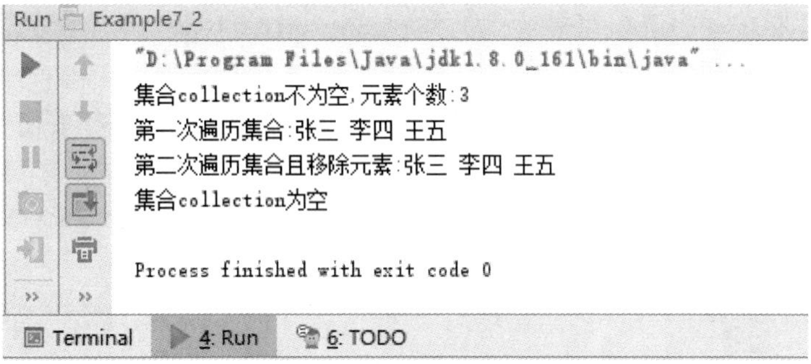


图 7-4 程序运行结果

**1. 为什么引入泛型**

先来分析下面这段代码：

```
public class GenericTest {
    public static void main(String[] args) {
        //创建一个集合对象
        Collection collection = new ArrayList();
        collection.add("张三");
        collection.add("李四");
        collection.add(100);
        //接下来遍历这个集合
        Iterator iterator=collection.iterator();
        while(iterator.hasNext()) {
            String element = (String)iterator.next();
            System.out.println(element);
        }
    }
}
```

上述代码定义了一个 Collection 类型的集合，首先向该集合添加两个字符串类型的值，随后添加一个 Integer 类型的值。这是完全允许的，因为此时 collection 默认的类型为 Object 类型。在之后的循环遍历中，由于忘记了之前在 collection 中也添加了 Integer 类型的值的原因，很容易出现类似于 String element = (String)iterator.next();这行代码中的错误。因为编译阶段正常，而运行时会出现“java.lang.ClassCastException”异常。因此，导致此类错误在编码过程中不易发现。

通过上述的分析，发现主要存在两个问题：

（1）当将一个对象放入集合中，集合不会记住此对象的类型，如果再次从集合中取出此对象时，该对象的编译类型变成了 Object 类型，但是在运行时类型仍然为其本身类型。

（2）在取出集合元素时，需要人为地强制类型转化到具体的目标类型，且很容易出现“java.lang.ClassCastException”异常。

概括来说，在程序中无法确定一个集合中的元素到底是什么类型，那么在取出元素时，如果进行强制类型转换就很容易出错。那么有没有什么办法可以使集合能够记住集合内元素的类型，且能够达到只要编译时不出现问题，运行时就不会出现“java.lang.ClassCastException”异常呢?答案就是在 Java 中引入“参数化类型 parameterized type”这个概念，即泛型。

**2．泛型**

泛型可以限定方法操作的数据类型，在定义集合类时，使用“<参数化类型>”的方式指定该类中方法操作的数据类型，具体格式如下：

```
Collection<参数化类型> collection=new ArrayList<参数化类型>();
```

比如：

```
//创建集合对象并指定泛型为 String
Collection<String> collection=new ArrayList<String>();
```

上面代码限定了集合只能存储 String 类型元素，如果向集合里存放 Integer 类型的元素，程序在编译时，编译器就会检查出 Integer 类型的元素与集合规定的类型不匹配，编译不通过，如图 7-5 所示。这样就可以在编译时解决错误，避免程序在运行时发生错误。

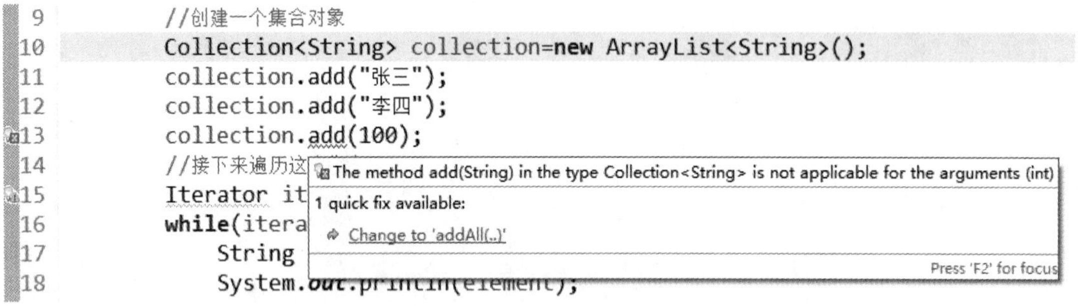


图 7-5　编译错误

接下来使用泛型改写上述代码：

```
public class GenericTest {
    public static void main(String[] args) {
        //创建一个集合对象
        Collection<String> collection=new ArrayList<String>();
        collection.add("张三");
```

```
        collection.add("李四");
    //接下来遍历这个集合
    Iterator<String> iterator=collection.iterator();
        while(iterator.hasNext()) {
    String element = (String)iterator.next();
            System.out.println(element);
        }
      }
    }
```

上述代码在使用泛型后，每次遍历集合元素时，可以指定元素类型为 String，而不是 Object，这样就避免了在程序中进行强制类型转换。

## 7.3 List 集合

**1. List 接口**

通常将实现了 List 接口的对象称之为 List 集合，List 集合的特点是元素有序、允许重复，且集合中所有的元素是以一种线性方式进行存储的，在程序中可以按索引方式来访问集合中的指定元素。换句话说，List 集合中的元素都对应一个整数型的序号记录其在集合中的位置，可以根据序号存取集合中的元素。

List 接口是 Collection 接口的子接口，不但继承了 Collection 接口中的全部方法，而且还提供了一些适合于自身的常用方法，如表 7-3 所示。

表 7-3 List 接口提供的常用方法和功能

| 方法声明 | 功能描述 |
| --- | --- |
| Object get(int index) | 返回集合指定位置的元素 |
| Object add(int index,Object element) | 在集合指定位置 index 处添加元素 element，将当前处于该位置的元素(如果有的话)和所有后续元素向右移动一位，索引位置从 0 开始 |
| boolean addAll(int index,Collection c) | 向集合的指定索引位置 index 处添加指定集合 c 中的所有元素 |
| Object set(int index,Object element) | 用指定元素 element 替换集合中指定位置的元素 |
| int indexOf(Object o) | 返回对象 o 在集合中出现的位置索引。当存在多个时，返回第一个的索引位置；当不存在时，返回-1 |
| int lastIndexOf(Object o) | 返回对象 o 在集合中最后一次出现的位置索引。当存在多个时，返回最后一个的索引位置；当不存在时，返回-1 |
| Object remove(int index) | 删除集合中指定索引位置 index 处的元素 |
| List subList(int fromIndex, int toIndex) | 通过截取从起始索引位置 fromIndex(包含)到结束索引位置 toIndex(不包含)的元素，重新生成一个 List 集合并返回 |

从表 7-3 可以看出，List 接口提供的适合于自身的常用方法均与索引有关，这是因为 List 集合为列表类型，以线性方式存储对象，可以通过对象的索引操作对象。List 接口的常用实现类有 ArrayList 和 LinkedList，所有的 List 实现类可以通过调用这些方法对集合元素进行操

作。接下来对 List 接口的具体实现类进行详细介绍。

**2．ArrayList 类**

ArrayList 类实现了 List 接口，而 List 接口又继承了 Collection 接口，因此，ArrayList 集合除可以使用上述 List 接口提供的适合于自身的常用方法外，也可以使用 Collection 接口定义的一些通用方法。

另外 ArrayList 也是程序中最常见的一个集合，它是一个长度可变的数组对象，类似于动态数组。当存入的元素超过数组长度时，集合会自动增大；当删除元素时，集合会自动变小。ArrayList 集合的优点是查询元素时速度很快，缺点是在增删元素时效率很低。原因是当向 ArrayList 集合指定的索引位置处插入元素时，会同时将指定索引位置及之后的所有元素相应地向后移动一位，如图 7-6 所示。当向 ArrayList 集合删除指定索引位置的元素后，会同时将指定索引位置之后的所有元素相应地向前移动一位，如图 7-7 所示。如果在指定的索引位置之后存在大量的元素，那么将严重影响对集合的操作效率。

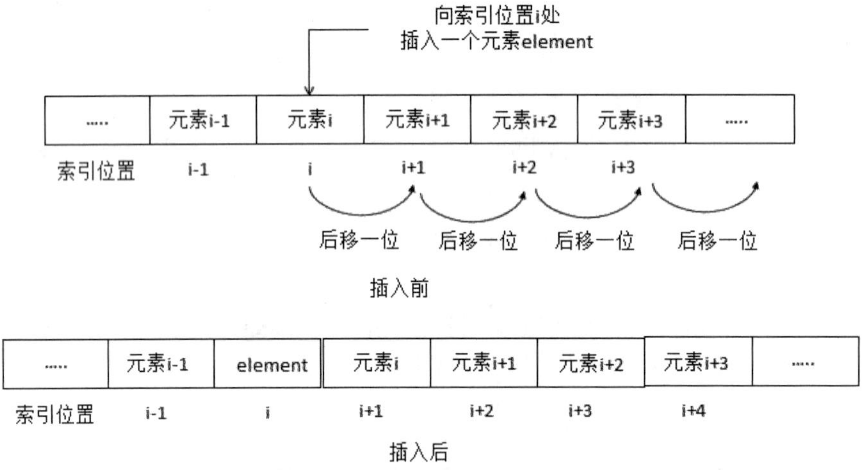


图 7-6　向 ArrayList 集合指定的索引位置处插入元素

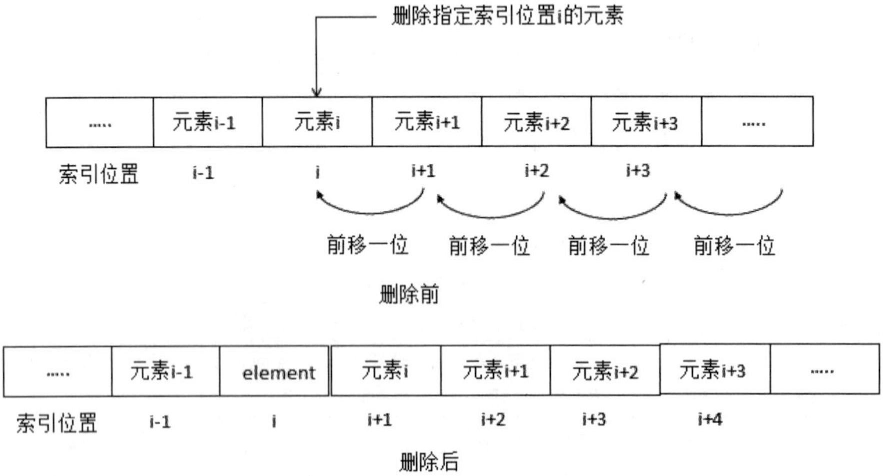


图 7-7　删除 ArrayList 集合指定索引位置处的元素

【例 7-3】演示操作 ArrayList 类的方法。

```
public class Example7_3 {
    public static void main(String[] args) {
        //创建一个 ArrayList 集合
        ArrayList<String> arrayList=new ArrayList<String>();
        //建议读者声明 List 集合,根据实际需要实例化 ArrayList
        //List<String> arrayList=new ArrayList<String>();
        //size():获取集合元素的个数
        System.out.println("arrayList 的初始化大小:"+arrayList.size());

        //向 ArrayList 集合添加元素,线性方式存储,索引位置从 0 开始
        //add(Object o)继承自 Collection 接口的方法,直接在集合尾部添加指定的元素
        arrayList.add("A");          //索引位置 0
        arrayList.add("B");          //索引位置 1
        arrayList.add("C");          //索引位置 2
        arrayList.add("D");          //索引位置 3
        arrayList.add("B");          //索引位置 4,允许重复元素插入
        System.out.println("尾部添加元素后,arrayList 的内容:"+arrayList);

        //将 A2 添加到 ArrayList 集合的指定索引位置 1 处,从 B 及后续元素往右移动一位
        arrayList.add(1,"A2");
        System.out.println("插入 A2 元素后,arrayList 的内容:"+arrayList);
        //移除指定索引位置是 3 的元素
        arrayList.remove(3);
System.out.println("删除索引位置 3 的元素后,arrayList 的内容:"+
arrayList);
        //remove(Object o)继承自 Collection 接口的方法
        //移除 D 元素
        arrayList.remove("D");
        System.out.println("删除指定 D 元素后,arrayList 的内容:"+arrayList);

        //indexOf():查找第一次出现元素的索引位置
        System.out.println("arrayList 集合中第一次出现 B 的位置:"+
arrayList.indexOf("B"));
        //lastIndexOf():查找最后一次出现元素的索引位置
        System.out.println("arrayList 集合中最后一次出现 B 的位置:"+
arrayList.lastIndexOf("B"));
        //subList():截取指定位置的元素形成新的 List 集合
        //包含开始索引位置,不包含结束索引位置
        List<String> newList=arrayList.subList(0, 2);
        System.out.println("截取后形成的 List 集合内容:"+newList);
```

```
        }
    }
```

上述案例首先使用 ArrayList<String> arrayList=new ArrayList<String>();这行代码来创建 ArrayList 集合，指定该集合只能存储 String 类型的对象，但在实际开发过程中，建议读者使用 List 集合，通常情况下声明为 List 类型，实例化为 ArrayList，也就是注释掉的那行代码。其次调用 add(Object o)方法向集合尾部依次添加了 5 个元素，调用 add(int index,Object element)方法向集合指定的位置添加元素。然后调用 remove(int index)方法删除集合指定索引位置的元素，调用 remove(Object o)方法删除集合中指定元素，当存在多个时，删除第一个符合的元素。紧接着调用 indexOf(Object o)方法向集合查找指定元素第一次出现的索引位置，调用 lastIndexOf(Object o)方法向集合查找指定元素最后一次出现的索引位置。最后调用 subList(int fromIndex,int lastIndex)方法截取从起始索引位置 fromIndex(包含)到结束索引位置 toIndex(不包含)的元素，重新生成一个 List 集合并返回。程序运行结果如图 7-8 所示。

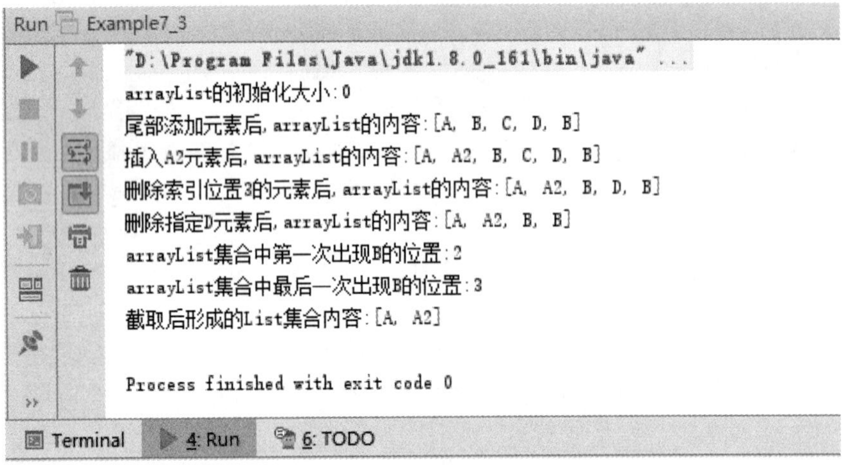


图 7-8 程序运行结果

【例 7-4】演示 ArrayList 集合迭代遍历的不同方式。

```
public class Example7_4 {
    public static void main(String[] args) {
        //创建 List 集合,实例化为 ArrayList 实现类,建议读者声明 List 类型
        List<String> list =new ArrayList<String>();
        list.add("A");          //索引位置 0
        list.add("B");          //索引位置 1
        list.add("C");          //索引位置 2
        list.add("D");          //索引位置 3
        //第一种方式: Iterator 迭代器遍历集合
        Iterator<String> it= list.iterator();
        System.out.print("第一种方式 Iterator 迭代器方式遍历集合:");
        //it.hasNext():判断集合是否存在下一个元素
        while(it.hasNext()){
          //it.next():读取集合中的元素
```

```
                System.out.print(it.next()+" ");
            }
            System.out.println();
            //第二种方式:for 循环语句遍历集合
            //size():获取集合的元素个数,循环条件
            System.out.print("第二种方式 for 循环语句遍历集合:");
            for(int i=0; i<list.size(); i++){
              //get():读取指定位置的元素
               System.out.print(list.get(i)+" ");
            }
            System.out.println();
            //第三种方式:foreach 循环遍历集合
            System.out.print("第三种方式 foreach 循环遍历集合:");
            for(String s:list) {
                  System.out.print(s+" ");
            }
            System.out.println();
        }
    }
```

上述案例演示了 Iterator 迭代器、for 循环语句以及 foreach 循环三种方式对集合进行遍历。程序运行结果如图 7-9 所示。第一种方式：Iterator 迭代器遍历，当遍历元素时，首先通过调用集合的 iterator()方法获得迭代器对象，然后使用 hasNext()方法判断集合中是否存在下一个元素，如果存在，则调用 next()方法将元素取出；否则说明集合中已经没有下一个元素，将停止遍历元素。需要注意的是，在通过 next()方法获取元素时，必须保证要获取的元素存在，否则会抛出异常。第二种方式：for 循环语句遍历，for 循环语句的初始化语句 int i=0，说明索引位置从 0 开始，循环条件是 i<list.size()，即 i 要小于集合元素的个数，控制条件语句是 i++，表示按照索引位置逐个有序遍历。判断循环条件当前元素的索引位置 i 是否小于集合大小 list.size()，如果为 false，循环结束，如果为 true，调用 get(i)方法读取指定位置的元素，然后指向下一个元素的索引位置，重复执行循环条件判断，直到循环条件不成立为止。第三种方式：foreach 循环遍历，下面重点介绍这种方式。

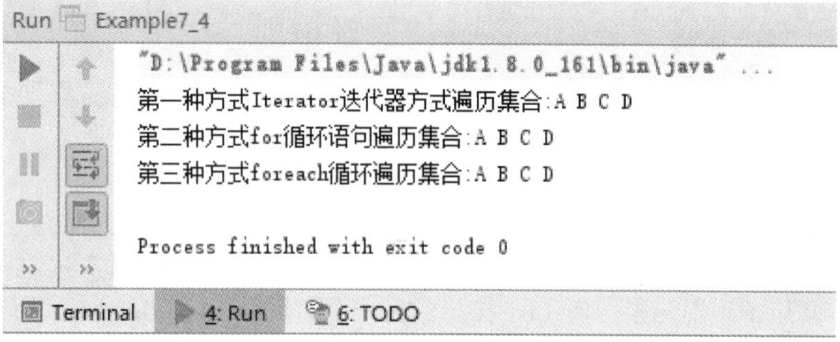


图 7-9　程序运行结果

Java 从 JDK1.5 开始提供了 foreach 循环，它是一种更加简洁的 for 循环，也称之为增强型 for 循环。foreach 循环用于遍历数组或集合中的元素，其具体的语法格式如下：

```
for(变量数据类型 变量名 : 元素所在集合(数组)名称) {
    循环体;
}
```

从上述的格式可知，与 for 循环相比，foreach 循环不需要知道集合或数组的长度，也不需要按照索引方式访问元素，没有循环条件，也没有控制条件语句，但是 foreach 需要知道集合或数组内元素的类型，它会自动遍历集合或数组中的每一个元素。foreach 循环的次数是由集合或数组中的元素个数决定的，每次循环时，都将当前循环的元素赋值给变量，然后执行循环体，直到遍历完毕循环结束。回顾【例 7-4】中的 foreach 循环遍历集合。

```
//创建 List 集合
    List<String> list =new ArrayList<String>();
    list.add("A");          //索引位置 0
    list.add("B");          //索引位置 1
    list.add("C");          //索引位置 2
    list.add("D");          //索引位置 3
//第三种方式:foreach 循环遍历集合
        System.out.print("第三种方式 foreach 循环遍历集合:");
        for(String s:list) {
            System.out.print(s+" ");
        }
        System.out.println();
```

foreach 循环的次数其实就是 list 集合中元素的个数，每次循环时，foreach 循环会自动读取集合当前的元素，并将其赋值给变量 s，从而可以将集合中的元素分别打印出来，当然读者也可以在 foreach 循环体中根据实际情况编写所需的代码。

foreach 循环底层其实也是使用了迭代器获取的，只不过获取迭代器由虚拟机完成，不需要获取迭代器而已，所以在使用 foreach 循环变量元素的过程中只能访问元素，不允许对其中的元素进行修改。比如：

```
List<String> list =new ArrayList<String>();
list.add("A");          //索引位置 0
list.add("B");          //索引位置 1
for(String s: list){
    System.out.println(s);
    list.remove("A"); //错误写法
}
```

**3. LinkedList 类**

前面讲解的 ArrayList 集合在查询元素时速度很快，但在增删元素时效率低，因此，ArrayList 接口常用于查询元素。而 List 接口的另一个实现类 LinkedList，采用链表结构保存对象，链表结构的优点在于向集合中增删元素方便，如果经常需要向集合中增删元素的话，使用 LinkedList 集合效率更高，但是随机访问元素的速度比较慢。由于 LinkedList 集合中的每一个元素都使用引用的方式来记住它的前一个元素和后一个元素，从而将所有的元素可以链接起来，当插入和删除元素时，只需要简单地修改元素前后链接的位置即可，如图 7-10 和图 7-11 所示。

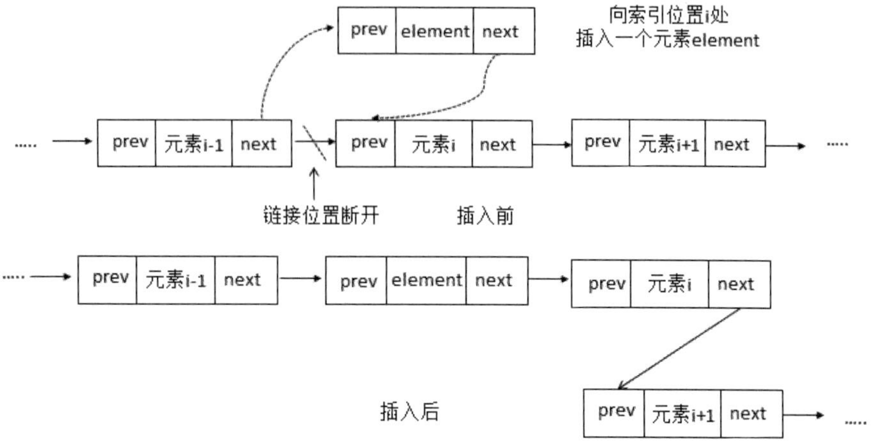


图 7-10　向 LinkedList 集合中插入元素

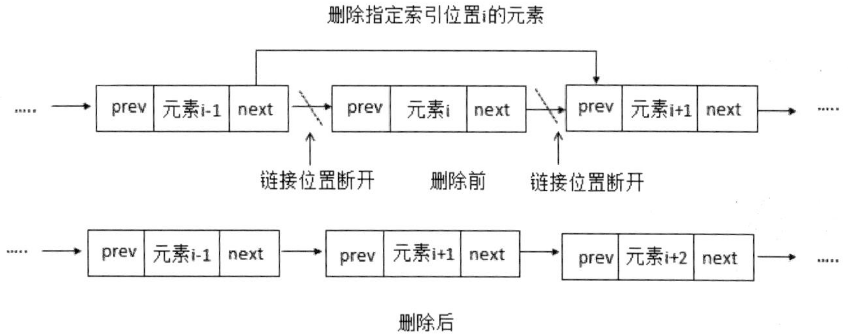


图 7-11　从 LinkedList 集合中删除指定元素

针对元素的增删操作，LinkedList 类提供了一些特有的方法，如表 7-4 所示。

表 7-4　LinkedList 类提供的常用方法和功能

| 方 法 声 明 | 功 能 描 述 |
|---|---|
| void add(int index, E element) | 在该集合指定的索引位置插入指定元素 element |
| void addFirst(Object o) | 将指定元素插入到该集合的开头 |
| void addLast(Object o) | 将指定元素添加到该集合的结尾 |
| Object getFirst() | 返回该集合的第一个元素 |
| Object getLast() | 返回该集合的最后一个元素 |
| Object removeFirst() | 移除并返回该集合的第一个元素 |
| Object removeLast() | 移除并返回该集合的最后一个元素 |

要想遍历 LinkedList 集合，可以采用前面介绍遍历 ArrayList 集合的方式，即 Iterator 迭代器遍历、for 循环语句遍历以及 foreach 循环遍历。由于遍历集合的代码较为类似，故在这里不一一列举。

【例 7-5】演示操作 LinkedList 类的方法。

```
public class Example7_5 {
    public static void main(String[] args) {
        //创建 LinkedList 集合
        LinkedList<String> list =new LinkedList<String>();
        list.add("A");     //索引位置 0
        list.add("B");     //索引位置 1
        list.add("C");     //索引位置 2

        //获取该集合中的第一个元素 getFirst
        System.out.println("LinkedList 集合的第一个元素:"+
list.getFirst());
        //获取该集合中的最后一个元素 getLast
        System.out.println("LinkedList 集合的最后一个元素:"+
list.getLast());
        System.out.println("LinkedList 集合内容:"+list);

        //在指定索引位置添加元素
        list.add(1, "B0");
        System.out.println("指定位置添加元素后,LinkedList 集合内容:"+list);

        //向该集合的开头处添加元素
        list.addFirst("A0");
        System.out.println("添加 A0 元素后,LinkedList 集合的第一个元素:"+
list.getFirst());
        //向该集合的结尾处添加元素
        list.addLast("D");
        System.out.println("添加 D 元素后,LinkedList 集合的最后一个元素:"+
list.getLast());
        System.out.println("添加元素后,LinkedList 集合内容:"+list);

        //移除该集合第一个元素
        list.removeFirst();
        System.out.println("移除第一个元素后,LinkedList 集合内容:"+list);
        //移除该集合最后一个元素
        list.removeLast();
        System.out.println("移除最后一个元素后,LinkedList 集合内容:"+list);
    }
}
```

上述案例首先在 LinkedList 集合中保存 3 个元素，其次通过 getFirst()和 getLast()方法分别获取该集合的第一个元素和最后一个元素，接下来通过 add(int index,E element)、 addFirst(Object o)和 addLast(Object o)方法分别向该集合指定的索引位置添加 element 元素、在该集合的开头处和结尾处添加元素。然后调用 removeFirst()和 removeLast()方法分别删除该集合的第一个和最后一个元素。程序运行结果如图 7-12 所示。

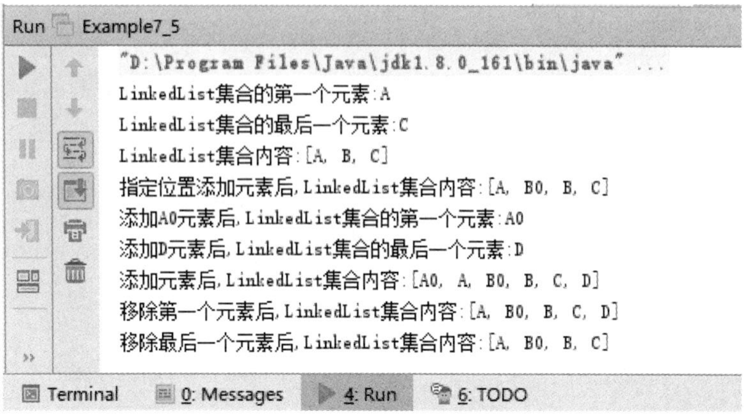


图 7-12 程序运行结果

## 7.4 Set 集合

### 7.4.1 Set 接口

Set 接口和 List 接口一样，同样继承自 Collection 接口，因此，Set 接口与 Collection 接口中的方法基本一致，并没有引入新方法。Set 集合的特性是元素无序且不允许存储重复的元素，故元素存入和取出的顺序不一定相同。Set 集合常用于过滤集合中存放的元素，从而得到一个没有重复元素的集合。

Set 接口是一个抽象的接口，不能直接实例化一个 set 对象，比如 Set s = new Set();的写法是错误的。所以在使用过程中，必须要依赖具体实现类来创建对象。Set 接口主要有两个实现类，分别是 HashSet 类和 TreeSet 类，接下来重点对 HashSet 类进行详细的讲解。

### 7.4.2 HashSet 类

HashSet 类是 Set 接口的一个实现类，它存储的元素是不允许有重复的，并且元素都是无序的，不能保证元素排列的顺序，顺序有可能发生改变。

HashSet 根据对象的哈希值来确定元素在集合中的存储位置。当从 HashSet 中查找某个对象时，首先调用对象的 hasCode()方法获得该对象的哈希码，然后根据哈希码找到对应的存储区域，最后取出该存储区域的每个元素与该对象进行 equals()方法的比较，这样不用遍历集合中的所有元素就可以得出结论，因此，HashSet 具备较好的对象检索性能。

当向 HashSet 中添加对象时，首先调用当前存入对象的 hashCode()方法获得对象的哈希值，这个哈希值决定了对象在集合中存放的位置；若该位置没有被存储对象，那么直接存储，若已有对象则会调用 equals()方法比较两个对象是否相同，相同说明该对象不能被添加，否则将该对象存入集合。值得注意的一点，当向集合中添加元素时，为了保证 HashSet 正常工作，要求存入元素的所在类必须重写 equals()方法和 hashCode()方法。HashSet 集合元素可以是 null，但只能存放一个 null。

【例 7-6】操作 HashSet 添加元素示例。

```
public class Example7_6 {
    public static void main(String[] args) {
        //创建 HashSet 集合
        HashSet<String> hashSet = new HashSet<String>();
        hashSet.add("A");   //向 hashSet 集合添加字符串
        hashSet.add("B");
        hashSet.add("C");
        hashSet.add("C");   //向 hashSet 集合添加重复的字符串
        System.out.println("hashSet 集合的内容:"+hashSet);
    }
}
```

上述案例首先通过 add()方法向 HashSet 集合依次添加了 4 个字符串，然后直接打印 hashSet 集合的内容，程序运行结果如图 7-13 所示。从输出结果中可以看出 HashSet 确实去除了重复的元素 C，这是因为在第 4 次调用 add()方法时，也就是向 HashSet 集合添加重复的字符串 C 时， String 类会调用 hashCode()方法获得该对象的哈希值，然后根据对象的哈希值计算出一个存储位置。如果该位置上没有元素，则直接将元素 C 存入，否则会调用 String 类的 equals()方法让当前存入的字符串 C 和该位置上的字符串进行值比较，如果返回 true，说明有重复元素，将当前元素 C 舍弃，如果返回 false，直接将当前元素 C 存入集合。因此，重复的对象则无法加入 HashSet 集合。

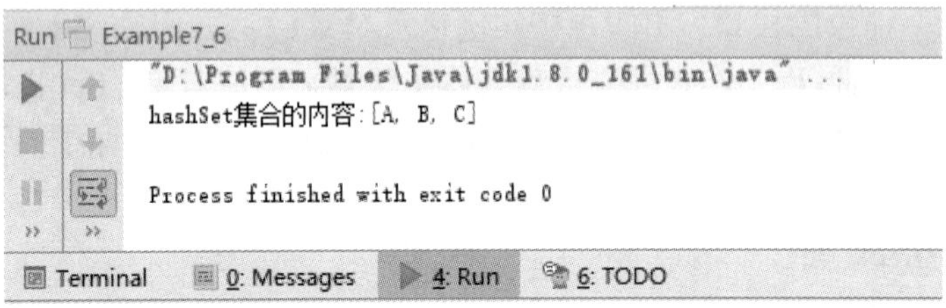


图 7-13　运行结果

值得注意的是，当利用 equals()方法比较八大包装对象(比如 int，float，double 等）和 String 类（因为该类已重写了 equals 和 hashcode 方法）对象时，默认比较的是值，因此一旦添加重复元素时，HashSet 集合会自动过滤掉重复的元素。然而在比较其他自定义对象时都是比较对象的引用地址，如果将重复的自定义对象添加到 HashSet 集合中，结果又如何呢?

假设自定义一个 Person 类，包含 2 个成员属性，分别是姓名 name 和年龄 age，类结构设计如下：

```
public class Person {
    private String name;    //姓名
```

```
    private Integer age;    //年龄
    //有参构造方法
    public Person(String name,Integer age) {
        this.name=name;
        this.age=age;
    }
    //setXxx 和 getXxx 方法
    public String getName() {
        return name;
    }
    public void setName(String name) {
        this.name = name;
    }
    public Integer getAge() {
        return age;
    }
    public void setAge(Integer age) {
        this.age = age;
    }
   @Override
    public String toString() {
        return name+":"+age;
    }
}
```

接下来定义一个测试类 PersonSet，首先创建 HashSet 集合，然后依次向 HashSet 集合存入 3 个 Person 对象，这里 Person 对象的成员属性值是通过调用有参构造函数实现的，当然读者也可以依次利用 setXxx 方法给指定的成员属性赋值，PersonSet 测试类的实现代码如下：

```
public class PersonSet {
    public static void main(String[] args) {
        //创建 HashSet 集合,存储 Person 自定义对象
        HashSet<Person> hashSet = new HashSet<Person>();
        //利用 Person 类的有参构造函数来设置姓名和年龄的值
        Person p1=new Person("张三",18);
        Person p2=new Person("李四",20);
        Person p3=new Person("张三",18);
        hashSet.add(p1);    //向 hashSet 集合添加对象
        hashSet.add(p2);
        hashSet.add(p3);    //向 hashSet 集合添加重复的对象
        System.out.println(hashSet);
    }
}
```

程序运行结果如图 7-14 所示。

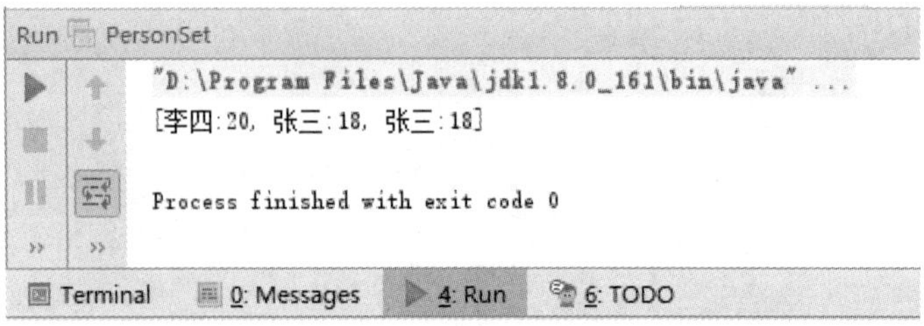


图 7-14 程序运行结果

从运行结果可知，两个相同信息的“张三:18”都被成功地添加到 hashSet 集合中，但是重复的对象其实并不想添加进去，那么为什么会被添加进去呢？这是因为在创建 Person 对象时，系统都会给每个对象在内存区域开辟一块空间，虽然 p1 和 p3 两个对象中的姓名和年龄值相等，但是两个对象存放的地址是不一样的，所以可以被添加到集合中。

如果要让系统把集合中重复的 Person 对象过滤掉，就只能从底层去操作，因为 HashSet 是根据对象的哈希值来确定元素在集合中的存储位置，然后再调用 equals()方法来比较的，因此，需要重写 Object 类中的 hashCode()和 equals()方法。接下来对 Person 类进行重写，重写 Person 类中的 hashCode()和 equals()方法，具体代码如下：

```
//在原来 Person 类的基础上,重写 hashCode()和 equals()方法
//重写 equals()方法
    @Override
    public boolean equals(Object o) {
        if (this == o) //判断是否是同一个对象
            return true;//如果是则直接返回 true
        //不是同一个类型
        if (o == null || getClass() != o.getClass())
            return false;
        //判断对象是否为 Person 类型
        if(!(o instanceof Person)) {
            //如果对象不是 Person 类型,返回 false
            return false;
        }
        Person person = (Person) o; //将对象强制转换为 Person 类型
        //姓名和年龄都相同说明重复
        if (name.equals(person.name)
                && age.equals(person.age))
            return true;
        else
            return false;
    }
    //重写 hashCode()方法
    @Override
```

```
    public int hashCode() {
        return name.hashCode()+age.hashCode();
    }
```

上述代码在 hashCode()方法中返回 name 属性和 age 属性哈希值之和，在 equals()方法中比较对象的 name 属性和 age 属性值是否相等，并返回结果。程序运行结果如图 7-15 所示。当调用 HashSet 集合的 add()方法添加 p3 对象时，发现它的哈希值与 p1 对象相同，并且 p1.equals(p3)返回的是 true，HashSet 集合认为两个对象相同，因此重复的 Person 对象被成功过滤掉了。

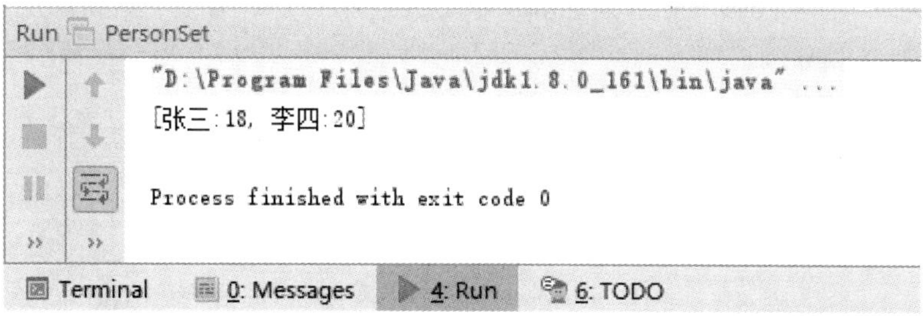


图 7-15　程序运行结果

## 7.5　Map 接口

学校的每位学生都有唯一的学号，经常需要通过学号来查询某个学生的信息，这两者之间是一对一的关系。如果想在程序中存储这种具有对应关系的数据，就需要使用 Map 接口。

Map 接口不是 Collection 接口的继承，而是与 Collection 接口在集合框架中属并列存在。Map 集合中的每一个元素都包含一个键对象 key 和值对象 value，它们之间存在着映射关系。从 Map 集合中检索元素时，只要指定了 key，就能找到对应的 value，类似于在字典中查找单词一样，所以要求 Map 集合中不能有重复的 key，每个 key 都有一个对应的 value，换句话说键不可以重复，但是值可以重复。Map 接口定义了一些常用的方法，如表 7-5 所示。

表 7-5　Map 接口提供的常用方法和功能

| 方 法 声 明 | 功 能 描 述 |
| --- | --- |
| void put(Object key,Object value) | 添加一个 key-value 对，如果当前 map 中已有一个与该 key 相等的 key-value 对，则新的 key-value 对会覆盖原来的 key-value 对 |
| Object get(Object key) | 返回指定 key 所对应的 value，如果该 map 中不包含该 key，则返回 null |
| boolean containsKey(Object key) | 查询 map 中是否包含指定的 key，如果包含则返回 true |
| boolean containsValue(Object value) | 查询 map 中是否包含一个或多个 value，如果包含则返回 true |
| Set keySet() | 返回该 map 中所有 key 组成的 set 集合 |
| int size() | 返回该 map 中的 key-value 对的个数 |
| void clear() | 删除该 map 中的所有 key-value 对 |
| Object remove(Object key) | 删除指定 key 所对应的 key-value 对，返回被删除 key 所关联的 value，如果该 key 不存在，则返回 null |

续表

| 方 法 声 明 | 功 能 描 述 |
| --- | --- |
| Collection values() | 返回该 map 中所有 value 组成的 Collection |
| Set<Map.Entry<K,V>> entrySet() | 将键和值的映射关系作为对象存储到了 Set 集合中，而这个映射关系的类型就是 Map.Entry 类型 |

Map 接口主要有两个实现类，分别是 HashMap 和 TreeMap，接下来重点对 HashMap 类进行详细的讲解。

HashMap 类是 Map 接口的一个实现类，它存储的内容是键值对(key-value)映射，不允许出现重复的键值，允许 key、value 为 null。如果有重复的 key 添加，则新添加的 key-value 对会覆盖原来的 key-value 对。

【例 7-7】演示操作 HashMap 类的方法。

```
public class Example7_7 {
    public static void main(String[] args) {
        //创建 Map 集合,实例化 HashMap 类
        Map<String,String> map=new HashMap<String,String>();
        //假设教师与讲授的课程是一一对应的关系
        //向 map 集合添加 key-value 对
        map.put("Tom","Java 程序设计");
        map.put("John","Oracle 数据库");
        map.put("Susan","JSP 案例教程");
        System.out.println("map 集合的内容:"+map);
        System.out.println("map 集合大小:"+map.size());

        //给定 key 值到 map 集合查找对应的 value 值
        //如果不存在返回 null
        System.out.println("给定 John 教师查找教授的课程:"+map.get("John"));
        System.out.println("给定 Jim 教师查找教授的课程:"+map.get("Jim"));

        //添加重复的 key:Susan
        map.put("Susan","Mysql 数据库");
        System.out.println("添加重复 key 后,map 集合的内容:"+map);
        System.out.println("添加重复 key 后,map 集合大小:"+map.size());

        //判断是否包含指定的 key
        System.out.println("map 集合是否包含 Tom 教师:"+
map.containsKey("Tom"));
        //判断是否包含 value
        System.out.println("map 集合是否包含 UNIX 操作系统课程:"+
map.containsValue("UNIX 操作系统"));
    }
}
```

上述案例首先通过实例化HashMap类创建一个Map集合map，其次调用map的put(Object key,Object value)方法向集合中添加3个元素，此时map集合的大小是3。然后通过调用map的get(Object key)方法来获取指定的key对应的value，如果该map中不包含该key，则返回null。接下来向map集合添加一个相同的键，发现map集合中仍然只有3个元素，但此次添加的Susan对应的value值“Mysql数据库”覆盖了原来的值“JSP案例教程”，这是因为Map集合中的key必须是唯一的，不允许重复，一旦存储了重复的key，后存储的值会覆盖原有的值。也就是说键不可重复，值可重复，键一旦重复，值必覆盖。最后调用map集合中的containsKey(Object key)和containsValue(Object value)方法分别用来判断集合中是否包含指定的key和value，如果包含返回true，否则返回false。程序运行结果如图7-16所示。

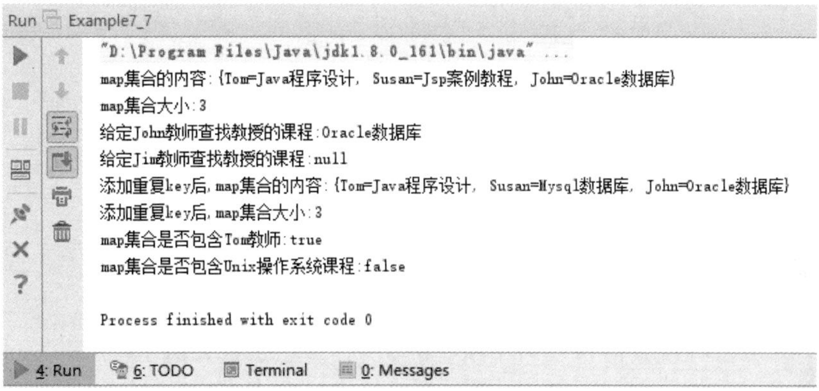


图 7-16　程序运行结果

**【例 7-8】** HashMap集合遍历方式示例。

```
public class Example7_8 {
    public static void main(String[] args) {
        //创建 Map 集合,实例化 HashMap 类
        Map<String, String> map = new HashMap<String, String>();
        //假设教师与讲授的课程是一一对应的关系
        //向 map 集合添加 key-value 对
        map.put("Tom", "Java 程序设计");
        map.put("John", "Oracle 数据库");
        map.put("Susan", "JSP 案例教程");

        //第一种方式：迭代遍历 Map 集合中的键值
        System.out.println("第一种方式迭代遍历 Map 集合中的键值:");
        Set<String> keySet = map.keySet(); //获取键的集合
        //获取 Iterator 对象进行迭代
        Iterator<String> it = keySet.iterator();
        while (it.hasNext()) {
            //获取 key 值
            String key = it.next();
            //给定 key 值获取对应的 value 值
```

```
            String value = map.get(key);
            System.out.print(key + ":" + value + " ");
        }
        System.out.println();

        //第二种方式：迭代遍历 Map 集合中所有的 key-value 映射关系
    System.out.println("第二种方式迭代遍历 Map 集合中所有的 key-value 映射关系:");
        Set<Map.Entry<String, String>> entrySet = map.entrySet();
        Iterator<Map.Entry<String, String>> it2 = entrySet.iterator();
        while (it2.hasNext()) {
            Map.Entry<String, String> entry = it2.next();
            String key = entry.getKey();
            String value = entry.getValue();
            System.out.print(key + ":" + value + " ");
        }
        System.out.println();
    }
}
```

上述案例演示如何遍历 Map 集合中所有的 key 和 value?要知道在程序开发过程中，经常需要读取 Map 集合中的 key 和 value，读者掌握好遍历方式有助于以后的项目开发。Map 集合的遍历有两种常用的方法，分别是使用 keySet 和 entrySet 来进行遍历。第一种方式是先通过调用 keySet()方法来获取 Map 集合中所有的键值，然后利用 Iterator 迭代对象来遍历保存了所有键值的 Set 集合，每一个 key 都会调用 get(Object key)方法来获得对应的 value。这种遍历方式效率较低，那是因为对于 keySet 其实是遍历了 2 次，一次是转为 iterator，一次就从 Map 集合中取出 key 所对应的 value。

第二种方式是先通过 entrySet()方法来获取 Map 集合中所有的 key-value 映射关系，然后利用 Iterator 迭代对象来遍历保存了所有映射关系的 Set 集合，这个 Set 集合存放了 Map.Entry 类型的元素，每一个 Map.Entry 对象表示的就是 Map 集合中的一个 key-value 对，最后通过 Map.Entry 对象的 getKey()和 getValue()方法获取键和值。这种遍历方式效率高，那是因为 entrySet 只是遍历了第一次，它把 key 和 value 都放到了 Map.Entry 对象中。程序运行结果如图 7-17 所示。

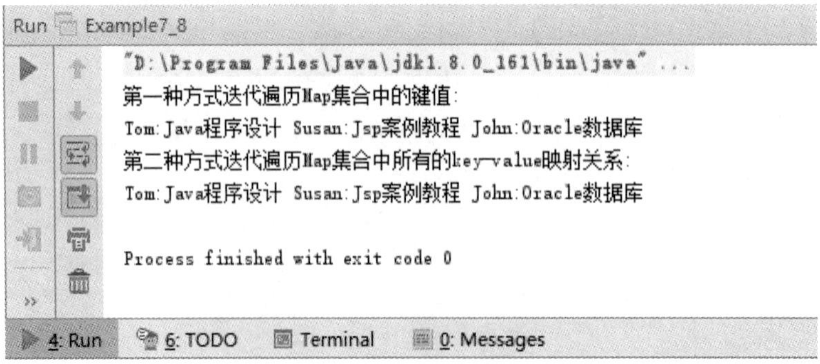


图 7-17　程序运行结果

发现【例 7-8】在遍历集合过程中采用了泛型机制，那如果不用泛型机制可以遍历集合吗?当然是可以的，只是如果使用的是 Eclipse 或者 Myeclipse 开发工具的话，编写的 Java 类会出现很多警告提示，并且在转换类型过程中很容易出现错误，具体可以参照前面所讲的泛型特性。下面是不使用泛型遍历集合的程序代码，其运行结果与【例 7-8】一致。

```
    //不使用泛型遍历
    //第一种方式：迭代遍历 Map 集合中的键值
        System.out.println("第一种方式迭代遍历 Map 集合中的键值:");
        Set keySet = map.keySet(); //获取键的集合
        //获取 Iterator 对象进行迭代
        Iterator it = keySet.iterator();
        while (it.hasNext()) {
            //获取 key 值
            Object key = it.next();
            //给定 key 值获取对应的 value 值
            Object value = map.get(key);
            System.out.print(key + ":" + value + " ");
        }
        System.out.println();

        //第二种方式：迭代遍历 Map 集合中所有的 key-value 映射关系
    System.out.println("第二种方式迭代遍历 Map 集合中所有的 key-value 映射关系:");
        Set entrySet = map.entrySet();
        Iterator it2 = entrySet.iterator();
        while (it2.hasNext()) {
            Map.Entry entry = (Map.Entry)it2.next();
            Object key = entry.getKey();
            Object value = entry.getValue();
            System.out.print(key + ":" + value + " ");
        }
        System.out.println();
```

## 7.6 数组

数组是一组具有固定数目的、有序的、类型相同的数据的集合。一个数组是一组连续的内存空间，用来保存数据。数组中的每一个数据称之为元素。数组可以存放任意类型的数据，但是同一个数组里面只能存放一种类型的元素，也就是说数组一旦定义，那么数组里面存放的元素数据类型也就可以确定了。

数组是程序设计中最常用的数据结构，它从 0 开始计数，而不是从 1 开始计数。数组元素下标的个数也称为维数，根据数组下标的多少，数组可以分为一维数组、二维数组、三维数组等。通常情况下，将二维及以上的数组称为多维数组。利用 Java 语言编写程序过程中，很少用到三维及以上多维数组。

区分数组到底属于几维数组的方法就是观察数组名前面或后面有多少个[]方括号，比如：int a[]或 int[] a 属于一维数组，int a[][]或 int[][] a 属于二维数组，int a[][][]或 int[][][] a 属于三维数组。本节将重点围绕一维数组和二维数组进行详细的讲解。

**1．一维数组**

（1）一维数组的声明和创建

一维数组的声明语法格式如下：

```
数组元素类型 数组名[];
```

或者：

```
数组元素类型[] 数组名;
```

例如：

```
int a[];        //声明一个引用 int 类型数组的变量 a
int[] a;        //效果等价于 int a[];
```

读者可以根据自身的喜好使用一维数组声明的语法格式，但是建议读者在程序开发过程中采用统一声明格式。在本节选用了方括号放在数组名后面的统一格式编写程序。

声明数组后只是指定了数组名和数组元素类型，在使用数组前还必须为数组分配内存空间，即创建数组。创建数组的语法格式如下：

```
数组名=new 数组元素类型[数组元素个数];
```

数组名必须是已经声明过的数组引用变量，数组元素个数（亦称数组长度）必须是自然数。切记，在为数组分配内存空间时必须指明数组元素的个数。

例如：

```
a=new int[5];
```

上述语句创建了一个可以容纳 5 个元素的数组，然后把这个数组的地址赋值给变量 a，在程序运行期间可以使用变量 a 来引用数据。也可以在声明数组的同时创建数组，例如：

```
int a[]=new int[5];
//等价于以下两句代码
int a[]; //声明一个引用 int 类型数组的变量 a
a=new int[5]; //创建一个可以包含 5 个元素的数组
```

上述语句相当于在内存中定义了 5 个 int 类型的变量，第一个变量的名称为 a[0]，第 2 个变量的名称为 a[1]……以此类推，这些变量的默认初始值都是 0。这是因为当数组被成功创建后，数组中的元素会被自动赋予一个默认值，不同类型的元素，默认初始化的值也是不一样的，参照表 7-6。

**表 7-6　数组元素默认值**

| 元素数据类型 | 默认初始值 |
|---|---|
| byte、short、int、long | 0 |
| float、double | 0.0 |
| char | 一个空字符 |
| boolean | false |
| 引用数据类型(类、接口、数组) | null 表示变量不引用任何对象 |

数组在创建过程中，内存的分配情况如图 7-18 所示。在完成数组定义之后，系统会为数组分配一片连续的内存空间，数组元素按数组下标从小到大连续存放。数组名代表数组起始地址（首地址），每个数组元素字节数相同，因此，根据数组元素序号可以求得数组各元素在内存的地址。发现 a[0]的地址和数组 a 的首地址是一样的，其实数组 a 本来的面目应该是 a+0，这个代表的就是取得第一个元素的内容，也就是 a[0]，只不过这个 0 省略了，所以 a 代表的应该是第一个（下标为 0）元素的地址。

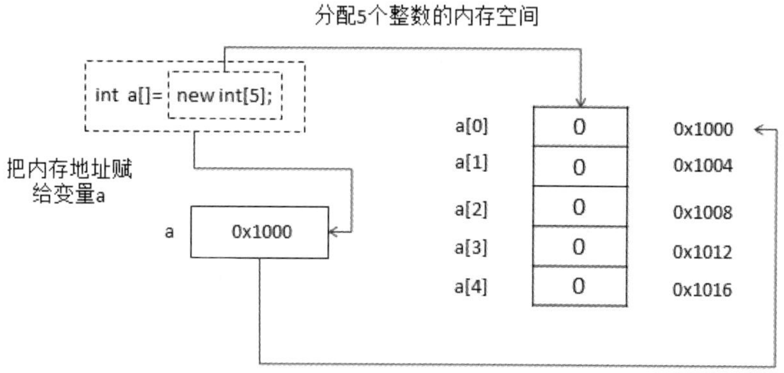


图 7-18　创建数组的内存分配示意图

（2）一维数组的引用

在程序开发过程中，经常需要访问数组中的元素。数组元素在使用上类似于变量，可以获取数组元素的值或者给数组元素赋值。数组中的每个元素都有一个下标，要想访问数组中的元素，可以通过下标访问元素，具体形式如下：

```
数组名[下标]
```

其中，下标有效范围是从 0 开始到数组长度减 1 结束。假设数组的长度为 10，那么下标的有效范围为 0～9。如果数组元素下标的值不在有效范围内，则称为数组元素下标越界。下标一旦越界，程序将会抛出“java.lang.ArrayIndexOutOf-BoundsException”异常。例如：

```
int a[]=new int[2];        //定义一个可以存储 2 个元素的 int 类型数组
System.out.println(a[0]); //访问数组第一个元素,输出结果: 0
a[0]=5;                   //引用 a 数组中下标为 0 的元素
a[1]=10;                  //引用 a 数组中下标为 1 的元素
a[2]=6;                   //下标越界抛出异常,有效下标范围 0~1
```

在 Java 中，为了方便获取数组的长度，提供了一个 length 属性，所有的数组都有这个 length 属性，在程序中可以通过“数组名.length”的方法来获取数组的长度，即能够存储数组元素的个数。例如：

```
double a[]=new double[20];
System.out.println(a.length);
```

输出结果：20

（3）一维数组的初始化

给数组元素分配内存并为数组元素赋初值的过程称为数组初始化。初始化可分为静态初始化和动态初始化。

静态初始化是指数组元素的初始化值直接由括在大括号"{}"之间的数据给出。适用于数组的元素不多且初始元素有限的情况，通常和数组的声明结合在一起使用。静态初始化的具体格式如下：

```
数组元素类型[] 数组名=new 数组元素类型[]{元素1[,元素2…]};
数组元素类型[] 数组名={元素1[,元素2…]};
```

或者

```
数组元素类型 数组名[]=new 数组元素类型[]{元素1[,元素2…]};
数组元素类型 数组名[]={元素1[,元素2…]};
```

为了简便，建议读者采用省略 new 运算符的静态初始化方法。例如：

```
int arr[]={1,2,3,4,5};
int arr2[]=new int[]{1,2,3,4,5};
```

如果数组初始化中不使用运算符 new，需要注意下列写法是错误的：

```
int arr[];
arr={1,2,3,4,5};
```

因此，不采用运算符 new 初始化数组时，必须将声明、创建、初始化都放在一条语句中，分开会产生语法错误。

动态初始化是指先用 new 运算符为数组分配内存空间，然后依次为每个元素赋初值。例如：

```
int arr3[]=new int[3];
arr3[0]=1;          //为第一个元素赋值1
arr3[1]=5;          //为第二个元素赋值5
arr3[2]=6;          //为第三个元素赋值6
```

**【例 7-9】**一维数组的遍历。

```
public class Example7_9 {
    public static void main(String[] args) {
        //定义一个可以存储5个int类型数据的数组变量a
        int a[]=new int[5];
        //动态从键盘录入5个int类型数据
        System.out.print("请从键盘录入数据:");
        Scanner sc=new Scanner(System.in);
        //动态初始化给数组每个元素赋值
        for(int i=0;i<5;i++) {
            a[i]=sc.nextInt();
        }
        //for循环遍历数组各元素
        System.out.print("遍历数组各元素:");
        //a.length:获取数组的长度
        for(int j=0;j<a.length;j++) {
            //a[下标]:访问数组的元素
            System.out.print(a[j]+" ");
        }
```

```
        System.out.println();
    }
}
```

上述案例首先定义一个长度为 5 的数组 a，其次使用 for 循环语句来接受用户通过键盘输入对数组元素的赋值，然后从下标为 0 开始到下标为 4 依次去访问数组中的元素，并将元素的值打印出来，程序运行结果如图 7-19 所示。

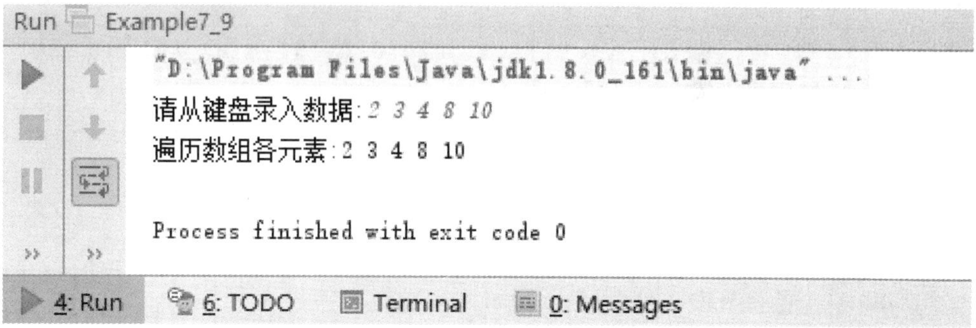


图 7-19　程序运行结果

**【例 7-10】** 比较 5 个数的大小，输出最大、最小值以及它们的下标。

```
public class Example7_10 {
    public static void main(String[] args) {
        //在定义数组的同时赋初始值
        int a[]={89,56,95,61,78};
        //i-循环变量 j-最小值下标 k-最大值下标
        //min-最小值 max-最大值
        int i,j,k,min,max;
        //假设数组第一个数既是最大值，也是最小值
        max=min=a[0];
        //初始化最大、最小值的下标
        j=k=0;
        for(i=1;i<5;i++) {
            if(min>a[i]) {  //记录最小值的下标
                min=a[i];
                j=i;
            } else if(max<a[i]) {   //记录最大值的下标
                max=a[i];
                k=i;
            }
        }
        System.out.println("数组最大值 max:a["+k+"]="+max);
        System.out.println("数组最小值 min:a["+j+"]="+min);
    }
}
```

上述案例首先定义一个长度为 5 的数组 a，在定义数组时初始化数组各元素的值。假定数组的第一个元素 a[0]作为最大值、最小值的初始值，接下来用最大值和最小值依次与数组剩余的 4 个元素进行比较。如果数组元素 a[i]小于最小值，那么将最小值更改为 a[i]，否则继续判断 a[i]是否大于最大值，如果大于最大值，则将最大值更改为 a[i]。程序运行结果如图 7-20 所示。

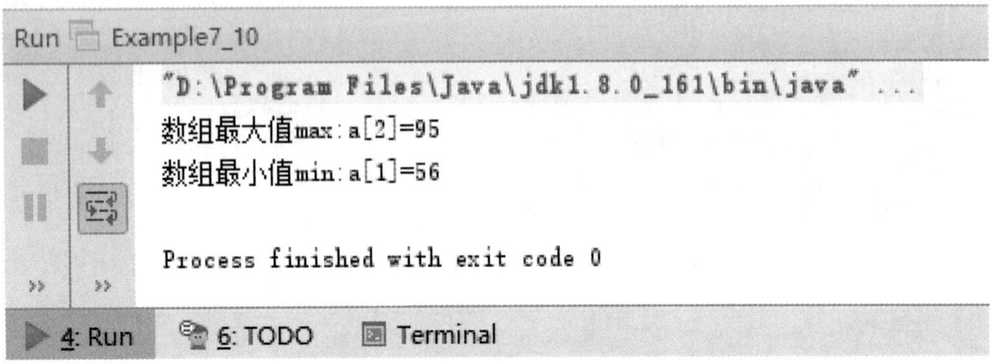


图 7-20　程序运行结果

一维数组在使用过程出现的常见错误如下：

（1）没有写明数组的大小，编译出错：

```
int score[]=new int[];
```

（2）数组下标越界，编译出错：

```
int score[]=new int[2];
score[0]=80;
score[1]=71;
score[2]=60; //数组下标越界
```

（3）创建数组并赋值的方式必须在一条语句中完成，否则编译出错：

```
int score[]=new int[5];
score={60,90,80,78,50};  //错误的写法


int socre2[];
score2={60,90,80,78,50}; //错误写法
```

（4）空指针异常

```
int a[]={1,2,3,4};
//null 让该变量不要引用任何对象,不要记录任何的内存地址
a=null;
//抛出空指针异常, java.lang.NullPointerException
System.out.println(a[1]);
```

**2. 二维数组**

学习前面一维数组的知识应用，相信读者想要保存 10 名学生 Java 程序设计单科成绩，可以定义一个长度为 10 的一维数组进行保存，但是如果要求保存这 10 名学生多门课程的成绩呢？这就需要用到二维数组。那什么是二维数组呢？简单地理解二维数组是若干个一维数

组，它的每一个元素也是类型相同的一维数组时，便构成了二维数组。数组的维数是指数组的下标个数，一维数组元素只有一个下标，二维数组元素有两个下标。

（1）二维数组的定义

二维数组定义的语法格式如下：

```
数组元素类型 数组名[][]=
new 数组元素类型[包含一维数组的个数][每个一维数组的长度];
```

或者

```
数组元素类型[][] 数组名=
new 数组元素类型[包含一维数组的个数][每个一维数组的长度];
```

例如，定义一个 3 行 4 列的数组 int a[][]=new int[3][4]，可以把 a 看作一个一维数组，它有 3 个元素 a[0]、a[1]、a[2]，每个元素又是包含 4 个元素的一维数组，二维数组 a 共包含 3*4=12 个元素。如图 7-21 所示。

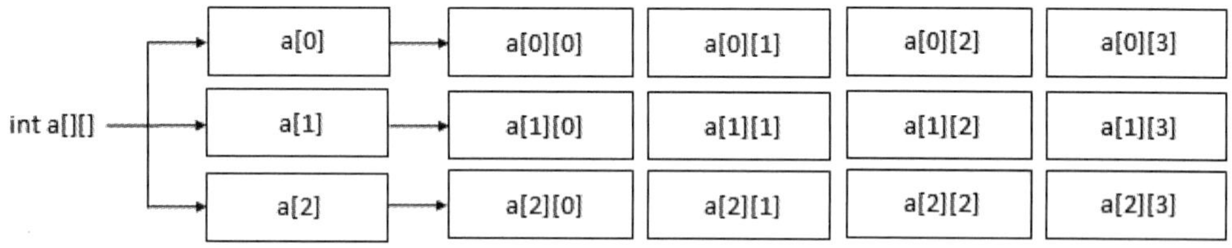


图 7-21 二维数组

二维数组一旦定义好，系统会为数组在内存中开辟一片连续的内存空间，将二维数组元素按行的顺序存储到相应的内存区域。假设定义一个 3 行 2 列的二维数组 int b[][]=new int[3][2]，系统会在内存中先顺序存放第一行的 2 个元素，再存放第二行的 2 个元素，以此类推，直至数组 b 的各元素顺序存放完成为止。假设上面定义的数组 b 首地址是 2000，每个数组元素是 int 类型，占据 4 字节的内存单元，则数组 b 的存储结构如图 7-22 所示。

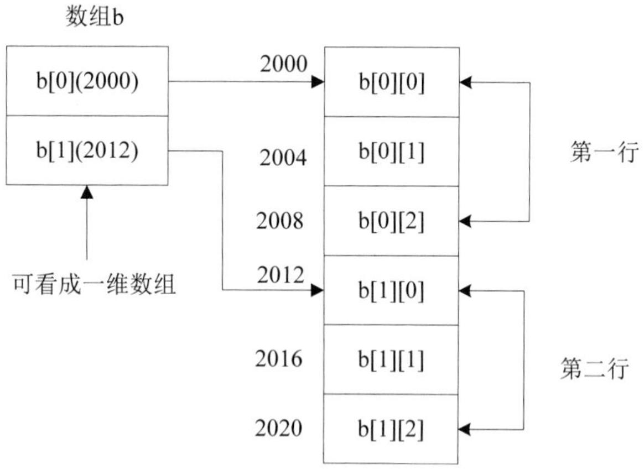


图 7-22 二维数组 b 的内存分配示意图

（2）二维数组的初始化

二维数组初始化的具体格式如下：

```
数组元素类型[][] 数组名= {{元素 1,元素 2…},{元素 1,元素 2…},{元素 1,元素 2…}…};
```

或者

```
数组元素类型 数组名[][]={{元素 1,元素 2…},{元素 1,元素 2…},{元素 1,元素 2…}…};
```

例如：

```
int arr[ ][ ]={{22,15,32,18},{12,21,25,19},{14,58,34,24}};
```

上面的二维数组中定义了 3 个元素 a[0]、a[1]和 a[2]，这 3 个元素又都是一维数组，分别为{22,15,32,18}、{12,21,25,19}、{14,58,34,24}，长度均为 4，如图 7-23 所示。

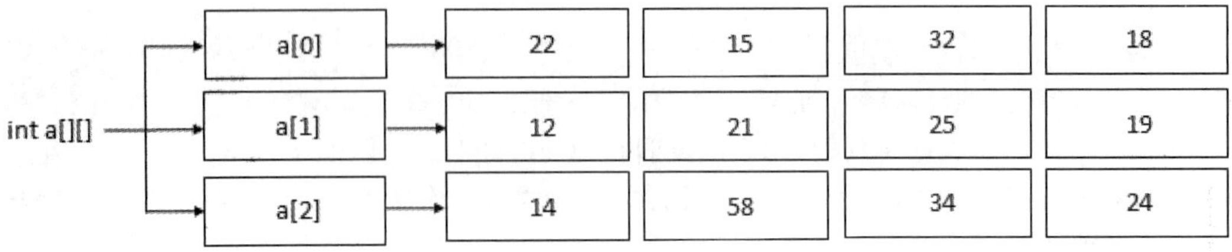


图 7-23　二维数组

```
int arr[ ][ ]={{1,2},{3,4,5},{6,7,8,9}};
```

上面的二维数组中定义了 3 个元素 a[0]、a[1]和 a[2]，分别为 {1,2}长度为 2 的 a[0]、{3,4,5}长度为 3 的 a[1]、{6,7,8,9}长度为 4 的 a[2]，如图 7-24 所示。

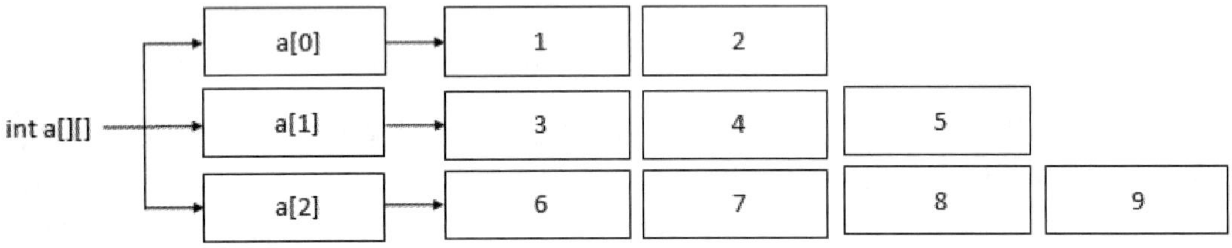


图 7-24　二维数组

（3）二维数组的引用

二维数组元素的引用形式：

```
数组名[下标 1][下标 2]
```

其中，下标 1 为第一维下标（行），下标 2 为第二维下标（列）。有效下标范围从 0 开始到小于数组定义中的包含一维数组的个数与每个一维数组的长度。下标一旦不在有效范围内，便会出现数组越界，引起不可预期的错误。

在二维数组中，每一个元素都可以作为一个变量来使用。一个元素的位置由行列下标决定。例如，定义一个 3 行 3 列的二维数组 int a[][]=new int[3][3]，它的 9 个元素分别是：

第 0 行：a[0][0]、a[0][1]、a[0][2]

第 1 行：a[1][0]、a[1][1]、a[1][2]

第 2 行：a[2][0]、a[2][1]、a[2][2]

**【例 7-11】**二维数组的遍历。

```
public class Example7_11 {
    public static void main(String[] args) {
        //在定义二维数组的同时赋初始值
        int a[][]= {{2,5},{1},{3,2,4},{1,7,5,9}};
```

```
            System.out.println("二维数组的遍历:");
            //嵌套 for 循环遍历二维数组
            //遍历二维数组，遍历出来的每一个元素是一个一维数组
            for(int i = 0; i < a.length; i++){
                //遍历对应位置上的一维数组
                for(int j = 0; j < a[i].length; j++){
                    System.out.print(a[i][j]+" ");
                }
            }
        }
    }
```

上述案例首先定义一个二维数组 a 的同时初始化各元素的值，然后通过 for 双重循环遍历二维数组，外层循环遍历出来的每一个元素是一个一维数组；数组名.length 可以用来获取二维数组的长度，也就是求得二维数组包含了多少个一维数组元素，内层循环遍历对应位置上的一维数组元素；数组名[下标].length 用来取得每个一维数组的长度。程序运行结果如图 7-25 所示。

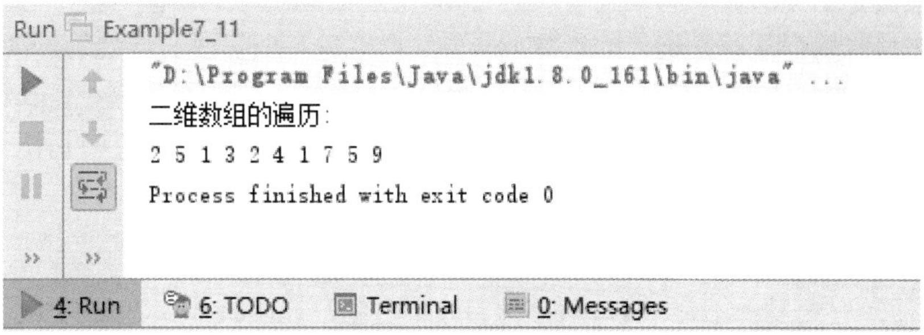


图 7-25　程序运行结果

**【例 7-12】**键盘输入行数，打印对应的杨辉三角。

```
public class Example7_12 {
    public static void main(String[] args) {
        //从控制台获取行数
        System.out.print("请输入杨辉三角行数:");
        Scanner s = new Scanner(System.in);
        int row = s.nextInt();
        //根据行数定义好二维数组
        //由于每一行的元素个数不同,所以不定义每一行的个数
        int arr[][]=new int[row][];
        //遍历二维数组
        for(int i = 0; i < row; i++){
            //初始化每一行的这个一维数组
            arr[i] = new int[i + 1];
            //遍历这个一维数组，添加元素
```

```
                for(int j = 0; j <= i; j++){
                    //每一列的开头和结尾元素为 1,
                    //开头的时候:j=0 结尾的时候:j=i
                    if(j == 0 || j == i){
                        arr[i][j] = 1;
                    } else {
                        //每一个元素是它上一行的元素和斜对角元素之和
                        arr[i][j] = arr[i-1][j] + arr[i-1][j-1];
                    }
                    System.out.print(arr[i][j] + "\t");
                }
                System.out.println();
            }
        }
    }
```

杨辉三角由数字排列，可以把它看做一个数字表，其基本特性是两侧数值均为 1，其他位置的数值是其正上方的数字与左上角数值之和。上述案例使用 for 循环输出指定行数的杨辉三角形。首先接收用户从键盘输入的行数 row，然后创建一个整型二维数组，包含 row 个一维数组。使用 for 嵌套循环，在外层循环中初始化每一个第二层数组的大小。在内层循环中，先将两侧的数组元素赋值为 1，其他数值通过公式计算，即 arr[i][j] = arr[i-1][j] + arr[i-1][j-1]，然后输出数组元素。程序运行结果如图 7-26 所示。

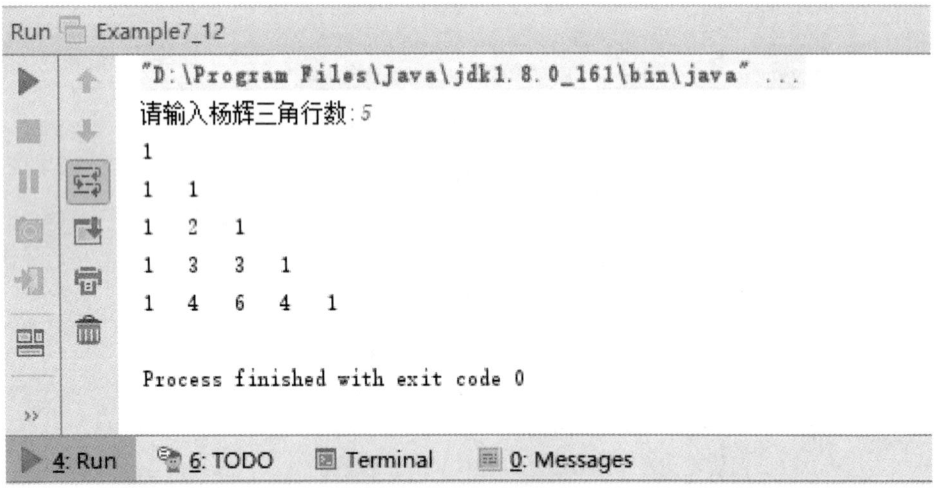


图 7-26　程序运行结果

【例 7-13】求数组元素的和。

```
public class Example7_13 {
    public static void main(String[] args) {
        //在定义二维数组的同时赋初始值
        int arr[][]={{5,7,9},{12,14,16,18},
                {23,25,36,47},{22,54,65,15},{22,34}};
```

```
            int sum=0;  //定义累加和变量 sum
            for(int i=0;i<arr.length;i++) {
                //利用嵌套 for 循环来遍历二维数组
                for(int j=0;j<arr[i].length;j++) {
                    //每遍历出一个元素则累加一次
                    sum+=arr[i][j];
                }
            }
            System.out.println("二维数组元素之和:"+sum);
        }
    }
```

上述案例定义了一个变量 sum 用于记录二维数组的元素之和，利用 for 嵌套循环来遍历二维数组，每遍历出一个元素则累加一次，程序运行结果如图 7-27 所示。

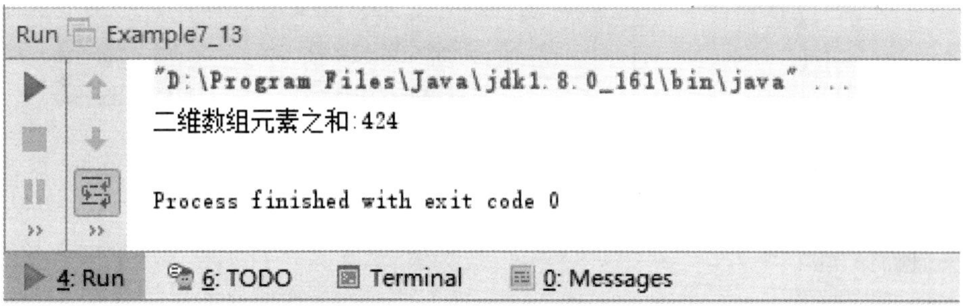


图 7-27　程序运行结果

## 7.7　学生信息存储

**1. 案例描述**

请实现保存 3 位学生的基本信息。学生信息包括学号、姓名、年龄，并且打印年龄大于或等于 18 岁的学生信息，要求如下：

- 设计一个学生类 Student 来描述学生的信息；
- 采用 List 集合存储学生对象。

**2. 案例分析**

根据提出问题的内容及要求，要想在程序中描述学生的信息，可以先设计一个学生类 Student。其次利用事先设计好的 Student 类创建对象，依次为对象的属性赋值。然后创建 List 集合对象，调用 add()方法可以向集合添加学生对象。最后遍历 List 集合，读取集合里面的每一个学生对象，判断对象的年龄成员属性是否大于或等于 18，如果条件成立，直接输出该学生信息。学生信息保存与打印流程如图 7-28 所示。

**3. 解决问题**

接下来按照图 7-28 逐步分解，然后通过面向对象技术和 List 集合技术进行程序块封装。

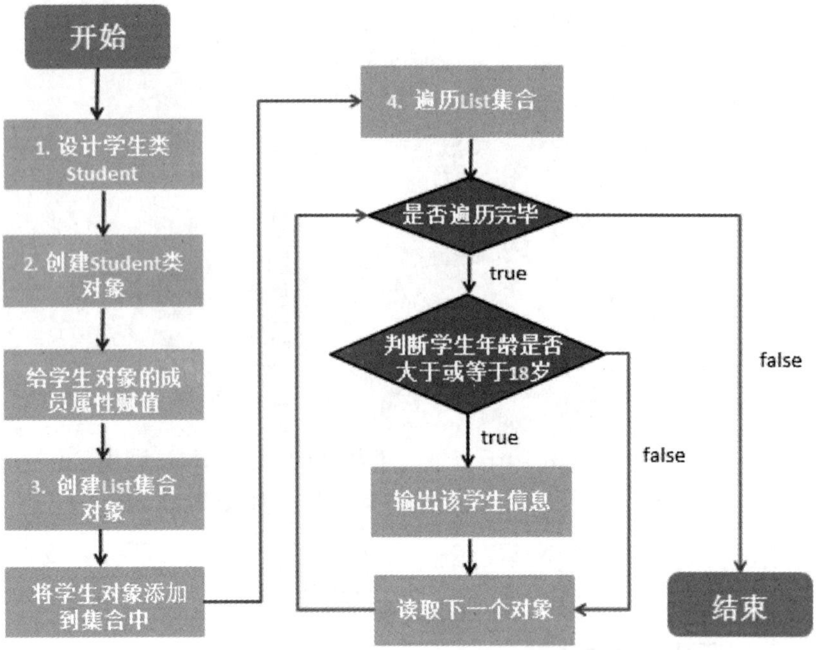


图 7-28　学生信息保存与打印流程图

步骤 1　定义学生类 Student

```
//封装 Student 学生类
public class Student {
//将属性私有化
    private String sno;        //学号属性
    private String sname;      //姓名属性
    private int age;      //年龄属性

    //下面是属性公有的 getXxx 和 setXxx 方法
    public String getSno() {
        return sno;
    }
    public void setSno(String sno) {
        this.sno = sno;
    }
    public String getSname() {
        return sname;
    }
    public void setSname(String sname) {
        this.sname = sname;
    }
    public int getAge() {
        return age;
```

```
    }
    public void setAge(int age) {
        this.age = age;
    }
}
```

首先将 Student 类进行封装，在 Student 类中定义 3 个属性 sno、sname、age，分别表示学生的学号、姓名和年龄，使用 private 关键字将类中的属性私有化，目的是限定这些属性只能在它所在类中被访问，如果外界想要访问这些私有属性，就需要提供一些使用 public 修饰的公有方法，即提供了属性的 setter 和 getter 方法。至于类封装的优势在前面的 Java 面向对象技术章节详解介绍过，在这里就不在介绍。

步骤 2　创建 Student 类对象

```
//程序要求保存 3 位学生的基本信息,故创建 3 个学生对象

//创建学生对象 s1,给学号、姓名和年龄属性赋值
Student s1=new Student();
s1.setSno("20181001");
s1.setSname("张三");
s1.setAge(18);

//创建学生对象 s2,给学号、姓名和年龄属性赋值
Student s2=new Student();
s2.setSno("20181002");
s2.setSname("李四");
s2.setAge(17);

//创建学生对象 s3,给学号、姓名和年龄属性赋值
Student s3=new Student();
s3.setSno("20181003");
s3.setSname("王五");
s3.setAge(19);
```

首先创建学生对象，其次给学生对象的学号、姓名和年龄属性赋值，其中调用 setSno()方法设置学生学号属性的值，调用 setSname()方法给学生姓名属性赋值，调用 setAge()方法设置学生年龄属性的值。

步骤 3　创建 List 集合来保存学生对象

```
//创建 List 集合对象
List<Student> slist=new ArrayList<Student>();
//调用 add()方法向集合添加学生对象
slist.add(s1);
slist.add(s2);
slist.add(s3);
```

首先创建 List 集合对象，由于 List 是接口，在真正使用的时候，需要创建该接口的一个

实现类，List 接口常用的具体实现类有 ArrayList 和 LinkedList 类，在这里选用 ArrayList 实现类来创建 List 集合对象，且指定 List 集合只能存储 Student 对象类型。其次调用 List 接口的 add()方法来向集合中添加学生对象，从而实现了利用 List 集合来保存学生对象的功能。

步骤 4　遍历 List 集合打印满足年龄条件的学生信息

```
//遍历 List 集合
//使用 for 循环语句遍历
for(int i=0;i<slist.size();i++){ //size()方法：返回集合中元素个数
    Student student=slist.get(i);//get()方法:返回集合中指定位置的元素
    if(student.getAge()>=18) {          //getAge()方法:返回该对象的年龄值
        //判断年龄是否大于或等于 18 岁,如果条件成立,打印学生信息
        //否则进入下一次循环
        System.out.println("该学生的学号:"+student.getSno()+
                " 姓名:"+student.getSname()+" 年龄:"+student.getAge());
    }
}
```

首先采用 for 循环遍历 List 集合，其中 for 循环语句的初始化语句为 int i=0; 元素位置下标从 0 开始，循环条件是 i<slist.size(); 由于 size()方法用于返回该集合中元素的个数，控制条件语句是 i++; 然后通过 get()方法获取该集合中指定位置的元素，即学生对象，判断学生的年龄是否大于或等于 18 岁，如果条件成立，打印该学生的全部信息，进入下一次循环，否则直接进入下一次循环。

步骤 5　功能组合，定义测试类 SaveAndPrintInfo

该步骤是最难，也是最重要的，它实现前面 2～4 的步骤。通过面向对象技术、List 集合技术将其封装，依据输出结果并判断程序段是否无误，具体实现代码如下：

```
public class SaveAndPrintInfo {
    public static void main(String[] args) {
        //程序要求保存 3 位学生的基本信息,故在程序创建 3 个学生对象
        //创建学生对象 s1,给学号、姓名和年龄赋值
        Student s1=new Student();
        s1.setSno("20181001");
        s1.setSname("张三");
        s1.setAge(18);
        //创建学生对象 s2,给学号、姓名和年龄赋值
        Student s2=new Student();
        s2.setSno("20181002");
        s2.setSname("李四");
        s2.setAge(17);
        //创建学生对象 s3,给学号、姓名和年龄赋值
        Student s3=new Student();
        s3.setSno("20181003");
        s3.setSname("王五");
        s3.setAge(19);
```

```
        //创建 List 集合对象
        List<Student> slist=new ArrayList<Student>();
        //调用 add()方法向集合添加学生对象
        slist.add(s1);
        slist.add(s2);
        slist.add(s3);
        //遍历 List 集合
        //使用 for 循环语句遍历
        for(int i=0;i<slist.size();i++){
//size()方法：返回集合中元素的个数
            Student student=slist.get(i);
//get()方法:返回集合中指定位置的元素
            if(student.getAge()>=18) {
//getAge()方法:返回该对象的年龄值
                //判断年龄是否大于或等于 18 岁,如果条件成立,打印学生信息
                //否则进入下一次循环
                System.out.println("该学生的学号:"+student.getSno()+
                " 姓名:"+student.getSname()+" 年龄:"+student.getAge());
            }
        }
    }
}
```

**4. 运行结果**

程序运行结果如图 7-29 所示。

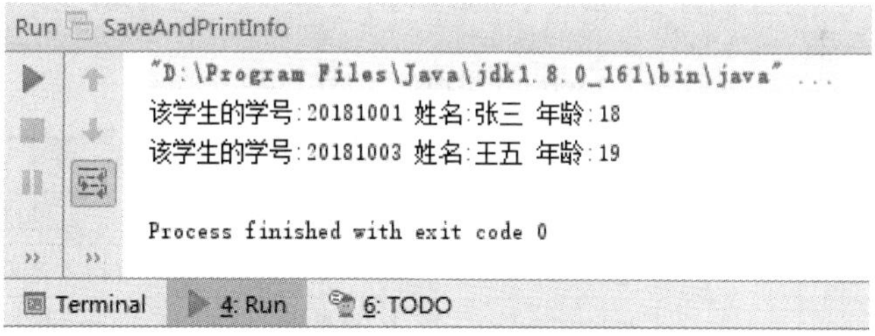


图 7-29 运行结果

# 7.8 生成多个随机数

**1. 案例描述**

请实现生成 0～100 之间 5 个不相等的整数，要求如下：

- 利用 Random 类实例随机生成一个 0～100 以内的整数；
- 采用 Set 集合存储这 5 个整数。

**2. 案例分析**

根据提出问题的内容及要求，需要编写能够随机生成指定区间的整数并且自动过滤保存到集合的程序。就要求读者必须具备 Set 集合技术和生成随机数技术，保存随机生成 5 个数的程序流程分析图如图 7-30 所示。

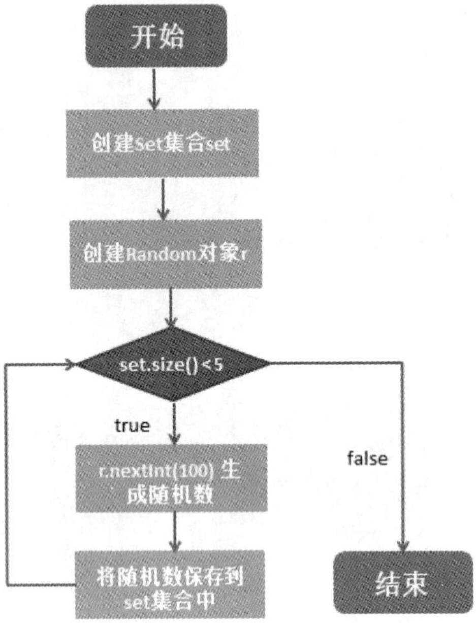


图 7-30　保存随机生成 5 个数的程序流程分析图

**3. 案例解决**

按照图 7-30 随机生成 5 位 0～100 之间的整数并保存程序流程分析，读者需要掌握 Set 集合的用法及特性，还有如何通过 Random 类生成指定区间的整数，在编写程序之前，有必要给读者简单介绍 Random 类的常用方法，如表 7-7 所示。

表 7-7　Random 类提供的常用方法和功能

| 方 法 声 明 | 功 能 描 述 |
|---|---|
| boolean nextBoolean() | 随机生成 boolean 类型的随机数 |
| float nextFloat() | 随机生成 float 类型的随机数，返回的是 0.0 到 1.0 之间 float 类型的值 |
| double nextDouble() | 随机生成 double 类型的随机数，返回的是 0.0 到 1.0 之间 double 类型的值 |
| int nextInt() | 随机生成 int 类型的随机数 |
| int nextInt(int n) | 随机生成 int 类型的随机数，返回的是 0(包括)和指定值 n(不包括)之间的值 |
| long nextLong() | 随机生成 long 类型的随机数 |

随机生成 5 位 0～100 之间的整数并保存具体实现的程序代码：

```
public class RandomNumber {
    public static void main(String[] args) {
        //创建 set 集合,实例化 HashSet 类
        Set<Integer> set=new HashSet<Integer>();
        //创建 Random 对象
```

```
            Random r=new Random();
            //Set 集合的特点：元素无序且不允许重复
            while(set.size()<5) {
                //r.nextInt:Random 对象生成[0,100)内随机整数序列
                //包含 0 且不包含 100
                //add():向集合添加元素
                set.add(r.nextInt(100));
            }
            System.out.println("set 集合的内容:"+set);
        }
    }
```

上述代码首先创建一个 Set 集合，由于 Set 是一个接口，所以在使用过程中，需要实例化具体的实现类，其次创建一个 Random 对象用于生成随机数，调用 nextInt(int n)方法来生成一个 0(包含)到 100(不包含)之间的整数，知道 Set 集合的特性是元素无序且不允许重复，因此借助 Set 集合来保存随机生成的数，实现自动消除重复元素。

**4．运行结果**

程序运行结果如图 7-31 所示。

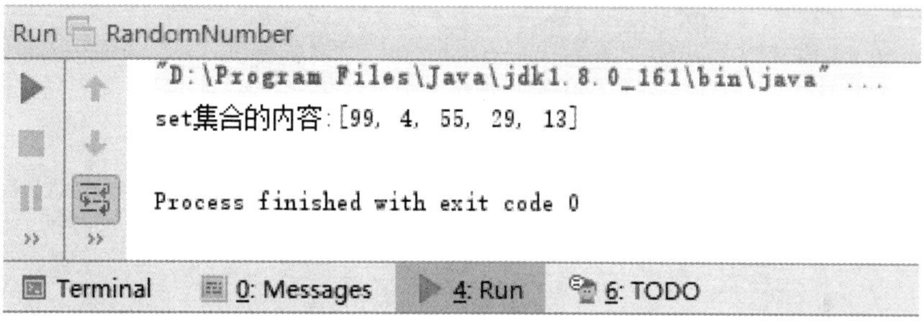


图 7-31　运行结果

## 7.9　查询归属地

**1．案例描述**

知道身份证号的前 1、2 位数字表示所在省份的代码，第 3、4 位数字表示所在城市的代码，第 5、6 位数字表示所在区县的代码。请实现从键盘输入公民的身份证号前 6 位，查询对应的归属地，要求如下：

- 采用 Map 集合存储信息，将身份证号作为 key，归属地作为 value；
- 手动添加部分省市县代码及对应归属地信息，保存至 Map 集合。

**2．案例分析**

根据问题描述，要想实现全国身份证号归属地查询的程序。就要求读者必须具备 Map 集合技术，身份证号归属地查询流程图如图 7-32 所示。

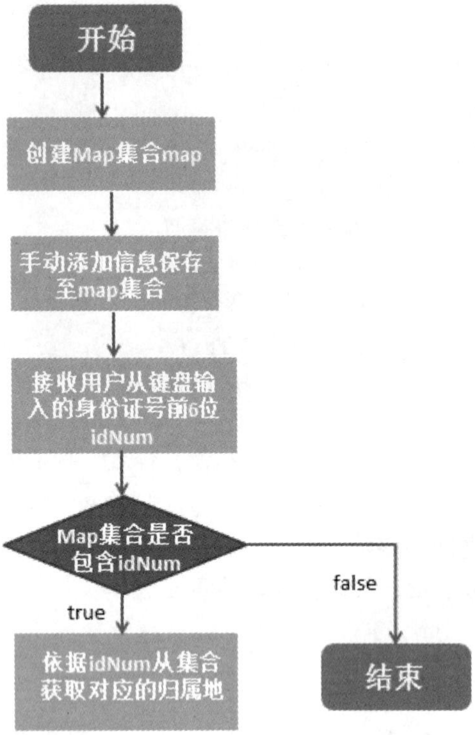


图 7-32　身份证号归属地查询流程图

**3．案例解决**

接下来按照流程分析图，通过 Map 集合技术进行程序编写，实现代码如下：

```
public class IDCard {
    public static void main(String[] args) {
        //创建 map 集合,实例化 HashMap 类
        Map<String,String> map=new HashMap<String,String>();
        //向 map 集合添加信息,将身份证号作为 key，归属地作为 value
        //在这里手动添加部分
        map.put("360102","江西省南昌市东湖区");
        map.put("360321","江西省萍乡市莲花县");
        map.put("360481","江西省九江市瑞昌市");
        map.put("350211","福建省厦门市集美区");
        map.put("330110","浙江省杭州市余杭区");
        //从键盘输入身份证前 6 位
        Scanner sc=new Scanner(System.in);
        System.out.println("输入的身份证前 6 位:");
        //从键盘接收用户输入的数据
        String idNum=sc.next();
        //判断集合是否包含指定的 key 值
        if(map.containsKey(idNum)) {
            //依据 key 值获取对应的 value 值
```

```
            System.out.println("您的归属地在: "+map.get(idNum));
        } else {
            System.out.println("未查询到对应的归属地");
        }
    }
}
```

上述代码首先创建 Map 集合 map，由于 Map 是一个接口，必须依赖于它的具体实现类。然后调用 map 集合的 put()方法将身份证号和归属地以 key-value 键值对形式保存至集合中。其次利用 Scanner 类接收用户从键盘输入的身份证号前 6 位，使用 containsKey()方法判断 map 集合是否保存指定的 key 值，如果条件成功，利用 getKey()方法依据 key 值从 map 集合中获取对应的 value 值。

**4．运行结果**

程序运行结果如图 7-33 所示。

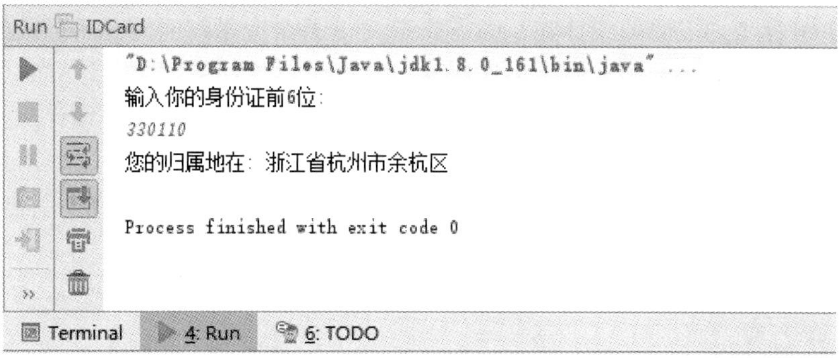


图 7-33　程序运行结果

如果读者学习了 Java 输入/输出流章节之后，可以尝试着提前将全国身份证号归属地查询文件下载好，只需要逐行读取文件信息，并将其保存至 Map 集合中即可实现，感兴趣的读者可自行编写，提示代码如下：

```
//读取指定路径下的文件,当然读者可自定义
File file = new File("D:/idcard.txt");
BufferedReader br = new BufferedReader(new FileReader(file));
String str = "";
//将身份证号作为 key,归属地作为 value
HashMap<String, String> map = new HashMap< String, String>();
while ((str = br.readLine()) != null) {
    //读取每一行数据,按照需求保存在 Map 集合中
....
}
```

# 7.10 计算成绩平均分及排名问题

**1. 案例描述**

《Java 程序设计》课程考试结束后，老师给小明分配了一个任务，让他编写一个 Java 程序，计算 10 位学生《Java 程序设计》课程的平均分，并且输出前三名的考试成绩，要求如下：

- 采用数组保存学生的考试成绩；
- 通过某种排序方法来实现成绩排名并输出。

**2. 案例分析**

根据提出问题的描述，我相信读者很容易联想到利用变量存储数据的方式来解决计算成绩平均分及排名问题。首先定义 10 个整型或者浮点型变量用来存储这些学生的 Java 考试成绩，然后求出所有学生的成绩总和，最后依据成绩之和、学生总数来计算平均成绩。但如果对 1 万名学生进行平均成绩的统计呢？则需要定义 1 万个变量，而因此所形成的代码量可是一个不小的数字，变量一多起来的话不仅容易引起变量名称冲突，并且这样索引起来也比较麻烦。在 Java 中，可以定义一个数组来保存这 10 位学生的《Java 程序设计》考试成绩，循环遍历数组的元素来统计学生的成绩之和，从而可以计算平均分。接下来采用直接选择排序方法对数组各元素进行从大到小的排序，数组的前 3 个元素即为此次《Java 程序设计》考试成绩的前 3 名。计算成绩平均分与成绩排名程序流程图如图 7-34 所示。

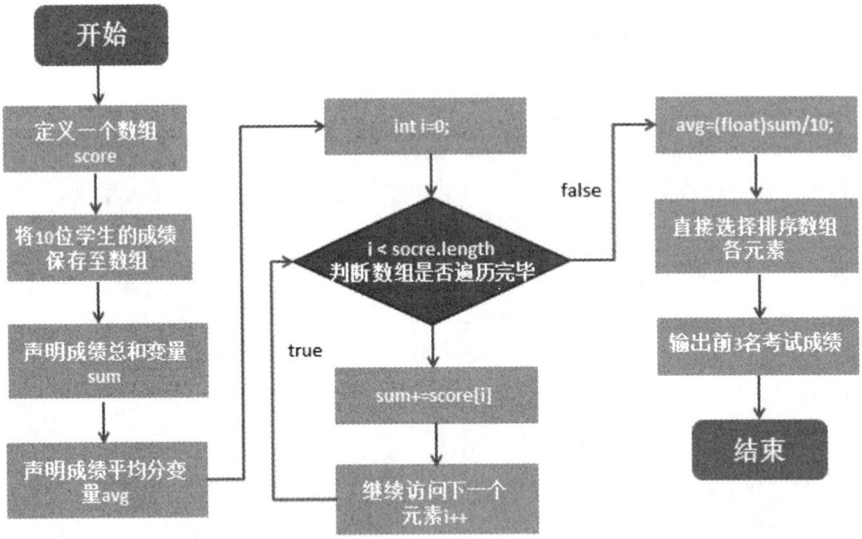


图 7-34 计算成绩平均分与成绩排名程序流程图

**3. 案例解决**

按照图 7-34 计算成绩平均分与成绩排名流程分析，就要求读者必须具备数组技术和数组排序方法，具体实现代码如下：

```
public class ScoreAvgAndRank {
    public static void main(String[] args) {
```

```
        //定义一个长度为 10 的数组,初始化数据
        int score[]={80,76,65,98,90,77,86,89,92,93};
        int k;
        int temp;   //用于排序时的临时变量
        int sum=0;  //总分
        float avg=0;//平均分
        //for 循环遍历数组各元素
        //数组名.length:查询数组的长度
        for(int i=0;i<score.length;i++) {
            //按索引访问数组元素
            sum+=score[i];
        }
        avg=(float)sum/10;
        //等价于 avg=(float)sum/score.length;
        System.out.println("10 位学生考试成绩总分:"+sum+" 平均分:"+avg);

        //直接选择排序方法实现成绩从高到低排名
        for(int i=0;i<score.length;i++) {
            k=i;
//内层循环 j=i+1,外层循环控制着循环次数
            for(int j=i;j<score.length;j++) {
                if(score[j]>score[k]) { //选最大值
                    k = j;  //记下目前找到的最大值所在的位置
                }
            }
            //在内层循环结束，也就是找到本轮循环最大的数以后，再进行交换
            if(i!=k) {  //交换 score[i]和 score[k]
                // 进行 2 个数的交换
                temp = score[i];
                score[i] = score[k];
                score[k] = temp;
            }
        }
        //数组各元素从大到小排序后输出前 3 名考试成绩
        System.out.print("前 3 名考试成绩:");
        for(int i=0;i<3;i++) {
            System.out.print(score[i]+" ");
        }
    }
}
```

上述代码定义一个长度为 10 的数组 score，数组的下标为 0～9。值得注意的是，出现数

组名.length 的地方是可以用 10 数字替代的，代码只是为了演示数组名.length 的作用。在计算成绩总和 sum 时，利用 for 循环遍历数组各元素，for 循环中定义的变量 i 的值在循环过程中为 0～9，因此可以作为索引，依次去访问数组中的元素，成绩总和 sum+=score[i]。常见的数组排序方法主要有冒泡排序、直接选择排序、插入排序。在这里选用直接选择排序解决成绩排名问题，它的算法思想是：第一趟从 *n* 个元素的数据序列中选出关键字最大的元素并放在最前位置（第一），下一趟从 *n*-1 个元素中选出最大的元素并放在最前位置（第二）。以此类推，经过 *n*-1 趟完成排序。当然读者也可以选用其他的排序方式实现成绩排名问题。

**4．运行结果**

程序运行结果如图 7-35 所示。

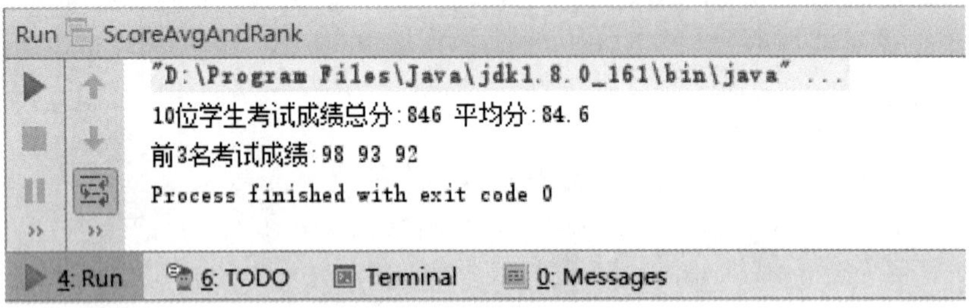


图 7-35　运行结果

# 习题

使用 ArrayList 集合，实现编写一个模拟 KTV 点歌系统的程序，具体要求如下：

1．指令 0 代表添加歌曲，指令 1 代表将所选歌曲置顶，指令 2 代表将所选歌曲提前一位，指令 3 代表退出系统；

2．根据用户输入的指令和歌曲名展示歌曲列表，例如输入指令 0，输入歌曲“生僻字”，则输出“当前歌曲列表：[生僻字]”。

# 第 8 章

# Java 线程技术

线程技术在项目中使用广泛，例如：项目中同时运行多个任务，每一个任务都是一个线程。线程是程序运行的最小单位。通过线程技术，可以共享进程中的资源，提升程序的运行效率及性能。本章通过项目案例的形式阐述线程的创建、状态、多线程的同步问题。

## 本章任务

1. 线程的定义及使用；
2. 线程状态；
3. 多线程同步。

## 重点内容

1. 线程的定义及使用；
2. 线程状态；
3. 多线程同步。

## 难点应用

多线程同步。

# 8.1 线程定义及使用

线程技术在项目中广泛应用，有时项目需要多个任务同时运行，每一个任务就是一个线程。QQ 聊天软件，聊天的同时可以接收来自于其他好友的信息或电子邮件通知信息，可以同时处理多个任务，其中的每一个任务就是一个线程。为了更好地理解线程，不得不提及进程的概念，对于进程，读者一定不会陌生，在 Windows 的任务管理器中，就有进程管理，如图 8-1 所示。

进程在 Windows 中是正在运行的不同类型的应用程序，操作系统为每个应用程序分配其所需的内存、CPU、磁盘、网络等不同资源；每个进程都有自己独立的内存空间。

进程和线程到底有什么关系呢？每个进程是由一个或多个线程组成，多个线程共享进程中的资源，线程没有独立的内存空间；也就是说，线程需要依赖进程而存在，而进程则不然。线程比进程运行单位更小，它是程序运行的最小单位。进程结构如图 8-2 所示。

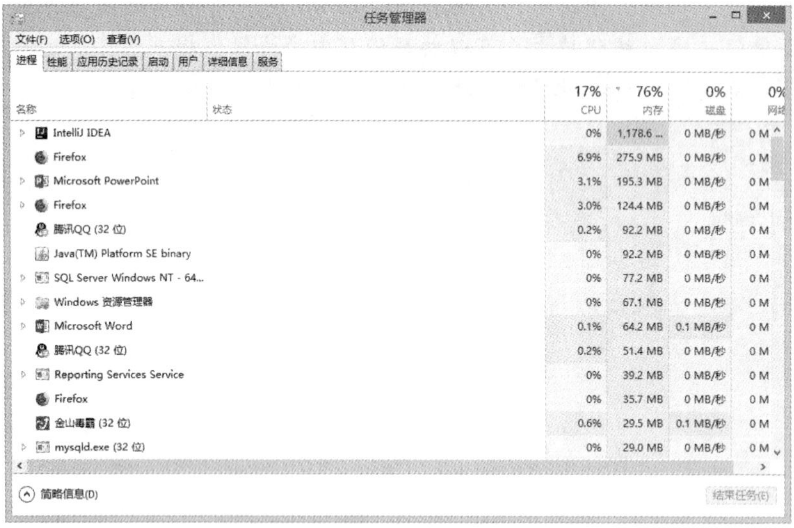


图 8-1　进程管理

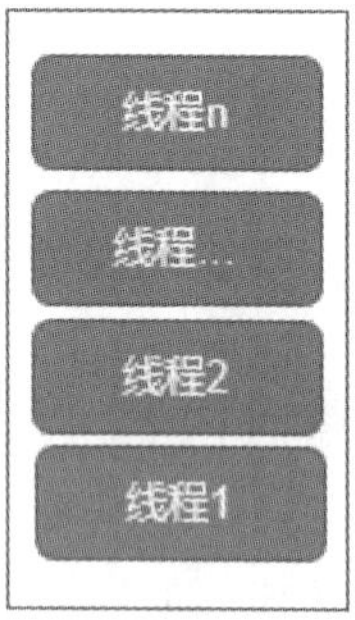


图 8-2　进程结构

利用线程共享进程中的资源，可以极大地提高程序的运行效率。线程不能够独立运行，必须依附于进程。

线程可以分为**用户线程**和**守护线程**。用户线程执行完毕后就结束，而守护线程一般存在于整个进程的生命周期，直到进程结束。项目中绝大多数都是定义用户线程。

每个线程在运行时，都会划分到线程组中，如果没有定义线程组，系统会把创建的线程分配到默认的线程组中。

Java 线程具有优先级，同等条件下，优先级高的线程先执行。优先级需要注意以下几点：

（1）在没有指定线程优先级时，系统给定了默认优先级；

（2）优先级的使用范围为 1～10，10 表示最高，1 表示最低，5 为默认优先级；

（3）一般优先级高的优先执行，但不能确保。例如，运行资源没有得到满足；

（4）与线程池中的等待执行的线程相比较，线程池中的线程其运行优先级会更高；

（5）通过 setPriority()方法可以改变线程的优先级，但必须在调用之前进行设置；

（6）线程优先级设置可以使用常量 MIN_PRIORITY,MAX_PRIORITY，NORM_PRIORITY，分别对应 1，10 和 5；

（7）实际上，线程准确的执行时间是无法控制的，影响的因素很多。

Java 中，线程的定义分为继承 Thread 父类和实现接口 Runnable 两种。线程创建与运行需要以下几个步骤：

- 创建线程
- 重写线程中的 run()方法
- 调用线程对象的 start()方法，启动线程执行
- 启动后，不等于线程执行，当线程运行条件满足后，才执行线程中 run()方法

### 8.1.1 Thread 线程

Thread 类是 Java 中的线程类，任何用户定义的线程类都可以从 Thread 类继承过来，重写父类中的 run()方法即可。Thread 类中有几个常用的方法见表 8-1。

表 8-1 Thread 类的常用 API

| 序　号 | 方 法 名 | 功 能 说 明 |
|---|---|---|
| 1 | currentThread | 获取当前执行的线程对象 |
| 2 | isAlive | 判断当前线程是否正在执行 |
| 3 | sleep | 使当前执行的线程暂停一段时间，以毫秒为单位 |
| 4 | getId | 获取当前线程的唯一标识 |
| 5 | yield | 释放当前线程的控制权，将控制权转交由 CPU 调度 |
| 6 | interrupt | 停止线程执行，需要配合 interrupted 方法 |
| 7 | isInterrupted | 测试线程是否已经中断 |
| 8 | setPriority | 设置线程优先级，优先级越高，执行概率越大，取值范围 1～10，数字越大，优先级越高 |
| 9 | start | 启动线程，启动线程后，执行 run 方法 |

Thread 类存在多个构造方法，具体见 8-2。

表 8-2 Thread 类的构造方法

| 序　号 | 参　数 | 参 数 说 明 |
|---|---|---|
| 1 | 无 | 没有参数，直接调用 |
| 2 | Runnable target | target 表示线程运行的实体对象，执行它的 run 方法 |
| 3 | ThreadGroup group, Runnable target | group 表示加入的线程组，target 表示运行线程实体 |
| 4 | String name | name 表示线程名称 |
| 5 | ThreadGroup group, String name | group 表示加入线程组，name 表示创建线程名称 |
| 6 | Runnable target, String name | target 运行线程实体，name 表示线程名称 |
| 7 | ThreadGroup group, Runnable target, String name | group 表示加入线程组，target 表示运行的线程体，name 表示线程名称 |
| 8 | ThreadGroup group, Runnable target, String name, long stackSize | group 表示加入线程组，target 表示运行的线程体，name 表示线程名称，stackSize 表示设置线程栈的大小 |

**1．案例描述**

利用线程技术，输出 1～100 之间的数字，每输出一个数字暂停 10 毫秒，每输出 20 个数字进行换行。

**2．案例分析**

线程输出 1～100 之间的数字需要在线程 run()方法中实现，根据案例要求，程序流程如图 8-3 所示。

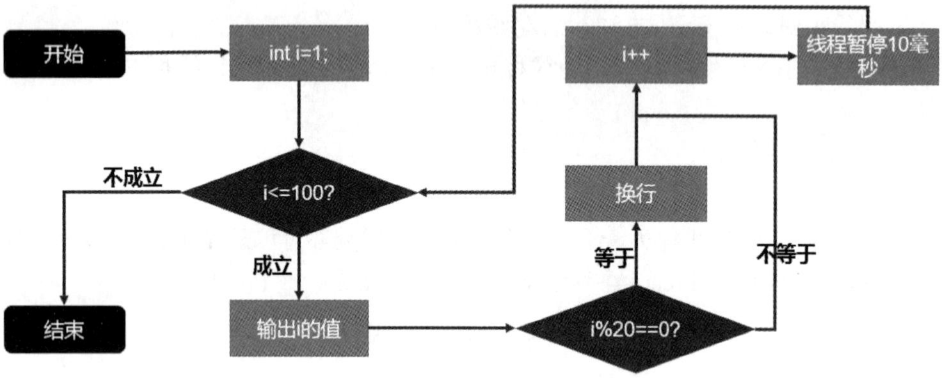


图 8-3　线程输出 1～100 之间的数字程序流程图

**3．案例实现**

案例实现由实现线程和运行线程两个类组成：

（1）实现线程类 Example.java

```
package chapter8thread;
/**
 * 通过继承方式创建线程
 * Created by wph-pc on 2018/10/5.
 */
public class Example extends Thread {
    /*重写父类中的 run()方法*/
     @Override
     public void run()
     {
         System.out.print("i 的值：");
         for(int i=1;i<=100;i++)
         {
             System.out.print(i+"  ");
             //每行 20 个数字后换行
             if (i%20==0)
                 System.out.println();
             try {
                 sleep(10);
```

```
            } catch (InterruptedException e) {
                e.printStackTrace();
            }
        }
    }
}
```

类 Example 中的 run()方法是重写父类中的 run()，异常 InterruptException 表示线程出现中断异常，sleep()方法执行时就可能会出现，当线程停止运行或中断后，sleep()方法就不能执行。

（2）运行线程类 ExampleRun.java

```
package chapter8thread;

/**
 * 案例线程运行类
 * Created by wph-pc on 2018/10/5.
 */
public class ExmapleRun {
    public static void main(String[] args) throws InterruptedException {
        Example thread=new Example();
        thread.start();
        System.out.println("线程运行结束！");
    }
}
```

线程的运行，只需要通过 start()方法启动即可，调用 start()方法后，线程处于运行就绪状态，当各种资源条件满足后，执行 run()方法。

**4．运行结果**

执行 ExampleRun 类中的 main()方法后的运行结果如图 8-4 所示。

```
"C:\Program Files\Java\jdk1.8.0_25\bin\java" ...
线程运行结束!
i的值: 1  2  3  4  5  6  7  8  9  10  11  12  13  14  15  16  17  18  19  20
21  22  23  24  25  26  27  28  29  30  31  32  33  34  35  36  37  38  39  40
41  42  43  44  45  46  47  48  49  50  51  52  53  54  55  56  57  58  59  60
61  62  63  64  65  66  67  68  69  70  71  72  73  74  75  76  77  78  79  80
81  82  83  84  85  86  87  88  89  90  91  92  93  94  95  96  97  98  99  100

Process finished with exit code 0
```

图 8-4　数字 1～100 的输出结果

## 8.1.2　Runnable 接口

Runnable 是实现线程另外一种方式，它是一个接口，子类在实现接口时需要实现 run()方法。下面通过一个项目案例来理解 Runnable 的定义及使用。

**1. 案例描述**

有一些网站，在用户注册时通过电子邮件验证，注册完毕后，系统发送一份电子邮件到注册邮箱，用户通过单击邮件中的激活地址，即可以启用电子邮件中的注册信息，激活成功后，用户注册成功。

**2. 案例分析**

根据案例描述，可以按照图 8-5 所示的流程进行分析。

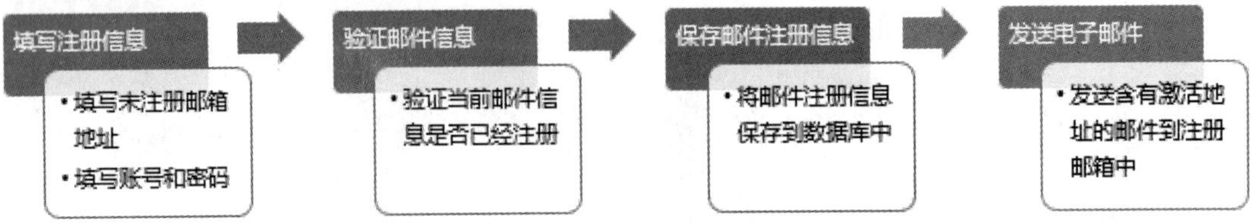


图 8-5　用户注册流程

用户注册分为 4 个步骤：

■　填写注册信息

填写未注册的邮箱地址和注册密码。

■　验证邮件信息

验证当前邮件信息是否已经注册。

■　保存邮件注册信息

将注册邮件信息保存到数据库，等待激活。

■　发送电子邮件

根据注册电子邮件地址，给其发送含有激活码的邮件，等待激活。

但此时，会带来两个问题需要注意，如图 8-6 所示。

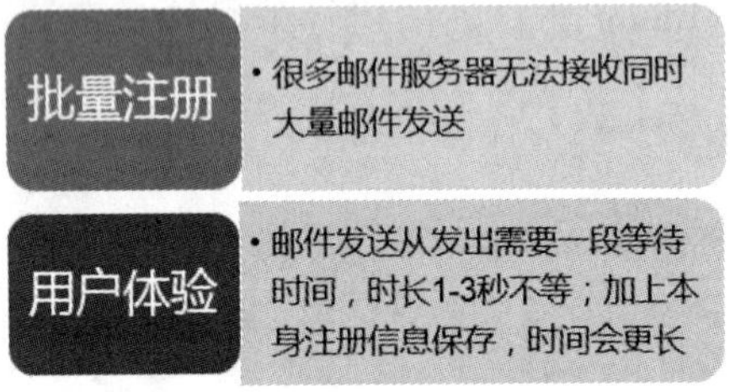


图 8-6　用户注册出现问题

图 8-6 中可以看出，批量注册和用户体验需要解决，用户批量注册必须考虑，如果集中发送邮件，因为邮件服务器是第三方，它认为批量发送是不安全的，导致发送邮件失败。用户体验感不好，一般发送邮件需要 1～3 秒不等时长，加上自身的邮件注册保存的时间，操作时间会延长。

为了解决这两个问题，对现有的邮件注册流程进行改进，邮件注册保存和邮件发送分解成两个线程单独完成。这样邮件注册保存和邮件发送就可以一步完成，节省了用户的操作时间，提升了用户体验感。改进后的用户注册流程如图 8-7 所示。

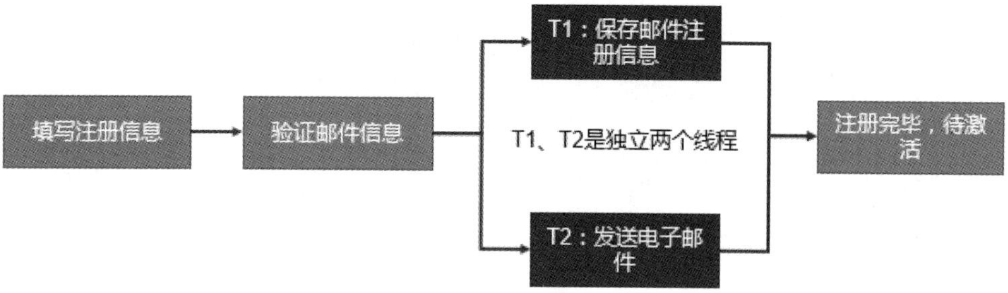


图 8-7　改进后的用户注册流程

改进后的用户电子邮件注册按照以下步骤进行开发：

- 创建邮件发送模拟线程类 EMailThread，实现接口 Runnable
- 设置邮件发送间隔时间为 1000 毫秒，解决瞬间向服务器集中发送邮件的问题；
- 创建线程调用主程序类 EMailThreadRun，模拟用户注册程序 registerUser；
- 在 EMailThreadRun 类中实现 main 主线程调用 EMailThread 线程。

**3. 案例实现**

（1）EmailThead 类：

```
package chapter8thread;

/**
 * 邮件发送模拟程序
 * Created by wph-pc on 2018/10/5.
 */
public class EMailThread implements Runnable {
    @Override
    public void run() {
        try {
            //模拟发送用时
            Thread.sleep(1000);
            System.out.println("邮件发送模拟程序，执行完毕！");
        } catch (InterruptedException e) {
            System.out.println("线程中断异常！");
            e.printStackTrace();
        }
    }
}
```

（2）EmailThreadRun 主线程类：

```
package chapter8thread;
/**
 * Created by wph-pc on 2018/10/5.
 */
public class EMailThreadRun {
```

```
    /*模拟用户注册信息*/
    public static void registerUser()
    {
        System.out.println("用户注册模拟程序！ ");
    }
    public static void main(String[] args)
    {
        //创建电子邮件发送对象
        EMailThread email=new EMailThread();
        //创建电子邮件发送线程
        Thread thread=new Thread(email);
        //执行用户注册程序
        registerUser();
        //启动电子邮件发送线程
        thread.start();
        System.out.println("用户电子邮件注册运行结束！ ");
    }
}
```

在实际项目应用中，只要将线程 run()方法改成真正的邮件发送功能，将 registerUser()方法实现真正注册保存即可。

**4. 案例运行**

运行 EMailThreadRun 类中的 main()方法，结果如图 8-8 所示。

```
"C:\Program Files\Java\jdk1.8.0_25\bin\java" ...
用户注册模拟程序!
用户电子邮件注册运行结束!
邮件发送模拟程序，执行完毕!

Process finished with exit code 0
```

图 8-8　模拟电子邮件用户注册

由于线程之间的运行先后次序存在不确定性，因此读者的运行结果可能会与图 8-8 不一致，属于正常现象。

## 8.2　熟食售卖系统

线程存在生命周期，而且在生命周期期间存在各种状态，主要包括**就绪状态、运行状态、等待状态、超时等待状态、阻塞状态和终止状态**等。有些状态之间可以转换，例如：就绪状态可以转运行状态、运行状态也可以转就绪状态；等待状态(超时等待状态)可以与就绪状态互转；阻塞状态也可以与就绪状态互转等。线程状态如图 8-9 所示。

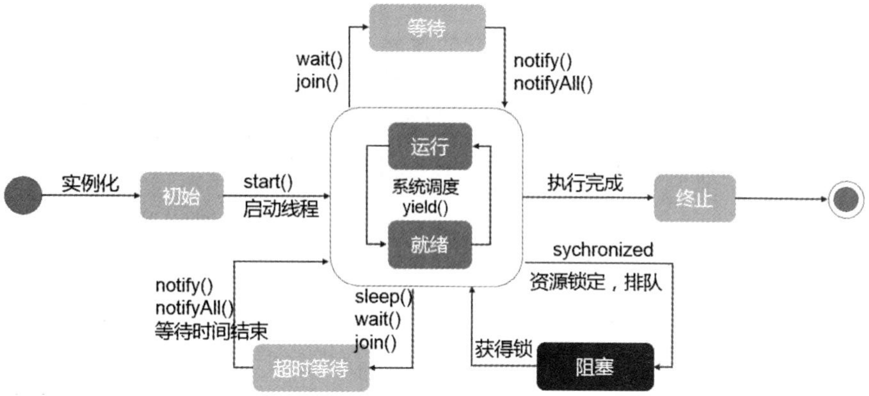


图 8-9　线程状态

图 8-9 中显示了线程在生命周期中各种不同状态的变换，从线程对象创建开始，调用 start()方法后，线程就处于**就绪状态**，分配到线程所需各种资源后，系统调用 yield()方法进入**运行状态**，执行 run()方法，在运行的过程中，可以通过 wait()、join()、sleep()等方法使线程处于**等待状态**，通过调用 notify()或 notifyAll()或等待时间结束后线程处于**就绪状态**；线程在运行中会因为资源锁没有拿到而排队等待，这时的状态称为**阻塞状态**，拿到资源后，可以进入**就绪状态**，从而达到运行的目的。

下面通过消费者与生产者模式理解线程中的状态变化。

**1．案例描述**

假定一食品生产门店，生产“薯条、鸡腿和可乐”三种食品，规则：

- 每种食品当日最高库存保持 5 份；
- 当单种食品库存低于 5 份时就可以生产，多于 5 份时就停止生产，通知销售；
- 当单种食品没有销售时，处于等待，通知生产。

**2．案例分析**

根据案例描述，要实现案例中提到的规则，可以采用多线程方法，通过线程状态转换达到要求，如图 8-10 所示。

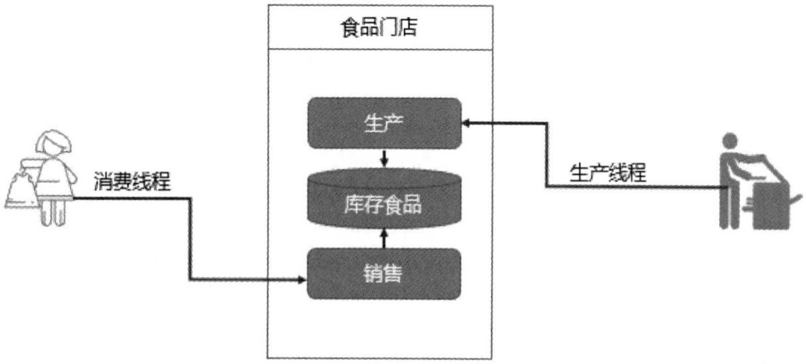


图 8-10　生产者与消费者工作模式

图 8-10 中，设计至少三个线程，一个线程负责食品生产，需要控制食品生产的最高上限，

当食品不够时通知生产的职能部门进行生产，到了上限则停止生产，同时通知消费线程或其他的生产线程，这时生产线程处理**“等待”**状态，消费线程处于**“就绪”**或**“运行”**状态；一个消费线程，负责食品销售，当没有消费的食品时等待生产，并通知生产线程，这时的消费线程处于**“等待”**状态，而生产线程则处于**“就绪”**或**“运行”**状态；当然，消费后也需要通知生产线程和其他的消费线程；最后一个线程负责程序的启动运行。图 8-10 中，生产线程生产的食品存放在食品库中，当食品库中的食品达到上限则停止生产；消费线程从食品库中提取食品。

按照图 8-10 生产者与消费者的工作模式，设计在整个工作过程中涉及的对象及其之间的关系，如图 8-11 所示。

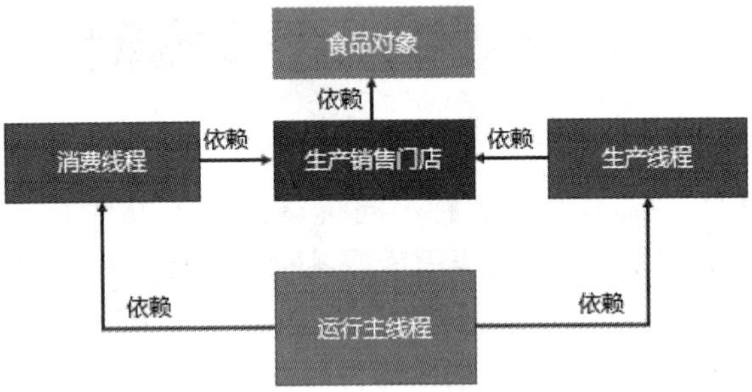


图 8-11　生产者与消费者中对象关系

图 8-11 中，涉及食品对象、生产销售门店对象、生产线程对象、消费线程对象及运行主线程对象。各种对象之间线程有特定关系，运行主线程对象依赖消费线程和生产线程；生产线程对象和消费线程对象依赖生产销售门店对象；而生产销售门店对象依赖食品对象。

**3．案例实现**

根据案例分析，案例涉及食品对象、生产销售门店对象、生产线程对象、消费线程对象和运行主线程对象等 5 种，需要实现对应的类的开发。

（1）食品类

食品类(Food)负责描述食品的属性特征，开发一个简单的 JavaBean 类，含有一个食品名称属性，读者可以在此基础上自行增加。

```
package chapter8thread.threadstate;

/**
 * 生产食物
 * Created by wph-pc on 2018/10/7.
 */
public class Food {
    //食物名称
    private String name="";
    public String getName() {
        return name;
    }
    public void setName(String name) {
```

```
        this.name = name;
    }
    public Food(String name)
    {
        this.name=name;
    }
}
```

（2）生产销售门店类

生产销售门店类(WorkRoom)是负责食品的生产与销售的功能类，类中需要有进行食品存储的仓库，设计成一个列表变量 store，还需要一个用来存放最高库存量的常量 MAXSTORE，另外需要有生产的功能方法 produce()和消费的功能方法 consume()；以及设计了查找食品库存量方法 getFoodStoreAmount(String name) 和查找食品在库存中的索引位置方法 getFoodIndex(String name)。如图 8-12 所示。

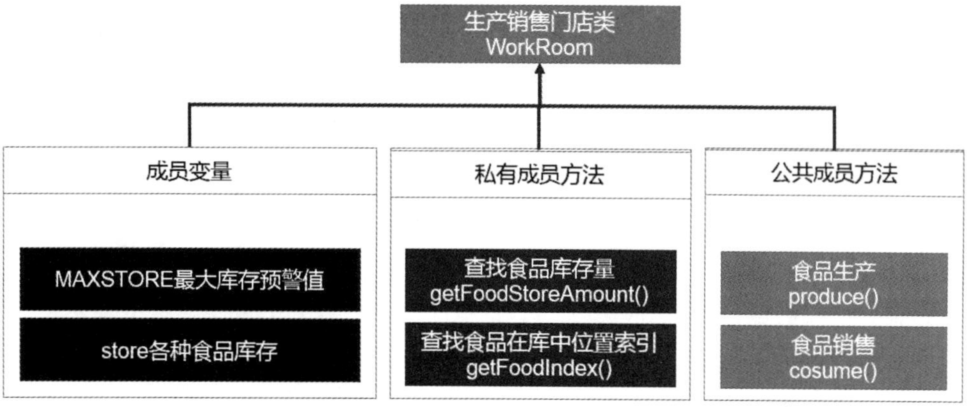


图 8-12　生产销售门店类结构

```
package chapter8thread.threadstate;
import java.util.ArrayList;
import java.util.Iterator;
import java.util.List;

/**
 * 生产销售门店类
 * Created by wph-pc on 2018/10/7.
 */
public class WorkRoom {
    //每种食品最大库存量
    static final int MAXSTORE=5;
    //存储食品
    List<Food> store=new ArrayList<Food>();
    /*获取参数 name 食品当前库存量*/
```

```
private int getFoodStoreAmount(String name)
{
    if (store==null || store.size()==0) return 0;
    int count=0;
    Iterator<Food> iterator=store.iterator();
    while(iterator.hasNext())
    {
        if (iterator.next().getName().equals(name)) count++;
    }
    return count;
}
/*获取参数 name 食品当前库存量*/
private int getFoodIndex(String name)
{
    if (store==null || store.size()==0) return -1;
    for(int i=0;i<store.size();i++)
        if (store.get(i).getName().equals(name)) return i;
    return -1;
}
/*食品生产*/
public void produce(String foodName)
{
    synchronized (store)
    {
        //获取当前食品的库存数量
        int foodCount=getFoodStoreAmount(foodName);
        if (foodCount>=WorkRoom.MAXSTORE)
        {
            System.out.println("【"+foodName+"】的库存量【"+
                    foodCount+"】件，最高库存！");
            //唤醒其他的生产者和消费者
            store.notifyAll();
            //停止生产
            try {
                store.wait();
            } catch (InterruptedException e) {
                e.printStackTrace();
            }
        }
        else
        {
```

```
                Food food=new Food(foodName);
                store.add(food);
                store.notifyAll();//唤醒所有线程
                System.out.println("【"+foodName+"】已生产，目前库存量【"+
                        (foodCount+1)+"】件！");
            }
        }
    }
    /*食品消费*/
    public void cosume(String foodName)
    {
        synchronized (store)
        {
            //查找食品是否存在
            int foodIndex=getFoodIndex(foodName);
            if (foodIndex<0)
            {
                System.out.println("【"+foodName+"】的库存量【0】件，需要生产！");
                //通知生产者或消费者没有食物
                store.notifyAll();
                try {
                    //等待
                    store.wait();
                } catch (InterruptedException e) {
                    e.printStackTrace();
                }
            }
            else
            {
               Food food=store.get(foodIndex);
               System.out.println("卖出一份【"+foodName+"】食物！");
               store.remove(food);
               store.notifyAll();
            }
        }
    }
}
```

（3）生产线程类

生产线程类(Producer)负责食品生产，调用生产销售门店类中的生产功能实现，需要实现 Runnable 接口。线程中设计了“薯条、鸡腿和可乐”三种食品。

```
    package chapter8thread.threadstate;
```

```
import java.util.Random;
/**
 * Created by wph-pc on 2018/10/7.
 */
public class Producer implements Runnable {
    //生产销售门店
    private WorkRoom workRoom=null;
    public Producer(WorkRoom room)
    {
        this.workRoom=room;
    }
    @Override
    public void run() {
        while(true)
        {
            Random rand=new Random();
            int randIndex=rand.nextInt(4);
            if (randIndex==1) workRoom.produce("鸡腿");
            if (randIndex==2) workRoom.produce("薯条");
            if (randIndex==3) workRoom.produce("可乐");
            try {
                Thread.sleep(1000);
            } catch (InterruptedException e) {
                e.printStackTrace();
                System.out.println("生产线程中断！");
            }
        }
    }
}
```

（4）消费线程类

消费线程类(Customer)给消费者使用，实现食品的消费；需要实现 Runnable 接口。线程中设计了“薯条、鸡腿和可乐”三种食品。

```
package chapter8thread.threadstate;

import java.util.Random;

/**
 * Created by wph-pc on 2018/10/7.
 */
public class Customer implements Runnable {
    //生产销售门店
```

```
    private WorkRoom workRoom=null;
    public Customer(WorkRoom room)
    {
        this.workRoom=room;
    }
    @Override
    public void run() {
        while(true)
        {
            Random rand=new Random();
            int randIndex=rand.nextInt(4);
            if (randIndex==1) workRoom.cosume("鸡腿");
            if (randIndex==2) workRoom.cosume("薯条");
            if (randIndex==3) workRoom.cosume("可乐");
            try {
                Thread.sleep(1000);
            } catch (InterruptedException e) {
                e.printStackTrace();
                System.out.println("消费线程中断！");
            }
        }
    }
}
```

（5）运行主线程类

运行主线程类（RunMain）是生产者与消费者案例运行的主线程，程序的入口，类的定义如下：

```
package chapter8thread.threadstate;
/**
 * Created by wph-pc on 2018/10/7.
 */
public class RunMain {
    public static void main(String []args)
    {
        //创建生产销售门店对象
        WorkRoom room=new WorkRoom();
        //创建顾客对象
        Customer cust=new Customer(room);
        //创建生产对象
        Producer pro=new Producer(room);
        //创建顾客线程对象
        Thread tCustomer=new Thread(cust);
```

```
            //启动顾客线程
            tCustomer.start();
            //创建生产线程对象
            Thread tProducer=new Thread(pro);
            //启动生产线程
            tProducer.start();
        }
    }
```

**4. 运行结果**

启动运行 RunMain 类中的 main()方法，由于多线程之间资源共享与调度原因，每次运行的结果不会完全相同，如图 8-13 所示。

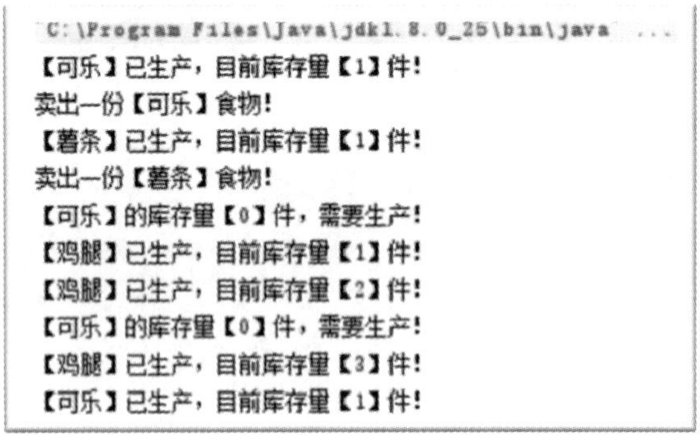


图 8-13　生产者与消费者运行结果

在生产者和消费者案例中，线程之间经历了几种不同状态的转换，例如：就绪→运行→等待→就绪→阻塞→就绪；及线程 wait()、notifyAll()、sleep()等方法使用。

## 8.3　排队取号系统

线程默认为异步操作，这样可以执行多任务，提高资源利用率和程序运行效率，从而提高系统运行性能。有时，线程异步也有解决不了的问题，例如在资源共享时，异步就无法保证资源的一致性和有效性；银行开户可以同时开一张银行卡和存折，如果同时用银行卡在 ATM 取钱和使用存折在柜台取钱，采用异步方式可能会出现多取钱的现象。为了解决类似问题，Java 中的线程可以在资源共享时采用线程同步技术，利用线程“锁”实现共享资源独占及用完后资源释放。

**1. 案例描述**

排队取号系统在日常工作和生活中有广泛的应用，例如：银行、缴费大厅、政府办事大厅等。某政府办事大厅需要开发排队取号系统，设置 3 个取号机及 3 个办事窗口，每个取号机每天限号 50 个。

**2. 案例分析**

根据案例需求分析，将排队取号系统设计成取号机组、办事柜台和数据中心三个部分，取号机组部分的 3 台叫号机分别设计成 3 个取号线程；办事柜台由 3 个叫号线程组成；取号线程和叫号线程共享数据中心中的取号排队凭证数据，如图 8-14 所示。

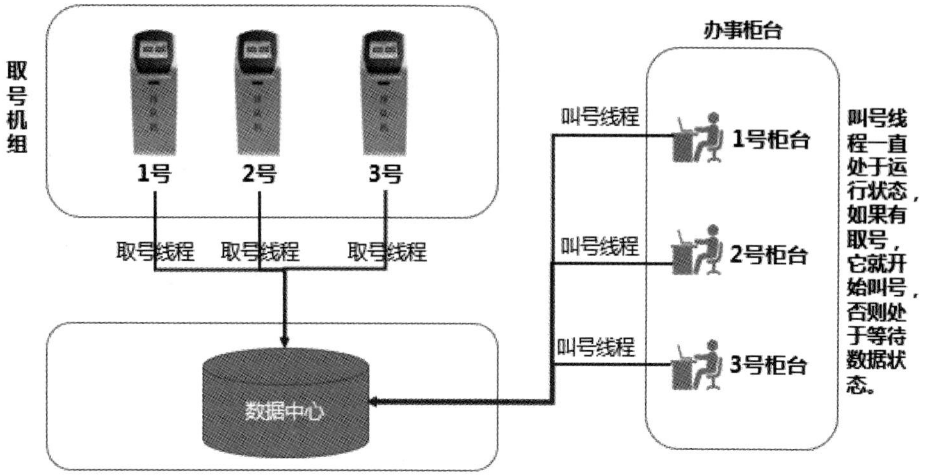


图 8-14　排队取号系统设计

在排队取号系统中，无论多少台取号机和柜台数，都需要共享排队数据（凭证号），由于多个线程对数据中心的排队凭证进行操作，必须确保任何一张排队凭证只能有一个叫号线程获得，因此需要将排队凭证数据共享设置为“同步操作”，即当一个线程获得某张排队凭证号后，立即锁定该凭证数据，其他线程无法获得，操作完毕后，释放（解锁）资源；通过 Java 线程中的“同步机制 synchronized”可以实现。

在排队叫号系统中，涉及排队取号和叫号两个主业务，排队取号业务如图 8-15 所示。

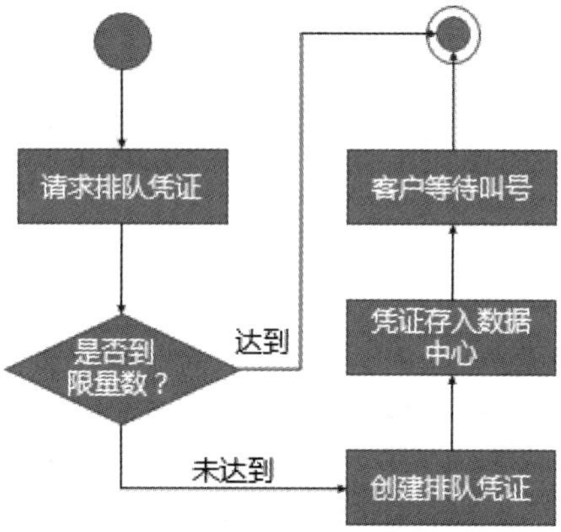


图 8-15　客户排队取号业务流程

图 8-15 中，客户先到取号机前取号，系统判断当前这台取号机是否已经取完，如果取完，业务结束；未取完，客户获取排队凭证号，凭证号存储在中心数据库中，客户等待叫号，排队取号业务流程结束。

叫号主业务流程如图 8-16 所示。

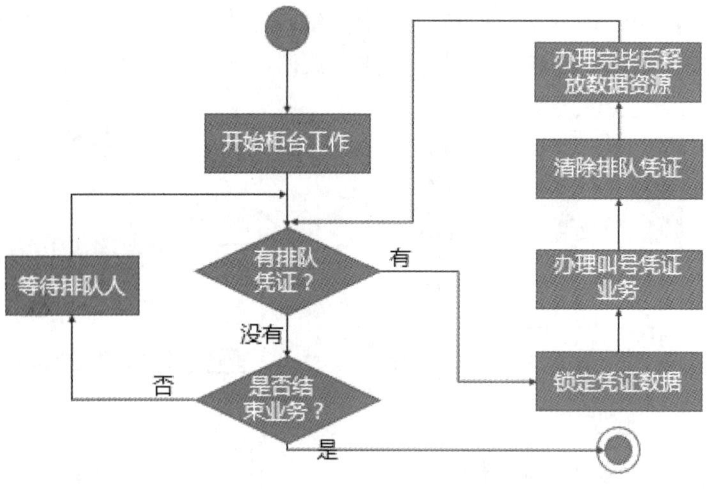


图 8-16　叫号主业务流程图

图 8-16 中，工作人员上班后，查看系统是否有排队的人，如果有，系统锁定排队凭证数据，办理叫号业务，将办理好的凭证从排队凭证队中去除，释放排队凭证数据资源，在查询是否有等候办理业务的客户，如果没有，系统判断是否今日的排队凭证全部办理完毕，如果办理完毕，则结束业务，如果没有办理完毕，则等待排队凭证。

**3．案例实现**

根据排队系统分析，系统中涉及了排队凭证号、数据存储的队列、最大排队凭证数量、取号排队对象、叫号排队对象等，根据不同类型的对象，系统设计有：

■　表示排队凭证号的票据类 Ticket

Ticket 类是用来描述排队凭证号的各种属性特征，包括数据中心用来存放待处理的排队凭证静态变量 TicketStore。

■　排队凭证创建与使用类 TicketImpl

TicketImpl 类用来实现对 Ticket 对象进行业务操作，包括排队产生的排队凭证号和叫号处理功能。

■　设计存放排队凭证的数据仓储及数量开关

凭证数据仓储和数量开关标志设计在 Ticket 类中，分别为 TicketStore 和 Finished 两个静态变量。

■　顾客排队取号线程类 CustomerThread

CustomerThread 类是专门用来提供客户进行排队取号的线程，模拟系统中的取号机。

■　柜台处理排队线程类 OfficeDeskThread

OfficeDeskThread 类是用来提供叫号处理排队凭证的线程，模拟系统中的办事柜台。

■　运行主线程类 PaiDui。

PaiDui 类是排队系统的程序运行入口。

以上各种类之间形成了如图 8-17 所示的关系：

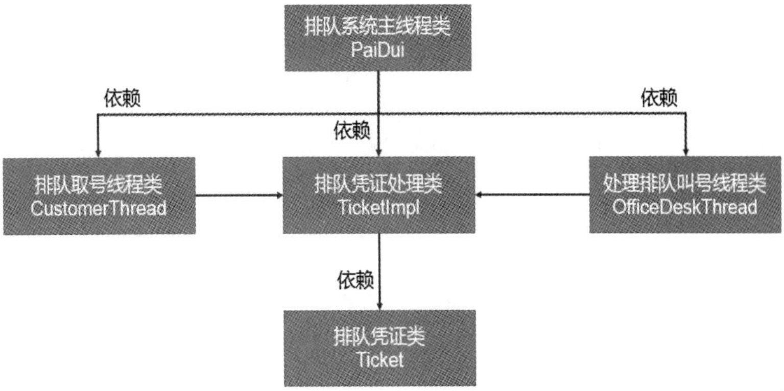


图 8-17 排队叫号系统类之间关系

运行主线程类 PaiDui 依赖排队取号线程类 CustomerThread、排队凭证处理类 TicketImpl 和处理排队叫号线程类 OfficeDeskTread 类等三个；排队取号线程类 CustomerThread 和处理线程叫号排队线程类 OfficeDeskThread 依赖排队凭证处理类 TicketImpl；而排队凭证处理类 TicketImpl 依赖排队凭证类 Ticket。

（1）票据类 Ticket

```
package chapter8thread.paidui;
import java.util.ArrayList;
import java.util.Date;
import java.util.List;
/**
 * 排队叫号凭证
 * Created by wph-pc on 2018/10/5.
 */
public class Ticket {
    //总序号
    public static int  Serial=0;
    //排队凭证号库
    public static List<Ticket> TicketStore=new ArrayList<Ticket>();
    //办理是否结束，true 表示结束，false 表示未结束
    public static Boolean Finished=false;
    //排队凭证号
    private String number="";
    //顺序号
    private int serial=0;
    //前面等待人数
    private int waitCount=0;
    //排队时间
    private Date waitDate=new Date();
    //取号机
    private String machine="";
```

```
    public String getNumber() {
        return number;
    }
    public void setNumber(String number) {
        this.number = number;
    }
    public int getSerial() {
        return serial;
    }
    public void setSerial(int serial) {
        this.serial = serial;
    }
    public int getWaitCount() {
        return waitCount;
    }
    public void setWaitCount(int waitCount) {
        this.waitCount = waitCount;
    }
    public Date getWaitDate() {
        return waitDate;
    }
    public void setWaitDate(Date waitDate) {
        this.waitDate = waitDate;
    }

    public String getMachine() {
        return machine;
    }
    public void setMachine(String machine) {
        this.machine = machine;
    }
    /*凭证对象拷贝*/
    public Ticket copy() {
        Ticket temp = new Ticket();
        temp.setNumber(getNumber());
        temp.setMachine(getMachine());
        temp.setWaitCount(getWaitCount());
        temp.setSerial(getSerial());
        return temp;
    }
}
```

（2）票据功能类 TicketImpl

```
package chapter8thread.paidui;
/**
 * 凭证号处理程序
 * Created by wph-pc on 2018/10/6.
 */
public class TicketImpl {
    /*创建一张排队凭证号*/
    public synchronized void createTicket(String machineName,
                                          String num)
          throws InterruptedException {
        //创建凭证对象
        Ticket ticket=new Ticket();
        //排队总顺序号自动增加 1
        Ticket.Serial++;
        /*设置凭证基本信息*/
        ticket.setNumber(num);
        ticket.setSerial(Ticket.Serial);
        ticket.setMachine(machineName);
        ticket.setWaitCount(Ticket.TicketStore.size());
        //加入排队凭证库
        Ticket.TicketStore.add(ticket);
        System.out.println("【"+ticket.getMachine()+
              "】取号机：==》凭证号："+ticket.getNumber()+
              "；顺序号："+ticket.getSerial()+"；排队时间："+
              ticket.getWaitDate()+"；等待人数："+
              ticket.getWaitCount());
        //唤醒线程
        notifyAll();
    }
    /*按照顺序获取排队库中的排队票据*/
    public synchronized Ticket getTicket(){
        //获取的排队凭证号
        Ticket temp=null;
        if (Ticket.TicketStore.size()<=0) return null;
        /*获取库中最前面的凭证号*/
        Ticket hit=Ticket.TicketStore.get(0);
        temp=hit.copy();
        Ticket.TicketStore.remove(0);
        //唤醒线程
        notifyAll();
```

```
        return temp;
    }
}
```

（3）取号线程类 CustomerThread

```
package chapter8thread.paidui;
import java.util.Random;
import java.util.UUID;
/**
 * 顾客排队取票线程
 * Created by wph-pc on 2018/10/5.
 */
public class CustomerThread implements Runnable {
    //取票数量
    private int count=0;
    //创建排队凭证号对象
    private TicketImpl ticket=null;
    //取号机名称
    private String name="";
    public CustomerThread(String name,int count,TicketImpl t)
    {
        this.name=name;
        this.count=count;
        this.ticket=t;
    }
    @Override
    public void run() {
        try {
            int i=0;
            while(i<count)
            {
                ticket.createTicket(name, UUID.randomUUID().toString());
                i++;
                //创建随机对象
                Random rand=new Random();
                //模拟随机等待时间
                Thread.sleep(rand.nextInt(1000));
            }
        } catch (InterruptedException e) {
            e.printStackTrace();
        }
    }
```

```
}
```

（4）柜台处理线程类 OfficeDeskThread

```
package chapter8thread.paidui;
import java.util.Calendar;
import java.util.Date;
/**
 * Created by wph-pc on 2018/10/5.
 */
public class OffcieDeskThread implements Runnable {
    private TicketImpl ticket=null;
    //看柜台名称
    private String name="";
    public OffcieDeskThread(String name,TicketImpl t)
    {
        this.name=name;
        this.ticket=t;
    }
    @Override
    public void run() {
      while(true)
      {
          try {
              Ticket temp=ticket.getTicket();
              if (temp==null && Ticket.Finished==false){
                  System.out.println("【"+name+"】空闲等待...");
                  Thread.sleep(100);
                  continue;
              }
              if (Ticket.Finished) {
                  System.out.println("【"+name+"】结束工作！");
                  break;//任务结束
              }
              System.out.println("["+name+"]柜台正在处理===》顺序号："+
                      temp.getSerial()+";凭证号："+temp.getNumber()+
                      ";排队时间："+temp.getWaitDate()+";等待人数："+
                      temp.getWaitCount());
               /*处理当前客户等待耗时*/
              Calendar now= Calendar.getInstance();
              now.setTime(new Date());
              Calendar wait= Calendar.getInstance();
              wait.setTime(temp.getWaitDate());
```

```
                long waitMinutes=(now.getTimeInMillis()-wait.getTimeInMillis
())/1000 % 60;
                System.out.println("["+name+"]柜台【已办理完成】顺序号："+
                        temp.getSerial()+"；凭证号："+temp.getNumber()+
                        "；办理完毕，办理完成时间："+(new Date())+
                        "；等待时间(秒)："+waitMinutes);
                Thread.sleep(1000);
                if (temp.getSerial()==150) //工作到目标任务结束
                    Ticket.Finished=true;
            }catch (InterruptedException ex){
                System.out.println("线程中断异常！");
            }
        }
    }
}
```

（5）运行主线程类 PaiDui

```
package chapter8thread.paidui;
/**
 * Created by wph-pc on 2018/10/5.
 */
public class PaiDui {
    public static void main(String[] args)
    {
        TicketImpl ticket=new TicketImpl();
        //模拟一台叫号机 50 人排队
        Thread machine1=new Thread(new CustomerThread("1 号",50,ticket));
        machine1.start();
        //开启一个柜台
        Thread office1=new Thread(new OffcieDeskThread("1 号柜台",ticket));
        office1.start();
        //模拟一台叫号机 50 人排队
        Thread machine2=new Thread(new CustomerThread("2 号",50,ticket));
        machine2.start();
        //开启一个柜台
        Thread office2=new Thread(new OffcieDeskThread("2 号柜台",ticket));
        office2.start();
        //模拟一台叫号机 50 人排队
        Thread machine3=new Thread(new CustomerThread("3 号",50,ticket));
        machine3.start();
        //开启一个柜台
        Thread office3=new Thread(new OffcieDeskThread("3 号柜台",ticket));
```

```
        office3.start();

    }
}
```

**4．运行结果**

通过运行 PaiDui 中的 main()方法，即可得到排队叫号系统的运行结果，特别提醒，系统每次运行的结果可能都不一样，如图 8-18 所示。

```
【2号柜台】空闲等待...
【1号】取号机：==》凭证号：2495c6cd-4277-421a-a0b0-e78d96de0aab:顺序号：1:排
[1号柜台]柜台正在处理==》顺序号：1:凭证号：2495c6cd-4277-421a-a0b0-e78d96de0
[1号柜台]柜台【已办理完成】顺序号：1:凭证号：2495c6cd-4277-421a-a0b0-e78d96de
【3号柜台】空闲等待...
【2号柜台】空闲等待...
【2号】取号机：==》凭证号：52235e87-73f7-420a-b2af-6a58356fc39c:顺序号：2:排
```

图 8-18　排队叫号系统运行结果部分截图

排队取号系统通过一个完整的项目案例演示了线程同步 syschronized 机制的应用，项目中，通过对创建排队取号功能和叫号功能进行同步操作，确保了资源的唯一性和完整性。

# 习题

一汽车站有 5 个窗口（W1, W2, W3、W4，W5），同时对外开放出售车票，一共有票 50 张（T1,T2,⋯,T50）需要按顺序售出。要求采用多线程技术开发一套简单的车票售卖系统，具体要求如下：

1．车票 Ticket 类的属性包括：票编号、汽车车牌、发车时间、上车地点、座位号、出售时间、出售窗口、价格等；

2．不能出现车票未按顺序售出或者被售出多次的情况。

3．统计每个窗口车票出售的数量及金额。

# 第9章

# AWT 与 Swing 开发

人机对话在可视化程序中可以通过对话框和窗口来实现，所以图形用户界面（Graphical User Interface,GUI）在软件开发中属于重要的一环。它生动直观、便于操作、易于学习，得到广泛的认可和使用。用户通过鼠标对软件的菜单、窗口、对话框和列表框等图形控件进行操作，能够更方便、更快捷地操作软件。在 Java 语言中，GUI 是通过 AWT 和 Swing 来实现的。

AWT 是 Java 早期的技术，它的每一个控件会耗掉较多的资源，属于重量级控件，因此当窗口控件，如按钮（button）、滚动条（scroll bar）或文本框（text field）一多时，这种架构下的窗口程序会耗掉更多的资源。不同平台中 AWT 控件会有不同的外观，而且功能受限于本地控件。为了克服以上缺点，SUN 公司在 AWT 的基础上开发出了 Swing 类库，它不但改进了 AWT 耗费系统资源的缺点，同时在视觉上也比 AWT 来得更为美观。

Swing 控件功能强大、内容丰富，属于轻量级控件，占用较少资源，却有较高的效率、功能更强大、更灵活等优点。Swing 所提供控件的数目远超过 AWT 的控件，并且每一个 AWT 的控件都有 Swing 控件取代它。有趣的是，AWT 并不会因此而消失，因为 AWT 中包含了最核心的功能，Swing 是基于 AWT 而发展的，所有 Swing 的控件均是以 AWT 的 Container 类为基础来开发设计的。

## 本章任务

1．AWT 控件编程；
2．Swing 控件编程；
3．布局管理器；
4．事件监听机制；
5．简易计算器。

## 重点内容

1．AWT 控件编程；
2．Swing 控件编程；

3．布局管理器；
4．事件监听机制。

## 难点内容

1．布局管理器；
2．事件监听机制。

# 9.1 AWT 控件编程

AWT 是 Abstract Window Toolkit 的缩写，其含义是抽象窗口工具集。在 Java 里，AWT 是用来处理图形（包含窗口与绘图）最基本的方式。它由 java.awt 包提供，是 Java 基础类的一部分。它提供了构建 GUI 所需的控件，有窗口、菜单、文本框、单选框、对话框和按钮等，同时可以根据这些控件的输入来处理事件。awt 包中有丰富的类，如处理图像、绘制图形、显示字体、利用本地剪贴板实现数据传送以及控制用户界面的布局等具有辅助性质的类。AWT 常用控件如图 9-1 所示。

AWT 中，由 Component 类及子类或者间接子类创建的对象称之为控件（也称组件），由 Container 类及子类或间接子类创建的对象称之为容器，一个容器可以容纳多个其他容器和基本控件，容器本身也是控件，具有控件的所有性质。

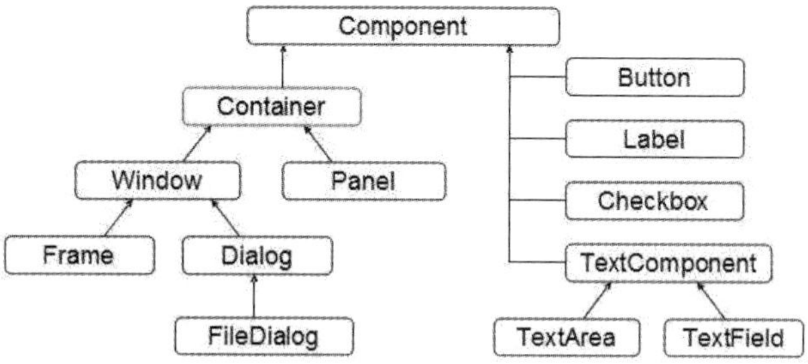


图 9-1 AWT 常用控件

### 9.1.1 Component

Java 的图形用户界面的最基本组成部分是组件（Component），组件是一个可以以图形化的方式显示在屏幕上并能与用户进行交互的对象，例如一个按钮，一个标签等。组件不能独立地显示出来，必须将组件放在一定的容器中才可以显示出来。

从图 9-1 中可以看出，类 java.awt.Component 是许多组件类的父类，Component 控件可通过 Component()构造方法来创建，Component 类中封装了组件通用的方法和属性，如图形的组件对象、大小、显示位置、前景色和背景色、边界、可见性等，因此许多组件类也就继承了 Component 类的成员方法和成员变量。Component 类的常用方法见表 9-1。

表 9-1　Component 类的常用方法

| 序号 | 方　法　名 | 功 能 说 明 |
|---|---|---|
| 1 | add(PopupMenu popup) | 向组件添加指定的弹出菜单 |
| 2 | addComponentListener(ComponentListener l) | 添加指定的组件侦听器，以接收发自此组件的组件事件 |
| 3 | addInputMethodListener(InputMethodListener l) | 添加指定的输入方法侦听器，以接收发自此组件的输入方法事件 |
| 4 | addKeyListener(KeyListener l) | 添加指定的按键侦听器，以接收发自此组件的按键事件 |
| 5 | addMouseListener(MouseListener l) | 添加指定的鼠标侦听器，以接收发自此组件的鼠标事件 |
| 6 | addMouseMotionListener(MouseMotionListener l) | 添加指定的鼠标移动侦听器，以接收发自此组件的鼠标移动事件 |
| 7 | addMouseWheelListener(MouseWheelListener l) | 添加指定的鼠标滚轮侦听器，以接收发自此组件的鼠标滚轮事件 |
| 8 | addNotify() | 通过将此 Component 连接到一个本机屏幕资源使其成为可显示的 |
| 9 | areFocusTraversalKeysSet(int id) | 返回是否为此 Component 显式定义了给定焦点遍历操作的焦点遍历键 Set |
| 10 | dispatchEvent(AWTEvent e) | 为组件或其子组件之一指派事件 |
| 11 | doLayout() | 提示布局管理器布局此组件 |
| 12 | enableInputMethods(boolean enable) | 启用或禁用此组件的输入方法支持 |
| 13 | getAlignmentX() | 返回 $x$ 轴的对齐方式 |
| 14 | getAlignmentY() | 返回 $y$ 轴的对齐方式 |
| 15 | getBackground() | 获取组件的背景色 |
| 16 | getFont() | 获取组件的字体 |
| 17 | getForeground() | 获取组件的前景色 |
| 18 | getName() | 获取组件的名称 |
| 19 | getKeyListeners() | 返回在此组件上所有已注册的按键侦听器的数组 |
| 20 | getParent() | 获取此组件的父级 |
| 21 | getSize() | 以 Dimension 对象的形式返回组件的大小 |
| 22 | getToolkit() | 获取此组件的工具包 |
| 23 | getX() | 返回组件原点的当前 $x$ 轴坐标 |
| 24 | getY() | 返回组件原点的当前 $y$ 轴坐标 |
| 25 | hasFocus() | 如果此 Component 是焦点所有者，则返回 true |
| 26 | invalidate() | 使此组件无效 |
| 27 | isDisplayable() | 确定此组件是否可以显示 |
| 28 | isEnabled() | 确定此组件是否已启用 |
| 29 | isValid() | 确定组件是否有效 |
| 30 | isVisible() | 确定此组件在其父容器可见时是否应该可见 |
| 31 | paint(Graphics g) | 绘制此组件 |
| 32 | paintAll(Graphics g) | 绘制此组件及其所有子组件 |
| 33 | remove(MenuComponent popup) | 从组件移除指定的弹出菜单 |
| 34 | removeComponentListener(ComponentListener l) | 移除指定的组件侦听器，以便它不再接收发自此组件的组件事件 |
| 35 | removeNotify() | 通过销毁此 Component 的本机屏幕资源使其成为不可显示的 |
| 36 | repaint() | 重绘此组件 |
| 37 | repaint(int x, int y, int width, int height) | 重绘组件的指定矩形区域 |

续表

| 序号 | 方 法 名 | 功 能 说 明 |
|---|---|---|
| 38 | requestFocus(boolean temporary) | 请求此 Component 获取输入焦点，并且此 Component 的顶层祖先成为获得焦点的 Window |
| 39 | setBackground(Color c) | 设置组件的背景色 |
| 40 | setCursor(Cursor cursor) | 为指定的光标设置光标图像 |
| 41 | setEnabled(boolean b) | 根据参数 b 的值启用或禁用此组件 |
| 42 | setFont(Font f) | 设置组件的字体 |
| 43 | setForeground(Color c) | 设置组件的前景色 |
| 44 | setLocation(int x, int y) | 将组件移到新位置 |
| 45 | setLocation(Point p) | 将组件移到新位置 |
| 46 | update(Graphics g) | 更新组件 |
| 47 | validate() | 确保组件具有有效的布局 |

### 9.1.2 Container

Container 控件是一种容器类，它通过 Container()构造方法来创建。因为它继承自 Component 类，所以其本身也是一个组件，具有组件的所有性质，但是它的主要功能是容纳其他组件和容器。Container 类的常用方法见表 9-2。

表 9-2 Container 类的常用方法

| 序 号 | 方 法 名 | 功 能 说 明 |
|---|---|---|
| 1 | add(Component comp) | 将指定控件追加到此容器的尾部 |
| 2 | add(Component comp, int index) | 将指定控件添加到此容器的给定位置上 |
| 3 | add(String name, Component comp) | 将指定控件添加到此容器中 |
| 4 | addContainerListener(ContainerListener l) | 添加指定容器的侦听器，以接收来自此容器的容器事件 |
| 5 | findComponentAt(int x, int y) | 对包含指定点的可视子控件进行定位 |
| 6 | findComponentAt(Point p) | 对包含指定点的可视子控件进行定位 |
| 7 | getAlignmentX() | 返回沿 $x$ 轴的对齐方式 |
| 8 | getAlignmentY() | 返回沿 $y$ 轴的对齐方式 |
| 9 | getComponent(int n) | 获取此容器中的第 $n$ 个控件 |
| 10 | getComponentAt(int x, int y) | 对包含 $x$，$y$ 位置的控件进行定位 |
| 11 | getComponentAt(Point p) | 获取包含指定点的控件 |
| 12 | getComponentCount() | 获取此面板中的控件数 |
| 13 | getComponents() | 获取此容器中的所有控件 |
| 14 | getContainerListeners() | 返回已在此容器上注册的所有容器侦听器的数组 |
| 15 | getLayout() | 获取此容器的布局管理器 |
| 16 | getMaximumSize() | 返回此容器的最大大小 |
| 17 | getMinimumSize() | 返回此容器的最小大小 |
| 18 | getPreferredSize() | 返回此容器的首选大小 |
| 19 | paint(Graphics g) | 绘制容器 |
| 20 | paintComponents(Graphics g) | 绘制此容器中的每个控件 |

续表

| 序 号 | 方 法 名 | 功 能 说 明 |
|---|---|---|
| 21 | remove(Component comp) | 从此容器中移除指定控件 |
| 22 | remove(int index) | 从此容器中移除指定控件 |
| 23 | removeAll() | 从此容器中移除所有控件 |
| 24 | removeContainerListener(ContainerListener l) | 移除指定容器的侦听器，从而不再接收来自此容器的容器事件 |
| 25 | setFont(Font f) | 设置此容器的字体 |
| 26 | setLayout(LayoutManager mgr) | 设置此容器的布局管理器 |
| 27 | update(Graphics g) | 更新容器 |

### 9.1.3　Window 和 Frame

Window 对象是一个没有边界和菜单栏的顶层窗口，它不依赖于其他容器而独立存在。从图 9-1 中可以看到，Window 有两大子类：Frame 窗体和 Dialog 对话框。Frame 有标题，能移动、调整大小，而 Dialog 没有标题，可移动和调整大小。

**1．Window**

Window 类存在多个构造方法，常用构造方法见表 9-3。

表 9-3　Window 类的常用构造方法

| 序 号 | 参　数 | 参 数 说 明 | 功 能 说 明 |
|---|---|---|---|
| 1 | Frame owner | owner 为要充当所有者的 Frame；如果此窗口没有所有者，则该参数为 null | 构造一个新的、最初不可见的窗口，使用指定的 Frame 作为其所有者 |
| 2 | Window owner | owner 为要充当所有者的 Window；如果此窗口没有所有者，则该参数为 nullll | 构造一个新的、最初不可见的窗口，使用指定 Window 作为其所有者 |

Window 除从 Component 和 Container 中继承方法外，自身还有很多方法，具体见表 9-4。

表 9-4　Window 类的常用方法

| 序号 | 方 法 名 | 功 能 说 明 |
|---|---|---|
| 1 | addWindowListener(WindowListener l) | 添加指定的窗口侦听器，以从此窗口接收窗口事件 |
| 2 | dispose() | 释放由此 Window、其子控件及其拥有的所有子控件所使用的所有本机屏幕资源 |
| 3 | isActive() | 返回此窗口是否为活动窗口 |
| 4 | pack() | 调整此窗口的大小，以适合其子控件的首选大小和布局 |
| 5 | setBounds(int x,int y,int width,int height) | 移动控件并调整其大小。由 $x$ 和 $y$ 指定左上角的新位置，由 width 和 height 指定新的大小 |
| 6 | setBounds(Rectangle r) | 移动控件并调整其大小，使其符合新的有界矩形 r。由 r.x 和 r.y 指定控件的新位置，由 r.width 和 r.height 指定控件的新大小 |
| 7 | setCursor(Cursor cursor) | 设置指定光标的光标图像 |
| 8 | setMinimumSize(Dimension minimumSize) | 将此窗口的最小大小设置为一个常量值 |
| 9 | setSize(int width,int height) | 调整控件的大小，使其宽度为 width，高度为 height |

续表

| 序号 | 方　法　名 | 功 能 说 明 |
|---|---|---|
| 10 | setSize(Dimension d) | 调整控件的大小，使其宽度为 d.width，高度为 d.height |
| 11 | setVisible(boolean b) | 根据参数 b 的值显示或隐藏此 Window |

**2．Frame**

可以通过 Frame()构造一个最初不可见的 Frame 新实例。而 Frame(String title)构造方法用来创建一个带有标题的 Frame 窗体。窗体的大小包括为边框指定的所有区域。

用 add()方法可以将其他控件添加进来。在创建 Frame 对象后，需要通过以下两步才能使其可见：

第一，调用 setSize(int width,int height)方法设置 Frame 的大小，当然也可通过调用 pack()方法根据窗体自动确定 Frame 的大小。

第二，调用 setVisible(true)方法设置 Frame 为可见。

Frame 可以继承 Window、Component 和 Container 中的所有方法，另外自身还有很多方法，Frame 类的常用方法见表 9-5。

表 9-5　Frame 类的常用方法

| 序号 | 方　法　名 | 功 能 说 明 |
|---|---|---|
| 1 | getFrames() | 返回一个此应用程序创建的所有 Frame 所组成的数组 |
| 2 | getIconImage() | 返回要作为此窗体图标显示的图像 |
| 3 | getMaximizedBounds() | 获取此窗体的最大化边界 |
| 4 | getMenuBar() | 获取此窗体的菜单栏 |
| 5 | getTitle() | 获得窗体的标题 |
| 6 | isResizable() | 指示此窗体是否可由用户调整大小 |
| 7 | remove(MenuComponent m) | 从此窗体移除指定的菜单栏 |
| 8 | setIconImage(Image image) | 设置要作为此窗口图标显示的图像 |
| 9 | setMaximizedBounds(Rectangle bounds) | 设置此窗体的最大化边界 |
| 10 | setMenuBar(MenuBar mb) | 将此窗体的菜单栏设置为指定的菜单栏 |
| 11 | setResizable(boolean resizable) | 设置此窗体是否可由用户调整大小 |
| 12 | setTitle(String title) | 将此窗体的标题设置为指定的字符串 |
| 13 | setUndecorated | 禁用或启用此窗体的装饰 |

【例 9-1】创建一个 Frame 对象，并使用其常用方法。

```
package com.yiheng.nine;
import java.awt.*;
/**
 * Created by hcm on 2018/10/26.
 */
public class Eg9_1 {
    public static void main(String args[]) {
        Frame fr = new Frame();
        fr.setTitle("This is a Frame");        // 设定窗体标题
        fr.setSize(400, 300);    // 设定窗体的宽度为400，高度为300
```

```
            fr.setBackground(Color.green);          // 设定窗体的背景色为绿色
            fr.setLocation(300, 500);       // 设定窗体左上角的初始位置为(300,500)
            fr.setResizable(false);                  // 设定窗体为不可调整大小
            fr.setVisible(true);                     // 将窗体设为可见
            System.out.println("title="+fr.getTitle());// fr.getTitle 获得当前
窗口标题
            System.out.println("visible="+fr.isResizable());//fr.isResizable
判断此窗体是否可由用户调整大小
        }
    }
```

部分代码说明：

（1）setSize 方法和 setVisible 方法继承自 Window 类；

（2）setBackground 方法和 setLocation 方法继承自 Component 类。

程序运行结果如图 9-2 所示。

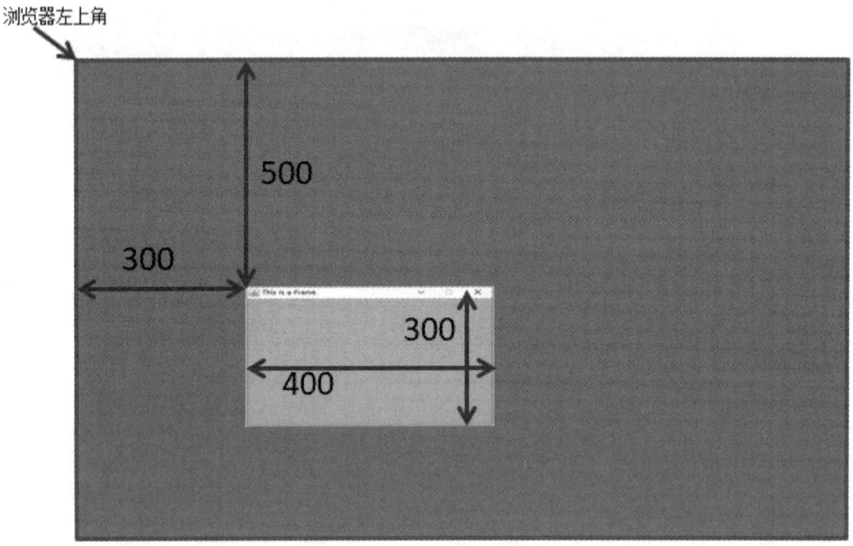


图 9-2　程序的运行结果

**3．Dialog 类的常用方法**

对话框 dialog 可以是无模式的（默认情况下）或有模式的。有模式的 dialog 会阻止将内容输入到应用程序中的其他一些顶层窗口中（将此 dialog 创建为其所有者的所有窗口除外）。

Dialog 类存在多个构造方法，常用构造方法见表 9-6。

表 9-6　Dialog 类的常用构造方法

| 序号 | 参　数 | 参 数 说 明 | 功 能 说 明 |
|---|---|---|---|
| 1 | Dialog owner | owner 为 Dialog 的所有者，如果此 Dialog 没有所有者，则该参数为 null | 构造一个最初不可见的、无模式的 Dialog，它带有指定所有者 Dialog 和一个空标题 |

续表

| 序号 | 参　数 | 参 数 说 明 | 功 能 说 明 |
| --- | --- | --- | --- |
| 2 | Dialog owner, String title | owner 为 Dialog 的所有者，如果此 Dialog 没有所有者，则该参数为 null，<br>title 为 Dialog 的标题，如果此 Dialog 没有标题，则该参数为 null | 构造一个最初不可见的、无模式的 Dialog，它带有指定的所有者 Dialog 和标题 |
| 3 | Dialog owner, String title, boolean modal | owner 为 Dialog 的所有者，如果此 Dialog 没有所有者，则该参数为 null。<br>title 为 Dialog 的标题，如果此 Dialog 没有标题，则该参数为 null，<br>modal 为指定在显示的时候是否阻止用户将内容输入到其他顶级窗口中。如果该参数为 false，则 Dialog 是 MODELESS；如果该参数为 true，则模式类型属性被设置为 DEFAULT_MODALITY_TYPE | 构造一个最初不可见的 Dialog，它带有指定的所有者 Dialog、标题和模式 |
| 4 | Frame owner | owner 为 Frame 的所有者，如果此 Frame 没有所有者，则该参数为 null | 构造一个最初不可见的、无模式的 Frame，它带有指定所有者 Frame 和一个空标题 |
| 5 | Frame owner, boolean modal | owner 为 Frame 的所有者，如果此 Frame 没有所有者，则该参数为 null；<br>modal 为指定在显示的时候是否阻止用户将内容输入到其他顶级窗口中。如果该参数为 false，则 Dialog 是 MODELESS；如果该参数为 true，则模式类型属性被设置为 DEFAULT_MODALITY_TYPE | 构造一个最初不可见的 Dialog，它带有指定所有者 Frame、模式和一个空标题 |
| 6 | Frame owner, String title | owner 为 Frame 的所有者，如果此 Frame 没有所有者，则该参数为 null；<br>title 为 Frame 的标题，如果此 Frame 没有标题，则该参数为 null | 构造一个最初不可见的、无模式的 Frame，它带有指定的所有者 Frame 和标题 |
| 7 | Frame owner, String title, boolean modal | owner 为 Frame 的所有者，如果此 Frame 没有所有者，则该参数为 null；<br>title 为 Frame 的标题，如果此 Frame 没有标题，则该参数为 null；<br>modal 为指定在显示的时候是否阻止用户将内容输入到其他顶级窗口中。如果该参数为 false，则 Frame 是 MODELESS；如果该参数为 true，则模式类型属性被设置为 DEFAULT_MODALITY_TYPE | 构造一个最初不可见的 Frame，它带有指定的所有者 Frame、标题和模式 |
| 8 | Window owner | owner 为 Window 的所有者，如果此 Window 没有所有者，则该参数为 null | 构造一个最初不可见的、无模式的 Window，它带有指定所有者 Window 和一个空标题 |
| 9 | Window owner, String title | owner 为 Window 的所有者，如果此 Window 没有所有者，则该参数为 null；<br>title 为 Window 的标题，如果此 Window 没有标题，则该参数为 null | 构造一个最初不可见的、无模式的 Window，它带有指定的所有者 Window 和标题 |

Dialog 可以继承 Window、Component 和 Container 中的所有方法，另外自身还有很多方法，Dialog 类的常用方法见表 9-7。

表 9-7　Dialog 类的常用方法

| 序　号 | 方 法 名 | 功 能 说 明 |
| --- | --- | --- |
| 1 | getTitle() | 获得 Dialog 的标题 |
| 2 | isResizable() | 指示此 Dialog 是否可由用户调整大小 |

续表

| 序　号 | 方　法　名 | 功 能 说 明 |
|---|---|---|
| 3 | setModal(boolean modal) | 指定此 Dialog 是否应该是有模式的 |
| 4 | setModalityType(Dialog.ModalityType type) | 设置此 Dialog 的模式类型 |
| 5 | setResizable(boolean resizable) | 设置此 Dialog 是否可由用户调整大小 |
| 6 | setTitle(String title) | 将此 Dialog 的标题设置为指定的字符串 |
| 7 | setUndecorated | 禁用或启用此 Dialog 的装饰 |
| 8 | setVisible(boolean b) | 根据参数 b 的值显示或隐藏此 Dialog |

### 9.1.4　Panel

Panel 面板是最简单的容器类。应用程序可以将其他控件放在面板提供的空间内，这些控件包括其他面板。Panel 也有标题，但不能移动、调整大小、关闭，也不能单独存在，必须存在于其他容器（可以是 Window 及其子类）中才能显示出来。Panel 本身只有 addNotify()和 getAccessibleContext()两个方法，其余的方法都是从 Component 和 Container 中继承过来的。

**【例 9-2】**创建 4 个 Panel 面板，并将它们添加到 Frame 窗体中。

```
package com.yiheng.nine;
import java.awt.*;
/**
 * Created by hcm on 2018/10/26.
 */
public class Eg9_2 {
    public static void main(String args[]) {
        new NewFrame("This is a Pane", 300, 300, 400, 300);
    }
}
class NewFrame extends Frame {
    private Panel p1, p2, p3, p4;
    NewFrame(String s, int x, int y, int w, int h) {
        super(s);
        setLayout(null);
        p1 = new Panel(null);
        p2 = new Panel(null);
        p3 = new Panel(null);
        p4 = new Panel(null);
        // 设置 Panel 对象的大小和位置
        p1.setBounds(0, 0, w / 2, h / 2);
        p2.setBounds(0, h / 2, w / 2, h / 2);
        p3.setBounds(w / 2, 0, w / 2, h / 2);
        p4.setBounds(w / 2, h / 2, w / 2, h / 2);
        p1.setBackground(Color.BLUE);
```

```
        p2.setBackground(Color.GREEN);
        p3.setBackground(Color.YELLOW);
        p4.setBackground(Color.MAGENTA);
        add(p1);
        add(p2);
        add(p3);
        add(p4);
        setBounds(x, y, w, h);                // 设置窗体的大小和位置
        setVisible(true);
    }
}
```

部分代码说明：

（1）setLayout 方法继承自 Container，参数为 null 表示取消默认的 BorderLayout 布局管理器；

（2）Panel(null)为构造方法，即创建没有布局管理器的新面板。

（3）setBounds 方法继承自 Window 类；

（4）add(Component comp)方法继承自 Container，此处用于将 4 个 Panel 添加进来。

程序运行结果如图 9-3 所示。

图 9-3 程序运行结果

## 9.2 Swing 控件编程

Swing 控件由 javax.swing 包提供，从命名角度来看，Swing 控件的名称都是在对应的 AWT 控件的名称前加个字母“J”，比如滚动条在 AWT 中为“ScrollBar”，而在 Swing 中为

"JScrollBar",

【注意】

AWT 控件和 Swing 控件的区别：

（1）AWT 控件的外观由本地操作系统决定，而 Swing 控件的外观可以由用户来定义；

（2）AWT 控件中标签和按钮只能显示文本，而 Swing 控件中对应的不仅能够显示文本，还能显示图片；

（3）Swing 的可扩展性良好，用户能够自定义和扩展控件，而 AWT 的可扩展性较差。

### 9.2.1 JComponent 和 JFrame

JComponent 类是 java.awt 包中容器类 Container 的子类，所有继承自 JComponent 类的轻量级控件都是容器。每个 Swing 窗体自身都含有个内容面板，可以通过 public Container getContentPane()方法获取 Swing 窗体自身的内容面板。普通控件必须添加到这个内容面板中，而不能直接添加到 Swing 窗体中。在 Swing 窗体的内容面板中，应该尽量使用轻量级控件，否则可能随时会有预想不到的问题出现。

JFrame 控件是与 AWT 中的 Frame 控件对应的 Swing 控件，它的父类是 java.awt.Frame 类，功能与 Frame 控件相似。同样的，通过调用 JFrame getContentPane()方法可以获取 JFrame 中的内置对象 JRootPane。只能在 JRootPane 对象中添加其他控件或设置布局管理器，而不能直接在 JFrame 窗体中操作。

### 9.2.2 Swing 工具集的其他常用控件

**1. JLabel**

标签控件用于显示短文本字符串、图像或二者的结合。JLabel 控件不对输入事件作出反应。因此，它无法获得键盘焦点，用户不能往 JLabel 控件中录入数据。一般用于提示信息。

可以通过设置垂直和水平对齐方式，指定标签显示区中标签内容在何处对齐。默认情况下，标签在其显示区内垂直居中对齐。若是只显示文本的标签，则开始边对齐；而只显示图像的标签则水平居中对齐。还可以指定文本相对于图像的位置。默认情况下，文本位于图像的结尾边上，文本和图像都垂直对齐。

【例 9-3】在窗口中加入标签对象。

```
package com.yiheng.nine;
import javax.swing.*;
import java.awt.*;
/**
 * Created by hcm on 2018/10/26.
 */
public class Eg9_3 {
    public static void main(String args[]) {
        JFrame jfrm = new JFrame("JLabel class");
        JLabel jlab = new JLabel();            // 创建标签对象 jlab
```

```
        Container con = jfrm.getContentPane(); // 获取内容面板
        con.setBackground(Color.pink);      // 设置窗口底色为粉红色
        jlab.setText("Hello Java");         // 在标签内加上文字
        jlab.setForeground(Color.blue);      // 设置标签文字为蓝色
        Font fnt = new Font("Serief", Font.ITALIC + Font.BOLD, 28);
        jlab.setFont(fnt);                 // 设置字体的样式
        con.add(jlab, BorderLayout.CENTER); // 往内容面板添加按钮
        jfrm.setSize(300, 150);
        jfrm.setVisible(true);
    }
```

部分代码说明：

java.awt.Font 类通过构造方法 Font(String name, int style, int size)创建一个指定名称、样式和磅值大小 Font 字体对象。

程序运行结果如图 9-4 所示。

**2．JTextField**

JTextField 控件用于创建单选文本框，可用来接受用户单行文本信息输入。若是为 JTextField 对象添加事件监听器，当用户输入信息完成，按下回车键，则会发生 ActionEvent 事件，可以通过 ActionListener 中的 actionPerformed()方法对事件进行相应处理。

图 9-4 程序运行结果

JTextField 的水平对齐方式可以设置为左对齐、前端对齐、居中对齐、右对齐或尾部对齐。右对齐/尾部对齐在所需的字段文本尺寸小于为它分配的尺寸时使用。这是由 setHorizontalAlignment 和 getHorizontalAlignment 方法确定的。默认情况下为前端对齐。

JPasswordField 是 JTextField 的子类，是密码文本框。它也是用于接受用户信息或其他文本信息的单行输入。不同的是，它会用回显字符串代替输入的文本信息。用户可以自定义回显字符，默认的回显字符是“*”。

**3．JButton**

JButton 控件用于创建一个按钮，当用户按下时会触发一定的操作。JButton 控件上可以显示文本或图标，能有效地提示或帮助用户操作。

当按钮被单击后，会产生 ActionEvent 事件，需 ActionListener 接口进行监听和处理事件。后面会详细介绍事件及其处理。

**4．JRadioButton 和 JCheckBox**

JRadioButton 控件用于实现一个单选按钮，此按钮项有“被选择”或“取消选择”两项，并可为用户显示其状态。可以定义一个或多个单选按钮并使用 add()方法添加到一个 ButtonGroup 按钮组中，作为整体进行处理。一个按钮组中只能有一个单选按钮处于“被选中”状态。所以，通常情况下，会定义包含多个单选按钮的按钮组，来实现多个条件的选择。

JCheckBox 控件用于带有文本和图标的复选框的实现，和 JRadioButton 一样，复选框有“被选定”和“取消选定”两项，它将其状态显示给用户。按照惯例，一组条件中可以包含多个复选框。可以同时选定组中任意数量的复选框。

**5. JList**

JList 控件用于定义一个列表，允许用户选择其中的一个或多个项。JList 本身不支持滚动条功能。

**6. JComboBox**

JComboBox 控件用于将按钮或可编辑字段与下拉列表组合，即创建组合框对象。根据组合框是否可编辑的状态，组合框一般有两种外观。一种是文本框和下拉列表的组合，这种时候用户可编辑文本框或从下拉列表中选择值；另一种是按钮和下拉列表的组合，这种为不可编辑状态，用户只能从下拉列表中选择值。下拉列表外观上通常是一个倒三角形，称为下拉按钮。用户请求时单击该下拉按钮，将显示出一个内容列表，显示多个项目。用户可在列表中选择其中的一个项目。

**7. JTextArea**

JTextArea 控件用于创建一个多行文本框。与 JTextField 控件一样能接受文本信息的显示与输入。和 JTextField 不同的是，JTextArea 能够进行多行输入和显示，突破了 JTextField 控件单行输入的限制。

如果文本信息的行数超过文本区限定的行数，超出的文本信息则显示不出来。java.awt.TextArea 在内部处理滚动。JTextArea 的不同之处在于，它不管理滚动，但实现了 swing Scrollable 接口。允许把它放置在 JScrollPane（后面会讲解）的内部，这样可以通过滚动来显示超出的文本。实现语法为：

```
new JScrollPane(JTextArea 文本区对象)
```

java.awt.TextArea 具有换行能力。这由水平滚动策略来控制。由于滚动不是由 JTextArea 直接完成的，因此必须通过另一种方式来提供向后兼容性。JTextArea 具有用于换行的绑定 (bound) 属性，该属性控制其是否换行。在默认情况下，换行属性设置为 false（不换行）。

### 9.2.3 Swing 中的其他控件

Swing 控件中除包含以上控件外，还有很多控件，下面介绍几种常见控件。

**1. JPanel**

JPanel 控件用于创建一个面板。这是一个能够容纳其他轻量级控件的容器。当然还可以用 JPanel 面板容器绘制图形。

**2. JDialog**

JDialog 控件用于创建对话框窗口。JDialog 类是 java.awt 包中 Dialog 类的子类。JDialog 类多了一个无参的构造方法，用于创建一个没有标题并且没有指定 Frame 所有者的无模式对话框。

JDialog 和 JFrame 相似，JDialog 自身也含有一个内容面板，所以应该在内容面板中添加其他控件，而不能将控件直接添加到 JDialog 中。

**3. JOptionPane**

JOptionPane 控件用于创建消息框，它有助于方便地弹出要求用户提供值或向其发出通知的标准对话框。

JOptionPane 有一系列的静态 showXxxDialog 方法，可用来生成各种类型的消息框，最常用的静态 showXxxDialog 方法见表 9-8。所有对话框都是有模式的。在用户交互完成之前，每个 showXxxDialog 方法都一直阻塞调用者。

表 9-8 最常用的静态 showXxxDialog 方法

| 方 法 名 | 描 述 |
|---|---|
| showConfirmDialog | 生成确认对话框，用于询问一个确认问题，如 yes/no/cancel |
| showInputDialog | 生成输入对话框，用于提示要求某些输入 |
| showMessageDialog | 生成消息对话框，用于告知用户某事已发生 |
| showOptionDialog | 上述三项的大统一 (Grand Unification) |

**4. JScrollPane**

JScrollPane 控件用于管理视口、可选的垂直和水平滚动条以及可选的行和列标题视口。通常把一个控件放到一个滚动窗口中，通过滚动条来查看控件内容。

除滚动条和视口外，JScrollPane 也可以有一个列标题和一个行标题。这二者都是 JViewport 对象，可用 setRowHeaderView 和 setColumnHeaderView 指定。列标题视口自动左右滚动，跟踪主视口的左右滚动。

**5. JSplitPane**

JSplitPane 控件用于拆分窗口。一次只能水平或垂直分隔两个 Component。这两个 Component 可以由用户交互式调整大小。构造方法有以下 5 个：

（1）JSplitPane()，用于创建一个配置为将其子控件水平排列、无连续布局、为控件使用两个按钮的新 JSplitPane。

（2）JSplitPane(int newOrientation)，用于创建一个配置为指定方向且无连续布局的新 JSplitPane。

（3）JSplitPane(int newOrientation，Boolean newContinuousLayout)，用于创建一个具有指定方向和重绘方式的新 JSplitPane。

（4）JSplitPane(int newOrientation，Boolean newContinuousLayout，Component newLeftComponent，Component newRightComponent)，用于创建一个具有指定方向、重绘方式和指定控件的新 JSplitPane。

（5）JSplitPane(int newOrientation，Component newLeftComponent，Component newRightComponent)，用于创建一个具有指定方向和不连续重绘的指定控件的新 JSplitPane。

其中参数说明如下：

① newOrientation 只有两种取值：JSplitPane.HORIZONTAL_SPLIT 或 JSplitPane.VERTICAL_SPLIT。

②newContinuousLayout 为一个 boolean 值，指示拆分线移动时控件是否连续变化，当分隔条改变位置时控件连续重绘则为 true；当分隔条位置停止改变时才重绘则为 false。

③newLeftComponent 表示将出现在水平分隔窗格的左边或者垂直分隔窗格的顶部的 Component。

④newRightComponent 表示将出现在水平分隔窗格的右边或者垂直分隔窗格的底部的 Component。

**6．JTabbedPanel**

JTabbedPanel 控件用来创建选项卡面板。用户通过单击具有给定标题和/或图标的选项卡，在一组组件之间进行切换。

通过使用 addTab 和 insertTab 方法将选项卡/组件添加到 TabbedPane 对象中。选项卡通过对应于添加位置的索引来表示，其中第一个选项卡的索引为 0，最后一个选项卡的索引为选项卡数减 1。

TabbedPane 使用 SingleSelectionModel 来表示选项卡索引集和当前所选择的索引。如果选项卡数大于 0，则总会有一个被选定的索引，此索引默认被初始化为第一个选项卡。如果选项卡数为 0，则所选择的索引为 -1。

### 9.2.4　Swing 中的菜单和工具栏类控件

**1．JmenuBar、Jmenu 和 JMenuItem**

菜单的组织方式为：一个菜单条 JmenuBar 中包含多个菜单 JMenu，而一个菜单可以包含多个菜单项 JMenuItem。有一些支持菜单的控件如 JDialog、JFrame 等都有一个 setJMenuBar (JMemuBar bar)方法来设置菜单条。

除 JMenuItem 外，JMenu 还可以包含 JSeparator。菜单本质上是带有关联 JPopupMenu 的按钮。当按下“按钮”时，就会显示 JPopupMenu。如果“按钮”位于 JMenuBar 上，则该菜单为顶层窗口。如果“按钮”是另一个菜单项，则 JPopupMenu 就是“右拉”菜单。

可以通过 setAccelerator(KeyStroke keyStroke)方法为 JMenuItem 设置菜单快捷键，它能直接调用菜单项的操作监听器而不必单击对应的菜单项。

注意：菜单 JMenu 不能添加到其他容器中，只能添加到菜单条 JmenuBar 中。同样，菜单项 JMenuItem 只能添加到菜单 JMenu 中。

**2．JCheckBoxMenuItem**

JCheckBoxMenuItem 控件用于创建可以被选定或取消选定的复选框菜单项。如果被选定，菜单项的旁边通常会出现一个复选标记。如果未被选定或被取消选定，菜单项的旁边就没有复选标记。像常规菜单项一样，复选框菜单项可以有与之关联的文本或图标，或者二者兼而有之。

构造方法 JCheckBoxMenuItem(String text, boolean b)用于创建带有指定文本和选择状态的复选框菜单项。

【例 9-4】为窗体添加菜单。

```
package com.yiheng.nine;
import javax.swing.*;
import java.awt.*;
/**
 * Created by hcm on 2018/10/28.
 */
public class Eg9_4Menu extends JFrame {
    JFrame f = new JFrame("Swing菜单");
    JLabel lbstat = new JLabel("这里是状态栏");
    Font font = new Font("Serif", Font.BOLD, 13);
```

```
        JLabel lbwest = new JLabel("这里是西方", JLabel.CENTER);
        JLabel lbcenter = new JLabel("这里是中央", JLabel.CENTER);
        JLabel lbeast = new JLabel("这里是东方", JLabel.CENTER);
        JPanel p = new JPanel();
        CardLayout c = new CardLayout();  // 创建一个布局管理器 CardLayout 的对象 c
        JMenuBar bar = new JMenuBar();   // 创建一个菜单条
        JMenu menuView = new JMenu("视图");            // 定义一个菜单对象 menuView,
其标题为“视图”
        JMenu menuEdit = new JMenu("编辑");
        // 定义一个菜单项 JMenuItem 的对象 mitmWest，其标题为"西方"
        JMenuItem mitmWest = new JMenuItem("西方");
        JMenuItem mitmCenter = new JMenuItem("中央");
        JMenuItem mitmEast = new JMenuItem("东方");
        JMenuItem mitmCut = new JMenuItem("剪下");
        JMenuItem mitmPaste = new JMenuItem("粘贴");
        // 定义一个菜单项 JCheckBoxMenuItem 的对象 mitmStat，其标题为"状态栏"，选中
        JCheckBoxMenuItem mitmStat = new JCheckBoxMenuItem("状态栏", true);
        JMenuItem mitmExit = new JMenuItem("退出");
        public void go() {
            // 设置控件的字体
            lbwest.setFont(font);
            lbcenter.setFont(font);
            lbeast.setFont(font);
            lbstat.setFont(font);
            menuView.setFont(font);
            menuEdit.setFont(font);
            mitmWest.setFont(font);
            mitmCenter.setFont(font);
            mitmEast.setFont(font);
            mitmCut.setFont(font);
            mitmPaste.setFont(font);
            mitmStat.setFont(font);
            mitmExit.setFont(font);
            // 搭建菜单
            // 将菜单项添加到菜单中
            menuView.add(mitmWest);
            menuView.add(mitmCenter);
            menuView.add(mitmEast);
            menuView.addSeparator();                  // 添加一条分隔线
            menuView.add(mitmStat);
            menuView.addSeparator();
```

```
            menuView.add(mitmExit);
            menuEdit.add(mitmCut);
            menuEdit.add(mitmPaste);
            // 将菜单添加到菜单条中
            bar.add(menuView);
            bar.add(menuEdit);
            // 将菜单条添加到窗口中
            f.setJMenuBar(bar);
            //将标签加入到面板中
            p.setLayout(c);
            p.add(lbwest, "west");
            p.add(lbcenter, "center");
            p.add(lbeast, "east");
            // 将面板和底部标签添加到窗口中
            f.getContentPane().add("Center", p);     // 将容器 pc 添加到窗口 f 的中央
            f.getContentPane().add("South", lbstat);     // 将标签 stat 添加到窗口 f
的底部
            f.setSize(350, 300);
            f.setVisible(true);
        }
        public static void main(String args[]) {
            Eg9_4Menu testMenu = new Eg9_4Menu();
            testMenu.go();
        }
    }
```

程序运行结果如图 9-5 所示。

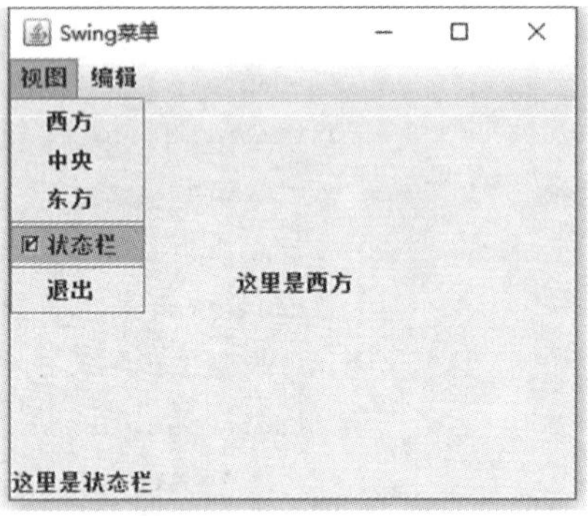

图 9-5　程序运行结果

**2．JpopupMenu**

JpopupMenu 控件用于创建弹出式菜单，弹出式菜单是一个可弹出并显示一系列选项的小窗口。JPopupMenu 用于用户在菜单栏上选择选项时显示的菜单。它还用于当用户选择菜单项并激活它时显示的“右拉式 (pull-right)”菜单。最后，JPopupMenu 还可以在想让菜单显示的任何其他位置使用。例如，当用户在指定区域中右击时。

下面的代码用于创建一个带有标题的 JpopupMenu：

```
JpopupMenu myJpopupMenu = new JpopupMenu("菜单");
```

可以使用 add()方法或 insert()方法向 JpopupMenu 中添加或者插入 JMenuItem 与 JComponent。JpopupMenu 对添加到其中的每个菜单项都赋予一个整数索引，并根据弹出式菜单的布局管理器调整菜单项显示的顺序。此外，还可以使用 addSeparator()方法添加分割线，

并且 JpopupMenu 也会为该分割线指定一个整数索引。若鼠标事件是平台的弹出式菜单触发事件，则调用弹出式菜单对象的 show()方法来显示弹出式菜单。

**3. JToolBar**

JtoolBar 控件用于创建工具栏。工具栏是现代图形用户界面几乎必备的控件之一，目的是将菜单中一些常用的功能用带文字和图标的按钮形式在窗口上显示出来，以方便用户使用。

用户可以将工具栏拖到窗口的四周，或自成一个单独的窗口（除非 floatable 属性被设置为 false）。为了正确执行拖动，建议将 JToolBar 实例添加到容器的四“边”中的一边（其中容器的布局管理器为 BorderLayout），并且不在其他四“边”中添加任何子级。

## 9.3 布局管理器

为了生成的图形用户界面具有良好的平台无关性，Java 语言中，提供了布局管理器这个工具来管理组件在容器中的布局，而不使用直接设置组件位置和大小的方式。每个容器都有一个布局管理器，用来组织容器内的所有控件的顺序、位置、间隔等。总共有 5 种布局管理器：FlowLayout 流式布局管理器、BorderLayout 边界布局管理器、GridLayout 网格布局管理器、CardLayout 卡片布局管理器和 GridBagLayout 动态网格布局管理器。每个容器都会有一个默认的布局管理器。比如 Window、Frame 和 Dialog，默认采用 BorderLayout 布局方式，而 Panel 默认采用 FlowLayout 布局方式。如果不希望采取默认布局方式，想要自己根据需要设置组件的大小或位置，则可以通过调用 setLayout(null)来取消默认的布局方式，但接着就要为容器中的每一个控件定位。试图调用 setBounds()、setLocation()或者 setSize()等方法来布局，则必须取消布局管理器，因为这些方法会被布局管理器覆盖。下面介绍常用的四种布局管理器。

### 9.3.1 FlowLayout

流式布局用于安排有向流中的控件，这非常类似于段落中的文本行。一般控件的放置规律是从上到下、从左到右进行放置，如果容器足够宽，第一个组件先添加到容器中第一行的最左边，后续的组件依次添加到上一个组件的右边，如果当前行已放置不下该组件，则放置到下一行的最左边。

当容器的大小发生变化时，用 FlowLayout 管理的控件会发生变化，其变化规律是：控件的大小不变，但是相对位置会发生变化。如图 9-6 所示有三个按钮都处于同一行，但是如果把该窗口变窄，窄到刚好能够放下一个按钮，则第二个按钮将折到第二行，第三个按钮将折到第三行。按钮“Open”本来在按钮“OK”的右边，但是现在跑到了下面，如图 9-7 所示。所以说“控件的大小不变，但是相对位置会发生变化”。代码如下：

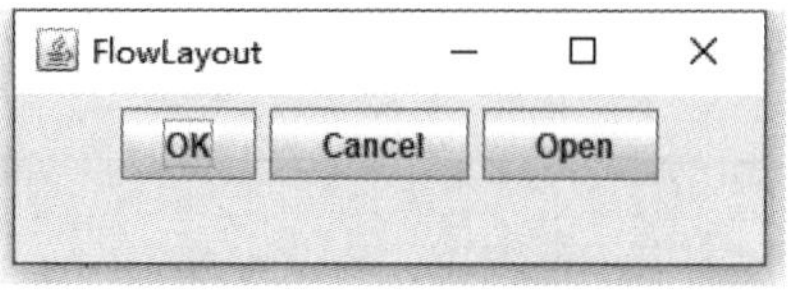


图 9-6 流式布局方式

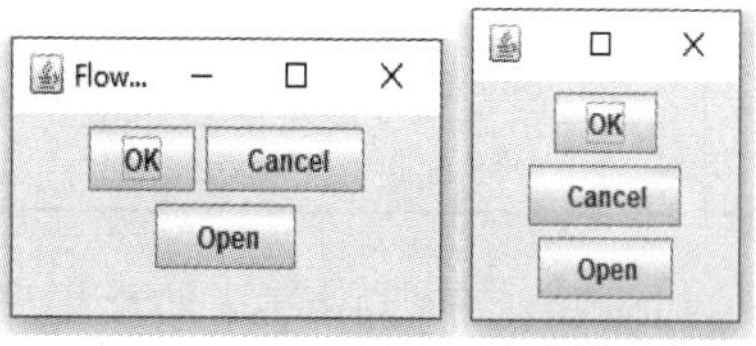


图 9-7 位置变动的效果

【例 9-5】创建 3 个按钮，并将它们按流式布局方式添加到 JFrame 窗体中。

```
package com.yiheng.nine;
import javax.swing.*;
import java.awt.*;
/**
 * Created by hcm on 2018/10/27.
 */
public class Eg9_5FlowLayout {
    public static void main(String args[]) {
        JFrame f = new JFrame("FlowLayout");
        Container c = f.getContentPane();    // 获取内容面板
        c.setLayout(new FlowLayout());
        //从左至右依次添加 3 个按钮
        c.add(new Button("OK"));
        c.add(new Button(" Cancel"));
        c.add(new Button(" Open"));
        f.setSize(300, 100);
        f.setVisible(true);
    }
}
```

程序运行结果如图 9-6 所示。

当然，流的方向可通过容器的 componentOrientation 属性进行更改。FlowLayout 类的常用构造方法见表 9-9。

表 9-9　FlowLayout 类的常用构造方法

| 序　号 | 参　　数 | 参 数 说 明 | 功 能 说 明 |
| --- | --- | --- | --- |
| 1 | 无 | 没有参数，直接调用 | 构造一个新的 FlowLayout，它是居中对齐的，默认的水平和垂直间隙是 5 个单位 |
| 2 | int align | owner 为 Dialog 的所有者，如果此 Dialog 没有所有者，则该参数为 null；<br>title 为 Dialog 的标题，如果此 Dialog 没有标题，则该参数为 null | 构造一个新的 FlowLayout，它具有指定的对齐方式，默认的水平和垂直间隙是 5 个单位 |
| 3 | int align,<br>int hgap,<br>int vgap | align 为对齐值；<br>hgap 为控件之间以及控件与 Container 的边之间的水平间隙；<br>vgap 为控件之间以及控件与 Container 的边之间的垂直间隙 | 创建一个新的流式布局管理器，它具有指定的对齐方式以及指定的水平和垂直间隙 |

FlowLayout 类的常用方法见表 9-10。

表 9-10　FlowLayout 类的常用方法

| 序　号 | 方　法　名 | 功 能 说 明 |
|---|---|---|
| 1 | addLayoutComponent(String name, Component comp) | 将指定的控件添加到布局中 |
| 2 | getAlignment() | 获取此布局的对齐方式 |
| 3 | getAlignOnBaseline() | 如果控件沿其基线垂直对齐，则返回 true |
| 4 | getHgap() | 获取控件之间以及控件与 Container 的边之间的水平间隙 |
| 5 | getVgap() | 获取控件之间以及控件与 Container 的边之间的垂直间隙 |
| 6 | setAlignment(int align) | 设置此布局的对齐方式 |
| 7 | setAlignOnBaseline(boolean alignOnBaseline) | 设置控件是否应该沿着其基线垂直对齐 |
| 8 | setHgap(int hgap) | 设置控件之间以及控件与 Container 的边之间的水平间隙 |
| 9 | setVgap(int vgap) | 设置控件之间以及控件与 Container 的边之间的垂直间隙 |

### 9.3.2　BorderLayout

BorderLayout 是一个布置容器的边框布局，它可以对容器控件进行安排，并调整其大小，它将容器分为五个区域来安排控件：北、南、东、西、中，如图 9-8 所示。每个区域最多只能包含一个控件，并通过相应的常量进行标识：North、South、East、West、Center。当使用边框布局将一个控件添加到容器中时，要使用这 5 个常量之一。

BorderLayout 根据其首选大小和容器大小的约束 (constraints) 对控件进行布局。North 和 South 控件可以在水平方向上拉伸；而 East 和 West 控件可以在垂直方向上拉伸；Center 控件可同时在水平和垂直方向上拉伸，从而填充所有剩余空间。

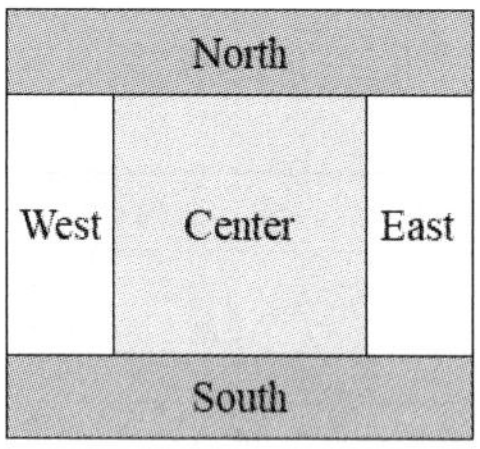

图 9-8　BorderLayout 布局

不一定所有的区域都有组件，如果四周的区域（West、East、North、South 区域）没有组件，则由 Center 区域去补充，但是如果 Center 区域没有组件，则保持空白。

BorderLayout 类的常用构造方法见表 9-11。

表 9-11　BorderLayout 类的常用构造方法

| 序　号 | 参　　数 | 参 数 说 明 | 功 能 说 明 |
|---|---|---|---|
| 1 | 无 | 没有参数，直接调用 | 构造一个控件之间没有间距的新边框布局 |
| 2 | int hgap,<br>int vgap | hgap 为控件之间以及控件与 Container 的边之间的水平间隙；<br>vgap 为控件之间以及控件与 Container 的边之间的垂直间隙 | 构造一个具有指定控件间距的边框布局 |

BorderLayout 类的常用方法见表 9-12。

表 9-12　BorderLayout 类的常用方法

| 序　号 | 方　法　名 | 功 能 说 明 |
| --- | --- | --- |
| 1 | addLayoutComponent(Component comp, Object constraints) | 使用指定的约束对象将指定控件添加到布局中 |
| 2 | getHgap() | 返回控件之间的水平间距 |
| 3 | getLayoutAlignmentX(Container parent) | 返回沿 $x$ 轴的对齐方式 |
| 4 | getLayoutAlignmentY(Container parent) | 返回沿 $y$ 轴的对齐方式 |
| 5 | getVgap() | 返回控件之间的垂直间距 |
| 6 | setHgap(int hgap) | 设置控件之间的水平间距 |
| 7 | setVgap(int vgap) | 设置控件之间的垂直间距 |

### 9.3.3　GridLayout

GridLayout 以矩形网格形式对容器的控件进行布置。它将容器分成大小相等的矩形，一个矩形中放置一个控件，按行依次排列控件。

通过构造方法或 setRows 和 setColumns 方法将行数和列数都设置为非零值时，指定的列数将被忽略。列数通过指定的行数和布局中的控件总数来确定。因此，如果指定了三行和两列，在布局中添加了 9 个控件，则它们将显示为三行三列。仅当将行数设置为零时，指定列数才对布局有效。

GridLayout 类的常用构造方法见表 9-13。

表 9-13　GridLayout 类的常用构造方法

| 序 号 | 参　　数 | 参 数 说 明 | 功 能 说 明 |
| --- | --- | --- | --- |
| 1 | 无 | 没有参数，直接调用 | 创建具有默认值的网格布局，即每个控件占据一行一列 |
| 2 | int rows<br>int cols | rows 为该 rows 具有表示任意行数的值零；<br>cols 为该 cols 具有表示任意列数的值零 | 创建具有指定行数和列数的网格布局 |
| 3 | int rows<br>int cols<br>int hgap<br>int vgap | rows 为该 rows 具有表示任意行数的值零；<br>cols 为该 cols 具有表示任意列数的值零；<br>hgap 为水平间距；<br>vgap 为垂直间距 | 创建具有指定行数和列数的网格布局 |

GridLayout 类的常用方法见表 9-14。

表 9-14　GridLayout 类的常用方法

| 序　号 | 方　法　名 | 功 能 说 明 |
| --- | --- | --- |
| 1 | addLayoutComponent(String name, Component comp) | 将具有指定名称的指定控件添加到布局 |
| 2 | getColumns() | 获取此布局中的列数 |
| 3 | getHgap() | 获取控件之间的水平间距 |
| 4 | getRows() | 获取此布局中的行数 |
| 5 | getVgap() | 获取控件之间的垂直间距 |
| 6 | layoutContainer(Container parent) | 使用此布局布置指定容器 |

续表

| 序　号 | 方　法　名 | 功 能 说 明 |
|---|---|---|
| 7 | removeLayoutComponent(Component comp) | 从布局移除指定控件 |
| 8 | setColumns(int cols) | 将此布局中的列数设置为指定值 |
| 9 | setHgap(int hgap) | 将控件之间的水平间距设置为指定值 |
| 10 | setRows(int rows) | 将此布局中的行数设置为指定值 |
| 11 | setVgap(int vgap) | 将控件之间的垂直间距设置为指定值 |

【例 9-6】创建 6 个按钮，并将它们按网格布局添加到 JFrame 窗体中。

```
package com.yiheng.nine;
import javax.swing.*;
import java.awt.*;
/**
 * Created by hcm on 2018/10/27.
 */
public class Eg9_6GridLayout {
    public static void main(String args[]) {
        JFrame f = new JFrame("GridLayout");
        Container c = f.getContentPane();    // 获取内容面板
        c.setLayout(new GridLayout(3,2));  // 设置 3 行 2 列的布局方式
        c.add(new JButton("1"));          //添加到第一行的第一列
        c.add(new JButton("2"));          //添加到第一行的第二列
        c.add(new JButton("3"));          //添加到第二行的第一列
        c.add(new JButton("4"));          //添加到第二行的第二列
        c.add(new JButton("5"));          //添加到第三行的第一列
        c.add(new JButton("6"));          //添加到第三行的第二列
        f.setSize(300, 150);
        f.setVisible(true);
    }
}
```

说明：使用 add()方法依次从左至右，从上到下添加按钮。不管窗口大小如何变化，6 个按钮都保持大小相等，均匀地分布占满整个窗体。

程序运行结果如图 9-9 所示。

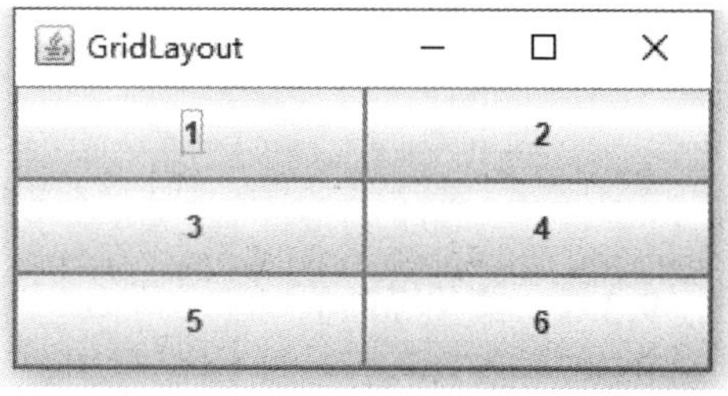


图 9-9　程序运行结果

### 9.3.4　CardLayout

CardLayout 将容器中的每个控件看作一张卡片。一次只能看到一张卡片，这张卡片占据容器的整个区域。把容器分成许多层，这样就可以帮助用户处理两个或更多的成员共享同一显示空

间，每层只允许放置一个组件，当然每层都可以利用 Panel 来实现复杂的用户界面。CardLayout 就像一副叠得整整齐齐的扑克牌一样，有 54 张牌，但是只能看见最上面的一张牌，每一张牌就相当于牌布局管理器中的每一层。

一般来说当容器第一次显示时，第一个添加到 CardLayout 对象的控件为可见控件。

卡片的顺序由控件对象本身在容器内部的顺序决定。CardLayout 定义了一组方法，这些方法允许应用程序按顺序地浏览这些卡片，或者显示指定的卡片。addLayoutComponent (java.awt.Component, java.lang.Object) 方法可用于将一个字符串标识符与给定卡片关联，以便进行快速随机访问。

CardLayout 类的常用构造方法见表 9-15。

表 9-15　CardLayout 类的常用构造方法

| 序 号 | 参　　数 | 参 数 说 明 | 功 能 说 明 |
|---|---|---|---|
| 1 | 无 | 没有参数，直接调用 | 创建一个间距大小为 0 的新卡片布局 |
| 2 | int hgap,<br>int vgap | hgap 为水平间距；<br>vgap 为垂直间距 | 创建一个具有指定水平间距和垂直间距的新卡片布局 |

CardLayout 类的常用方法见表 9-16。

表 9-16　CardLayout 类的常用方法

| 序　　号 | 方　法　名 | 功 能 说 明 |
|---|---|---|
| 1 | addLayoutComponent(Component comp, Object constraints) | 将指定的控件添加到此卡片布局的内部名称表 |
| 2 | first(Container parent) | 翻转到容器的第一张卡片 |
| 3 | getHgap() | 获取控件之间的水平间距 |
| 4 | getLayoutAlignmentX(Container parent) | 返回沿 *x* 轴的对齐方式 |
| 5 | getLayoutAlignmentY(Container parent) | 返回沿 *y* 轴的对齐方式 |
| 6 | getVgap() | 获取控件之间的垂直间距 |
| 7 | last(Container parent) | 翻转到容器的最后一张卡片 |
| 8 | layoutContainer(Container parent) | 使用此卡片布局布置指定容器 |
| 9 | next(Container parent) | 翻转到指定容器的下一张卡片 |
| 10 | previous(Container parent) | 翻转到指定容器的前一张卡片 |
| 11 | removeLayoutComponent(Component comp) | 从布局移除指定控件 |
| 12 | setHgap(int hgap) | 设置控件之间的水平间距 |
| 13 | setRows(int rows) | 将此布局中的行数设置为指定值 |
| 14 | setVgap(int vgap) | 设置控件之间的垂直间距 |
| 15 | show(Container parent, String name) | 翻转到使用 addLayoutComponent 添加到此布局的具有指定 name 的控件 |

### 9.3.5　嵌套布局

在复杂的图形用户界面设计中，为了使布局更加易于管理，具有简洁的整体风格，一个包含了多个组件的容器本身也可以作为一个组件添加到另一个容器中，容器中再添加容器，这样就形成了容器的嵌套。

**【例 9-7】**嵌套布局案例。

```
package com.yiheng.nine;
import javax.swing.*;
import java.awt.*;
/**
 * Created by hcm on 2018/10/27.
 */
public class Eg9_7NestedLayout {
    public static void main(String args[]) {
        JFrame f = new JFrame("NestedLayout");
        Container c = f.getContentPane();    // 获取内容面板
        JPanel p = new JPanel();
        //往面板 p 里从左至右依次添加 2 个按钮
        p.add(new JButton("File"));
        p.add(new JButton("Help"));
        //往窗体 f 中添加 2 个按钮和面板 p
        c.add(new JButton("West"),"West");
        c.add(new JButton("Work space region"),"Center");
        c.add(p,"North");
        f.setSize(400, 260);
        f.setVisible(true);
    }
}
```

说明：首先将“File”按钮和“Help”按钮添加至面板 p 中，再将面板 p 添加至窗体的上方。

程序运行结果如图 9-10 所示。

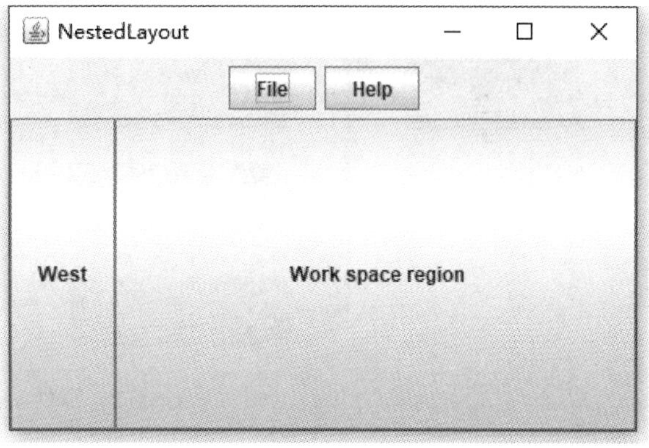


图 9-10 程序运行结果

## 9.4 事件监听机制

当用户和 GUI 交互发生事件时，比如敲击键盘、拖动鼠标、单击鼠标、关闭窗口等等，GUI 能够监听到相应的事件并进行处理。每一个能够触发事件的控件被称为事件源，每一个事件都有其对应的监听器，用来接收并处理事件。如果控件注册了某种事件监听器，那么当这种事件发生时，监听器就可以监听到并作相应处理。

在 Java 中，监听器对象是一个实现了特定监听器接口的类的实例。事件源是一个能够注册监听器对象并发送事件对象的对象。用户对控件的一个操作，被称为事件，当事件发生时，事件源将事件对象传递给所有注册的监听器。监听器对象将利用事件对象中的信息决定如何对事件做出响应。图 9-11 展示了一个 Frame 事件源触发鼠标事件和键盘事件的过程。因为 Frame 注册了键盘监听器，所以当 Frame 触发了键盘事件后，键盘监听器就接收了事件信息闭幕式进行处理，作出相应的应答。而 Frame 未注册鼠标监听器，所以鼠标事件发后并未有任何响应动作。

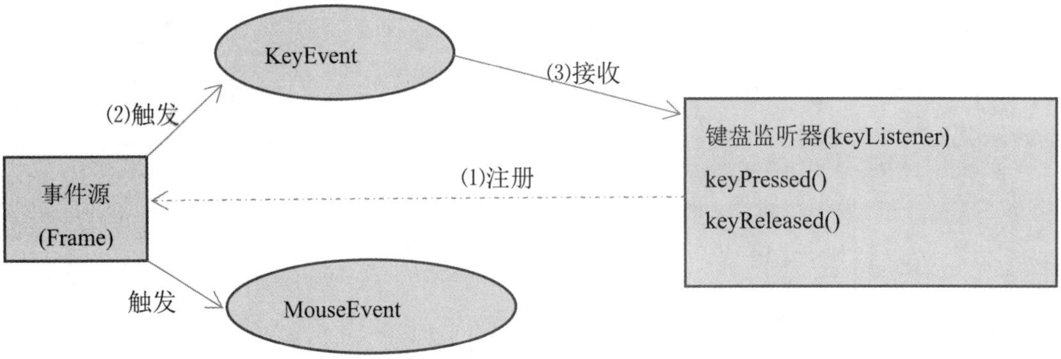


图 9-11　Frame 触发事件

### 9.4.1　事件类

每种事件都对应一个事件类，Java 中的事件类包括：ItemEvent、ActionEvent、WindowEvent、KeyEvent 与 MouseEvent 等，事件类的类层次结构如图 9-12 所示。

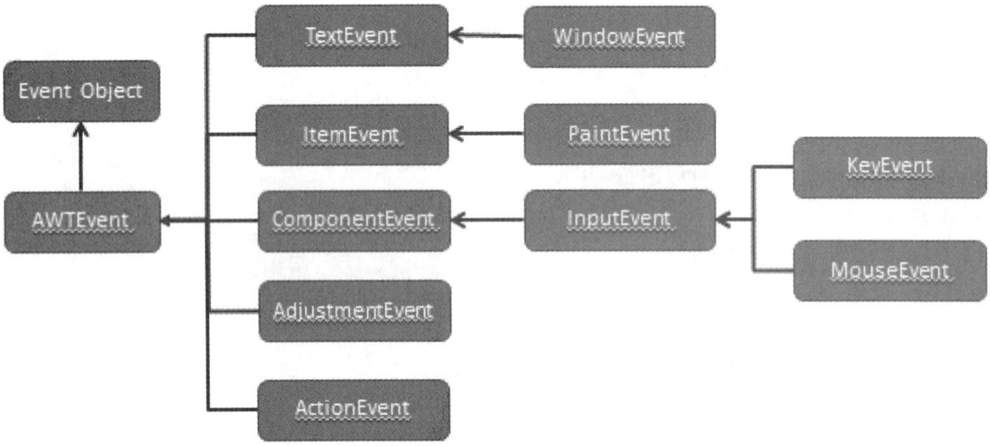


图 9-12　事件类的类层次结构

### 9.4.2　监听器

要处理一个对象所产生的事件，首先必须注册该对象的监听者。java.awt.event 包按照不同的事件类型定义了 11 个监听器接口，每类事件都有对应的事件监听器，监听器是接口，接口中定义了事件发生时可调用的方法，一个类可以实现监听器的一个或多个接口。表 9-17 列出了 AWT 事件的监听器接口。

表 9-17 AWT 事件的监听器接口

| 序号 | 事 件 类 | 说 明 | 接 口 名 | 方 法 |
|---|---|---|---|---|
| 1 | ActionEvent | 动作事件 | ActionListener | actionPerformed(ActionEvent e) |
| 2 | ItemEvent | 选项事件 | ItemListener | itemStateChanged(ItemEvent e) |
| 3 | MouseEvent | 鼠标移动事件 | MouseMotionListener | mouseGragged(MouseEvent e)<br>mouseMoved(MouseEvent e) |
| 4 | MouseEvent | 鼠标事件 | MouseListener | mousePressed(MouseEvent e)<br>mouseReleased(MouseEvent e)<br>mouseEntered(MouseEvent e)<br>mouseExited(MouseEvent e)<br>mouseClicked(MouseEvent e) |
| 5 | KeyEvent | 键盘事件 | KeyListener | KeyPressed(KeyEvent e)<br>KeyReleased(KeyEvent e)<br>KeyTyped(KeyEvent e) |
| 6 | FocusEvent | 焦点事件 | FocusListener | focusGained(FocusEvent e)<br>focusLost(FocusEvent e) |
| 7 | AdjustmentEvent | 移动滚动条等控件事件 | AdjustmentListener | adjustmentValueChanged(AdjustmentEvent e) |
| 8 | ContainerEvent | 容器事件 | ContainerListener | componentAdded(ContainerEvent e)<br>componentRemoveed(ContainerEvent e) |
| 9 | ComponentEvent | 控件动作事件 | ComponentListener | componentMoved(ComponentEvent e)<br>componentHidden(ComponentEvent e)<br>componentResized(ComponentEvent e)<br>componentShown(ComponentEvent e) |
| 10 | TextEvent | 文本事件 | TextListener | textValueChanged(TextEvent e) |
| 11 | WindowEvent | 窗口事件 | WindowListener | windowClosing(WindowEvent e)<br>windowOpened(WindowEvent e)<br>windowIconified(WindowEvent e)<br>windowClosed(WindowEvent e)<br>windowDeiconified(WindowEvent e)<br>windowActivated(WindowEvent e)<br>windowDeactivated(WindowEvent e) |

由于同一个事件源上可能发生多种事件，因此 Java 采取了授权处理机制(Delegation Model)，事件源可以把在其自身所有可能发生的事件分别授权给不同的事件处理者来处理。使用委任事件模型进行事件处理一般通过以下三个步骤来进行。

（1）让类声明所需要的监听器。

对于某种类型的事件 XXXEvent，要想接收并处理这类事件，必须定义相应的事件监听器类，该类需要实现与该事件相对应的接口 XXXListener；如果该类在事件处理时有多种事件类型，则可根据需要声明多个接口。

（2）为组件（事件源）登记接口。

事件源实例化以后，必须进行授权，即注册该类事件的监听器。Java 中使用 addXXXListener(XXXListener ) 方法来注册监听器。

（3）在类中实现接口中声明的事件处理方法。

例如，在 ActionListener 接口中声明的事件处理方法为 actionPerformed()，声明了 ActionListener 接口的类中要实现的方法。

在实际应用过程中有以下几点需要注意：

■ （1）可以声明多个接口，接口之间用逗号隔开。

```
……implements MouseMotionListener, MouseListener, WindowListener;
```

■ （2）可以由同一个对象监听一个事件源上发生的多种事件，如：

```
f.addMouseMotionListener(this);
f.addMouseListener(this);
f.addWindowListener(this);
```

则对象 f 上发生的多个事件都将被同一个监听器接收和处理。

■ （3）事件处理者和事件源可以处在同一个类中。比如下面代码中，窗体 JFrame f 是事件源，又是类 ThreeListener 的成员变量，而类 ThreeListener 同时实现了监听器接口成为事件处理者。这里所有的事件侦听器方法都要在主类中声明。

```
    public class ThreeListener implements MouseMotionListener,MouseListener,
WindowListener {
        JFrame  f = new JFrame("Three listeners example");
        f.addMouseMotionListener(this); //注册监听器 MouseMotionListener
        f.addMouseListener(this);        //注册监听器 MouseListener
        f.addWindowListener(this);       //注册监听器 WindowListener
    }
```

■ （4）可以通过事件对象获得事件的详细信息。比如下面的方法可通过事件获得事件发生时鼠标的坐标值：

```
public void mouseDragged(MouseEvent e) {
    String s="Mouse dragging :X="+e.getX()+"Y="+e.getY();
    tf.setText(s);
}
```

■ （5）Java 语言类的层次非常分明，因而只支持单继承，为了实现多重继承的能力，Java 用接口来实现，一个类可以实现多个接口，这种机制比多重继承具有更简单、灵活、更强的功能。记住无论实现了几个接口，接口中已定义的方法必须一一实现，如果对某事件不感兴趣，可以不具体实现其方法，而用空的方法体来代替。但必须所有的方法都要写上。

**【例 9-8】**窗口事件监听案例：一个数如果恰好等于它的因子之和，这个数就称为“完数”。设计一个程序，在文本框中输入数字 1000，按下回车键，则将 1000 之内的是完数的及构成完数的因子写入文本区里。

```
package com.yiheng.nine;
import javax.swing.*;
import java.awt.*;
import java.awt.event.*;
/**
 * Created by hcm on 2018/10/26.
 */
```

```
public class Eg9_8PerfectNumber {
    static JTextField tf = new JTextField();
    static JTextArea ta = new JTextArea();
    public static void main(String[] args) {
        JFrame f = new JFrame();
        Container c = f.getContentPane();
        ta.setBackground(Color.cyan);
        tf.setBackground(Color.cyan);
        tf.addActionListener(new TFListener());
        c.add(tf, BorderLayout.SOUTH);
        c.add(ta, BorderLayout.CENTER);
        f.setSize(500, 300);
        f.setVisible(true);
    }
}
class TFListener implements ActionListener {
    public void actionPerformed(ActionEvent e) {
        String str = Eg9_7PerfectNumber.tf.getText().trim();// 获取文本框中
的内容
        int m = 0;
        int n = 0;
        int s = 0;
        int i = 0;
        n = Integer.parseInt(str);          // 将字符串类型转换为整型
        for (m = 2; m < n; m++) {
            s = 0;
            for (i = 1; i < m; i++)
                if ((m % i) == 0)
                    s = s + i;                   // 计算因子之和
            if (s == m) {              // 判断该数的因子之和是否等于该数自身
                Eg9_8PerfectNumber.ta.append(m + "\t" + "它的完数是：");
                for (i = 1; i < m; i++) {
                    if (m % i == 0) {
                        Eg9_8PerfectNumber.ta.append(i + "   ");// 将信息添加到
窗体上
                    }
                }
                Eg9_8PerfectNumber.ta.append("\n");      // 添加回车符
            }
        }
    }
```

```
    }
```

程序运行结果如图 9-13 所示。

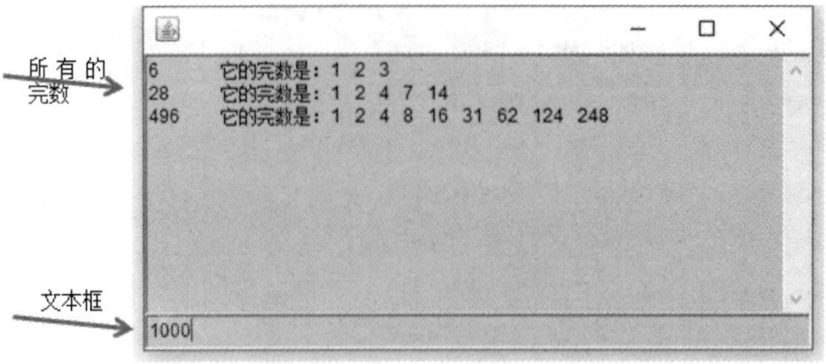


图 9-13　程序运行结果

### 9.4.3　监听适配器

从表 9-17 中可以发现，一个监听接口往往封装了很多方法，如果用户要实现这些接口则必须实现所有方法，但在实际运用中，用户通常只需要其中的某一个或两个方法就够了。这时用户可以使用适配器来解决。java.awt.event 包中包括了很多以“Adapter”结尾命名的类，这些是监听适配器，它们实现了相应的接口。适配器可以代替接口来处理事件，当 Java 提供处理事件的接口中多于一个方法时，Java 就会相应地提供一个适配器类。比如：WindowAdapter 类，它实现了 WindowListener 接口，所以用户可以使用 WindowAdapter 的子类创建的对象做监听器，在子类中重写所需要的方法即可。

java.awt.event 包中定义的事件适配器类包括以下几个：

①ComponentAdapter（组件适配器）

②ContainerAdapter（容器适配器）

③FocusAdapter（焦点适配器）

④KeyAdapter（键盘适配器）

⑤MouseAdapter（鼠标适配器）

⑥MouseMotionAdapter（鼠标运动适配器）

⑦WindowAdapter（窗口适配器）

### 9.4.4　用内部类实现事件监听

事件处理流程还有一种处理事件的方法：通过内部类的方法，内部类可以是匿名类，也可以不是匿名类。这种方法不需要声明事件监听器接口。

内部类（inner class）是被定义于另一个类中的类，使用内部类的主要原因是由于：

◇ 一个内部类的对象可访问外部类的成员方法和变量，包括私有的成员。

◇ 实现事件监听器时，采用内部类、匿名类编程非常容易实现其功能。

◇ 编写事件驱动程序，内部类更方便。

注意：使用的内部类不能在静态方法（如 main 方法）中调用。

【例 9-9】使用内部类监听鼠标事件案例：在窗体中按下鼠标并拖动，在窗体下方的文本框内可显示鼠标的坐标。

```
package com.yiheng.nine;
import javax.swing.*;
import java.awt.*;
import java.awt.event.MouseEvent;
import java.awt.event.MouseMotionAdapter;
/**
 * Created by hcm on 2018/10/26.
 */
public class Eg9_9InnerClass {
    private JFrame f;
    private JTextField tf;
    public Eg9_9InnerClass(){
        f=new JFrame("Inner classes example");
        tf=new JTextField(30);
    }
    public void launchFrame(){
        JLabel jlabel=new JLabel("Click and drag the mouse");
        Container c = f.getContentPane(); // 获取内容面板
        c.add(jlabel,BorderLayout.NORTH);
        c.add(tf,BorderLayout.SOUTH);
        c.addMouseMotionListener(new MyMouseMotionListener());/*参数为内部
类对象*/
        f.setSize(300,200);
        f.setVisible(true);
    }
    class MyMouseMotionListener extends MouseMotionAdapter { /*内部类开始*/
        public void mouseDragged(MouseEvent e) {
            String s="Mouse dragging: x="+e.getX()+"Y="+e.getY();
            tf.setText(s);
        }
    } ;//内部类结束
    public static void main(String args[]) {
        Eg9_9InnerClass obj=new Eg9_9InnerClass();
        obj.launchFrame();
    }
}
```

部分代码说明：

（1）用于添加鼠标移动事件监听器，以 MyMouseMotionListener 内部类对象为参数充当监听器，来监听鼠标的移动过程；

（2）创建一个内部类 MyMouseMotionListener，并且继承了鼠标适配器 MouseMotionAdapter 类，故成为一个监听器，以监听鼠标的移动过程；

（3）重写适配器中的 public void mouseDragged (MouseEvent e) 方法，用于处理监听到鼠标移动时所做的功能，即捕捉到鼠标的坐标，并将坐标写入文本框中。

程序运行结果如图 9-14 所示。

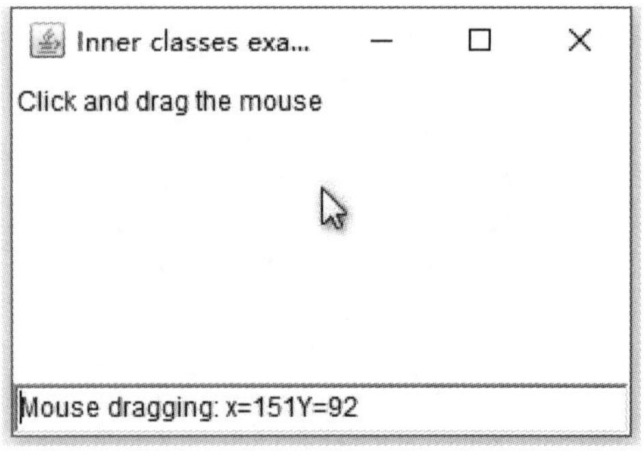


图 9-14　程序运行结果

### 9.4.5　用匿名类实现事件监听器

当一个内部类的类声名只是在创建此类对象时用了一次，而且要产生的新类需继承于一个已有的父类或实现一个接口，才能考虑用匿名类，由于匿名类本身无名，因此它也就不存在构造方法，它需要显式地调用一个无参的父类的构造方法，并且重写父类的方法。所谓的匿名就是该类连名字都没有，只是显式地调用一个无参的父类的构造方法。比如下面的方法即是使用匿名类作为适配器：

```
f.addMouseMotionListener(new MouseMotionAdapter(){ //匿名类开始
  public void mouseDragged(MouseEvent e){
    String s="Mouse dragging: x="+e.getX()+"Y="+e.getY();
    tf.setText(s);
  }
} ); //匿名类结束
```

【例 9-10】为前面例 9-4 的菜单添加功能。

```
package com.yiheng.nine;
import javax.swing.*;
import java.awt.*;
import java.awt.event.*;
/**
 * Created by hcm on 2018/10/28.
 */
public class Eg9_10anonymousClass extends JFrame {
    JFrame f = new JFrame("Swing 菜单");
    JLabel lbstat = new JLabel("这里是状态栏");
    Font font = new Font("Serif", Font.BOLD, 13);
    JLabel lbwest = new JLabel("这里是西方", JLabel.CENTER);
    JLabel lbcenter = new JLabel("这里是中央", JLabel.CENTER);
    JLabel lbeast = new JLabel("这里是东方", JLabel.CENTER);
    JPanel p = new JPanel();
    CardLayout c = new CardLayout();             // 创建一个布局管理器 CardLayout
```

```
的对象 c
        JMenuBar bar = new JMenuBar();              // 创建一个菜单条
        JMenu menuView = new JMenu("视图");          // 定义一个菜单对象 menuView,
其标题为“视图”
        JMenu menuEdit = new JMenu("编辑");
        // 定义一个菜单项 JMenuItem 的对象 mitmWest, 其标题为"西方"
        JMenuItem mitmWest = new JMenuItem("西方");
        JMenuItem mitmCenter = new JMenuItem("中央");
        JMenuItem mitmEast = new JMenuItem("东方");
        JMenuItem mitmCut = new JMenuItem("剪下");
        JMenuItem mitmPaste = new JMenuItem("粘贴");
    //定义一个菜单项 JCheckBoxMenuItem 的对象 mitmStat,其标题为"状态栏",并被选中
        JCheckBoxMenuItem mitmStat = new JCheckBoxMenuItem("状态栏", true);
        JMenuItem mitmExit = new JMenuItem("退出");
        public void go() {
            // 设置控件的字体
            lbwest.setFont(font);
            lbcenter.setFont(font);
            lbeast.setFont(font);
            lbstat.setFont(font);
            menuView.setFont(font);
            menuEdit.setFont(font);
            mitmWest.setFont(font);
            mitmCenter.setFont(font);
            mitmEast.setFont(font);
            mitmCut.setFont(font);
            mitmPaste.setFont(font);
            mitmStat.setFont(font);
            mitmExit.setFont(font);
            // 为菜单项 mitmWest 添加快捷键 Shift-O,mitmCenter 添加快捷键
Ctrl+Shift-S,mitmExit 添加快捷键 Ctrl -X
            mitmWest.setAccelerator(KeyStroke.getKeyStroke('O',
KeyEvent.SHIFT_MASK, false));
            mitmCenter.setAccelerator(KeyStroke.getKeyStroke('S',
KeyEvent.CTRL_MASK
                    + KeyEvent.SHIFT_MASK, false));
            mitmExit.setAccelerator(KeyStroke.getKeyStroke('X',
KeyEvent.CTRL_MASK,false));
            // 将菜单项 JMenuItem 注册到监听器 JMenuHandler 上
            mitmWest.addActionListener(new JMenuHandler(1));
            mitmCenter.addActionListener(new JMenuHandler(2));
```

```
        mitmEast.addActionListener(new JMenuHandler(3));
        mitmCut.addActionListener(new JMenuHandler(4));
        mitmPaste.addActionListener(new JMenuHandler(5));
        mitmExit.addActionListener(new JMenuHandler(7));
        // JCheckBoxMenuItem 不响应 ActionEvent 事件，这里用 ItemEvent 事件,将菜
单项 mitmStat 注册到监听器 JMenuDisp 上
        mitmStat.addItemListener(new JMenuDisp());
        //用匿名类作为窗体的监听器
        f.addWindowListener(new      WindowAdapter(){public      void
windowClosing(WindowEvent e) {
            System.exit(-1);
        }});
        // 搭建菜单
        // 将菜单项添加到菜单中
        menuView.add(mitmWest);
        menuView.add(mitmCenter);
        menuView.add(mitmEast);
        menuView.addSeparator();                    // 添加一条分隔线
        menuView.add(mitmStat);
        menuView.addSeparator();
        menuView.add(mitmExit);
        menuEdit.add(mitmCut);
        menuEdit.add(mitmPaste);
        // 将菜单添加到菜单条中
        bar.add(menuView);
        bar.add(menuEdit);
        // 将菜单条添加到窗口中
        f.setJMenuBar(bar);
        //将标签加入面板中
        p.setLayout(c);
        p.add(lbwest, "west");
        p.add(lbcenter, "center");
        p.add(lbeast, "east");
        // 将面板和底部标签添加到窗口中
        f.getContentPane().add("Center", p);   // 将容器 p 添加到窗口 f 的中央
        f.getContentPane().add("South", lbstat);    // 将标签 stat 添加到窗口 f
的底部
        f.setSize(350, 300);
        f.setVisible(true);
    }
    //创建内部类 JMenuHandler 作为动作事件监听器
```

```
    class JMenuHandler implements ActionListener {
        private int ch;
        JMenuHandler(int select) {
            ch = select;
        }
        public void actionPerformed(ActionEvent e) {
            switch (ch) {
                case 1:
                    c.show(p, "west"); // 若选择了 1，则显示名为 west 的卡片
                    break;
                case 2:
                    c.show(p, "center");
                    break;
                case 3:
                    c.show(p, "east");
                    break;
                case 4:
                case 5:
                    break;
                case 7:
                    System.exit(-1);
            }
            lbstat.setText("你选择的菜单项是：" + e.getActionCommand());
        }
    }
    //创建内部类 JMenuDisp 作为菜单项事件监听器
    class JMenuDisp implements ItemListener {
        public void itemStateChanged(ItemEvent e) {
  //若菜单项被选择，即前面有一个标记，则将标签 stat 置为可见,否则置为不可见
            if (mitmStat.getState()) lbstat.setVisible(true);
            else
                lbstat.setVisible(false);
        }
    }
    public static void main(String args[]) {
        Eg9_10anonymousClass testMenu = new Eg9_10anonymousClass();
        testMenu.go();
    }
}
```

程序运行结果如图 9-15 所示。

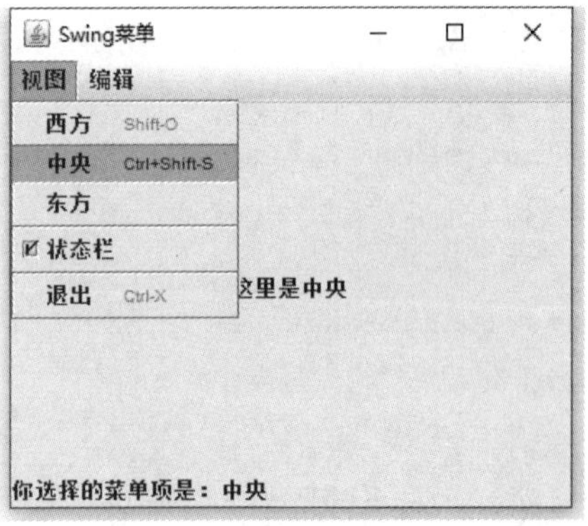


图 9-15　程序运行结果

## 9.5　简易计算器

如何使用 AWT 和 Swing 技术开发具有良好图形用户界面的程序呢？下面以编制简易计算器窗体和功能来学习如何应用。

**1．案例描述**

编写一个类似手机上的简易计算器程序，可以实现加、减、乘、除、百分号及开平方等基本数学运算。

**2．案例分析**

根据案例描述，要编写简易计算器程序，首先要进行分析。

（1）从功能需求方面分析，主要有以下几个方面：

①用户输入数据框和显示结果框。

②对所输入的数据进行加、减、乘、除、百分号及开平方等数学运算。

（2）为了满足以上功能，界面需如下控件：

①设计窗体及其属性：标题、固定大小、位置、可见，含内容面板。

②基本控件，见表 9-18。

表 9-18　基本控件描述

| 控 件 名 | 功　能 | 个 数 | 样　式 |
|---|---|---|---|
| 面板 | 分别用于放置按钮和数据信息 | 2 个 | |
| 标签 | 用于显示欢迎语 | 1 个 | 蓝色字体 |
| 文本框 | 分别用于显示用户输入的数据和显示运算结果 | 2 个 | 只能显示 20 个字符，不能编辑，右对齐 |
| 按钮 | 10 个数字键、6 个加减乘除百分号和开平方运算键、1 个清除键、1 个后退键、1 个小数点以及 1 个等号键 | 20 个 | 加、减、乘、除和开平方运算键共 5 个设置成红色，其余设置成蓝色 |
| 布局管理器 | 在按钮面板中使用 4 行 1 列的网格布局管理器，在信息面板中使用 5 行 4 列的网格布局管理器，在内容面板中使用流水布局管理器 | 3 个 | 信息面板中的网格布局管理器设置水平竖直间距都为 5 |

（3）事件处理：

为 20 个按钮注册监听器，实现 actionPerformed(ActionEvent e)方法，其中当单击 10 个数字键、4 个加、减、乘、除运算键和 1 个等号键时，调用内部私有方法 arithmetic(StringBuffer str) 进行加、减、乘、除运算，并将结果显示出来。本例中所需方法如表 9-19 所示。

表 9-19 方法描述

| 序 号 | 方 法 名 | 访 问 权 限 | 参 数 | 返 回 类 型 | 功 能 说 明 |
|---|---|---|---|---|---|
| 1 | Calculator | public | 无 | 无 | 构造方法 |
| 2 | main | Static public | String[] arg | void | 创建一个窗口 |
| 3 | actionPerformed | public | ActionEvent e | void | 按钮的事件处理 |
| 4 | arithmetic | private | StringBuffer str | void | 进行加减乘除运算 |

**3. 案例实现**

根据案例分析，只需要一个类即可实现，但必须继承 JFrame 窗体，并实现 ActionListener 接口，使该类成为按钮的监听器。具体实现如下：

```
import javax.swing.*;
import java.awt.*;
import java.awt.event.ActionEvent;
import java.awt.event.ActionListener;
import java.util.ArrayList;
import java.util.List;
/**
 * Created by HCM on 2019/1/30.
 */
public class Calculator extends JFrame implements ActionListener {
    private JPanel pButton = new JPanel(); //创建面板放置按钮
    private JPanel pInfo = new JPanel(); //创建面板放置信息
    private JTextField tFormula;   //文本框 tFormula 用来显示输入算式
    private JTextField tResult;   //文本框 tResult 用来显示结果信息
    private JLabel label;    //标签信息
    StringBuffer str;      //显示屏所显示的字符串
    String operator;            //接收所按的数字键对应的数字
    double x, y, result;         //x 和 y 都是运算数
    private JButton b[] = new JButton[12]; //创建一个有 12 个按钮的数组
    private JButton bDivision, bBack, bMultiplication, bEmpty, bAddition,
bSqrt, bSubstraction, bEquals; //算术功能按钮

    public Calculator() {
        super("简易计算器"); //窗口名称
        Container c = getContentPane(); //创建内容面板对象

        tFormula = new JTextField(20);
        tFormula.setHorizontalAlignment(JTextField.RIGHT); //文本对齐右边
```

```
tFormula.setEditable(false); //只能显示，不能编辑
tResult = new JTextField(20);
tResult.setHorizontalAlignment(JTextField.RIGHT);  //文本对齐右边
tResult.setEditable(false); //只能显示，不能编辑
label = new JLabel("欢迎使用简易计算器");
label.setForeground(Color.blue);

//创建一个空字符串缓冲区
str = new StringBuffer();

pInfo.add(label); //添加标签到面板
pInfo.add(tFormula);   //添加算式文本框到面板
pInfo.add(tResult);   //添加结果文本框到面板
pInfo.setLayout(new GridLayout(4, 1)); //把面板布局为4行1列

for (int i = 0; i < 10; i++) {//分别为数组中 0~9 号的按钮设置标签，并注
册监听器
   String s = "" + i;
   b[i] = new JButton(s);
   b[i].addActionListener(this);
}

//实例化各个按钮
b[10] = new JButton("%");
b[11] = new JButton(".");
bDivision = new JButton("/");
bBack = new JButton("Back");
bMultiplication = new JButton("*");
bEmpty = new JButton("C");
bAddition = new JButton("+");
bSqrt = new JButton("Sqrt");
bSubstraction = new JButton("-");
bEquals = new JButton("=");
//设置按钮前景色
for (int i = 0; i < 12; i++) {
   b[i].setForeground(Color.blue);
}
bDivision.setForeground(Color.red);
bMultiplication.setForeground(Color.red);
bAddition.setForeground(Color.red);
bSubstraction.setForeground(Color.red);
```

```
bBack.setForeground(Color.blue);
bEmpty.setForeground(Color.blue);
bSqrt.setForeground(Color.red);
bEquals.setForeground(Color.blue);
//添加到面板
pButton.add(bEmpty);
pButton.add(bBack);
pButton.add(bSqrt);
pButton.add(bAddition);
pButton.add(b[7]);
pButton.add(b[8]);
pButton.add(b[9]);
pButton.add(bSubstraction);
pButton.add(b[4]);
pButton.add(b[5]);
pButton.add(b[6]);
pButton.add(bMultiplication);
pButton.add(b[1]);
pButton.add(b[2]);
pButton.add(b[3]);
pButton.add(bDivision);
pButton.add(b[10]);
pButton.add(b[0]);
pButton.add(b[11]);
pButton.add(bEquals);
pButton.setLayout(new GridLayout(5, 4, 5, 5));
//注册监听器
b[10].addActionListener(this);
b[11].addActionListener(this);
bDivision.addActionListener(this);
bBack.addActionListener(this);
bMultiplication.addActionListener(this);
bEmpty.addActionListener(this);
bAddition.addActionListener(this);
bSqrt.addActionListener(this);
bSubstraction.addActionListener(this);
bEquals.addActionListener(this);
//将面板添加到内容面板
c.add(pInfo);
c.add(pButton);
c.setLayout(new FlowLayout()); //设置为流水布局
```

```
        setDefaultCloseOperation(WindowConstants.EXIT_ON_CLOSE); //设置窗口关闭动作
        setVisible(true); //设置为可见
        setResizable(false); //禁止调整框架大小
        setSize(300, 300); //设置窗口大小
        setLocation(100, 100);
    }
    //主方法实现创建一个窗口
    public static void main(String[] args) {
        new Calculator();
    }
    //按钮的事件处理
    public void actionPerformed(ActionEvent e) {
        try {
            if (e.getSource() == bEmpty) { //选择"C"清零
                tFormula.setText("0"); //把算式文本框清零
                tResult.setText("0"); //把结果文本框清零
                str.setLength(0); //清空字符串缓冲区以准备接收新的输入运算数
            } else if (e.getSource() == bBack) {//选择的是 Back 键
                // if (!tFormula.getText().trim().equals("0")) {//如果显示屏显示的不是零
                if (str.length() != 1) {
                    tFormula.setText(str.delete(str.length() - 1, str.length()).toString());//可能抛出字符串越界异常
                } else {
                    tFormula.setText("0");
                    str.setLength(0);
                }
            } else if (e.getSource() == bSqrt) {//求平方根
                x = Double.parseDouble(tFormula.getText().trim());
                if (x < 0) {
                    tFormula.setText("数字格式异常");
                } else {
                    tFormula.setText("" + Math.sqrt(x));
                }
                str.setLength(0);
                y = 0d;
            } else if (e.getSource() == b[10]) {//单击"%"相当于除以 100 的运算
                x = Double.parseDouble(tFormula.getText().trim());//trim 函数的作用是去掉字符串中的空格
```

```
                tFormula.setText(x+"%");
                tResult.setText((x/100)+"");
            } else if (e.getSource() == bEquals) {//单击等号按钮输出计算结果
                str.setLength(0);
                str = str.append(tFormula.getText().trim());
                arithmetic(str);

            } else {

tFormula.setText(str.append(e.getActionCommand()).toString());
                if (e.getSource() == b[11]) {//单击"."按钮输入小数点
                    if (tFormula.getText().trim().indexOf('.') != -1) {//判
断字符串中是否已经包含了小数点
                    } else {//如果没有小数点
                        if (tFormula.getText().trim().equals("0")) {//如果初
始显示为0

tFormula.setText(str.append(e.getActionCommand()).toString());
                        } else if (tFormula.getText().trim().equals("")) {//
如果初始显示为空则不做任何操作
                        } else {

tFormula.setText(str.append(e.getActionCommand()).toString());
                        }
                    }
                    y = 0d;
                } else {
                    arithmetic(str);
                }
            }
        } catch (StringIndexOutOfBoundsException e1) {
            tFormula.setText("字符串索引越界");
        }
    }

    //进行加减乘除运算
    private void arithmetic(StringBuffer str) {

        Double sum;
        // 计算内容分割
        char operatorC = str.charAt(0);
```

```
        String strTemp;
        if ( operatorC == '-' || operatorC=='.'){
          strTemp = "0"+str;
          str.setLength(0);
          str.append(strTemp);
        }else if  ( operatorC == '+') {

           str.setLength(0);
        }else if  (  operatorC == '*' || operatorC == '/') {
           str.setLength(0);
           tResult.setText("不正确的算式！");
           return;
        }
        char operatorLast = str.charAt(str.length()-1);
        if (operatorLast == '+' || operatorLast == '-' || operatorLast ==
'*' || operatorLast == '/'|| operatorLast == '%') {
           return;
        }

           List<String> numList = new ArrayList<String>();
           int splitIndex = 0;
           for (int i = 0; i < str.length(); i++) {
               char c = str.charAt(i);
               if (c == '+' || c == '-' || c == '*' || c == '/') {
                   numList.add(str.substring(splitIndex, i));
                   numList.add(c + "");
                   splitIndex = i + 1;
               }

           }
           // 因为使用符号做判断，增加前一位和符号，所以最后一位数字不会在循环里处理
           numList.add(str.substring(splitIndex, str.length()));

            // 先做乘除计算
           List<String> list = new ArrayList<String>();
           Double temp = 1.0; // 用于做乘除计算临时变量
           for (int i = 1; i < numList.size(); i += 2) { // 这里只循环运算符号
               if  ("+".equals(numList.get(i))  ||  "-".equals(numList.get
(i))) {
                   if (1 != temp) { // 存在临时变量，说明前面进行过乘除计算
                       list.add(temp.toString());
```

```
                        temp = 1.0;
                    } else {
                        list.add(numList.get(i - 1));
                    }
                    list.add(numList.get(i)); // 把符号加进去
                    if (i == numList.size() - 2) {
                        list.add(numList.get(i + 1));


                    }
                } else if ("*".equals(numList.get(i))) {
                    if (1 == temp) {
                        temp  =  Double.parseDouble(numList.get(i  -  1))  *
Double.parseDouble(numList.get(i + 1));
                    } else {
                        temp = temp * Double.parseDouble(numList.get(i + 1));
                    }
                    if (i == numList.size() - 2) {
                        list.add(temp.toString());
                        temp = 1.0;
                    }
                } else if ("/".equals(numList.get(i))) {
                    if (1 == temp) {
                        temp  =  Double.parseDouble(numList.get(i  -  1))  /
Double.parseDouble(numList.get(i + 1));
                    } else {
                        temp = temp / Integer.parseInt(numList.get(i + 1));
                    }
                    if (i == numList.size() - 2) {
                         list.add(temp.toString());
                        temp = 1.0;
                    }
                }
            }

            // 再做加减计算
            if (list.size() >= 1) {
                sum = Double.parseDouble(list.get(0)); // 第一位不会在循环里处理
                for (int i = 1; i < list.size(); i += 2) { // 这里只循环运算符号
                    if ("+".equals(list.get(i))) {
                        sum += Double.parseDouble(list.get(i + 1));
```

```
                } else if ("-".equals(list.get(i))) {
                    sum -= Double.parseDouble(list.get(i + 1));
                }
            }
        } else {
            sum = Double.parseDouble(numList.get(0));
        }

        tResult.setText(sum + "");
        if(operatorLast == '='){
            tFormula.setText(tFormula.getText().trim()+"="+sum + "");
            tResult.setText("");
            str.setLength(0);
            str = str.append(sum);
        }
    }
}
```

**4．运行结果**

运行程序，在界面中输入数字，结果如图 9-16 所示。

图 9-16　简易计算器运行结果

# 习题

编写一个窗体项目程序，具体要求如下：

1．在窗口设置两个菜单“文件”、“编辑”。

2．在“文件”菜单里添加三个菜单项“打开”、“保存”、“关闭”。

3．在“编辑”菜单里添加两个菜单项“复制”、“粘贴”。

4．添加窗口监听器：单击关闭菜单项时，使程序关闭。

# 第10章

# JDBC数据库开发

在信息系统开发中，数据库的地位非常重要，它起到数据存储及数据管理的作用。Java语言不含数据库的功能，而Java开发的信息系统采集到的各种数据信息需要长久地保存起来，Java本身不具备这种功能，需要借助于各种关系型数据库存储这些数据。目前的主流的关系数据库包括：Oracle、DB、MySQL和SQL Server等。Java信息系统如何将产生的大量数据保存在这些数据库中及如何从这些数据库中提取Java信息系统所需要的数据，就是本章拟解决的核心问题，其中JDBC是关键技术。本章通过用户管理综合案例展示JDBC数据库开发技术的应用。

## 本章任务

1. JDBC开发配置；
2. 用户CRUD开发；
3. 用户登录与密码修改。

## 重点内容

1. JDBC开发配置，特别是连接缓冲池技术；
2. JDBC开发技术项目应用。

## 难点内容

1. JDBC数据库缓冲池连接技术；
2. JDBC技术在项目中的应用。

# 10.1 JDBC 相关知识

JDBC:Java DataBase Connectiveity，即 Java 数据库连接，用来建立 Java 应用程序与关系数据库之间连接，并执行 CRUD 相关操作。它是用于执行 SQL 语句的 Java API。CRUD 指的是 Create（新增）、Retrieve（查询）、Update（更新）和 Delete（删除）四种常规的数据库操作。Java 应用程序如何通过 JDBC 进行数据库 CRUD 操作？图 10-1 解析了数据库的操作过程。

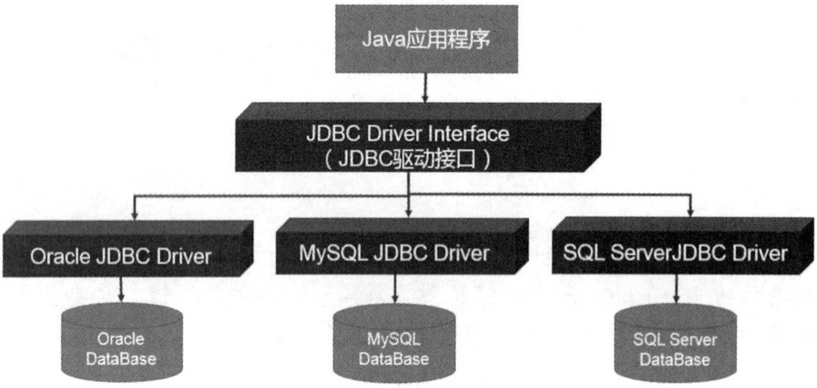


图 10-1　JDBC 数据库访问示意图

图 10-1 中，Java 应用程序通过 JDBC 驱动接口，访问不同类型的数据库，不同类型的数据库需要有专用的 JDBC Driver，例如：Oracle 数据库需要使用 Oracle JDBC Driver 驱动，MySQL 数据库需要使用 MySQL JDBC Driver 驱动，SQL Server 数据库需要使用 SQL Server JDBC Driver 驱动。

## 10.1.1 JDBC 核心类

JDBC 驱动接口提供了一系列有关数据库的操作类，这些类的作用与 Java、数据库之间的关系如图 10-2 所示。

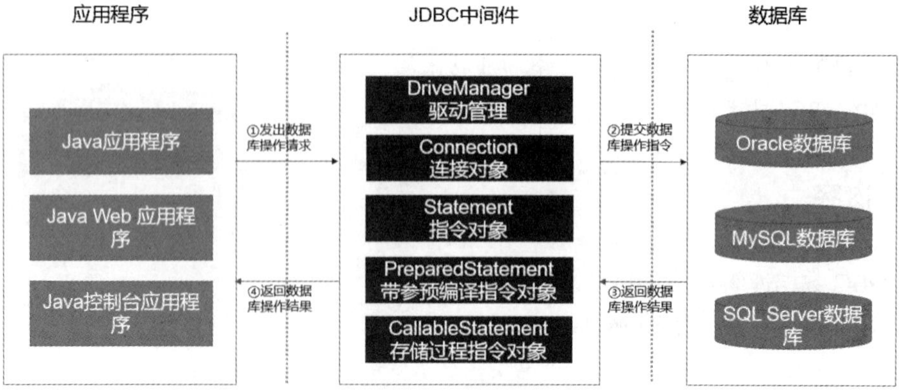


图 10-2　JDBC 类与 Java、数据库之间的关系

图 10-2 中，Java 应用程序可以是桌面应用程序、Java Web 应用程序或 Java 控制台应用程

序，应用程序通过向 JDBC 发出数据库指令请求，JDBC 中间件接收到操作指令后，进行数据库连接。如果连接不上，终止操作，并出现异常信息；如果连接正常，则通过相关指令对象，提交给指定的数据库。数据库执行结束后，再将执行结果返回给 JDBC 中间件，最后返回给 Java 应用程序。

JDBC 中的数据库任何一种操作源于连接，由 Connection 对象负责，没有连接就没有任何的数据库操作。Connection 连接对象由 DriverManager 驱动管理器提供。

JDBC 中间件中，涉及以下对象：驱动管理对象 DriverManager；数据库连接对象 Connection；数据库指令操作对象 Statement；带参数预编译指令对象 PreparedStatement；执行存储过程的指令操作对象 CallableStatement。

**1．DriverManager 类**

DriverManager 是管理 JDBC 驱动的服务类，主要通过它获取 Connection 数据库连接对象。DriverManager 类的描述见表 10-1。

表 10-1　DriverManager 类描述

| 类名称 | DriverManager | 中　文 | 驱动管理器 | 类　型 | 实体类 |
|---|---|---|---|---|---|
| 类描述 | 提供驱动管理相关功能 | | | | |
| 序　号 | 方法名 | 参　数 | 返回类型 | 功能说明 | |
| 1 | DriverManager | 无 | DriverManager | 私有的构造方法 | |
| 2 | getConnection | String url:数据库连接地址，包括端口号和数据库名称；<br>String user：数据库访问用户；<br>String password：数据库访问密码 | Connection | 获取数据库连接对象，静态的，并且是同步操作 | |

下面是几种常用数据库连接驱动配置：

■　Oracle 数据库连接驱动配置

```
驱动程序包名：ojdbc14.jar
驱动程序类名:Oracle.jdbc.driver.OracleDriver
JDBC URL:
jdbc:oracle:thin:@//<主机名或 IP 地址>:<端口号>/服务名称
```

或

```
jdbc:oracle:thin:@< 主机名或 IP 地址>:<端口号>:<服务 SID>
```

■　MySQL 数据库连接驱动配置

```
驱动程序包名：MySQL-connector-Java-版本号-bin.jar
驱动程序类名:com.mysql.jdbc.Driver
JDBC URL: jdbc:mysql://< 主机名或 IP 地址>:<端口号>/<数据库名称>
默认端口 3306，如果服务器使用默认端口则 port 可以省略
```

说明：MySQL Connector/J Driver 允许在 URL 中添加额外的连接属性 jdbc:mysql:// < 主机名或 IP 地址>:<端口号>/<数据库名称>?属性名 1=属性值 1&属性名 2=属性值 2&…

■　SQL Server2005 版本驱动连接配置

```
驱动程序包名：sqljdbc.jar
驱动程序类名：com.microsoft.sqlserver.jdbc.SQLServerDriver
JDBC URL: jdbc:sqlserver:// < 主机名或 IP 地址>:<端口号>
```

默认端口 1433，如果服务器使用默认端口则 port 可以省略

**2．Connection 接口**

Connection 接口用于实现对指定数据库的连接，连接期间可以执行数据库操作指令及获取数据库的执行结果。Connection 是一个接口，具体常用的功能定义见表 10-2。

表 10-2　Connection 接口描述

| 类名称 | Connection | 中文 | 数据库连接类 | 类型 | 接口 |
|---|---|---|---|---|---|
| 类描述 | 提供数据库连接对象并进行数据库相关功能的定义 | | | | |
| 序号 | 方法名 | 参数 | 返回类型 | 功能说明 | |
| 1 | createStatement | 无 | Statement | 获取一个数据库操作指令对象 Statement | |
| 2 | prepareStatement | Sring sql:数据库操作指令字符串 | PreparedStatement | 获取预编译的 Statement 数据库指定对象 | |
| 3 | prepareCall | Sring sql:指令字符串，其中可以含有一个或多个“？” | CallableStatement | 返回一个 CallableStatement 对象，用于存储过程的调用 | |
| 4 | setSavepoint | String name：设置事务保存点 | Savepoint | 设置事务保存点 | |
| 5 | setTransactionIsolation | int level：级别 | void | 设置事务隔离级别 | |
| 6 | rollback | 无 | void | 回滚 | |
| 7 | rollback | Savepoint savepoint：事务回滚点 | void | 回滚到指定事务点 savepoint | |
| 8 | commit | 无 | void | 事务提交 | |
| 9 | close | 无 | void | 关闭连接 | |

**3．Statement 接口**

Statement 对象用于执行 SQL 语句的 API 接口，该对象可以执行数据定义语言（DDL）语句、数据控制语言（DCL）语句，也可以执行数据操作语言（DML）语句等，还可以执行 SQL 查询语句，以结果集的形式返回。Statement 接口描述见表 10-3。

表 10-3　Statement 接口描述

| 类名称 | Statement | 中文 | 指令 | 类型 | 接口 |
|---|---|---|---|---|---|
| 类描述 | 提供对数据库 CRUD 功能定义 | | | | |
| 序号 | 方法名 | 参数 | 返回类型 | 功能说明 | |
| 1 | executeUpdate | String sql：数据库字符串指令 | int | 用于执行 DML 语句，并返回受影响的行数；该方法也可以执行 DDL，执行 DDL 返回 0 | |
| 2 | executeQuery | String sql：数据库查询字符串指令 | ResultSet | 用于执行查询语句，并返回查询结果对应的 ResultSet 对象 | |
| 3 | execute | String sql：数据库字符串指令 | boolean | 方法可以执行任何 SQL 语句，如果执行后第一个结果是 ResultSet 对象，则返回 true；如果执行后第一个结果为受影响的行数或没有任何结果，则返回 false | |

**4. PreparedStatement 接口**

PreparedStatement 接口是预编译的 statement 对象，PreparedStatement 是 Statement 的子接口，它允许数据库预编译 SQL（通常指带参数 SQL）语句， 之后使用时仅需改变 SQL 命令参数，避免数据库每次都编译 SQL 语句，有效提升了数据库的操作效率。而相对于 Statement 而言， 使用 PreparedStatement 执行 SQL 语句时，由于之前已经预编译了 SQL 语句，因此无须重新传入 SQL 语句，但是 PreparedStatement 需要为编译的 SQL 语句传入参数值。

PreparedStatement 对象用于发送带有一个或多个输入参数（IN 参数）的 SQL 语句。PreparedStatement 拥有一组方法，用于设置 IN 参数的值。执行语句时，这些 IN 参数将被送到数据库中；传值的方法类似：

```
void setInt(int index, int value)
```

上面的方法表示将整型值 value 传给 PreparedStatement 的第 index 个参数。根据该方法传入的参数值的类型不同，需要使用不同的方法。 传入的值类型根据传入的 SQL 语句参数而定，例如：setFloat、setDouble、setString、setLong、setObject 等。

**5. CallableStatement 接口**

CallableStatement 是 PreparedSatement 的子接口，用于执行 SQL 储存过程，可通过名称来调用的 SQL 语句。CallableStatement 对象提供了可以处理 IN 参数的方法，还增加了用于处理 OUT 参数和 INPUT 参数的方法。本章节没有涉及此案例，故不进行详细阐述，如需详细资料，读者可以自行查阅。

**6. ResultSet 结果集**

ResultSet 结果集用于存放从数据库中查询的数据，并以二维表格形式返回。它是一个接口，提供在线阅读查询的数据，一旦数据库连接断开，就无法继续读取数据。ResultSet 接口描述见表 10-4。

表 10-4 ResultSet 接口描述

| 类名称 | ResultSet | 中　文 | 结果集 | 类　型 | 接口 |
|---|---|---|---|---|---|
| 类描述 | 提供读取结果集中的相应功能定义 | | | | |
| 序　号 | 方 法 名 | 参　数 | 返 回 类 型 | 功 能 说 明 | |
| 1 | close | 无 | void | 释放、关闭 ResultSet 对象 | |
| 2 | absolute | int row:行数 | boolean | 将结果集移动到第 row 行。 如果移动到的记录指针指向一条有效记录，则该方法返回 true | |
| 3 | beforeFisrt | 无 | void | 将 ResultSet 的记录指针定位到首行之前，这是 ResultSet 结果集记录指针的初始状态，记录指针的起始位置位于第一行之前 | |
| 4 | first | 无 | boolean | 将 ResultSet 的记录指针定位到首行。如果移动后的记录指针指向一条有效记录，则该方法返回 true | |
| 5 | previous | 无 | boolean | 将 ResultSet 的记录指针定位到上一行，如果移动后的记录指针指向一条有效记录，则该方法返回 true | |
| 6 | next | 无 | boolean | 将 ResultSet 的记录指针定位到下一行。如果移动后的记录指针指向一条有效记录，则返回 true | |
| 7 | last | 无 | boolean | 将 ResultSet 的记录指针定位到最后一行。如果移动后的记录指针指向一条有效记录，则返回 true | |
| 8 | afterLast | 无 | boolean | 将 ResultSet 的记录指针定位到最后一行之后 | |

### 10.1.2 JDBC 连接池配置

Java 应用程序与数据库之间的访问，需要利用 JDBC 实现对目标数据库的连接，而连接数据库在整个数据库操作中占用了大量的资源，非常耗时，如果多个终端对数据库同时进行连接，数据库的操作性能会大量下降，严重时会导致数据库连接阻塞从而无法访问。为了较好地管理好数据库连接，一般会采用连接池的方式进行管理，本节介绍的连接池是由 Apache 组织开发，代码开源。该连接池负责管理数据库的连接，当用户不需要连接时会自动收回。

**1．DBCP 相关知识**

DBCP（DataBase Connection Pool）数据库连接池，是 Java 数据库连接池的一种，由 Apache 开发，通过数据库连接池，可以让程序自动管理数据库连接的释放和断开。

DBCP 是 Apache 上的一个 Java 连接池项目，也是 tomcat 使用的连接池组件。单独使用 DBCP 需要 2 个包：commons-dbcp.jar 和 commons-pool.jar。通过 DBCP 解决因建立数据库连接而产生耗时、耗资源的问题，连接池预先同数据库建立一些连接，放在内存中，应用程序需要建立数据库连接时，直接到连接池中申请一个即可，使用结束后再归还到连接池中。

**2．DBCP 连接池配置步骤**

DBCP 将数据库连接驱动进行了封装，数据库的连接对象不再直接通过 DriverManager 对象创建，而是通过 DBCP 获取连接对象 Connection。JDBC 连接池配置步骤如图 10-3 所示。

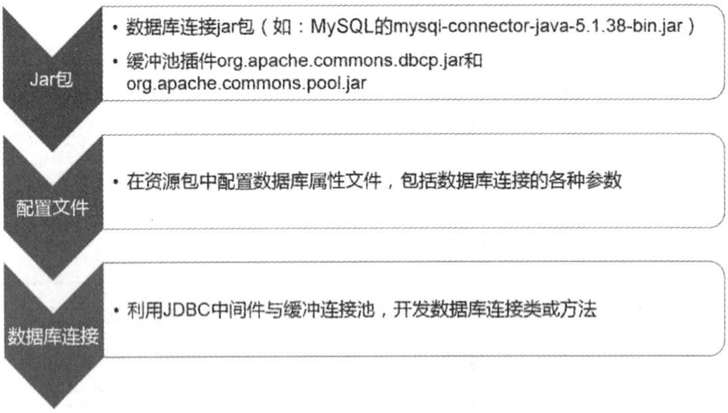


图 10-3　JDBC 连接池配置步骤

图 10-3 中，说明了 JDBC 连接池的配置步骤：首先，下载必须的 jar 包，包括用于连接数据库的 JDBC Driver 驱动 jar 包；连接池包 org.apache.commons.dbcp.jar 和 org.apache.commons.pool.jar，其中 dbcp.jar 包需要依赖 pool.jar 包。其次，配置连接池所需要的各种配置资源，一般，配置连接池所需的资源参数放置在当前项目资源包中的属性文件中，方便连接池读取。最后，开发带连接池功能的连接方法，该功能本书放在 DBHelper 类中实现，后续有详细的讲解。

连接池所需的各种数据库连接参数，本章案例写在资源文件 db.properties 中，配置内容如下：

```
jdbc.driver=com.mysql.jdbc.Driver
jdbc.url=jdbc\:mysql\://服务器 IP 地址或名称\:3306/数据库名称
jdbc.user=root
```

```
jdbc.password=root
dataSource.initialSize=10
dataSource.maxIdle=20
dataSource.minIdle=5
dataSource.maxActive=5000
dataSource.maxWait=1000
```

在上面的资源配置中，连接的是 MySQL 数据库，配置了 JDBC 数据库连接的必要参数，如：jdbc.driver 连接驱动名称，jdbc.url 数据库连接路径，jdbc.user 数据库访问用户，jdbc.password 数据库访问用户密码。同时，还配置了 DBCP 连接池所需的其他相关参数，例如：dataSource.initialSize 初始化连接数，dataSource.maxIdle 最大闲置数，dataSource.minIdel 最小闲置数，dataSource.maxActive 最大连接数，dataSource.maxWait 最大等待数。

### 10.1.3 单例模式 DBHelper 类

Java 应用程序对数据库进行指令操作，需要借助于 JDBC 中的各种数据库操作对象来完成，为了更好地将 DBCP 与 JDBC 有效结合，更加方便、简单地实现对数据库进行指令操作，将对数据库的操作 CRUD 集成在一块，DBHelper 类就承担了这个角色。

DBHelper 类实现了数据库访问单例模式，单例模式保证了在应用程序运行期间，DBHelper 的对象只有一个。DBHelper 类集成了对数据库的连接、新增、修改、删除及查询等操作功能，DBHelper 类在数据访问层中的作用如图 10-4 所示。

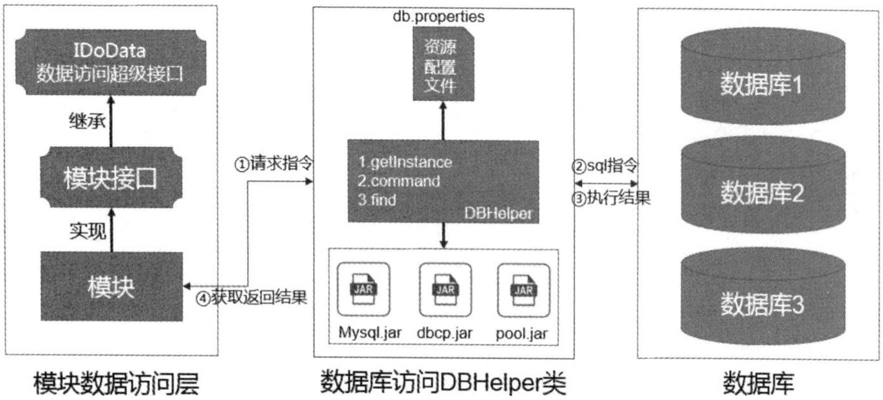


图 10-4 DBHelper 类在数据访问层中的作用

图 10-4 中，模块数据访问层中“模块接口”需要继承“IDoData”接口，IDoData 在前面的 Servlet 技术章节已进行详细说明。“模块”再实现“模块接口”，“模块”中的任何有关数据库操作指令都将发送到“数据库访问 DBHelper 类”中。DBHelper 类对外提供了获取单例对象的静态方法 getInstance，执行数据库的 CUD 操作的 command 方法，执行数据查找的方法 find。DBHelper 功能的实现需要依赖 DriverManager 驱动包，连接池 dbcp.jar 和 pool.jar 包，以及数据库参数配置资源文件 db.properties。

**1. DBHelper 类设计**

DBHelper 类的描述见表 10-5。

表 10-5　DBHelper 类描述

| 类 名 称 | DBHelper | 中　　文 | 数据库访问类 | 类　　型 | 实体类 |
|---|---|---|---|---|---|
| 类 描 述 | 提供对数据库的 CRUD 基本操作定义 | | | | |
| 变 量 定 义 | | | | | |
| 序　　号 | 变 量 名 | 修饰词 | 类　　型 | 说　　明 | |
| 1 | sql | private static | DBHelper | DBHelper 单例对象 | |
| 2 | dataSource | private | BasicDataSource | 连接池数据源 | |
| 方 法 定 义 | | | | | |
| 序　　号 | 方 法 名 | 参　　数 | 返 回 类 型 | 功 能 说 明 | |
| 1 | getInstance | 无 | DBHelper | 获取 DBHelper 单例对象，类方法 | |
| 2 | init | 无 | void | 私有方法，实现对 dataSource 数据源对象进行初始化 | |
| 3 | command | String sql:增删改数据库指令字符串 | int | 实例方法，根据参数 sql 实现对数据库中的数据进行操作，通常执行带有影响行结果的操作，返回结果为影响行的行数 | |
| 4 | convertList | ResultSet rs:数据结果集 | List<Map<String,Object>> | 私有方法，将参数 rs 转换成 List<Map<String,Object>> 结构，提供 ResultSet 结果集离线阅读 | |
| 5 | find | String sql:查询指令 | List<Map<String,Object>> | 实例方法，提供了根据 sql 查询指令进行数据库查询操作，并返回 List 结果 | |

### 2. DBHelper 类的详细代码实现

```
package chapter10;
import org.apache.commons.dbcp.BasicDataSource;
import java.sql.*;
import java.util.*;
/**
 * 数据库访问类，通过连接池技术实现对数据库连接的自动管理，
 * 实现了数据库的 CRUD 操作
 * Created by wph-pc on 2018/11/28.
 */
public class DBHelper {
    //静态 DBHelper 对象变量
    private static DBHelper sql=null;
    //定义缓冲池数据源
    private BasicDataSource dataSource=null;
    /*
    * 构造方法私有化，DBHelper 单例模式的前提条件
    * */
    private DBHelper(){}
    /*
```

```
         * 类方法，实现 DBHelper 对象单例实例化
         * @return 返回 DBHelper 对象
         * */
        public static DBHelper getInstance(){
            if (sql==null)
                sql=new DBHelper();
            return sql;
        }
        /*连接数据库数据源初始化，需要 common-pool 和 dbcp 中间件支持*/
        private void init(){
            //创建属性读取对象
            Properties dbprops=new Properties();
            //读取配置文件，可以根据实际进行修改
            try {
                dbprops.load(DBHelper.class.getClassLoader().
getResourceAsStream("db.properties"));
            } catch (Exception e) {
                e.printStackTrace();
            }
            try {
                /*读取属性文件中 JDBC 数据库连接参数配置信息*/
                String driverClassName=dbprops.getProperty("jdbc.driver");
                String url=dbprops.getProperty("jdbc.url");
                String username=dbprops.getProperty("jdbc.user");
                String password=dbprops.getProperty("jdbc.password");
                /*读取属性文件中连接池配置信息*/
                String
initialSize=dbprops.getProperty("dataSource.initialSize");
                String minIdle=dbprops.getProperty("dataSource.minIdle");
                String maxIdle=dbprops.getProperty("dataSource.maxIdle");
                String maxWait=dbprops.getProperty("dataSource.maxWait");
                String maxActive=dbprops.getProperty("dataSource.maxActive");
                //数据源对象实例化
                dataSource =new BasicDataSource();
                /*配置数据源相关参数信息*/
                dataSource.setDriverClassName(driverClassName);
                dataSource.setUrl(url);
                dataSource.setUsername(username);
                dataSource.setPassword(password);
                //配置初始化连接数
                if(initialSize!=null){
```

```
            dataSource.setInitialSize(Integer.parseInt(initialSize));
        }
        //配置最小空闲连接
        if(minIdle!=null){
            dataSource.setMinIdle(Integer.parseInt(minIdle));
        }
        //配置最大空闲连接
        if(maxIdle!=null){
            dataSource.setMaxIdle(Integer.parseInt(maxIdle));
        }
        //配置超时回收时间（以毫秒为单位）
        if(maxWait!=null){
            dataSource.setMaxWait(Long.parseLong(maxWait));
        }
        //配置最大连接数
        if(maxActive!=null){
            if(!maxActive.trim().equals("0")){
                dataSource.setMaxActive(Integer.parseInt(maxActive));
            }
        }
    } catch (Exception e) {
        e.printStackTrace();
    }
}
/*
* 数据库的增删改操作
* @param sql:增删改数据库字符串指令
* @return 返回操作影响行的行数
* */
public int command(String sql){
    //判断数据源是否为空
    if (dataSource==null)
        init();
    if (dataSource==null) return -1;
    //定义连接对象变量
    Connection conn=null;
    //获取数据源中的连接对象
    try {
        //获取连接对象
        conn=dataSource.getConnection();
        //获取指令对象
```

```
            Statement state=conn.createStatement();
            //执行 SQL 指令
            return state.executeUpdate(sql);
        } catch (SQLException e) {
            e.printStackTrace();
            return -1;
        }finally {
            if (conn!=null)
                try {
                    conn.close();
                } catch (SQLException e) {
                    e.printStackTrace();
                }
        }
    }
    /*
    * 实现将结果集 rs 转换成 List 结果
    * @param rs 结果集
    * @return 如果转换成功，返回 List 结果，否则返回 null
    * */
    private List<Map<String, Object>> convertList(ResultSet rs) throws
Exception {
        //判断参数 rs 的有效性
        if(rs == null) {
            return null;
        }
        //获取 rs 参数数据的元结构
        ResultSetMetaData rsMetaData = rs.getMetaData();
        //获取数据源 rs 中的列数
        int columnCount = rsMetaData.getColumnCount();
         //创建 List 对象
        List<Map<String, Object>> dataList = new ArrayList<Map<String,
Object>>();
        /*遍历 rs 结果集，并将遍历到的结果转成 List*/
        while (rs.next()) {
            //定义存放当前行中所有列的数据集合
            Map<String, Object> dataMap = new HashMap<String, Object>();
            //处理当前遍历行所在的所有列数据，列索引从 1 开始
            for (int i = 0; i < columnCount; i++) {
                dataMap.put(rsMetaData.getColumnName(i+1),
rs.getObject(i+1));
```

```
            }
            //将遍历到当前行的所有数据放入 dataList 中
            dataList.add(dataMap);
        }
        return dataList;
    }
    /*
    * 根据参数 sql 从数据库中查询，并以 List 结构返回
    * @param sql:数据库查询指令
    * @return 返回查询结果，如果存在，
    *          以 List 返回，否则返回 null
    * */
    public List<Map<String,Object>> find(String sql){
        //判断数据源是否为空
        if (dataSource==null)
            init();
        if (dataSource==null) return null;
        //定义连接对象变量
        Connection conn=null;
        //获取数据源中的连接对象
        try {
            //获取连接对象
            conn=dataSource.getConnection();
            //获取指令对象
            Statement state=conn.createStatement();
            //执行 SQL 指令
            ResultSet rs=state.executeQuery(sql);
            if (rs!=null)
            try {
                List<Map<String,Object>> result=convertList(rs);
                rs.close();
                return result;
            } catch (Exception e) {
                e.printStackTrace();
                return null;
            }
            return null;

        } catch (SQLException e) {
            e.printStackTrace();
            return null;
```

```
        }finally {
            if (conn!=null)
                try {
                    conn.close();
                } catch (SQLException e) {
                    e.printStackTrace();
                }
        }
    }
}
```

### 10.1.4 CRUD 指令

CRUD 是对数据库中的表格数据进行的基本维护操作，分别表示新增、读取、更新及删除操作，要实现对数据库的 CRUD 操作，必须向数据库发送正确的 sql 指令。下面简单讲解这四种指令的语法。

■ Create 新增

新增操作解决了数据库中数据来源，SQL 新增语法指令：

```
insert into 表名称 （列名 1，列名 2，…）
    values （值 1，值 2，…）
```

这是新增数据的指令，语法中“表名称”根据实际表替换，“列名”的数量需要与“值”的数量相等。

■ Retrieve 查询

查询操作在数据库中使用频率较高，编写高效的 SQL 查询指令会提高用户的体验感。SQL 查询语句非常丰富，这里仅列出最基本的数据库查询指令，其语法格式如下：

```
select 列名 1，列名 2，…
    from 表名称或视图名 [where 条件] [order by 列名 asc/desc]
```

以上是查询指令 select 的基本语法，数据可以来自于物理表格或视图，where 后面的查询条件非常丰富，根据实际情况确定，可选。若不选，将会查询出所有的目标表格或视图中的数据。order by 表示排序，也是可选项，可以将查询结果数据按照指定的列名进行 asc 升序排序或 desc 降序排序。

■ Update 更新

Update 更新是 SQL 中对数据库中物理表格数据进行的更新操作，更新会对数据产生影响。其语法格式如下：

```
Update 表名称 set 列名 1=值 1,列名 2=值 2,… [where 条件]
```

更新指令 Update 是对已经存在数据库表格中的数据进行更新，更新时需要注意 where 条件，如果没有条件，将会对目标表格中的数据进行全面替换，更新的“列名”必须属于当前更新表格。

■ Delete 删除

Delete 删除是 SQL 中对数据库中的物理表格数据进行的清除操作，清除后的数据无法恢复，删除以整行为单位。其语法格式如下：

```
Delete from 表名称 [where 条件]
```

进行 Delete 删除操作时要特别小心，如果不带 where 条件执行删除操作，将会删除目标表格中所有的数据，且不可恢复。若带了 where 条件，不仅要语法正确，而且要确保达到删除目的，因此该指令一定要慎重使用。

## 10.2 用户 CRUD 开发

用户 CRUD 开发是指实现用户信息新增、查找、更新及删除操作。用户基本信息在任何信息系统中都存在，用户信息新增可以通过后台统一添加，也可以通过用户自己注册添加。用户信息修改和删除主要是对已经存在的用户信息进行修改或删除。用户查询则是对已经存在的用户信息进行查找操作。

**1. 案例描述**

利用 Java 技术、JDBC 技术、DBCP 连接池技术及 Swing 技术，实现对用户信息 CRUD 操作，具体要求如下：

- 用户（User）的基本信息包括账号（id）、昵称（name）、密码（password）、创建时间（createDate）和状态（status）等；
- 用户的账号信息不能重复；
- 数据库技术采用 JDBC，且需要使用连接池进行数据库的连接管理；
- 数据库采用 MySQL，表名称为 Users；
- 用户 CRUD 操作采用三层架构技术；
- 用户操作界面采用 Swing 技术；
- 数据查找支持按照账号，且模糊查询。

**2. 案例分析**

根据案例描述，实现对用户基本信息进行增、删、改、查的相关操作，不仅是基本实现，而且还需要采用三层架构，三层架构要求将用户管理分为用户管理表示层、用户管理业务层及用户管理数据访问层；另外，要求采用 JDBC 技术及连接池技术解决数据库的连接及相关指令操作，DBHelper 类解决了数据库操作中 CRUD 问题。具体的解决思路如图 10-5 所示。

解决思路中，将用户 CRUD 解决方案分成了表示层、业务层和数据访问层 3 层，每层中设计了多个类，表示层中的 UserWinForm 类是用来进行用户信息新增和修改的窗体界面，UserManagementUI 类是用来进行用户信息显示及查询的窗体界面；图 10-6 中，业务层的 service.IUser 是用户业务层接口，UserServiceImpl 是用户业务层类，实现了 service.IUser 接口，并且从 KesunSuperService 类继承来，KesunSuperService 类是业务层超级类，实现了对象的增、删、改、查的常规功能；图 10-7 中，数据访问层的 IDoData 定义对象 CRUD 操作的常规功能，dao.IUser 是用户的数据访问层接口，从 IDoData 继承，UserDaoImpl 是用户数据访问层类，要求实现 dao.IUser 接口。三层架构中，每层都依赖用户 User 实体类，它是一个 JavaBean 类，并从实体超级类 AbsObject 继承。

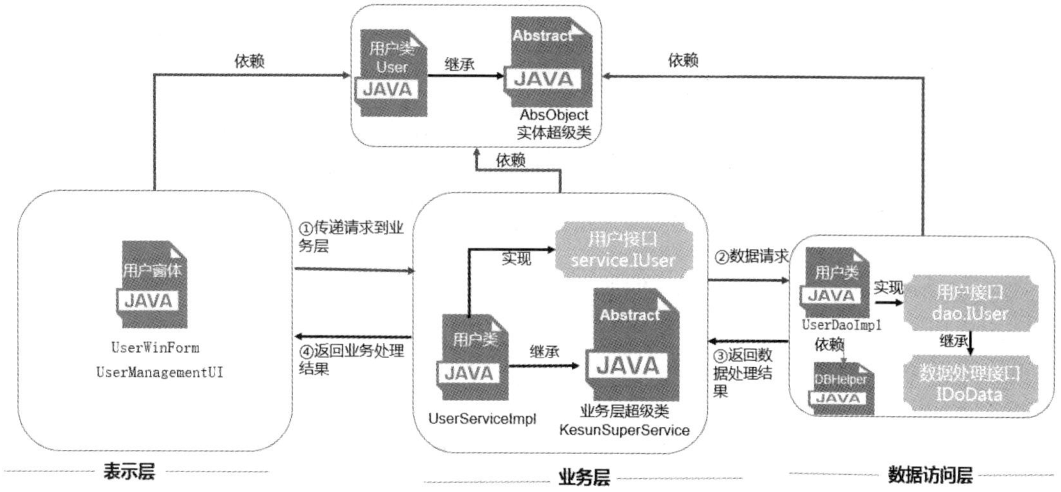


图 10-5　用户 CRUD 解决方案

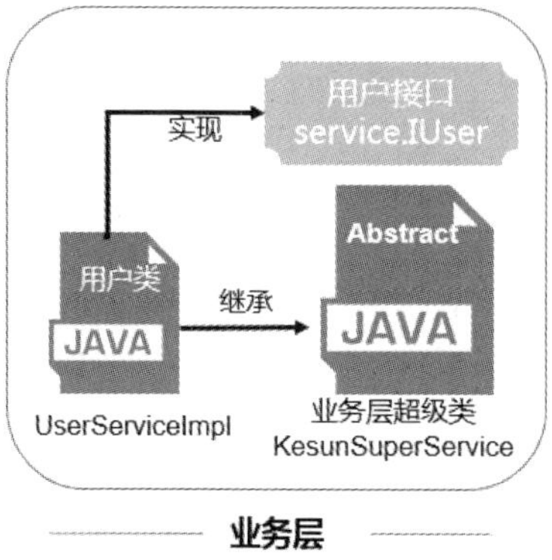


图 10-6　用户管理业务层设计

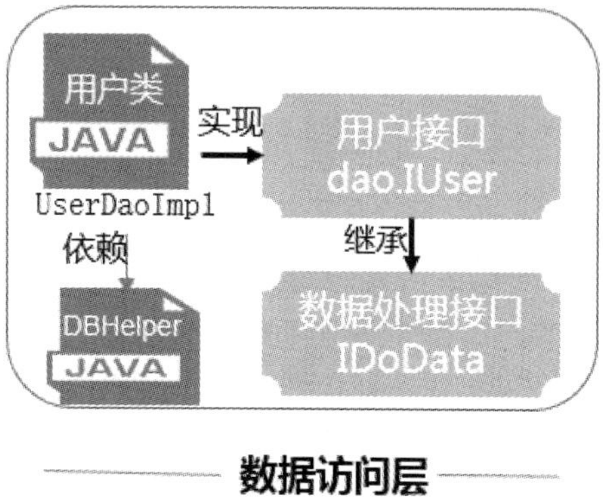


图 10-7　用户管理数据访问层设计

（1）表示层设计

表示层设计中，使用了用来实现对用户信息新增和修改的窗体界面类 UserWinForm 和查询用户信息并显示查询结果的窗体界面类 UserManagementUI。

■　UserWinForm 类

UserWinForm 类是一个窗体界面，提供了操作者对单个用户信息进行新增和修改的操作界面，UserWinForm 类见表 10-6。

表 10-6　UserWinForm 类

<table>
<tr><td>类 名 称</td><td>UserWinForm</td><td>中　文</td><td colspan="2">用户信息新增和修改的窗体界面类</td><td>类　型</td><td>实体类</td><td>父　类</td><td>无</td></tr>
<tr><td>类 描 述</td><td colspan="8">提供操作者对单个用户信息实现新增和修改的界面</td></tr>
<tr><td colspan="9">变 量 定 义</td></tr>
<tr><td>序　号</td><td>变 量 名</td><td colspan="2">修饰词</td><td colspan="2">类　型</td><td colspan="3">说　明</td></tr>
<tr><td>1</td><td>gLay</td><td colspan="2">private</td><td colspan="2">GridLayout</td><td colspan="3">网格布局管理变量</td></tr>
</table>

续表

| 序　号 | 变 量 名 | 修饰词 | 类　型 | 说　明 |
|---|---|---|---|---|
| 2 | lblAccount | private | JLabel | 用户账号标签 |
| 3 | tfAccount | private | JTextField | 用户账号输入框标签 |
| 4 | lblName | private | JLabel | 用户名标签 |
| 5 | tfName | private | JTextField | 用户名输入框 |
| 6 | btnSave | private | JButton | 保存按钮 |
| 7 | btnClose | private | JButton | 关闭按钮 |
| 8 | pFirstRow | private | JPanel | 第一行存放控件面板 |
| 9 | pSecondRow | private | JPanel | 第二行存放控件面板 |
| 10 | pThirdRow | private | JPanel | 第三行存放控件面板 |
| 11 | frmParent | private | UserManagementUI | 查询窗体变量 |
| 12 | flag | private | Boolean | 定义是否存放新增或修改标记变量，true 表示新增，false 表示修改 |
| 13 | user | private | User | 操作的用户对象 |
| 方 法 定 义 | | | | |
| 序　号 | 方 法 名 | 参　数 | 返 回 类 型 | 功 能 说 明 |
| 1 | UserWinForm | UserManagementUI parent：查询主窗体；Boolean isAdd：是否新增，true 表示新增，false 表示修改；User user：修改的用户对象，新增时为 null | | 构造方法，根据查询主窗体、是否新增参数及修改用户构建用户操作界面对象 |
| 2 | init | 无 | void | 私有方法，初始化所有的界面控件对象 |
| 3 | closeWin | 无 | void | 私有方法，关闭当前窗体界面 |
| 4 | launch | 无 | void | 公共方法，启动并显示当前窗体 |

■　UserManagementUI 类

UserManagementUI 类是用来构建用户管理的查询界面，实现对用户信息进行检索及用户信息显示，并提供用户新增、修改及删除操作的工具栏，UserManagementUI 类见表 10-7。

表 10-7　UserManagementUI 类

| 类 名 称 | UserManagementUI | 中　文 | 用户综合管理界面类 | 类　型 | 实体类 | 父　类 | 无 |
|---|---|---|---|---|---|---|---|
| 类 描 述 | 提供操作者对用户信息查找、删除、修改及新增功能及界面操作 | | | | | | |
| 变 量 定 义 | | | | | | | |
| 序　号 | 变 量 名 | 修饰词 | 类　型 | 说　明 | | | |
| 1 | btnAdd | private | JButton | 新增按钮 | | | |
| 2 | txtCondition | private | JTextField | 查找文本框 | | | |
| 3 | btnFind | private | JButton | 查找按钮 | | | |
| 4 | btnEdit | private | JButton | 修改按钮 | | | |
| 5 | btnDelete | private | JButton | 删除按钮 | | | |
| 6 | btnClose | private | JButton | 关闭按钮 | | | |

续表

| 序　号 | 变量名 | 修饰词 | 类　型 | 说　明 |
|---|---|---|---|---|
| 7 | pTool | private | JPanel | 工具面板 |
| 8 | tUsers | private | JTable | 数据表格 |
| 9 | scroll | private | JScrollPane | 滚动面板，存放数据表格 |
| 10 | columnNames | private | String[] | 设置 JTable 的列名 |
| 11 | frmMe | private | UserManagementUI | 用户管理综合界面 |
| 方法定义 | | | | |
| 序　号 | 方法名 | 参　数 | 返回类型 | 功能说明 |
| 1 | init | 无 | void | 私有方法，初始化所有的界面控件对象 |
| 2 | getSelectedUserID | 无 | String | 从用户表格中获取选中的用户账号 |
| 3 | find | 无 | void | 根据条件查找用户信息 |
| 4 | launchFrame | 无 | void | 公共方法，启动并显示当前窗体 |
| 5 | main | String[] args:运行参数 | void | 公共的静态方法，程序入口 |

在表示层、业务层及数据访问层中都使用了 User 实体类，该类从 AbsObject 超级类继承，另外在业务层和数据访问层依赖了 KesunReturn 返回类，它们的具体定义如下：

■ AbsObject 超级抽象模型类

AbsObject 是数据模型层中所有模型的超级抽象类，各模型层必须从该类继承，AbsObject 类见表 10-8。

表 10-8　AbsObject 类

| 类名称 | AbsObject | 中　文 | 实体模型超级类 | 类　型 | 抽象类 |
|---|---|---|---|---|---|
| 类描述 | 提供数据模型实体层对象共同的属性特征定义 | | | | |
| 成员变量 | | | | | |
| 序　号 | 变量名 | 访问权限 | 类　型 | 说　明 | |
| 1 | id | private | String | 对象 id 属性 | |
| 2 | name | private | String | 对象名称属性 | |
| 3 | createDate | private | String | 对象创建日期属性 | |
| 4 | description | private | String | 对象描述说明属性 | |
| 5 | status | private | String | 对象状态属性 | |
| 方　法 | | | | | |
| 序　号 | 方法名 | 参　数 | 返回类型 | 功能说明 | |
| 1 | setId | String id:对象 id | void | 设置对象 id 属性值 | |
| 2 | getId | 无 | String | 获取对象 id 属性值 | |
| 3 | setName | String name：对象名称 | void | 设置对象名称 | |
| 4 | getName | 无 | String | 获取对象名称 | |
| 5 | setCreateDate | Date createDate：对象创建日期 | void | 设置对象创建日期 | |
| 6 | getCreateDate | 无 | Date | 获取对象创建日期 | |
| 7 | setDescription | String description：对象描述 | void | 设置对象描述信息 | |
| 8 | getDescription | 无 | String | 获取对象描述信息 | |
| 9 | setStatus | String status：对象状态 | void | 设置对象状态信息 | |
| 10 | getStatus | 无 | String | 获取对象状态信息 | |

■ KesunReturn 返回模型类

为了更加方便地描述各功能方法返回结果的多样化，对返回结果的表示形式定义了一个返回类 KesunReturn，它包括状态码 code 属性、message 消息属性和 obj 返回结果属性值 3 个，KesunReturn 类见表 10-9。

表 10-9 KesunReturn 类

| 类名称 | KesunReturn | 中文 | 返回模型类 | 类型 | 实体类 | 父类 | 无 |
|---|---|---|---|---|---|---|---|
| 类描述 | 对功能执行结果进行定义 | | | | | | |
| 成员变量 | | | | | | | |
| 序号 | 变量名 | 访问权限 | 类型 | 说明 | | | |
| 1 | code | private | String | 状态码 | | | |
| 2 | message | private | String | 消息 | | | |
| 3 | obj | private | Object | 对象 | | | |
| 方法 | | | | | | | |
| 序号 | 方法名 | 参数 | 返回类型 | 功能说明 | | | |
| 1 | setCode | String code:状态码 | void | 设置返回状态码 | | | |
| 2 | getCode | 无 | String | 获取返回状态码 | | | |
| 3 | setMessage | String message：消息 | void | 设置返回消息 | | | |
| 4 | getMessage | 无 | String | 获取返回消息 | | | |
| 5 | setObj | Object obj：对象 | void | 设置返回对象 | | | |
| 6 | getObj | 无 | Object | 获取返回对象 | | | |

■ User 类

User 类表示用户的基本属性特征，从 AbsObject 继承而来，增加了 number 账号属性、nickName 昵称属性和 password 密码属性等，User 类见表 10-10。

表 10-10 User 类

| 类名称 | User | 中文 | 用户模型类 | 类型 | 实体类 | 父类 | AbsObject |
|---|---|---|---|---|---|---|---|
| 类描述 | 对用户基本属性进行定义 | | | | | | |
| 成员变量 | | | | | | | |
| 序号 | 变量名 | 访问权限 | 类型 | 说明 | | | |
| 1 | number | private | String | 账号 | | | |
| 2 | nickName | private | String | 昵称 | | | |
| 3 | password | private | String | 密码 | | | |
| 方法 | | | | | | | |
| 序号 | 方法名 | 参数 | 返回类型 | 功能说明 | | | |
| 1 | setNumber | String number:账号 | void | 设置用户账号信息 | | | |
| 2 | getNumber | 无 | String | 获取用户账号 | | | |
| 3 | setNickName | String nickName：昵称 | void | 设置用户昵称 | | | |
| 4 | getNickName | 无 | String | 获取用户昵称 | | | |
| 5 | setPassword | String password：密码 | void | 设置用户密码 | | | |
| 6 | getPassword | 无 | String | 获取用户密码 | | | |

（2）业务层设计

用户管理业务层设计中要求用户管理业务类 UserServiceImpl 实现 IUser 业务层接口，并且从超级业务类 KesunSuperService 继承，业务层 IUser 接口作为扩展功能使用，它们的具体定义如下：

■ KesunSuperService 业务层超级类

业务层公共功能全部封装在业务层超级类 KesunSuperService 中，该类实现了常规的 CRUD 操作，所有的业务层类都必须从该类中继承。KesunSuperService 类见表 10-11。

表 10-11 KesunSuperService 类

| 类名称 | KesunSuperService | 中文 | 业务层超级类 | 类型 | 抽象类 | 父类 | 无 |
|---|---|---|---|---|---|---|---|
| 类描述 | 提供业务层公共功能操作 | | | | | | |
| 成员变量 | | | | | | | |
| 序号 | 变量名 | 访问权限 | 类型 | 说明 | | | |
| 1 | model | private | AbsObject | 业务层操作实体模型对象 | | | |
| 方法 | | | | | | | |
| 序号 | 方法名 | 参数 | 返回类型 | 功能说明 | | | |
| 1 | getModel | 无 | AbsObject | 获取数据实体 | | | |
| 2 | setModel | AbsObject model:操作数据实体 | void | 设置业务层操作数据实体 | | | |
| 3 | getDAO | 无 | IDoData | 获取数据访问层对象，抽象方法，子类实现 | | | |
| 4 | add | 无 | KesunReturn | 新增操作 | | | |
| 5 | edit | 无 | KesunReturn | 修改操作 | | | |
| 6 | del | 无 | KesunReturn | 删除操作 | | | |
| 7 | find | Map values：查询条件 | KesunReturn | 对象查找操作，以对象列表返回 | | | |
| 8 | findForMap | Map values：查询条件 | KesunReturn | 查找操作，以 Map 结构形式的列表返回 | | | |
| 9 | getMe | 无 | KesunReturn | 获取单个对象 | | | |
| 10 | changeStatus | 无 | KesunReturn | 改变对象状态属性 | | | |

■ UserServiceImpl 用户业务类

用户管理业务层设计中要求用户管理业务类 UserServiceImpl 实现 IUser 业务层接口，并且从超级业务类 KesunSuperService 继承，业务层 IUser 接口作为扩展功能使用。UserServiceImpl 类见表 10-12。

表 10-12 UserServiceImpl 类

| 类名称 | UserServiceImpl | 中文 | 用户业务类 | 类型 | 实体类 | 父类 | KesunSuperService |
|---|---|---|---|---|---|---|---|
| 类描述 | 提供对用户管理的各种功能操作，实现该层 IUser 接口，并从 KesunSuperService 继承 | | | | | | |
| 方法 | | | | | | | |
| 序号 | 方法名 | 参数 | 返回类型 | 功能说明 | | | |
| 1 | UserServiceImpl | 无 | UserServiceImpl | 构造方法，配置用户业务层实体对象 | | | |
| 2 | getDAO | 无 | IDoData | 获取用户数据访问层对象 | | | |

（3）数据访问层设计

用户数据访问层类 UserDaoImpl 实现该层接口 IUser，IUser 必须从 IDoData 继承，该层

IUser 接口仅从 IDoData 继承；它们的具体功能设计如下：

■ IDoData 类

IDoData 类中将 CRUD 的常规操作进行约束性定义，所有的数据访问层必须实现对 IDoData 的实现或继承。IDoData 类见表 10-13。

表 10-13 IDoData 类

| 类名称 | IDoData | 中文 | 数据访问层超级类 | 类型 | 接口 | 父类 | 无 |
|---|---|---|---|---|---|---|---|
| 类描述 | 提供数据访问层公共功能接口定义 | | | | | | |

| 方法 | | | | |
|---|---|---|---|---|
| 序号 | 方法名 | 参数 | 返回类型 | 功能说明 |
| 1 | add | AbsObject obj：新增的对象 | int | 将 obj 参数对象新增到数据库中，返回值大于 0 表示成功，其他表示失败 |
| 2 | edit | AbsObject obj：修改的对象 | int | 对 obj 参数对象进行修改，返回值大于 0 表示成功，其他表示失败 |
| 3 | del | AbsObject obj：删除的对象 | int | 将 obj 参数对象从数据库中删除，返回值大于 0 表示成功，其他表示失败 |
| 4 | changeStatus | AbsObject obj：状态变更的对象 | int | 改变 obj 参数对象的状态，返回值大于 0 表示成功，其他表示失败 |
| 5 | findResult | Map<String,Object> condition：查询条件 | List <Map<String,Object>> | 根据条件 condition 从数据库中查找数据，如果查询到数据，则返回 List 结构 Map 结构数据，否则返回 null |
| 6 | find | Map<String,Object> condition：查询条件 | List <AbsObject> | 根据条件 condition 从数据库中查找数据，如果查询到数据，则返回 List 的 AbsObject 类型数据，否则返回 null |
| 7 | getMe | String id：查询对象的 ID 编号 | AbsObject | 根据参数 id，从数据库中查找，如果查找到，返回目标对象，否则返回 null |

■ UserDaoImpl 用户数据访问层类

UserDaoImpl 类的介绍见表 10-14。

表 10-14 UserDaoImpl 类

| 类名称 | UserDaoImpl | 中文 | 用户数据访问层类 | 类型 | 实体类 | 父类 | dao.IUser |
|---|---|---|---|---|---|---|---|
| 类描述 | 提供对用户管理数据访问层的 CRUD 各种功能操作，实现该层 IUser 接口，IUser 接口必须从 IDoData 继承 | | | | | | |

| 方法 | | | | |
|---|---|---|---|---|
| 序号 | 方法名 | 参数 | 返回类型 | 功能说明 |
| 1 | add | AbsObject obj：新增的对象 | int | 将 obj 用户新增到数据库中，返回值大于 0 表示成功，其他表示失败。 |
| 2 | edit | AbsObject obj：修改的对象 | int | 对 obj 用户修改，返回值大于 0 表示成功，其他表示失败 |
| 3 | del | AbsObject obj：删除的对象 | int | 将 obj 用户从数据库中删除，返回值大于 0 表示成功，其他表示失败 |

续表

| 序　号 | 方 法 名 | 参　数 | 返 回 类 型 | 功 能 说 明 |
|---|---|---|---|---|
| 4 | changeStatus | AbsObject obj：状态变更的对象 | int | 改变 obj 用户的状态，返回值大于 0 表示成功，其他表示失败 |
| 5 | findResult | Map<String,Object> condition：查询条件 | List <Map<String,Object>> | 根据条件 condition 从数据库中查找数据，如果查询到数据，则返回 List 结构 Map 结构数据，否则返回 null |
| 6 | find | Map<String,Object> condition：查询条件 | List <AbsObject> | 根据条件 condition 从数据库中查找数据，如果查询到数据，则返回 List 的用户数据，否则返回 null |
| 7 | getMe | String id：查询对象的 ID 编号 | AbsObject | 根据参数 id，从数据库中查找，如果查找到，返回用户对象，否则返回 null |

最后在 MySQL 中新建数据库，库中新建存放用户数据的表 users，其定义格式见表 10-15。

表 10-15　users 用户表定义格式

| 序　号 | 列名称 | 类　型 | 长度 | 是否主键 | 是否允许空 | 默认值 | 说　明 |
|---|---|---|---|---|---|---|---|
| 1 | id | 字符型 | 20 | 是 | 否 | 无 | 账号 |
| 2 | name | 字符型 | 20 | 否 | 否 | 无 | 昵称 |
| 3 | pwd | 字符型 | 40 | 否 | 否 | 无 | 密码 |
| 4 | createDate | 日期型 | | 否 | 是 | 系统时间 | 创建日期 |
| 5 | status | 字符型 | 10 | 否 | 是 | 无 | 状态 |

**3. 案例实现**

（1）表示层实现

■　UserWinForm 类

```
package chapter10DB.userui;
import chapter10DB.service.impl.UserServiceImpl;
import entity.KesunReturn;
import entity.User;
import javax.swing.*;
import java.awt.*;
import java.awt.event.MouseAdapter;
import java.awt.event.MouseEvent;
/**
 * Created by wph-pc on 2019/2/18.
 */
public class UserWinForm extends JDialog {
    //定义网格布局管理变量
    private GridLayout gLay;
    //定义用户账号标签
    private JLabel lblAccount;
    //定义用户账号输入框标签
```

```
    private JTextField tfAccount;
    //定义用户名标签
    private JLabel lblName;
    //定义用户名输入框
    private JTextField tfName;
    //定义保存按钮
    private JButton btnSave;
    //定义关闭按钮
    private JButton btnClose;
    //定义第一行存放控件面板
    private JPanel pFirstRow;
    //定义第二行存放控件面板
    private JPanel pSecondRow;
    //定义第三行存放控件面板
    private JPanel pThirdRow;
    //定义查询窗体变量
    private UserManagementUI frmParent;
    //定义是否存放新增或修改标记变量,true 表示新增, false 表示修改
    private Boolean flag=true;
    //操作的用户对象
    private User user=null;
    public UserWinForm(UserManagementUI parent, Boolean isAdd, User user){
        frmParent=parent;
        flag=isAdd;
        this.user=user;
    }
    /*界面初始化*/
    private void init(){
        //创建网格布局管理器对象
        gLay=new GridLayout(3,1);
        setLayout(gLay);
        //创建第一行面板对象，并采用流式布局管理器对象
        pFirstRow=new JPanel(new FlowLayout(FlowLayout.LEFT));
        //创建账号标签对象
        lblAccount=new JLabel("用户账号");
        pFirstRow.add(lblAccount);
        //创建用户账号输入框对象
        tfAccount=new JTextField(30);
        if (flag==false){
            tfAccount.setText(user.getId());
            tfAccount.setEnabled(false);
```

```
        }
        pFirstRow.add(tfAccount);
        getContentPane().add(pFirstRow);
        //创建第二行面板对象，并采用流式布局管理器对象
        pSecondRow=new JPanel(new FlowLayout(FlowLayout.LEFT));
        //创建用户昵称标签对象
        lblName=new JLabel("用户昵称");
        pSecondRow.add(lblName);
        //创建用户昵称输入框对象
        tfName=new JTextField(30);
        if (flag==false){
            tfName.setText(user.getName());
        }
        pSecondRow.add(tfName);
        getContentPane().add(pSecondRow);

        //创建第三行面板对象，并采用流式布局管理器对象
        pThirdRow=new JPanel(new FlowLayout(FlowLayout.CENTER,2,2));
        //创建保存按钮对象
        btnSave=new JButton("保存");
        btnSave.addMouseListener(new MouseAdapter() {
            @Override
            public void mouseClicked(MouseEvent e) {
                if (tfAccount.getText().trim().equals("") ||
tfName.getText().trim().equals("")){
                    JOptionPane.showMessageDialog(null, "用户账号和昵称都不能为
空！", "提示", JOptionPane.PLAIN_MESSAGE);
                    return;
                }
                //创建用户业务层对象
                UserServiceImpl bll=new UserServiceImpl();
                if(user==null)
                  user=new User();
                user.setId(tfAccount.getText().trim());
                user.setName(tfName.getText().trim());
                user.setStatus("正常");
                bll.setModel(user);
                KesunReturn back=null;
                if (flag){
                    //判断当前新增的用户是否存在
                    back=bll.getMe();
```

```
                    if (back!=null && back.getObj()!=null){
                        JOptionPane.showMessageDialog(null, "当前用户信息已经存
在！", "提示", JOptionPane.PLAIN_MESSAGE);
                        return;
                    }
                    user.setPassword(user.getId());
                    back=bll.add();
                    if (back.getCode()=="1")
                        frmParent.find();
                }else{
                    back=bll.edit();
                    if (back.getCode()=="1")
                        frmParent.find();
                }
                JOptionPane.showMessageDialog(null, back.getMessage(), "提
示", JOptionPane.PLAIN_MESSAGE);
                closeWin();
            }
        });
        pThirdRow.add(btnSave);
        //创建关闭按钮对象
        btnClose=new JButton("关闭");
        pThirdRow.add(btnClose);
        btnClose.addMouseListener(new MouseAdapter() {
            @Override
            public void mouseClicked(MouseEvent e) {
                closeWin();
            }
        });
        getContentPane().add(pThirdRow);
        setDefaultCloseOperation(JFrame.DISPOSE_ON_CLOSE);
    }
    /*关闭当前窗体*/
    private void closeWin(){
        dispose();
    }
    /*启动并显示当前窗体*/
    public void lauch(){
        init();
        //设置合适显示尺寸
        setSize(getPreferredSize());
```

```
        //大小紧凑调整
        pack();
        //居中显示
        setLocationRelativeTo(null);
        setVisible(true);
    }
}
```

■ UserManagementUI 类

```
package chapter10DB.userui;
import chapter10DB.service.impl.UserServiceImpl;
import entity.KesunReturn;
import entity.User;
import util.Tool;

import javax.swing.*;
import javax.swing.table.DefaultTableModel;
import javax.swing.table.TableColumn;
import java.awt.*;
import java.awt.event.MouseAdapter;
import java.awt.event.MouseEvent;
import java.awt.event.WindowAdapter;
import java.awt.event.WindowEvent;
import java.util.HashMap;
import java.util.Iterator;
import java.util.Map;
/**
 * Created by wph-pc on 2019/2/12.
 */
public class UserManagementUI extends JFrame {
    //定义新增按钮
    private JButton btnAdd;
    //定义查找文本框
    private JTextField txtCondition;
    //定义查找按钮
    private JButton btnFind;
    //定义修改按钮
    private JButton btnEdit;
    //定义删除按钮
    private JButton btnDelete;
    //定义关闭按钮
    private JButton btnClose;
```

```
//定义工具面板
private JPanel pTool;
//定义数据表格
private JTable tUsers;
//滚动面板，存放数据表格
private JScrollPane scroll;
//设置 JTable 的列名
private String[] columnNames =
      { "序号", "账号", "昵称", "创建日期", "状态"};
//用户管理综合界面
private UserManagementUI frmMe;
/*组件初始化方法*/
private void init(){
   //设置当前窗体对象
   frmMe=this;
   setTitle("用户基本信息管理操作");
   //创建工具栏面板对象，设置流式布局
   pTool=new JPanel(new FlowLayout(FlowLayout.LEFT));
   /*处理新增按钮*/
   btnAdd=new JButton("新增");
   btnAdd.setSize(60,24);
   btnAdd.addMouseListener(new MouseAdapter() {
      @Override
      public void mouseClicked(MouseEvent e) {
         UserWinForm frm=new UserWinForm(frmMe,true,null);
         frm.setTitle("用户新增");
         frm.setModal(true);
         frm.lauch();
      }
   });
   pTool.add(btnAdd);
   /*处理查询文本框*/
   txtCondition=new JTextField(30);
   txtCondition.setBounds(10,10,200,24);
   txtCondition.setToolTipText("请输入用户名称，支持模糊查询");
   pTool.add(txtCondition);
   /*处理查找按钮*/
   btnFind=new JButton("查找");
   btnFind.setSize(60,24);
   btnFind.addMouseListener(new MouseAdapter() {
      @Override
```

```
        public void mouseClicked(MouseEvent e) {
            find();
        }
    });
    pTool.add(btnFind);
    /*处理修改按钮*/
    btnEdit=new JButton("修改");
    btnEdit.setSize(60,24);
    btnEdit.addMouseListener(new MouseAdapter() {
        @Override
        public void mouseClicked(MouseEvent e) {
            //获取选中的用户 ID
            String userId=getSelectedUserID();
            if(userId!=null && !"".equals(userId.trim())){
                UserServiceImpl bll=new UserServiceImpl();
                bll.getModel().setId(userId);
                User u=(User) bll.getMe().getObj();
                UserWinForm frmEditWin=new UserWinForm(frmMe,false,u);
                frmEditWin.setTitle("用户修改");
                frmEditWin.setModal(true);
                frmEditWin.lauch();
            }
        }
    });
    pTool.add(btnEdit);

    /*处理删除按钮*/
    btnDelete=new JButton("删除");
    btnDelete.setSize(60,24);
    btnDelete.addMouseListener(new MouseAdapter() {
        @Override
        public void mouseClicked(MouseEvent e) {
            //获取选中的用户 ID
            String userId=getSelectedUserID();
            if(userId!=null && !"".equals(userId.trim())){
                UserServiceImpl bll=new UserServiceImpl();
                bll.getModel().setId(userId);
                KesunReturn back=bll.del();
                if (back.getCode().equals("1"))
                    find();
                JOptionPane.showMessageDialog(null,back.getMessage(),"
```

```
提示",JOptionPane.PLAIN_MESSAGE);
                }

            }
        });
        pTool.add(btnDelete);

        /*处理关闭按钮*/
        btnClose=new JButton("关闭");
        btnClose.setSize(60,24);
        btnClose.setBackground(Color.red);
        btnClose.addMouseListener(new MouseAdapter() {
            @Override
            public void mouseClicked(MouseEvent e) {
                System.exit(0);
            }
        });
        pTool.add(btnClose);
        //将工具面板控件加入当前窗体
        add(pTool,BorderLayout.NORTH);
        /*用 JScrollPane 装载 JTable，这样超出范围的列就可以通过滚动条来查看*/
        tUsers=new JTable(0,5);
        /*
         * 设置 JTable 的列默认的宽度和高度
         */
        for(int j = 0; j < tUsers.getColumnCount(); j++)
        {
            TableColumn column = tUsers.getColumnModel().getColumn(j);
            //设置列宽度
            if (j==0 || j==tUsers.getColumnCount()-1)
                column.setPreferredWidth(50);
            else
                column.setPreferredWidth(100);
        }
        scroll = new JScrollPane(tUsers);
        scroll.setSize(300, 200);
        add(scroll,BorderLayout.CENTER);

        //处理数据表格
        find();
    }
```

```
        /*获取用户表格选中的用户账号*/
        private String getSelectedUserID(){
            if(tUsers.isRowSelected(tUsers.getSelectedRow())){
                return
tUsers.getValueAt(tUsers.getSelectedRow(),1).toString();
            }else {
                JOptionPane.showMessageDialog(null, "请选中需要修改的用户行", "提
示", JOptionPane.PLAIN_MESSAGE);
                return "";
            }
        }
        /*根据条件查找用户信息*/
        public void find(){
            UserServiceImpl bll=new UserServiceImpl();
            Map<String,Object> cons=new HashMap<String,Object>();
            cons.put("name",txtCondition.getText());
            KesunReturn back=bll.find(cons);
            if (back.getObj()==null) return;
            java.util.List lSource=(java.util.List)back.getObj();
            if (lSource==null || lSource.size()==0) return;
            //设置 usertable 数据;
            Object[][] data = new Object[lSource.size()][5];
            //清空 table 的数据，重新写入;
            Iterator iter = lSource.iterator();
            int i=1;
            /*遍历结果集，将数据写入数组 data 中*/
            while(iter.hasNext()){
                User temp=(User)iter.next();
                data[i-1][0] = i;
                data[i-1][1] = temp.getId();
                data[i-1][2] = temp.getName();
                data[i-1][3] = Tool.GetDateShort(temp.getCreateDate());
                data[i-1][4] =temp.getStatus();
                i++;
            }
            /*
             * 设置 JTable 自动调整列表的状态，此处设置为关闭
             */
            tUsers.setAutoResizeMode(JTable.AUTO_RESIZE_OFF);
```

```
        DefaultTableModel                                    tableModel=new
DefaultTableModel(data,columnNames);
        tUsers.setModel(tableModel);//JTable 对象设置 DefaultTableModle

    }
    /*启动并显示当前窗体*/
    public void launchFrame(){
        //初始化控件
        init();
        //设置窗体大小
        setSize(800,500);
        //设置窗体启动位置
        setLocation(100,100);
        //设置窗体为显示
        setVisible(true);
        //实现窗体关闭按钮功能
        addWindowListener(new WindowAdapter() {
            @Override
            public void windowClosing(WindowEvent e) {
                //应用程序退出
                System.exit(0);
            }
        });
    }
    public static void main(String[] args){
        UserManagementUI win=new UserManagementUI();
        win.launchFrame();
    }
}
```

■ AbsObject 超级抽象模型类

```
package entity;
import java.util.Date;
/**
 * 超级实体抽象类
 * Created by wph-pc on 2018/10/30.
 */
public abstract class AbsObject {
    //对象 id
    private String id=null;
    //对象名称
    private String name=null;
```

```
    //对象创建时间
    private Date createDate=null;
    //对象描述
    private String description=null;
    //对象状态
    private String status=null;
    public String getId() {
        return id;
    }
    public void setId(String id) {
        this.id = id;
    }
    public String getName() {
        return name;
    }
    public void setName(String name) {
        this.name = name;
    }
    public Date getCreateDate() {
        return createDate;
    }
    public void setCreateDate(Date createDate) {
        this.createDate = createDate;
    }
    public String getDescription() {
        return description;
    }
    public void setDescription(String description) {
        this.description = description;
    }
    public String getStatus() {
        return status;
    }
    public void setStatus(String status) {
        this.status = status;
    }
}
```

■ KesunReturn 返回模型类

```
package entity;
/**
 * 操作返回实体类
```

```
 * Created by wph-pc on 2018/10/30.
 */
public class KesunReturn {
    //返回状态码
    private String code=null;
    //返回提示信息
    private String message=null;
    //返回操作结果
    private Object obj=null;
    public String getCode() {
        return code;
    }
    public void setCode(String code) {
        this.code = code;
    }
    public String getMessage() {
        return message;
    }
    public void setMessage(String message) {
        this.message = message;
    }
    public Object getObj() {
        return obj;
    }
    public void setObj(Object obj) {
        this.obj = obj;
    }
}
```

■ User 用户类

```
package entity;
/**
 * 用户基本信息
 * Created by wph-pc on 2018/10/28.
 */
public class User extends AbsObject {
    //用户账号
    private String number=null;
    //用户昵称
    private String nickName=null;
    //用户密码
    private String password="";
```

```
    public String getNumber() {
        return number;
    }
    public void setNumber(String number) {
        this.number = number;
    }
    public String getNickName() {
        return nickName;
    }
    public void setNickName(String nickName) {
        this.nickName = nickName;
    }
    public String getPassword() {
        return password;
    }
    public void setPassword(String password) {
        this.password = password;
    }
}
```

（2）业务层实现

■ KesunSuperService 业务层超级类

```
package chapter10DB.service;
import entity.AbsObject;
import entity.KesunReturn;
import chapter10DB.dao.IDoData;
import java.util.List;
import java.util.Map;
/**
 * 业务层超级类
 * Created by wph-pc on 2018/10/30.
 */
public abstract class KesunSuperService {
    public AbsObject getModel() {
        return model;
    }
    public void setModel(AbsObject model) {
        this.model = model;
    }
    private AbsObject model=null;
    /*获取数据访问层对象*/
    public abstract IDoData getDAO();
```

```
/*数据访问层和实体对象条件检测*/
private KesunReturn checkCondition(){
    KesunReturn back=new KesunReturn();
    if (getDAO()==null || model==null){
        back.setCode("0");
        back.setMessage("数据访问层对象或数据模型都不能为空！");
        back.setObj(null);
    }else{
        back.setCode("1");
        back.setMessage("数据访问层对象和数据模型满足操作要求！");
        back.setObj(1);
    }
    return back;
}
/*对象新增*/
public KesunReturn add() {
    KesunReturn back=checkCondition();
    if (back.getObj()==null) return back;
    try {
        int result=getDAO().add(model);
        if (result<=0)
        {
            back.setCode("0");
            back.setMessage("抱歉，您的数据保存失败！");
        }
        else
        {
            back.setCode("1");
            back.setMessage("您的数据已经成功提交！");
        }
        back.setObj(result);
    } catch (Exception e) {
        e.printStackTrace();
        back.setCode("-1");
        back.setMessage("数据保存出现异常，异常信息："+e.getMessage());
        back.setObj(-1);
    }
    return back;
}
/*对象修改*/
public KesunReturn edit() {
```

```
    KesunReturn back=checkCondition();
    if (back.getObj()==null) return back;
    int result = 0;
    try {
        result =  getDAO().edit(model);
        if (result<=0)
        {
            back.setCode("0");
            back.setMessage("数据修改操作失败！");
        }
        else
        {
            back.setCode("1");
            back.setMessage("数据修改成功！");
        }
        back.setObj(result);
    } catch (Exception e) {
        e.printStackTrace();
        back.setObj(-1);
        back.setMessage("修改失败，出现异常信息："+e.getMessage());
        back.setCode("-1");
    }
    return back;
}
/*对象删除*/
public KesunReturn del()
{
    KesunReturn back=checkCondition();
    //检测操作条件
    if (back.getObj()==null) return back;
    int result=0;
    try {
        result=getDAO().del(model);
        if (result>0)
            back.setMessage("您指定的数据已经成功删除！");
        else
            back.setMessage("删除失败，系统返回错误码："+result);
    } catch (Exception e) {
        e.printStackTrace();
        back.setMessage("系统出现异常信息："+e.getMessage());
        result=-1;
```

```
        }
        back.setCode(String.valueOf(result));
        back.setObj(result);
        return back;
    }
    /*检测查询的条件*/
    private KesunReturn checkFindCondition(Map condition){
        KesunReturn back=new KesunReturn();
        if (getDAO()==null || condition==null){
            back.setCode("0");
            back.setMessage("数据访问层对象或查找条件都不能为空！");
            back.setObj(null);
        }else{
            back.setCode("1");
            back.setMessage("数据访问层对象和查找条件满足操作要求！");
            back.setObj(1);
        }
        return back;
    }
    /*判断查询条件param是否有效，返回KesunReturn结果*/
    private KesunReturn getFindResult(List param){
        KesunReturn back=new KesunReturn();
        if (param==null || param.size()==0)
        {
            back.setCode("0");
            back.setMessage("抱歉，系统没有查询到符合条件的数据！");
        }
        else
        {
            back.setCode("1");
            back.setMessage("系统已经查询到符合条件的数据！");
        }
        back.setObj(param);
        return back;
    }
    /**
     * 根据条件查找对象
     * @return
     * @throws Exception
     */
    public KesunReturn find(Map values){
```

```
        KesunReturn back=checkFindCondition(values);
        if (back.getObj()==null) return back;
        try {
            List<AbsObject> temp=getDAO().find(values);
            //转换查询结果
            back=getFindResult(temp);
        } catch (Exception e) {
            e.printStackTrace();
            back.setCode("-1");
            back.setMessage("系统查询的过程中出现异常信息："+e.getMessage());
            back.setObj(null);
        }
        return back;
    }
    /*对象查找*/
    public KesunReturn findForMap(Map values) {
        KesunReturn back=new KesunReturn();
        try {
            List<Map<String,Object>> temp=getDAO().findResult(values);
            //转换查询结果
            back=getFindResult(temp);
        } catch (Exception e) {
            back.setCode("-1");
            back.setMessage("系统处理查询过程中出现的异常，异常信息：
"+e.getMessage());
            back.setObj(null);
            e.printStackTrace();
        }
        return back;
    }
    /*单个对象查找*/
    public KesunReturn getMe(){
        //检测数据访问层对象 dao 及 model 有效性
        KesunReturn back=checkCondition();
        if (back.getObj()==null) return back;
        try {
            AbsObject temp=getDAO().getMe(model.getId());
            if (temp==null)
            {
                back.setCode("0");
                back.setMessage("系统没有查询到您需要的数据！");
```

```
            }
            else
            {
                back.setCode("1");
                back.setMessage("系统已经查询到您需要的数据，在 obj 对象中！");
            }
            back.setObj(temp);
        } catch (Exception e) {
            back.setCode("-1");
            back.setMessage("系统异常："+e.getMessage());
            back.setObj(null);
        }
        return back;
    }
    /*对象状态变更*/
    public KesunReturn changeStatus() {
        //检测条件 dao 和 model 的有效性
        KesunReturn result = checkCondition();
        if (result.getObj()==null) return result;
        try {
            int temp=getDAO().changeStatus(model);
            result.setCode(String.valueOf(temp));
            if (temp>0)
                result.setMessage("状态变更成功！");
            else
                result.setMessage("状态变更失败！");
            result.setObj(temp);

        } catch (Exception e) {
            result.setCode("-1");
            result.setMessage("系统出现异常："+e.getMessage());
            result.setObj(null);
        }
        return result;
    }
}
```

■ UserServiceImpl 用户业务类

```
package chapter10DB.service.impl;
import chapter10DB.dao.IDoData;
import chapter10DB.dao.impl.UserDaoImpl;
import entity.KesunReturn;
```

```
import entity.User;
import chapter10DB.service.IUser;
import chapter10DB.service.KesunSuperService;
/**
 * 用户管理业务层类
 * Created by wph-pc on 2018/10/31.
 */
public class UserServiceImpl extends KesunSuperService implements IUser {
    public UserServiceImpl()
    {
        //设置持久层User对象
        setModel(new User());
    }
    @Override
    public IDoData getDAO() {
        //创建User数据访问对象
        return new UserDaoImpl();
    }
    private KesunReturn checkUserAndDao(){
        KesunReturn back=new KesunReturn();
        /*返回信息初始化*/
        back.setCode("1");
        back.setMessage("初始化");
        back.setObj(1);
        if (getModel()==null || getModel() instanceof User==false){
            back.setCode("0");
            back.setMessage("系统没有获取到用户的登录信息！");
            back.setObj(null);
            return back;
        }
        IDoData dao=getDAO();
        /*判断数据访问层对象的有效性*/
        if (dao==null || dao instanceof UserDaoImpl==false){
            back.setCode("-1");
            back.setMessage("系统没有获取到用户数据层对象！");
            back.setObj(null);
            return back;
        }
        return back;
    }
    @Override
```

```
public KesunReturn login() {
    //检查用户参数及数据访问层参数条件是否符合
    KesunReturn back=checkUserAndDao();
    if (!back.getCode().equals("1")) return back;

    User u=(User)getModel();
    //执行登录
    int result=((UserDaoImpl)getDAO()).login(u);
    switch (result){
        case 1:
            back.setMessage("登录成功！");
            back.setObj(u);
            break;
        case 0:
            back.setMessage("登录用户信息错误！");
            back.setObj(null);
            break;
        case -2:
            back.setMessage("登录用户信息不存在！");
            back.setObj(null);
            break;
        case -3:
            back.setMessage("登录用户密码错误！");
            back.setObj(null);
            break;
        default:
            back.setMessage("未知错误！");
            back.setObj(null);
            break;
    }
    back.setCode(String.valueOf(result));
    return back;
}
@Override
public KesunReturn logout() {
    return null;
}
@Override
public KesunReturn changePwd(String newPwd) {
    //检查用户参数及数据访问层参数条件是否符合
    KesunReturn back=checkUserAndDao();
```

```
        if (!back.getCode().equals("1")) return back;
        User u=(User)getModel();
        //原密码加密
        u.setPassword(util.MyMD5.GetMyUpperMD5(u.getPassword(),u.getId()));
        setModel(u);
        //调用原来的账号与密码进行登录
        back=login();
        if (!back.getCode().equals("1")){
            back.setCode("-1");
            back.setMessage("系统检测到当前用户原来的账号信息或密码有误！");
            back.setObj(null);
            return back;
        }
        //将新密码加密
        String strPwd=util.MyMD5.GetMyUpperMD5(newPwd,u.getId());
        //执行登录
        int result=((UserDaoImpl)getDAO()).changePwd(u,strPwd);
        if (result>0){
            back.setMessage("密码修改成功！");
        }else
            back.setMessage("密码修改失败！");
        back.setCode(String.valueOf(result));
        back.setObj(result);
        return back;
    }
}
```

（3）数据访问层实现

■ IDoData 接口

```
package chapter10DB.dao;
import entity.AbsObject;
import java.util.List;
import java.util.Map;
/**
 * 数据访问层操作接口
 * Created by wph-pc on 2018/10/30.
 */
public interface IDoData {
    //对象新增
    int add(AbsObject obj);
    //对象修改
    int edit(AbsObject obj);
```

```
    //对象删除
    int del(AbsObject obj);
    //对象状态变更
    int changeStatus(AbsObject obj);
    //查找对象，以二维表格返回
    List<Map<String,Object>> findResult(Map<String, Object> condition);
    //查找对象，以对象集合返回
    List<AbsObject> find(Map<String, Object> condition);
    //根据 id 查找对象
    AbsObject getMe(String id);

}
```

■ UserDaoImpl 用户数据访问层类

```
package chapter10DB.dao.impl;
import chapter10DB.dao.DBHelper;
import chapter10DB.dao.IUser;
import entity.User;
import entity.AbsObject;
import util.Tool;
import java.util.*;
/**
 * 用户操作数据访问层模拟类
 * Created by wph-pc on 2018/10/31.
 */
public class UserDaoImpl implements IUser {
    /*将参数 obj 转换成 User 对象，如果不符合条件，返回 null，否则返回 User*/
    private User getUser(AbsObject obj){
        //判断 obj 是否是用户类型
        if (obj==null || obj instanceof User==false) return null;
        //将 obj 转成目标类型
        User u=(User)obj;
        return u;
    }
    @Override
    public int add(AbsObject obj) {
        //将 obj 转成目标类型
        User u=getUser(obj);
        //判断 u 是否为 null
        if(u==null) return 0;

        u.setCreateDate(new Date());
```

```
        //将 u 对象转成 SQL 字符串新增指令
        String sql="insert into users "+
                "(id,name,pwd,createDate,status) values "+
                "('"+u.getId()+"','"+u.getName()+"','"+
                util.MyMD5.GetMyUpperMD5(u.getPassword(),u.getId())+
                "',now(),'"+u.getStatus()+"')";
        //创建数据库访问对象
        DBHelper command= DBHelper.getInstance();
        //执行用户新增操作
        return command.command(sql);
    }

    @Override
    public int edit(AbsObject obj) {
        //将 obj 转成目标类型
        User u=getUser(obj);
        //判断 u 是否为 null
        if(u==null) return 0;
        //将 u 对象转成用户更新的 SQL 指令
        String cmd="update users set name='"+u.getName()+
                "',createDate=now(),status='"+u.getStatus()+
                "' where id='"+u.getId()+"'";
        //实例化数据访问对象 DBHelper
        DBHelper sql= DBHelper.getInstance();
        //执行用户修改操作
        return sql.command(cmd);
    }

    @Override
    public int del(AbsObject obj) {
        //将 obj 转成目标类型
        User u=getUser(obj);
        //判断 u 是否为 null
        if(u==null) return 0;
        //将对象 u 转成 SQL 删除指令
        String cmd="delete from users where id='"+u.getId()+"'";
        //创建数据库 DBHelper 访问对象
        DBHelper sql= DBHelper.getInstance();
        //执行删除操作，并返回结果
        return sql.command(cmd);
    }
```

```
        @Override
        public int changeStatus(AbsObject obj) {
            //将 obj 转成目标类型
            User u=getUser(obj);
            //判断 u 是否为 null
            if(u==null) return 0;
            //将 u 对象转成用户更新的 SQL 指令
            String cmd="update users set status='"+u.getStatus()+
                    "' where id='"+u.getId()+"'";
            //实例化数据访问对象 DBHelper
            DBHelper sql= DBHelper.getInstance();
            //执行用户修改操作
            return sql.command(cmd);
        }

        /*方法名: getCondition,获取查询条件
        *作用: 将 condition 参数转成字符串查询参数, 参数 condition 的 key 必须在 source
中视为有效
        *@param condtion:查询条件
        *@param source:有效 key
        *@return 如果转换成功, 返回有效的查询字符串, 否则返回 null*/
        private String getCondition(Map<String,Object> condition,List<String>
source){
            //判断条件的有效性
            if (condition==null || condition.size()==0 || source==null ||
source.size()==0) return null;
            //定义变量保存有效条件
            StringBuilder sb=new StringBuilder();
            sb.append(" where ");
            //获取 condition 中的 key 集合
            Iterator<String> keySources=condition.keySet().iterator();
            while (keySources.hasNext()){
                //获取当前 key 名称
                String key=keySources.next();
                //判断当前 key 是否在 source 中
                if (source.contains(key))
                    if (condition.get(key) instanceof Integer)
                        sb.append( key+"="+condition.get(key).toString()+" and ");
                    else
                        sb.append( key+" like '%"+condition.get(key).toString()
+"%' and ");
            }
```

```
        /*处理变量 sb 中的数据*/
        if (sb.toString().equals(" where ")) return null;
        //获取最后一个 and 出现的位置
        int lastIndex=sb.toString().lastIndexOf("and");
        if (lastIndex>0)
            return sb.toString().substring(0,lastIndex-1).trim();
        else
            return sb.toString();
    }
    private List<String> checkColomnSource(){
        List<String> source=new ArrayList<>();
        source.add("id");
        source.add("name");
        source.add("status");
        return source;
    }
    @Override
    public  List<Map<String,  Object>>  findResult(Map<String,  Object>
condition) {
        //对条件 condition 进行处理，转成有效的字符串查询条件
        String
queryCondition=getCondition(condition,checkColomnSource());
        //组建查询指令
        String sql="select * from users ";
        if (queryCondition!=null && !"".equals(queryCondition.trim()))
            sql+=" "+queryCondition;
        //创建数据库访问对象 DBHelper
        DBHelper dbHelper= DBHelper.getInstance();
        //数据库执行用户查询
        return dbHelper.find(sql);
    }

    @Override
    public List<AbsObject> find(Map<String, Object> condition) {
        //查找符合条件的用户信息
        List<Map<String, Object>> result=findResult(condition);
        if (result==null || result.size()==0) return null;
        //将 result 转成 List<AbsObject>
        List<AbsObject> lObjs=new ArrayList<>();
        Iterator<Map<String,Object>> source=result.iterator();
        while(source.hasNext()){
            Map<String,Object> temp=source.next();
```

```
                User u=new User();
                if (temp.get("id")!=null)
                    u.setId(temp.get("id").toString());
                if (temp.get("name")!=null)
                    u.setName(temp.get("name").toString());
                if (temp.get("pwd")!=null)
                    u.setPassword(temp.get("pwd").toString());
                if (temp.get("createDate")!=null)
                    u.setCreateDate(Tool.GetDate(temp.get("createDate").
toString()));
                if (temp.get("status")!=null)
                    u.setStatus(temp.get("status").toString());
                lObjs.add(u);
            }
            return lObjs;
        }
        @Override
        public AbsObject getMe(String id) {
            Map<String,Object> cons=new HashMap<>();
            //用户账号 id 作为查询条件
            cons.put("id",id);
            //根据 id 查询用户
            List<AbsObject> objs=find(cons);
            if (objs!=null && objs.size()>0 && objs.get(0) instanceof User)
                return objs.get(0);
            else
                return null;
        }
        @Override
        public int login(User user) {
            //验证参数的有效性
            if (user==null || user.getId()==null || user.getPassword()==null)
return 0;
            //根据条件查询当前对象是否存在
            AbsObject temp=getMe(user.getId());
            if (temp==null || temp instanceof User==false) return -2;
            //将查询结果 temp 转换成 User 用户对象
            User u=(User)temp;
            //核对密码是否一致
            if (u.getPassword().trim().equals(user.getPassword().trim()))
                return 1;//验证成功
            else
```

```
            return -3;//密码错误
        }
        @Override
        public int logout(User user) {
            return 0;
        }
        @Override
        public int changePwd(User user, String newPwd) {
            //判断用户 user 是否存在，如果不存在，返回 null
            if (user==null || user.getId()==null) return 0;
            AbsObject temp=getMe(user.getId());
            if (temp==null) return -1;
            //将 temp 对象转换成 User 对象
            User u=(User)temp;
            //将 u 对象转成用户更新的 SQL 指令
            String cmd="update users set pwd='"+newPwd+
                    "' where id='"+u.getId()+"'";
            //实例化数据访问对象 DBHelper
            DBHelper sql= DBHelper.getInstance();
            //执行用户密码修改操作
            return sql.command(cmd);
        }
    }
```

**4. 案例运行**

运行 UserManagementUI 类中的 main 方法，系统启动，显示如图 10-8 所示窗口。

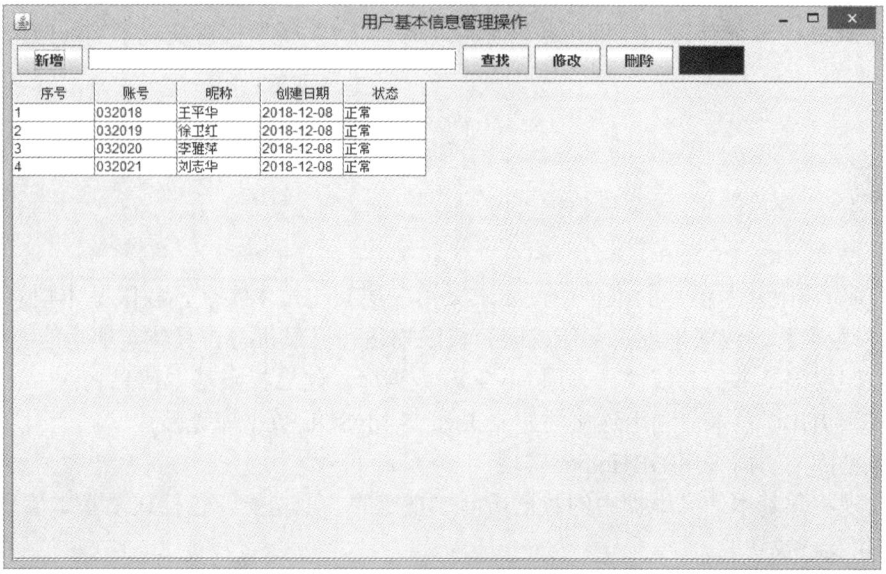


图 10-8　用户综合管理窗口

图 10-8 中，工具栏中有“新增”、“查找”、“修改”、“删除”和“关闭”按钮，单击“新增”按钮，系统弹出“用户新增”对话框，如图 10-9 所示。

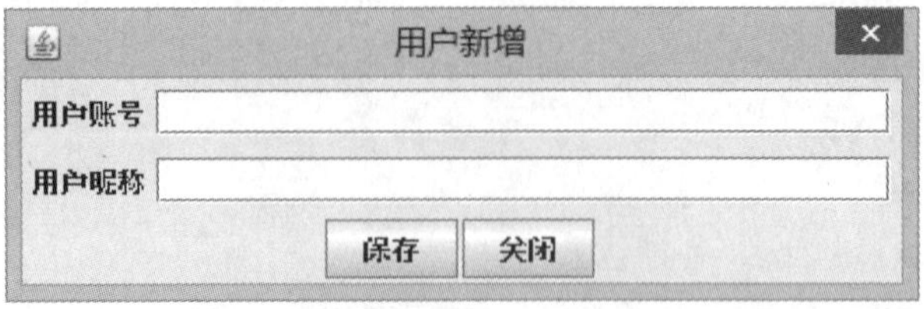


图 10-9　“用户新增”对话框

图 10-9 中，填写用户账号和用户昵称后，单击“保存”按钮，实现用户基本信息的新增操作，单击图 10-9 中的“关闭”按钮，实现关闭当前窗体。图 10-8 中，工具栏中的“文本框”提供了输入用户昵称，支持模糊查找，只要输入昵称关键字，单击“查找”按钮，将查找的结果显示在表格中。修改功能的实现需要先从图 10-8 中查找到待修改的用户，例如：修改用户昵称为“王平华”的账号，查找到并选中后，单击“修改”按钮，弹出“用户修改”对话框，如图 10-10 所示。

图 10-10　“用户修改”对话框

图 10-10 中，执行用户信息修改时，“用户账号”不允许修改，只能修改“用户昵称”，填写完修改信息后，单击“保存”按钮，即可实现修改功能。

图 10-8 中，“删除”按钮的功能是先查找到待删除的用户信息，从显示的表格中选中该用户记录，单击“删除”按钮，即可实现删除操作。“关闭”按钮实现了当前应用程序的终止执行。

## 习题

在实现对权限基本信息的维护中，要求采用三层架构技术实现，权限基本信息包括：权限编号、权限名称、权限地址、父级权限、权限描述和权限状态。具体实现功能要求如下：

1．按照权限基本信息属性，采用 MySQL 数据库，建立权限基本信息表；

2．采用 JDBC 技术，利用连接池建立 Java 与 MySQL 数据库连接；

3．数据库的访问采用 DBHelper 实现；

4．实现权限基本信息维护中的数据访问层规定的各项功能，包括权限基本信息的新增、修改、删除及查找功能。

# 第11章

# 文件流技术

文件流技术在项目中广泛应用，例如：从内存、网络或文件上读取文件数据或者将数据写入内存、网络和文件里面；这些功能的实现都需要依赖于Java中的文件流技术。本章通过对文件流技术的详解，借助项目案例实现字符流和字节流的学习与应用。

## 本章任务

1. 文件流概述；
2. 字符流读写操作；
3. 字节流读写操作。

## 重点内容

1. 字符流读写；
2. 字节流读写。

## 难点内容

1. 字符流读写；
2. 字节流读写。

# 11.1　文件流概述

在 Java 中，文件操作也称为文件流操作，这里的“流”其实代表使用的操作，例如程序从某处获取文件数据，数据流入到程序中，称为“读”操作；相反，如果数据从程序中流入到内存、网络或文件，这称为流出操作，也称为数据的“写”操作。Java 的文件流分为字符流和字节流两种，如图 11-1 所示。

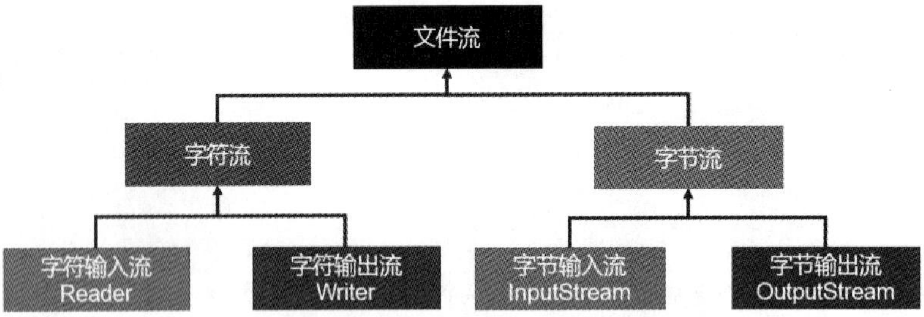


图 11-1　文件流分类

图 11-1 中，字符流分为字符输入流（Reader）和字符输出流（Writer）；字节流分字节输入流（InputStream）和字节输出流（OutputStream）。字符流基于自动转换，读取数据时按照 JVM 的默认编码自动转换成字符；字节流也称为原始数据，读入后需要进行相应的编码转换。

字符流与字节流在实际应用中需要区分：

■　字符流处理单元为 **2 字节** Unicode 字符，分别操作**字符、字符数组或字符串**，而字节流处理单元为 **1 字节**，操作**字节和字节**数组；

■　字节流可用于任何类型的对象，包括二进制对象，而字符流只能处理字符或者字符串，字节流提供了处理任何类型的 IO 操作的功能，但它不能直接处理 Unicode 字符，而字符流可以。

## 11.1.1　Reader 字符输入流

字符输入流 Reader 在 Java 中是抽象类，不能直接创建对象使用，由其子类负责创建，Reader 输入字符流的继承关系如图 11-2 所示。

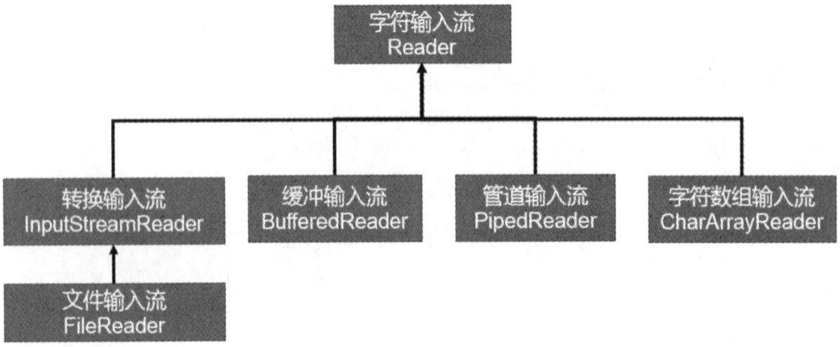


图 11-2　Reader 输入字符流的继承关系

从图 11-2 中可以看出字符输入流 Reader 的父子类关系，Reader 字符输入流的子类包括 InputStreamReader 转换输入流、BufferReader 缓冲输入流、PipedReader 管道输入流和 CharArrayReader 字符数组输入流 4 个子类，这些子类都是实体类，可以直接创建对象，其中转换输入流 InputStreamReader 是文件输入流 FileReader 的子类。

Reader 字符输入流有几个常用的方法，Reader 类描述见表 11-1。

表 11-1 Reader 类描述

| 类名称 | Reader | 中文 | 字符输入流 | 类型 | 抽象类 |
|---|---|---|---|---|---|
| 类描述 | 字符输入流类，从内存、网络或文件中读取字符数据 | | | | |
| 序号 | 方法名 | 参数 | 返回类型 | 功能说明 | |
| 1 | read | 无 | int | 读取数据源中的第一个字符，以整数返回，如果没有读取到，返回-1 | |
| 2 | read | char [] c:读取字符存放处； | int | 读取数据源中所有的字符存放在参数 c 中。返回读取到的有效字符数 | |
| 3 | read | char [] c:读取字符存放处；<br>int offset：读取开始位置；<br>int len：读取字符长度 | int | 将数据源中从参数 offset 位置开始读取参数 len 长度的字符串，存放在参数 c 中。返回读取到的有效字符数 | |
| 4 | close | 无 | void | 抽象方法，子类实现，用于关闭输入流 | |
| 5 | ready | 无 | boolean | 通知输入流是否已经准备好读取，如果准备好了返回 true，否则返回 false | |

■ InputStreamReader 转换输入流

InputStreamReader 转换输入流是将字节流转换成字符流的类，读取字节流后转码成字符串，从 Reader 继承。InputStreamReader 类描述见表 11-2。

表 11-2 InputStreamReader 类描述

| 类名称 | InputStreamReader | 中文 | 转换输入流 | 类型 | 实体类 |
|---|---|---|---|---|---|
| 类描述 | 将输入字节流转换成输入字符流 | | | | |
| 序号 | 方法名 | 参数 | 返回类型 | 功能说明 | |
| 1 | InputStreamReader | InputStream in：表示字节输入流对象 | 转换输入流对象 | 构造方法，根据参数 in 输入流对象构建转换对象，并返回 InputStreamReader 对象 | |
| 2 | InputStreamReader | InputStream in:输入流对象；<br>String charsetName:编码格式名称 | 转换输入流对象 | 构造方法，根据参数 in 输入流对象和参数 charsetName 编码名称，构建对象，并返回 InputStreamReader 对象 | |
| 3 | InputStreamReader | InputStream in:输入流对象；<br>Charset cs:编码对象 | 转换输入流对象 | 构造方法，根据参数 in 输入流对象和参数 cs 编码对象，构建对象，并返回 InputStreamReader 对象 | |
| 4 | InputStreamReader | InputStream in:输入流对象；<br>CharsetDecoder dec:解码对象 | 转换输入流对象 | 构造方法，根据参数 in 输入流对象和参数 dec 解码对象，构建对象，并返回 InputStreamReader 对象 | |
| 5 | getEncoding | 无 | String | 获取当前流的字符编码名称 | |

■ BufferedReader 缓冲输入流

BufferReader 缓冲输入流对象是将数据源读入缓冲区内进行读取，缓冲大小默认 8192 字节，提供了按行去读数据的功能。BufferReader 类描述见表 11-3。

表 11-3 BufferReader 类描述

| 类名称 | BufferReader | 中文 | 缓冲输入流 | 类型 | 实体类 |
|---|---|---|---|---|---|
| 类描述 | 将数据源读入缓冲区内进行读取 | | | | |
| 序号 | 方法名 | 参数 | 返回类型 | 功能说明 | |
| 1 | BufferReader | Reader in:表示字符输入流对象；int sz：缓冲大小 | 缓冲输入流对象 | 构造方法，根据参数 in 输入流对象和参数 sz 缓冲大小构建 BufferReader 对象 | |
| 2 | BufferReader | Reader in:表示字符输入流对象 | 缓冲输入流对象 | 构造方法，根据参数 in 输入流对象构建 BufferReader 对象 | |
| 3 | readLine | boolean ignoreLF：是否忽略换行符，true 表示忽略，反之则读取 | String | 读取输入流字符串的一行数据，但不包括中断符号 | |
| 4 | readLine | 无 | String | 读取输入流字符串的一行数据，但不包括中断符号，含换行符 | |

■ PipedReader 管道输入流

PipedReader 管道输入流通常用于线程间的通信，进行字符串数据的读取；需要与线程配合使用；管道默认缓冲大小为 1024 字节。PipedReader 类描述见表 11-4。

表 11-4 PipedReader 类描述

| 类名称 | PipedReader | 中文 | 管道输入流 | 类型 | 实体类 |
|---|---|---|---|---|---|
| 类描述 | 进行字符串数据的读取 | | | | |
| 序号 | 方法名 | 参数 | 返回类型 | 功能说明 | |
| 1 | PipedReader | PipedWriter src：管道输出流对象 | 管道输入流对象 | 构造方法，根据参数 src 管道输出流对象构建 PipedReader 对象 | |
| 2 | PipedReader | PipedWriter src：管道输出流对象; int pipeSize：管道缓冲大小 | 管道输入流对象 | 构造方法，根据参数 src 管道输出流对象和 pipeSize 缓冲大小构建 PipedReader 对象 | |
| 3 | PipedReader | int pipeSize：管道缓冲大小 | 管道输入流对象 | 构造方法，根据参数 pipeSize 缓冲大小构建 PipedReader 对象 | |
| 4 | PipedReader | 无 | 管道输入流对象 | 构造方法，根据默认缓冲大小构建 PipedReader 对象 | |
| 5 | connect | PipedWriter src：管道输出流对象 | void | 连接到参数 src 的输出流管道 | |

■ CharArrayReader 字符数组输入流

CharArrayReader 字符数组输入流用于读取字符数组中的数据。CharArrayReader 类描述见表 11-5。

表 11-5　CharArrayReader 类描述

| 类 名 称 | CharArrayReader | 中　文 | 字符数组输入流 | 类　型 | 实体类 |
|---|---|---|---|---|---|
| 类 描 述 | 读取字符数组中的数据 | | | | |
| 序　号 | 方 法 名 | 参　数 | 返 回 类 型 | 功 能 说 明 | |
| 1 | CharArrayReader | char buf[]：读取数据存放处 | 字符数组输入流对象 | 构造方法，根据参数 buf 数组构建 CharArrayReader 对象 | |
| 2 | CharArrayReader | char buf[]：读取数据存放处；<br>int offset：开始读取数据的位置；<br>int length：读取字符的长度 | 字符数组输入流对象 | 构造方法，根据参数 buf 数组 offset 和 length 构建 CharArrayReader 对象 | |

■　FileReader 文件字符输入流

FileReader 文件字符输入流是 InputStreamReader 的子类，该类读取文件中的字符数据。FileReader 类描述见表 11-6。

表 11-6　FileReader 类描述

| 类 名 称 | FileReader | 中　文 | 文件字符输入流 | 类　型 | 实体类 |
|---|---|---|---|---|---|
| 类 描 述 | 读取文件中的字符数据，一般是文本文件、配置文件等 | | | | |
| 序　号 | 方 法 名 | 参　数 | 返 回 类 型 | 功 能 说 明 | |
| 1 | FileReader | File file：读取的文件 | 文件字符输入流对象 | 构造方法，根据参数 file 构建 FileReader 对象 | |
| 2 | FileReader | String fileName：读取文件的地址 | 文件字符输入流对象 | 构造方法，根据参数 fileName 构建 FileReader 对象 | |

## 11.1.2　Writer 字符输出流

字符输出流 Writer 是实现数据写入到内存、网络或文件中，它是抽象类，可以通过其子类进行相关数据的写入操作。Writer 字符输出流与其子类的关系如图 11-3 所示。

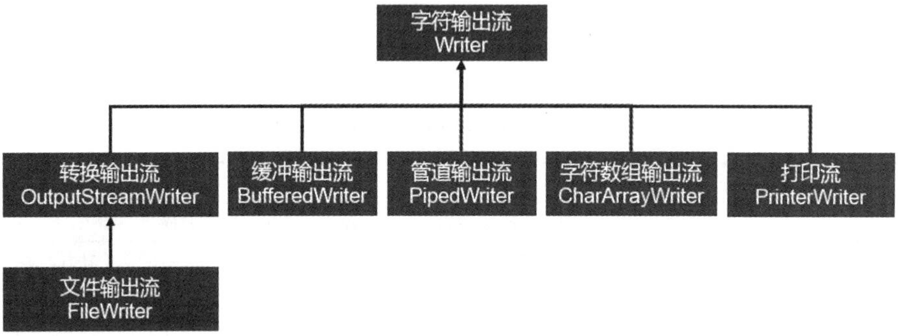


图 11-3　Writer 字符输出流与其子类的关系

图 11-3 中，字符数出流 Writer 的子类包括转换输出流 OutputStreamWriter 、缓冲输出流 BufferedWriter、管道输出流 PipedWriter、字符数组输出流 CharArrayWriter 和打印流 PrinterWriter 5 个子类，其中转换输出流 OutputStreamWriter 还有一个文件输出流 FileWriter 子类。

Writer 字符输出流实现了字符数据写入的功能，Writer 类描述见表 11-7。

表 11-7　Writer 类描述

| 类名称 | Writer | 中　文 | 字符输出流 | 类　型 | 抽象类 |
|---|---|---|---|---|---|
| 类描述 | 将数据写入到网络、内存或文件中 | | | | |
| 序　号 | 方法名 | 参　数 | 返回类型 | 功能说明 | |
| 1 | write | int c：写入的字符数据，写入时将整数转换成对应的字符 | void | 将参数 c 转换成字符覆盖写入目标处 | |
| 2 | write | char cbuf[]:被写入的字符串 | void | 将参数 cbuf 字符数组覆盖写入目标处 | |
| 3 | write | char cbuf[]：写入的数据；<br>int off：开始写入数据位置；<br>int len：写入数据长度 | void | 抽象方法，实现将参数 cbuf 中的字符数据从参数 off 开始到 len 位置结束的数据覆盖写入目标处 | |
| 4 | write | String str：写入的字符串数据 | void | 将字符串参数 str 覆盖写入指定目标处 | |
| 5 | write | String str：写入的字符串数据；<br>int off：字符 str 写入开始位置；<br>int len：写入字符串 str 长度 | void | 将字符串参数 str，从参数 off 开始，长度为参数 len 的字符串覆盖写入指定目标处 | |
| 6 | append | CharSequence csq:被写入的数据 | Writer | 将参数 csq 追加写入到指定的目标处，返回输出流对象 | |
| 7 | append | CharSequence csq:被写入的数据；<br>int start：写入起始位置；<br>int end：写入结束位置 | Writer | 将参数 csq，从参数 start 位置开始，到 end 结束之间的字符追加写入到指定的目标处，返回输出流对象 | |
| 8 | append | char c：写入的字符 | Writer | 将参数 c 追加写入到指定的目标处，返回输出流对象 | |
| 9 | flush | 无 | void | 抽象方法，将清空缓存，并将缓存中数据全部写入 | |

■　OutputStreamWriter 转换输出流

OutputStreamWriter 转换输出流是将字节输出流对象转成字符输出流进行输出（写入）操作。OutputStreamWriter 类描述见表 11-8。

表 11-8　OutputStreamWriter 类描述

| 类名称 | OutputStreamWriter | 中　文 | 转换输出流 | 类　型 | 实体类 |
|---|---|---|---|---|---|
| 类描述 | 将字节输出流对象转成字符输出流进行输出（写入）操作 | | | | |
| 序　号 | 方法名 | 参　数 | 返回类型 | 功能说明 | |
| 1 | OutputStreamWriter | OutputStream out：字节流对象；<br>String charsetName：编码名称 | OutputStreamWriter | 根据参数 out 对象和 charsetName 字符编码创建输出流对象 | |
| 2 | OutputStreamWriter | OutputStream out：字节流对象 | OutputStreamWriter | 根据参数 out 对象创建输出流对象 | |
| 3 | OutputStreamWriter | OutputStream out：字节流对象；<br>Charset cs：编码对象 | OutputStreamWriter | 根据参数 out 对象和 Charset 字符编码创建输出流对象 | |

续表

| 序　号 | 方 法 名 | 参　数 | 返回类型 | 功能说明 |
|---|---|---|---|---|
| 4 | OutputStreamWriter | OutputStream out：字节流对象；CharsetEncoder enc：解码对象 | OutputStreamWriter | 根据参数 out 对象和 enc 解码对象创建输出流对象 |
| 5 | getEncoding | 无 | String | 获取编码格式名称 |

■　BufferedWriter 缓冲输出流

BufferedWriter 缓冲输出流提供缓冲操作，为其他的输出流提供缓冲功能，默认缓冲池大小为 8192 字节。BufferedWriter 类描述见表 11-9。

表 11-9　BufferedWriter 类描述

| 类名称 | BufferedWriter | 中　文 | 缓冲输出流 | 类　型 | 实体类 |
|---|---|---|---|---|---|
| 类描述 | 为其他的输出流提供缓冲功能 | | | | |
| 序　号 | 方 法 名 | 参　数 | 返回类型 | 功能说明 | |
| 1 | BufferedWriter | Writer out：输出流对象 | BufferedWriter | 根据参数 out 对象创建缓冲输出流对象 | |
| 2 | BufferedWriter | Writer out：输出流对象；int sz：缓冲大小 | BufferedWriter | 根据参数 out 对象和参数 sz 缓冲大小创建缓冲输出流对象 | |
| 3 | newLine | 无 | void | 写入换行符 | |

■　PipedWriter 管道输出流

PipedWriter 管道输出流提供线程操作的字符数据写入操作。PipedWriter 类描述见表 11-10。

表 11-10　PipedWriter 类描述

| 类名称 | PipedWriter | 中　文 | 管道输出流 | 类　型 | 实体类 |
|---|---|---|---|---|---|
| 类描述 | 为线程字符输出提供写入操作等 | | | | |
| 序　号 | 方 法 名 | 参　数 | 返回类型 | 功能说明 | |
| 1 | PipedWriter | PipedReader snk：管道输入对象 | PipedWriter | 根据参数 snk 对象创建管道输出流对象 | |
| 2 | PipedWriter | 无 | PipedWriter | 创建管道输出流对象 | |
| 3 | connect | PipedReader snk：输入管道对象 | void | 连接到输入管道 snk，线程同步操作 | |

■　CharArrayWriter 字符数组输出流

CharArrayWriter 字符数组输出流提供了对字符数组的数据写入操作，当数据写入流中时，缓冲会自动增长。CharArrayWriter 类描述见表 11-11。

表 11-11　CharArrayWriter 类描述

| 类名称 | CharArrayWriter | 中　文 | 字符数组输出流 | 类　型 | 实体类 |
|---|---|---|---|---|---|
| 类描述 | 提供对字符数组的数据写入操作 | | | | |

续表

| 序　　号 | 方 法 名 | 参　　数 | 返 回 类 型 | 功 能 说 明 |
|---|---|---|---|---|
| 1 | CharArrayWriter | int size：缓冲大小 | CharArrayWriter | 根据参数 size 缓冲大小创建字符数组输出流对象 |
| 2 | CharArrayWriter | 无 | CharArrayWriter | 创建字符数组输出流对象，默认缓冲 32 字节 |
| 3 | reset | 无 | void | 重置缓冲，以便能够再次使用 |
| 4 | toCharArray | 无 | char[] | 返回缓冲中的字符数组 |

■　FileWriter 文件输出流

FileWriter 文件输出流是 OutputStreamWriter 类的子类，实现对字符文件的写入操作。FileWriter 类描述见表 11-12。

表 11-12　FileWriter 类描述

| 类 名 称 | FileWriter | 中　　文 | 文件输出流 | 类　　型 | 实体类 |
|---|---|---|---|---|---|
| 类 描 述 | 提供对字符文件进行写入操作 | | | | |
| 序　　号 | 方 法 名 | 参　　数 | 返 回 类 型 | 功 能 说 明 | |
| 1 | FileWriter | String fileName：文件地址 | FileWriter | 根据参数 fileName 创建文件字符输出流对象 | |
| 2 | FileWriter | String fileName：文件地址；<br>boolean append：是否追加写入；<br>true 表示追加，false 表示覆盖 | FileWriter | 根据参数 fileName 和参数 append 创建文件字符输出流对象 | |
| 3 | FileWriter | File file:写入的文件 | FileWriter | 根据参数 file 创建文件字符输出流对象 | |
| 4 | FileWriter | File file：写入的文件；<br>boolean append：是否追加写入；<br>true 表示追加，false 表示覆盖 | FileWriter | 根据参数 file 和参数 append 创建文件字符输出流对象 | |

### 11.1.3　InputStream 字节输入流

InputStream 字节输入流负责对非字符型数据的读取操作，二进制文件、对象文件等，例如：图片、Word、Excel、视频、音频等各种文件。InputStream 字节输入流是抽象类，具体功能的应用需要通过其子类调用；其与子类的关系如图 11-4 所示。

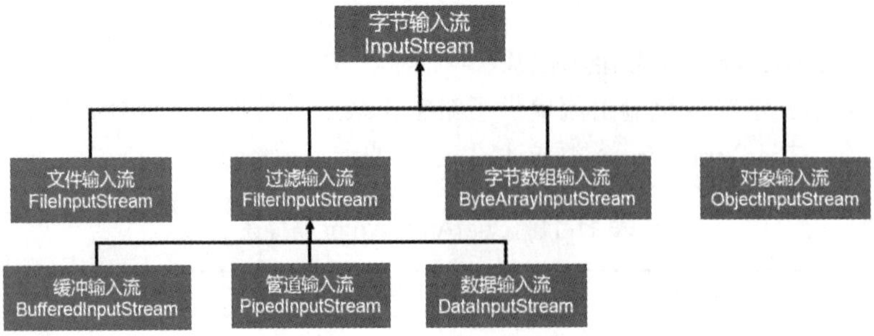


图 11-4　字节输入流父子关系

从图 11-4 中可以看出，InputStream 字节输入流的子类包括文件输入流 FileInputStream、过滤输入流 FilterInputStream、字节数组输入流 ByteArrayInputStream 和对象输入流 ObjectInputStream 4 个；其中，过滤输入流有管道输入流 PipedInputStream、数据输入流 DataInputStream 和缓冲输入流 BufferedInputStream 3 个子类。

InputStream 字节输入流提供了字节数据的读取操作功能，默认缓冲 2048 字节，InputStream 类描述见表 11-13。

表 11-13 InputStream 类描述

| 类名称 | InputStream | 中文 | 字节输入流 | 类型 | 抽象类 |
|---|---|---|---|---|---|
| 类描述 | 提供对字节流进行输出（读取）操作 | | | | |
| 序号 | 方法名 | 参数 | 返回类型 | 功能说明 | |
| 1 | read | 无 | int | 抽象方法，子类实现，从输入流中读取一个字节，整数范围，值范围 0～255 | |
| 2 | read | byte b[]：存放读取的字节数据 | int | 将读取的字节数据存放在参数 b 中，返回读取的字节数 | |
| 3 | read | byte b[]：存放读取的字节数据；<br>int off：开始读取位置；<br>int len：读取的长度。 | int | 将读取的字节数据存放在参数 b 中从位置 off 开始，长度为 len，返回读取的字节数 | |
| 4 | close | 无 | void | 读取完数据后，流关闭 | |

■ FileInputStream 文件输入流

FileInputStream 文件输入流实现对字节流进行输出（读取）操作。FileInputStream 类描述见表 11-14。

表 11-14 FileInputStream 类描述

| 类名称 | FileInputStream | 中文 | 文件输入流 | 类型 | 实体类 |
|---|---|---|---|---|---|
| 类描述 | 提供对字节流进行输出（读取）操作 | | | | |
| 序号 | 方法名 | 参数 | 返回类型 | 功能说明 | |
| 1 | FileInputStream | String name:读取文件名 | FileInputStream | 根据参数 name 创建文件字节输入流对象 | |
| 2 | FileInputStream | File file:读取文件对象 | FileInputStream | 根据参数 file 创建文件字节输入流对象 | |

■ FilterInputStream 过滤输入流

FilterInputStream 过滤输入流提供了用来封装其他的输入流，并为它们提供额外的功能；该类常用的子类有 BufferedInputStream 缓冲输入流类、PipedInputStream 管道输入流和 DataInputStream 数据输入流 3 个子类。

■ BufferedInputStream 缓冲输入流

BufferedInputStream 缓冲输入流为其他字节输入流的读取提供了缓冲读取操作，提供了默认 8192 字节的缓冲大小。实体类。BufferedInputStream 类描述见表 11-15。

表 11-15　BufferedInputStream 类描述

| 类名称 | BufferedInputStream | 中　文 | 缓冲输入流 | 类　型 | 实体类 |
|---|---|---|---|---|---|
| 类描述 | 提供对字节流进行输出（读取）操作 | | | | |
| 序　号 | 方法名 | 参　数 | 返回类型 | 功能说明 | |
| 1 | BufferedInputStream | InputStream in：输入字节流对象 | BufferedInputStream | 根据参数 in 创建缓冲字节输入流对象 | |
| 2 | BufferedInputStream | InputStream in：输入字节流对象；int size：缓冲大小 | BufferedInputStream | 根据参数 in 和缓冲参数 size 创建缓冲字节输入流对象 | |

■　PipedInputStream 管道输入流

PipedInputStream 管道输入流提供了多线程之间进行通信字节数据的读取操作。PipedInputStream 类描述见表 11-16。

表 11-16　PipedInputStream 类描述

| 类名称 | PipedInputStream | 中　文 | 管道输入流 | 类　型 | 实体类 |
|---|---|---|---|---|---|
| 类描述 | 提供了多线程之间进行通信字节数据的读取操作 | | | | |
| 序　号 | 方法名 | 参　数 | 返回类型 | 功能说明 | |
| 1 | PipedInputStream | PipedOutputStream src：管道输出流对象 | 管道输入流对象 | 构造方法，根据参数 src 管道输出流对象构建 PipedInputStream 对象 | |
| 2 | PipedInputStream | PipedOutputStream src: 管道输出流对象; int pipeSize: 管道缓冲大小 | 管道输入流对象 | 构造方法，根据参数 src 管道输出流对象和 pipeSize 缓冲大小构建 PipedInputStream 对象 | |
| 3 | PipedInputStream | int pipeSize:管道缓冲大小 | 管道输入流对象 | 构造方法，根据参数 pipeSize 缓冲大小构建 PipedInputStream 对象 | |
| 4 | PipedInputStream | 无 | 管道输入流对象 | 构造方法，根据默认缓冲大小构建 PipedInputStream 对象 | |
| 5 | connect | PipedOutputStream src: 管道输出流对象 | void | 连接到参数 src 输出流管道 | |

■　DataInputStream 数据输入流

DataInputStream 数据输入流用来专门读取各种基本数据类型的数据，需要与 DataOutputStream 数据输出流配合使用。DataInputStream 类描述见表 11-17。

表 11-17　DataInputStream 类描述

| 类名称 | DataInputStream | 中　文 | 数据输入流 | 类　型 | 实体类 |
|---|---|---|---|---|---|
| 类描述 | 读取数据源中的各种基本数据类型的数据 | | | | |
| 序　号 | 方法名 | 参　数 | 返回类型 | 功能说明 | |
| 1 | DataInputStream | InputStream src：字节输入流对象 | 数据输入流对象 | 构造方法，根据参数 src 字节输入流对象构建 DataInputStream 对象 | |
| 2 | readFully | byte b[]:数据读取存放处 | void | 从数据源中读取数据并存放在参数 b 中 | |

续表

| 序号 | 方法名 | 参数 | 返回类型 | 功能说明 |
|---|---|---|---|---|
| 3 | readFully | byte b[]:数据读取存放处；<br>int off:读取数据位置；<br>int len:读取数据的长度 | void | 从数据源中读取数据，从参数 off 位置开始，读取长度为 len 并存放在参数 b 中 |
| 4 | readBoolean | 无 | boolean | 从数据源中读取布尔型数据 |
| 5 | readByte | 无 | byte | 从数据源中读取一个有符号字节数据 |
| 6 | readUnsignedByte | 无 | byte | 从数据源中读取一个无符号字节数据 |
| 7 | readShort | 无 | short | 从数据源中读取一个有符号短整型数据 |
| 8 | readUnsignedShort | 无 | short | 从数据源中读取一个无符号短整型数据 |
| 8 | readChar | 无 | char | 从数据源中读取一个字符型数据 |
| 9 | readInt | 无 | int | 从数据源中读取一个整型数据 |
| 10 | readLong | 无 | long | 从数据源中读取一个长整型数据 |
| 11 | readFloat | 无 | float | 从数据源中读取一个单精度浮点型数据 |
| 12 | readDouble | 无 | double | 从数据源中读取一个双精度浮点型数据 |

■ ByteArrayInputStream 字节数组输入流

ByteArrayInputStream 字节数组输入流实现将数据源中的数据读取到字节数组中，ByteArrayInputStream 类描述见表 11-18。

表 11-18 ByteArrayInputStream 类描述

| 类名称 | ByteArrayInputStream | 中文 | 字节数组输入流 | 类型 | 实体类 |
|---|---|---|---|---|---|
| 类描述 | 将数据源中的数据读取到字节数组中 | | | | |
| 序号 | 方法名 | 参数 | 返回类型 | 功能说明 | |
| 1 | ByteArrayInputStream | byte buf[]：存放读入的字节内容 | 字节数组输入流对象 | 构造方法，根据参数 buf 对象构建 ByteArrayInputStream 对象 | |
| 2 | ByteArrayInputStream | byte buf[]：存放读入的字节内容；<br>int offset：读取的位置；<br>int length：读取的长度 | 字节数组输入流对象 | 构造方法，根据参数 buf 对象，读取位置 offset 和读取长度 length 构建 ByteArrayInputStream 对象 | |

■ ObjectInputStream 对象输入流

ObjectInputStream 对象输入流实现提取存放在对象中的文件，也可以读取对象中的 Java 基本数据类型数据。ObjectInputStream 类描述见表 11-19。

表 11-19 ObjectInputStream 类描述

| 类名称 | ObjectInputStream | 中文 | 对象输入流 | 类型 | 实体类 |
|---|---|---|---|---|---|
| 类描述 | 将文件中的对象信息读取出来 | | | | |
| 序号 | 方法名 | 参数 | 返回类型 | 功能说明 | |
| 1 | ObjectInputStream | InputStream in：输入流对象 | 对象输入流对象 | 构造方法，根据参数 in 对象构建 ObjectInputStream 对象 | |
| 2 | readObject | 无 | Object | 读取当前输入流中的对象信息，并返回对象 | |
| 3 | readFields | 无 | GetField | 读取对象中所有的属性名称 | |
| 4 | readFully | byte b[]:数据读取存放处 | void | 从读取对象中读取数据并存放在参数 b 中 | |

续表

| 序号 | 方法名 | 参数 | 返回类型 | 功能说明 |
| --- | --- | --- | --- | --- |
| 5 | readFully | byte b[]:数据读取存放处；<br>int off:读取数据位置；<br>int len:读取数据的长度 | void | 从读取对象中读取数据，从参数 off 位置开始，读取长度为 len 并存放在参数 b 中 |
| 6 | readBoolean | 无 | boolean | 从读取对象中读取布尔型数据 |
| 7 | readByte | 无 | byte | 从读取对象中读取一个有符号字节数据 |
| 8 | readUnsignedByte | 无 | byte | 从读取对象中读取一个无符号字节数据 |
| 9 | readShort | 无 | short | 从读取对象中读取一个有符号短整型数据 |
| 10 | readUnsignedShort | 无 | short | 从读取对象中读取一个无符号短整型数据 |
| 11 | readChar | 无 | char | 从读取对象中读取一个字符型数据 |
| 12 | readInt | 无 | int | 从读取对象中读取一个整型数据 |
| 13 | readLong | 无 | long | 从读取对象中读取一个长整型数据 |

### 11.1.4 OutputStream 字节输出流

OutputStream 字节输出流提供了对字节流进行写入（输出）操作，它是一个抽象类，需要通过子类实现其提供的相应功能。图 11-5 提供了 OutputStream 类与其子类之间的关系。

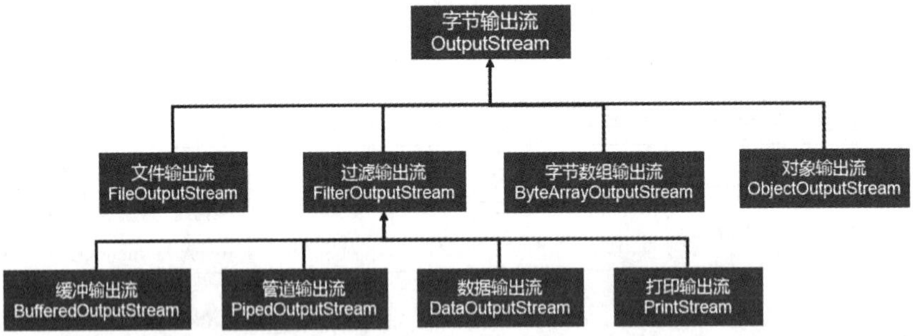


图 11-5　OutputStream 类与子类之间的关系

OutputStream 字节输出流类下面有 FileOutputStream 文件输出流、FilterOutputStream 过滤输出流、ByteArrayOutputStream 字节数组输出流和 ObjectOutputStream 对象输出流 4 个子类；其中，FilterOutputStream 过滤输出流对象有 BufferedOutputStream 缓冲输出流、PipedOutputStream 管道输出流、DataOutputStream 数据输出流和 PrintStream 打印输出流 4 个子类。OutputStream 类描述见表 11-20。

表 11-20　OutputStream 类描述

| 类名称 | OutputStream | 中文 | 字节输出流 | 类型 | 抽象类 |
| --- | --- | --- | --- | --- | --- |
| 类描述 | 提供字节流输出(写入)操作 | | | | |
| 序号 | 方法名 | 参数 | 返回类型 | 功能说明 | |
| 1 | write | int b:写入的字节 | void | 抽象方法，将字节参数 b 写入流中 | |
| 2 | write | byte[] b:写入的字节数组 | void | 将字节数组参数 b 写入流中 | |

续表

| 序号 | 方法名 | 参数 | 返回类型 | 功能说明 |
| --- | --- | --- | --- | --- |
| 3 | write | byte[] b:写入的字节数组；<br>int off：写入起始位置；<br>int len：写入的长度 | void | 将字节数组参数 b，从 off 位置开始，长度为 len 的字节数据写入流中 |
| 4 | flush | 无 | void | 将缓存中的数据全部写入流中，并清空缓存 |
| 5 | close | 无 | void | 关闭操作的输出流 |

■ FileOutputStream 文件输出流

FileOutputStream 文件输出流实现对字节文件进行输出操作，例如图片文件、视频文件、音频文件等。FileOutputStream 类描述见表 11-21。

表 11-21 FileOutputStream 类描述

| 类名称 | FileOutputStream | 中文 | 文件输出流 | 类型 | 实体类 |
| --- | --- | --- | --- | --- | --- |
| 类描述 | 提供对字节文件进行输出操作 | | | | |
| 序号 | 方法名 | 参数 | 返回类型 | 功能说明 | |
| 1 | FileOutputStream | String name:写入文件名 | FileOutputStream | 根据参数 name 文件名创建文件输出流对象 | |
| 2 | FileOutputStream | String name:写入文件名；<br>boolean append:是否追加写入，true 表示追加，false 表示覆盖写入 | FileOutputStream | 根据参数 name 文件名及 append 数据写入方式创建文件输出流对象 | |
| 3 | FileOutputStream | File file:写入文件 | FileOutputStream | 根据参数 file 文件创建文件输出流对象 | |
| 4 | FileOutputStream | File file:写入文件；<br>boolean append:是否追加写入，true 表示追加，false 表示覆盖写入 | FileOutputStream | 根据参数 file 文件及 append 数据写入方式创建文件输出流对象 | |

■ FilterOutputStream 过滤输出流

FilterOutputStream 过滤输出流提供了用来封装其他的输出流，并为它们提供额外的功能；该类常用的子类有 BufferedOutputStream 缓冲输出流、PipedOutputStream 管道输出流、DataOutputStream 数据输出流和 PrintStream 打印输出流 4 个子类。

■ BufferedOutputStream 缓冲输出流

BufferedOutputStream 缓冲输出流为其他输出流提供了缓冲数据写入操作，提供了默认 8192 字节的缓冲控件。BufferedOutputStream 类描述见表 11-22。

表 11-22 BufferedOutputStream 类描述

| 类名称 | BufferedOutputStream | 中文 | 缓冲输出流 | 类型 | 实体类 |
| --- | --- | --- | --- | --- | --- |
| 类描述 | 提供对字节文件进行输出操作 | | | | |
| 序号 | 方法名 | 参数 | 返回类型 | 功能说明 | |
| 1 | BufferedOutputStream | OutputStream out:输出流对象 | BufferedOutputStream | 根据参数 out 创建缓冲输出流对象 | |

续表

| 序　号 | 方 法 名 | 参　数 | 返 回 类 型 | 功 能 说 明 |
|---|---|---|---|---|
| 2 | BufferedOutputStream | OutputStream out：输出流对象；int size:缓冲字节大小 | BufferedOutputStream | 根据参数 out 和缓冲大小参数 size 创建缓冲输出流对象 |

■ PipedOutputStream 管道输出流

PipedOutputStream 管道输出流提供了多线程之间进行通信字节数据的读取操作。PipedOutputStream 类描述见表 11-23。

表 11-23　PipedOutputStream 类描述

| 类 名 称 | PipedOutputStream | 中　文 | 管道输出流 | 类　型 | 实体类 |
|---|---|---|---|---|---|
| 类 描 述 | 提供了多线程之间进行通信字节数据的读取操作 | | | | |
| 序　号 | 方 法 名 | 参　数 | 返 回 类 型 | 功 能 说 明 | |
| 1 | PipedOutputStream | PipedInputStream snk：管道输入流对象 | PipedOutputStream | 构造方法，根据参数 snk 管道输入流对象构建 PipedOutputStream 对象 | |
| 2 | PipedOutputStream | 无 | PipedOutputStream | 构造方法，根据默认缓冲大小构建 PipedOutputStream 对象 | |
| 5 | connect | PipedInputStream snk:管道输入流对象 | void | 连接到参数 snk 输入流管道 | |

■ DataOutputStream 数据输出流

DataOutputStream 数据输出流用来专门写入各种基本数据类型数据，需要与 DataInputStream 数据输入流配合使用。DataOutputStream 类描述见表 11-24。

表 11-24　DataOutputStream 类描述

| 类 名 称 | DataOutputStream | 中　文 | 数据输出流 | 类　型 | 实体类 |
|---|---|---|---|---|---|
| 类 描 述 | 将数据源中的各种基本数据类型数据进行写入 | | | | |
| 序　号 | 方 法 名 | 参　数 | 返 回 类 型 | 功 能 说 明 | |
| 1 | DataOutputStream | OutputStream src：字节输出流对象 | 数据输出流对象 | 构造方法，根据参数 src 字节输出流对象构建 DataOutputStream 对象 | |
| 4 | writeBoolean | Boolean bl:写入布尔型参数 | void | 将布尔型参数 bl 写入输出流中 | |
| 5 | writeByte | byte b:有符号字节型参数 | void | 将字节型参数 b 写入输出流中 | |
| 6 | writeUnsignedByte | byte b:无符号字节参数 | void | 将字节型无符号参数 b 写入输出流中 | |
| 7 | writeShort | short s:有符号短整型参数 | void | 将短整型参数 s 写入输出流中 | |
| 8 | writeUnsignedShort | short s:无符号短整型参数 | void | 将短整型无符号参数 s 写入输出流中 | |
| 8 | writeChar | char c:字符型参数 | void | 将字符型参数 c 写入输出流中 | |
| 9 | writeInt | int v：整型参数 | void | 将整型参数 v 写入输出流中 | |
| 10 | writeLong | Long v:长整型参数 | void | 将长整型参数 v 写入输出流中 | |
| 11 | writeFloat | float f:单精度浮点型参数 | void | 将单精度浮点型参数 f 写入输出流中 | |
| 12 | writeDouble | Double d:双精度浮点型参数 | void | 将双精度浮点型参数 d 写入输出流中 | |

■ ByteArrayOutputStream 字节数组输出流

ByteArrayOutputStream 字节数组输出流提供将字节数写入到字节数组中，大小不受限制，缓冲会自动增长。ByteArrayOutputStream 类描述见表 11-25。

表 11-25 ByteArrayOutputStream 类描述

| 类名称 | ByteArrayOutputStream | 中文 | 字节数组输出流 | 类型 | 实体类 |
|---|---|---|---|---|---|
| 类描述 | 将字节数组作为流操作，提供字节数据写入的功能 | | | | |
| 序号 | 方法名 | 参数 | 返回类型 | 功能说明 | |
| 1 | ByteArrayOutputStream | 无 | 字节数组数据输出流对象 | 构造方法，构建 ByteArrayOutputStream 对象。默认缓冲大小为 32 字节 | |
| 2 | ByteArrayOutputStream | int size：缓存大小 | 字节数组数据输出流对象 | 构造方法，构建缓冲大小 size 个字节的 ByteArrayOutputStream 对象 | |
| 3 | writeTo | OutputStream out：输出流对象 | void | 线程同步操作，将数据写入指定的输出流对象中 | |
| 4 | toByteArray | 无 | byte[] | 返回当前字节数组 | |
| 5 | size | 无 | int | 返回当前字节数组的大小 | |

■ ObjectOutputStream 对象输出流

ObjectOutputStream 对象输出流是将可序列化对象写入文件中进行存储。读取时需要通过 ObjectInputStream 对象。ObjectOutputStream 类描述见表 11-26。

表 11-26 ObjectOutputStream 类描述

| 类名称 | ObjectOutputStream | 中文 | 对象输出流 | 类型 | 实体类 |
|---|---|---|---|---|---|
| 类描述 | 将对象属性及值写入输出流对象中 | | | | |
| 序号 | 方法名 | 参数 | 返回类型 | 功能说明 | |
| 1 | ObjectOutputStream | OutputStream out：输出流对象 | 对象输出流对象 | 构造方法，根据参数 out 对象构建 ObjectOutputStream 对象 | |
| 2 | ObjectOutputStream | 无 | 对象输出流对象 | 构造方法，构建 ObjectOutputStream 对象 | |
| 3 | writeObject | Object obj | void | 将对象 obj 写入流对象中 | |
| 4 | putFields | 无 | PutField | 返回用于缓冲要写入到输出流中的字段的 ObjectOutputStream.PutField 对象 | |
| 5 | writeFields | 无 | void | 将缓存中的持久层属性写入输出流中 | |
| 6 | writeBoolean | boolean val | void | 将布尔型参数 val 值写入输出流中 | |
| 7 | writeByte | byte b | void | 将有符号参数 b 写入输出流中 | |
| 8 | writeUnsignedByte | byte b | void | 将无符号参数 b 写入输出流中 | |
| 9 | writeShort | short s | void | 将短整型参数 s 写入输出流中 | |
| 10 | writeUnsignedShort | short s | void | 将无符号短整型参数 s 写入输出流中 | |
| 11 | writeChar | char c | void | 将参数 c 写入输出流中 | |
| 12 | writeInt | int v | void | 将整数 v 写入输出流中 | |
| 13 | writeLong | long v | void | 将长整数 v 写入输出流中 | |

# 11.2 属性配置文件读写

在开发项目时，经常会用到很多的配置文件，可以是“.ini”类型，也可以是“.txt”类型，还可以是“.properties”属性文件等，需要对这些文件进行读写操作。例如在 Java 项目中，会用到数据库的属性配置文件，如图 11-6 所示。

```
#数据源1
jdbc.driverClassName=com.mysql.jdbc.Driver
jdbc.url=jdbc:mysql://[redacted]3306/lvportal?useU
jdbc.username=root
jdbc.password=[redacted]
jdbc.initialSize=3
jdbc.minIdle=2
jdbc.maxActive=60
jdbc.maxWait=60000
```

图 11-6　数据库属性文件部分配置内容

在图 11-6 中，展示了数据库连接配置的属性文件内容，都属于字符型数据，如何实现对属性文件进行读写操作呢？

## 11.2.1　案例描述

现在要求利用 Java 文件流技术开发一款能够对属性文件进行读写操作的应用程序：

- 属性文件不存在则创建；
- 支持属性文件的属性及属性值写入操作，并且属性名不能重复；
- 支持属性文件的属性读取操作；
- 支持属性文件注释读写操作，注释首写字母为“#”；
- 支持属性文件的属性值变更操作；
- 支持属性文件的属性删除操作。

## 11.2.2　案例分析

根据案例描述，将属性文件读取项目设计成三个类完成，负责属性文件案例运行类 FileRun 类，属性文件工具类 PropertiesUtil 和属性数据格式类 PropertyData，各个类之间形成了如图 11-7 所示的关系。

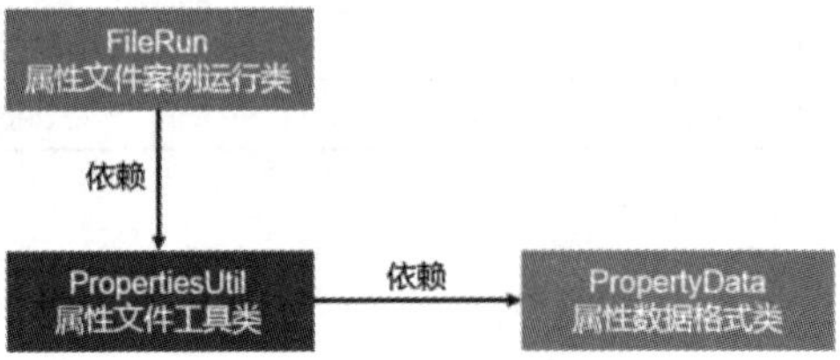


图 11-7　属性文件中类的关系

在图 11-7 中，类 FileRun 是程序的入口，用来测试使用属性文件读取的各种功能，它的各种功能测试使用要依赖 PropertiesUtil 类完成，而 PropertiesUtil 类中需要使用到 PropertyData 类。

字符数据读取操作：采用 FileReader 文件输入字符流和 BufferedReader 缓冲字符数据流结合使用；字符数据写入操作采用 FileWriter 和 BufferedWriter。

**1．PropertiesUtil 属性文件工具类**

PropertiesUtil 类是属性文件的核心类，提供对属性文件操作的所有功能，该类的功能结构如图 11-8 所示。

图 11-8　PropertiesUtil 类的功能结构

图 11-8 中，类 PropertiesUtil 的详细描述见表 11-27：

表 11-27　PropertiesUtil 类描述

| 类 名 称 | PropertiesUtil | 中　文 | 属性文件工具类 | 类　型 | 实体类 |
|---|---|---|---|---|---|
| 类 描 述 | 提供对属性文件中的数据进行读写操作 | | | | |
| 类成员变量 | | | | | |
| 序　号 | 变 量 名称 | 访问权限 | 修饰词 | 类　型 | 说　明 |
| 1 | fileName | private | 无 | String | 保存属性文件路径 |
| 类功能方法 | | | | | |
| 序　号 | 方 法 名 | 访问权限 | 参　数 | 返 回 类 型 | 功 能 说 明 |
| 1 | PropertiesUtil | public | String name：文件名，含路径 | PropertiesUtil | 构造方法，根据参数 name 对象构建 PropertiesUtil 对象 |
| 2 | getFile | private | 无 | File | 获取当前属性文件对象 |
| 3 | writeLine | private | List<PropertyData> data：写入的数据；Boolean append：数据写入方式，true 表示追加写入，false 表示覆盖写入。 | void | 将数据 data 以追加或覆盖的方式写入文件中 |
| 4 | getFileData | private | 无 | List<PropertyData> | 获取属性文件中的数据 |
| 5 | getPropertyMapData | private | PropertyData data：转换的属性数据。 | Map<String,String> | 将属性格式数据转换成 Map 格式数据 |
| 6 | getPropertDataIndex | private | List<PropertyData> data：数据源；String field：查找的属性名 | int | 从数据源 data 中查找属性名，如果存在返回索引值，否则返回-1 |

续表

| 类功能方法 | | | | | |
|---|---|---|---|---|---|
| 序 号 | 方 法 名 | 访问权限 | 参 数 | 返 回 类 型 | 功 能 说 明 |
| 7 | writeMemo | public | String memo：备注数据 | void | 将备注 memo 按行写入到属性文件中 |
| 8 | setProperty | public | String name：属性名称；String value：属性值 | void | 将属性名称为 name 的值 value 写入属性文件中，如果存在，则做更新操作 |
| 9 | getPropertyValue | public | String name:属性名称 | String | 根据属性名 name 获取属性值，存在返回，不存在返回 null |
| 10 | removeProperty | public | String name:属性名称 | Boolean | 将属性 name 从属性文件中删除，如果删除成功，返回 true，否则返回 false |
| 11 | displayFile | public | 无 | String | 以字符串形式获取属性文件中的内容 |

**2．PropertyData 属性数据格式类**

PropertyData 类是用来描述属性文件中每一个数据元素的结构，每个数据元素包括：行索引、数据内容和是否备注三个属性特征，PropertyData 类的结构设计如图 11-9 所示。

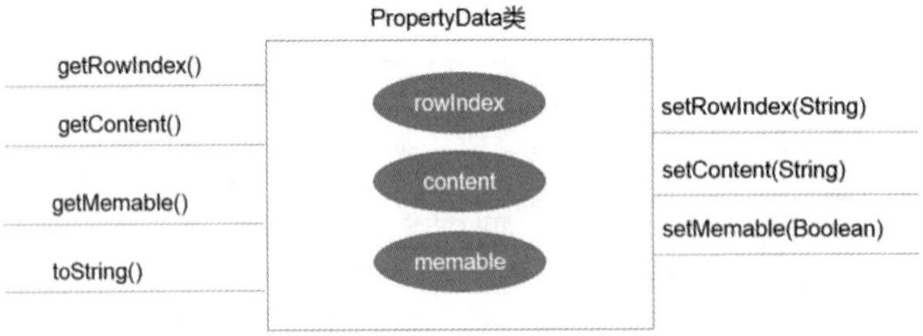


图 11-9 PropertyData 类结构设计

在图 11-9 中，PropertyData 属性数据格式定义参照表 11-28。

表 11-28 PropertyData 类描述

| 类 名 称 | PropertyData | 中 文 | 属性数据格式类 | 类 型 | 实体类 |
|---|---|---|---|---|---|
| 类 描 述 | 提供对属性文件中的数据格式的描述 | | | | |
| 类成员变量 | | | | | |
| 序 号 | 变量名称 | 访问权限 | 修饰词 | 类 型 | 说 明 |
| 1 | rowIndex | private | 无 | int | 属性数据单元在文件中的行索引 |
| 2 | content | private | 无 | String | 属性数据单元内容 |
| 3 | memable | private | 无 | Boolean | 属性数据单元是否备注 |

续表

| 类功能方法 | | | | | |
|---|---|---|---|---|---|
| 序　号 | 方　法　名 | 访问权限 | 参　　数 | 返 回 类 型 | 功 能 说 明 |
| 1 | getRowIndex | public | 无 | int | 获取属性数据在属性文件中的行索引 |
| 2 | getContent | public | 无 | String | 获取当属性数据单元的内容值 |
| 3 | getMemable | public | 无 | Boolean | 获取属性单元是否备注 |
| 4 | setRowIndex | public | int rowIndex:行索引 | void | 设置属性数据单元的行索引 |
| 5 | setContent | public | String content：属性内容值 | void | 设置属性数据单元的内容值 |
| 6 | setMemable | public | Boolean memable：备注 | void | 设置属性数据单元是否备注 |
| 7 | toString | public | 无 | String | 以字符串的方式将属性单元内容以字符串方式返回 |

### 11.2.3　案例实现

根据案例分析，需要实现属性文件读写操作案例中的 FileRun、PropertiesUtil 和 PropertyData 类。

**1．FileRun 类**

FileRun 类实现了对属性文件各种数据的读写操作测试功能，定义如下：

```
package chapter11File;
import java.io.*;
/**
 * Created by wph-pc on 2018/10/13.
 */
public class FileRun {
    public static void main(String[] args) throws IOException {
        PropertiesUtil                                        pu=new
PropertiesUtil("d:/dbproperties.properties");
        pu.writeMemo("数据源");
        pu.setProperty("jdbc.driverClassName","com.mysql.jdbc.Driver");
        pu.setProperty("jdbc.url","jdbc:mysql://您数据库路径");
        pu.setProperty("jdbc.username","用户");
        pu.setProperty("jdbc.password","密码");
        pu.setProperty("jdbc.initialSize","3");
        pu.setProperty("jdbc.minIdle","2");
        //显示属性文件内容
        System.out.println(pu.displayFile());
    }
}
```

**2．PropertiesUtil 类**

PropertiesUtil 类是属性文件读取案例中的核心功能，设计中的所有功能都已经在该类中实现，具体实现如下：

```
package chapter11File;
import java.io.*;
import java.util.*;

/**
 * 属性文件的读写操作
 * Created by wph-pc on 2018/10/14.
 */
public class PropertiesUtil {
    //文件名称，包括完整路径
    private String fileName="";
    /**
    *构造方法
    * @param name:文件名
    */
    public PropertiesUtil(String name){
        this.fileName=name;
    }
    /*
    * 根据文件地址，获取文件对象，如果不存在，
    * 则根据文件名创建属性文件
    * */
    private File getFile()
    {
        //获取路径文件名部分，不含扩展名
        String   fileName=this.fileName.substring(0,this.fileName.indexOf
(".")==-1?
                this.fileName.length():this.fileName.indexOf(".")-1);
        //获取路径扩展名
        String ext=this.fileName.substring(this.fileName.indexOf(".")+1);
        //确定扩展名有效性是属性文件
        if (ext.trim().equals("") || !ext.trim().equals("properties"))
        {
            System.out.println("系统检测到文件的扩展名不是属性文件properties");
            return null;
        }
        //根据当前文件路径创建文件对象
       File file=new File(this.fileName);
       if (file.exists()==false)
          try {
```

```
            //创建新文件
            if (file.createNewFile())
                return file;
            else
                return null;
        } catch (IOException e) {
            e.printStackTrace();
            return null;
        }
    //如果是路径不是文件，则返回空
    if (file.isDirectory()) return null;
    return file;
}
/*
* 按行写入数据 data，可以追加写入，也可以覆盖写入
* @param data:写入数据源
*        append:是否追加写入，true 表示追加，false 表示覆盖
* */
private void writeLine(List<PropertyData> data,Boolean append){
    //定义文件字符输出流对象变量
    FileWriter fw=null;
    //定义缓冲字符输出流对象
    BufferedWriter bw=null;
    try {
        //获取有效的文件
        File file=getFile();
        if (file==null)
        {
            System.out.println("系统没有获取到指定路径文件！");
            return;
        }
        //创建按行写入字符输出流对象
        fw=new FileWriter(file,append);
        //根据字符输出对象创建缓冲输出流对象
        bw=new BufferedWriter(fw);
        //写入数据
        for(int i=0;i<data.size();i++)
          bw.write(data.get(i).getContent()+"\r\n");
    } catch (IOException e) {
        e.printStackTrace();
    }finally {
```

```
            /*关闭字符缓冲输出流对象*/
            if (bw!=null) try {
                bw.close();
            } catch (IOException e) {
                e.printStackTrace();
            }
            /*关闭文件输出流对象*/
            if (fw!=null) try {
                fw.close();
            } catch (IOException e) {
                e.printStackTrace();
            }
        }
    }
    /*
    * 读取当前文件中所有的数据
    * @return 返回属性数据集合
    * */
    private List<PropertyData> getFileData(){
        FileReader fr=null;
        BufferedReader br=null;
        try {
            File file=getFile();
            if (file==null){
                System.out.println("系统没有获取到指定路径文件！");
                return null;
            }
            //创建按行写入字符输入流对象
            fr=new FileReader(file);
            //根据字符输入对象创建缓冲输入流对象
            br=new BufferedReader(fr);

            List<PropertyData> datas=new ArrayList<PropertyData>();
            //读取数据
            String strTemp=null;
            int rowIndex=0;
            while(true){
                strTemp=br.readLine();
                if (strTemp==null) break;
                PropertyData data=new PropertyData();
                data.setContent(strTemp);
```

```
                data.setRowIndex(rowIndex++);
                if (strTemp.indexOf("#")==0)
                    data.setMemable(true);
                else
                    data.setMemable(false);
                datas.add(data);
            }
            return datas;
        } catch (IOException e) {
            e.printStackTrace();
            return null;
        }finally {
            /*关闭字符缓冲输出流对象*/
            if (br!=null) try {
                br.close();
            } catch (IOException e) {
                e.printStackTrace();
            }
            /*关闭文件输出流对象*/
            if (fr!=null) try {
                fr.close();
            } catch (IOException e) {
                e.printStackTrace();
            }
        }
    }
    /*
    * 根据属性数据，转换成Map格式数据
    * @param data:属性数据
    * @return 获取转换后的Map格式数据
    * */
    private Map<String,String> getPropertyMapData(PropertyData data)
    {
        //判断数据的有效性，数据空或注解数据不能转换
        if (data==null || data.getMemable()) return null;
        Map<String,String> back=new HashMap<String,String>();
        /*属性处理，分解属性名与属性值，以“=”作为划分字符*/
        String[] tempArray=data.getContent().trim().split("=");
        /*将符号要求的属性数据转换成Map格式*/
        if (tempArray.length==2){
            back.put(tempArray[0],tempArray[1]);
```

```
            return back;
        }
        return back;
    }
    /*
    * 在数据源 data 中查找属性名称为 field 的值在数据源中的索引位置
    * @param data: 数据源
    * @param field: 属性名
    * @return 返回索引位置，没有找到返回-1.
    * */
    private int getPropertDataIndex(List<PropertyData> data,String field){
        //数据源无效，返回-1
        if(data==null || data.size()==0 || field.trim().equals("")) return -1;
        //记录数据元素在集合中的索引位置
        int index=-1;
        /*遍历数据源，并进行比对，查找到直接返回位置*/
        for (PropertyData temp:
             data) {
            index++;
            if (temp.getMemable()==false){
                /*属性处理，分解属性名与属性值*/
                String[] tempArray=temp.getContent().trim().split("=");
                if (tempArray.length==2){
                    if (tempArray[0].trim().equals(field.trim()))
                        return index;//返回找到索引
                }
            }
        }
        return -1;
    }
    /*
    * 写入备注数据
    *@param memo: 备注的内容
    * */
    public void writeMemo(String memo){
        //获取文件中的数据源
        List<PropertyData> source=getFileData();
        //如果数据源为空，创建对象
        if (source==null) source=new ArrayList<>();
        /*将memo 的值组成属性数据*/
        PropertyData data=new PropertyData();
```

```
        data.setContent("#"+memo);
        data.setMemable(true);
        source.add(data);
        //写入文件数据
        writeLine(source,false);
    }
    /*
    *设置属性名称及值，如果属性值存在，则进行更新操作
    * 否则进行新增写入操作
    * @param name:属性名
    * @param value: 属性值
    * */
    public void setProperty(String name,String value){
        //读取文件中所有的数据
        List<PropertyData> source=getFileData();
        //如果数据源为空，创建对象
        if (source==null || source.size()==0)
            source=new ArrayList<>();
        //获取当前属性在文件中的索引位置
        int index=getPropertDataIndex(source,name);
        if (index>=0)
        {
            //更新属性值
            source.get(index).setContent(name+"="+value);
        }
        else
        {
            //新增属性数据，写入数据源
            PropertyData data=new PropertyData();
            data.setRowIndex(source.size()+1);
            data.setMemable(false);
            data.setContent(name+"="+value);
            source.add(data);
        }
        //重新写入文件数据
        writeLine(source,false);
    }
    /*
    *根据属性名获取属性值
    * @param name: 属性名称
    * @return 返回属性名对应的属性值
```

```
*/
public String getPropertyValue(String name)
{
    //读取文件中所有的数据
    List<PropertyData> source=getFileData();
    if (source==null || source.size()==0) return null;
    //查找属性名在数据源中对应的索引
    int index=getPropertDataIndex(source,name);
    if (index>=0){
        //返回属性值
        return getPropertyMapData(source.get(index)).get(name);
    }
    else
        return null;//未找到属性名称，返回空
}
/*
*删除指定属性名 name 的属性数据
* @param name：属性名
* @return 如果删除成功，返回 true，否则返回 false
* */
public Boolean removeProperty(String name)
{
    //读取文件中所有的数据
    List<PropertyData> source=getFileData();
    if (source==null || source.size()==0) return null;
    //查找属性 name 在数据源 source 中的索引位置
    int index=getPropertDataIndex(source,name);
    if (index>=0){
        //删除查找到的属性
        source.remove(index);
        //更新文件数据
        writeLine(source,false);
        return true;
    }
    else
        return false;//没有找到
}
/*
* 显示文件内容信息
* */
public String displayFile()
```

```
    {
        List<PropertyData> source=getFileData();
        if (source!=null)
            return source.toString();
        else
            return null;
    }
}
```

**3．PropertyData 类**

PropertyData 类实现对属性文件中每行的数据格式进行定义，包括数据单元所在的行索引、内容和是否备注了详细描述，为 PropertiesUtil 类功能实现提供数据描述支持，具体实现如下：

```
package chapter11File;
/**
 * 属性数据
 * Created by wph-pc on 2018/10/15.
 */
public class PropertyData {
    //数据行号索引
    private int rowIndex=-1;
    //数据内容
    private String content="";
    //是否注释,true 表示是,false 表示不是
    private Boolean memable=false;
    public int getRowIndex() {
        return rowIndex;
    }
    public void setRowIndex(int rowIndex) {
        this.rowIndex = rowIndex;
    }
    public String getContent() {
        return content;
    }
    public void setContent(String content) {
        this.content = content;
    }
    public Boolean getMemable() {
        return memable;
    }
    public void setMemable(Boolean memable) {
        this.memable = memable;
```

```
        }
        @Override
        public String toString()
        {
            return  "rowIndex:"+rowIndex+"     content :  "+content+"       "+"
isMemo:"+memable+"\r\n";
        }
    }
```

### 11.2.4 运行结果

启动运行 FileRun 类中的 main()方法，就可以实现属性文件的读写操作，案例中实现了对数据库连接参数配置的数据读写操作，如图 11-10 所示。

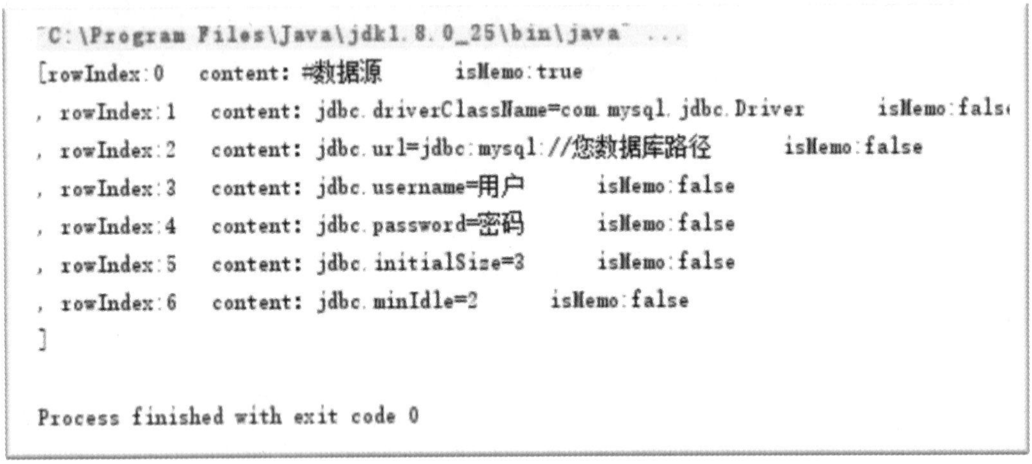

```
"C:\Program Files\Java\jdk1.8.0_25\bin\java" ...
[rowIndex:0   content: #数据源       isMemo:true
, rowIndex:1   content: jdbc.driverClassName=com.mysql.jdbc.Driver       isMemo:false
, rowIndex:2   content: jdbc.url=jdbc:mysql://您数据库路径       isMemo:false
, rowIndex:3   content: jdbc.username=用户       isMemo:false
, rowIndex:4   content: jdbc.password=密码       isMemo:false
, rowIndex:5   content: jdbc.initialSize=3       isMemo:false
, rowIndex:6   content: jdbc.minIdle=2       isMemo:false
]

Process finished with exit code 0
```

图 11-10　属性读写文件运行结果

## 11.3　文件拆分与合并

字符流文件读写技术并不适合所有文件流的读写操作，例如：图片文件、视频文件、doc 文件、Excel 文件等，这些类型文件属于字节流文件，它们的读写需要通过字节流的读写技术实现。本节通过文件拆分与合并技术，实现字节流文件的读写操作应用。

### 11.3.1　案例描述

请利用字节流读写技术，实现对文件进行拆分操作，拆分后的文件可以进行无损还原。具体要求：

■　用户可以自定义拆分的份数，但最大不超过 255 份；

■ 需要无损还原成拆分前的源文件；

■ 需要自动还原拆分前的源文件名称。

### 11.3.2 案例分析

根据案例描述，需要解决的核心问题包括：文件拆分和文件合并。具体包括：

■ 数据如何读写；

■ 文件拆分如何解决；

■ 文件合并采用什么原则进行验证，如何保证要合并的拆分文件属于原来同一个文件中的内容；

■ 文件不管是拆分还是合并，涉及字节文件读写操作，采用什么样的技术实现。

**1. 文件数据读取设计**

在文件拆分及合并的过程中，都涉及文件的读写操作，文件读写操作设计如图 11-11 所示。

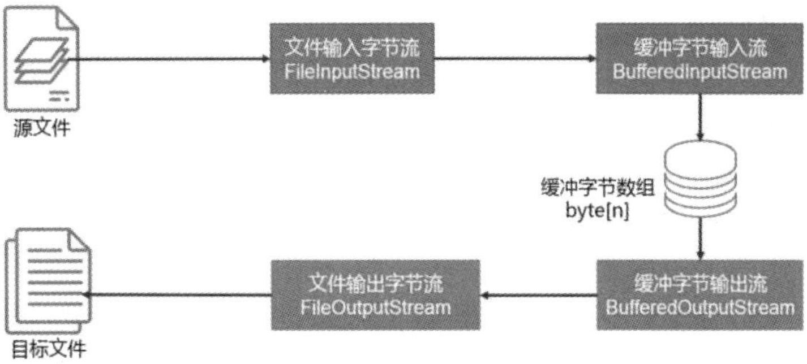


图 11-11 文件读写操作设计

图 11-11 中，展示了文件读写操作的设计理念，从源文件中读取数据到文件输入字节流中，将文件输入字节流的数据写入缓冲字节输入流，再写入缓冲字节数组，由缓冲字节输出流负责写入到文件输出字节流中，再保存在目标文件中。

**2. 文件拆分设计**

源文件拆分后，考虑到需要恢复源文件，所以每个拆分文件中必须含特殊的信息，根据这些信息确保源文件合并不会出现问题，因此每个源文件需要包含的内容如图 11-12 所示。

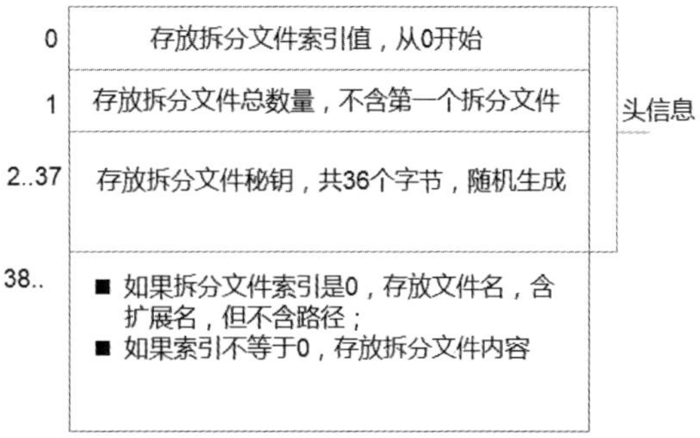


图 11-12 源文件需要包含的内容

图 11-12 中，每个拆分后的文件都含有头信息，头信息包括的内容：第 1 字节，即索引 0 位置上存放的内容为拆分文件的索引，最大值不能超过 255，在文件合并时，需要根据这个索引值先进行从小到大排序，以便文件合并能够按照拆分前的顺序读取，如果读取顺序错误，文件合并后则无法打开；第 2 字节存放拆分文件的总数

量；第 3 字节到第 38 字节存放拆分文件的 36 字节长度的秘钥 key。在拆分的文件中，索引 0 的拆分文件不存放源文件内容信息，除拆分文件的头信息外，其内容存放源文件的文件名和扩展名，不包含路径。源文件与拆分文件关系设计如图 11-13 所示。

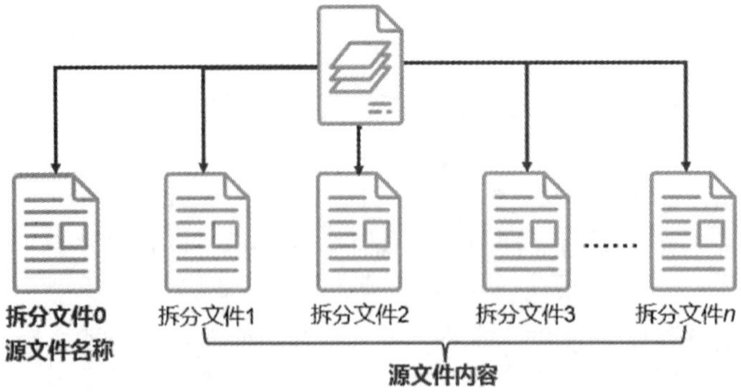


图 11-13　源文件与拆分文件关系设计

图 11-13 中，拆分前的源文件可以拆分成若干个子文件，其中第一个子文件不保存源文件内容信息，它的内容信息为源文件的文件名，之后的拆分文件分块保存源文件的内容信息。

**3. 文件拆分类设计**

在拆分文件项目中，其核心功能是拆分与合并，将项目实现分为三个类：FileSplitRun 运行启动类、FileSplitUtil 文件拆分核心类和 FileSplitDataFormat 文件拆分数据格式类；它们之间形成了如图 11-14 所示的关系：

图 11-14　文件拆分项目类关系图

图 11-14 中，项目启动通过类 FileSplitRun 中的 main()方法实现，需要依赖 FileSplitUtil 类，该类是文件拆分的核心类，文件的拆分与合并功能都在核心类中；同时 FileSplitUtil 类依赖类 FileSplitDataFormat，该类提供了拆分文件的排序数据表示操作，非常重要。

■　FileSplitUtil 类

FileSplitUtil 类提供 4 个私有方法和 3 个公共方法，FileSplitUtil 类结构设计如图 11-15 所示。

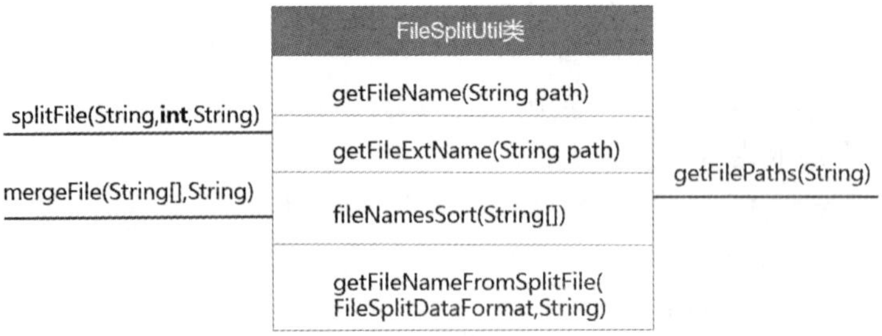


图 11-15　FileSplitUtil 类结构设计

类 FileSplitUtil 提供了根据路径获取文件名（getFileName）和扩展名（getFileExtName）

的功能，对拆分文件进行排序（fileNamesSort），从拆分文件中获取源文件名（getFileNameFromSplitFile），对文件进行拆分（splitFile）、对文件进行合并（mergeFile）和根据路径目录获取所有子文件含完整路径（getFilePaths）等功能。FileSplitUtil 类描述见表 11-29。

表 11-29 FileSplitUtil 类描述

| 类名称 | FileSplitUtil | 中文 | 文件拆分核心类 | 类型 | 实体类 |
|---|---|---|---|---|---|
| 类描述 | 提供对任意文件进行拆分及合并操作描述 | | | | |
| 类功能方法 | | | | | |
| 序号 | 方法名 | 访问权限 | 参数 | 返回类型 | 功能说明 |
| 1 | getFileName | private | String path:文件路径 | String | 根据参数路径获取文件名 |
| 2 | getFileExtName | private | String path:文件路径 | String | 根据参数获取文件的扩展名 |
| 3 | fileNamesSort | private | String[] source:拆分文件路径数组 | List<FileSplitDataFormat> | 将拆分文件的原路径排序成从小到大的文件路径，按照拆分文件数据格式列表返回 |
| 4 | getFileNameFromSplitFile | private | FileSplitDataFormat data：第一个拆分文件数据源；String directory：还原的文件路径，不含文件名 | File | 根据参数 data 第一个拆分文件和目标路径 directory 还原待恢复的源文件，并返回 File 对象，但不含有数据 |
| 5 | getFilePaths | public | String path：文件路径 | String[] | 获取当前参数 path 路径下所有文件的完整路径，返回字符串数组 |
| 6 | spliteFile | public | String sourceName:被拆分文件的路径；int count：拆分数量；String direct：拆分后存放的路径 | Boolean | 文件拆分功能。将源文件 sourceName 拆分成 count 个子文件，存放在路径 direct 处。拆分成功返回 true，否则返回 false |
| 7 | mergeFile | public | String[] sourceName,String target | Boolean | 文件合并功能。将 sourceName 指定路径的各种子文件合并到 target 的目录下，成功返回 true，否则返回 false |

文件拆分功能是通过 splitFileUtil 类中的 fileSplit 功能实现的，具体实现过程如图 11-16 所示。

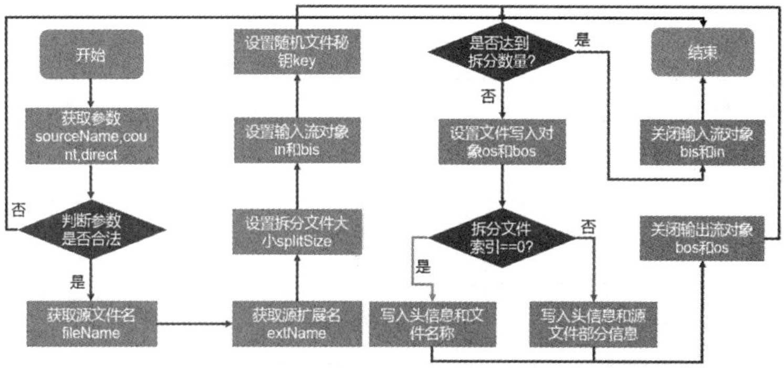


图 11-16 splitFile 方法实现程序流程图设计

文件合并功能是将各个子文件进行合并，并且需要判断子文件的有效性、是否同一个文件内容。文件合并 mergeFile 功能程序流程设计如图 11-17 所示。

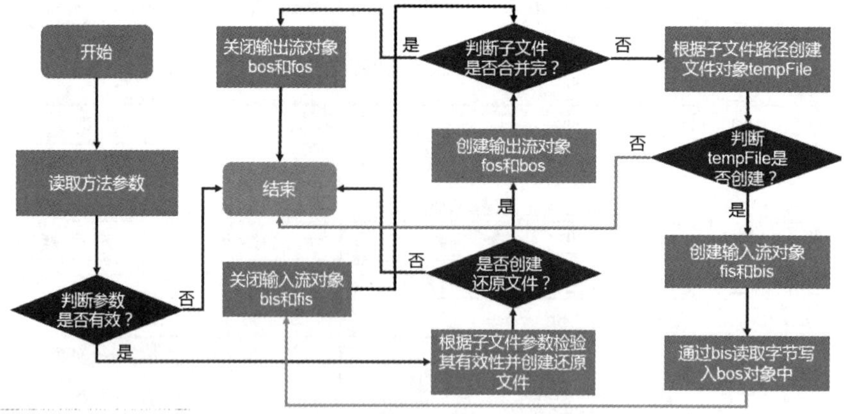


图 11-17　文件合并 mergeFile 功能程序流程设计

■　FileSplitDataFormat 类

FileSplitDataFormat 类的作用是对拆分文件数据格式模型的表示，包括每个拆分文件的索引、拆分总数量和拆分文件名称三个元素，它在文件合并过程中的排序功能非常重要，FileSplitDataFormat 类设计如图 11-18 所示。

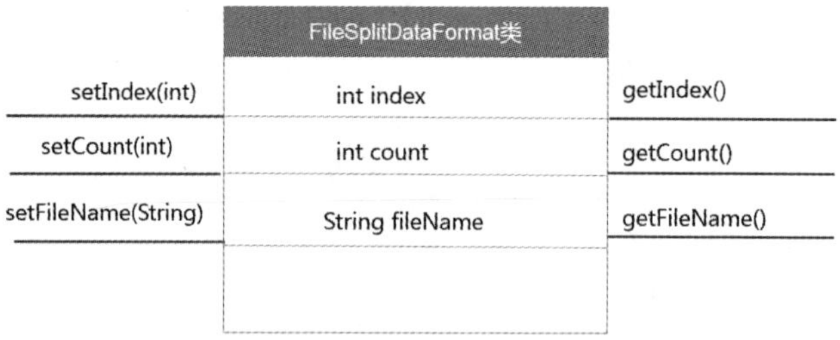


图 11-18　FileSplitDataFormat 类设计

类 FileSplitDataFormat 中的 index 表示拆分文件的顺序索引，count 表示拆分文件的总数量，fileName 表示拆分文件的文件名，拆分后的文件名后缀都是以“part+索引号”组成的，例如：part0 的后缀名表示第一个拆分文件扩展名。FileSplitDataFormat 类描述见表 11-30。

表 11-30　FileSplitDataFormat 类描述

| 类名称 | FileSplitDataFormat | 中文 | | 拆分文件数据格式类 | 类型 | 实体类 |
|---|---|---|---|---|---|---|
| 类描述 | 提供拆分文件格式描述，为拆分文件排序提供参数 | | | | | |
| 类成员变量 | | | | | | |
| 序号 | 变量名称 | 访问权限 | 修饰词 | 类型 | 说明 | |
| 1 | index | private | 无 | int | 拆分文件索引 | |
| 2 | count | private | 无 | int | 拆分文件总数量 | |
| 3 | fileName | private | 无 | String | 拆分文件名 | |

续表

| 类功能方法 | | | | | |
|---|---|---|---|---|---|
| 序　号 | 方 法 名 | 访 问 权 限 | 参　数 | 返 回 类 型 | 功 能 说 明 |
| 1 | getIndex | public | 无 | int | 获取拆分文件索引 |
| 2 | getCount | public | 无 | int | 获取拆分文件总数量 |
| 3 | getFileName | public | 无 | String | 获取拆分文件名 |
| 4 | setIndex | public | int index：拆分文件索引 | void | 设置拆分文件索引 |
| 5 | setCount | public | int count：拆分数量 | void | 设置拆分文件的数量 |
| 6 | setFileName | public | String fileName：文件名 | void | 设置拆分文件名称 |

### 11.3.3　案例实现

**1．FileSplitRun 类**

```
package chapter11File;
/**
 * Created by wph-pc on 2018/10/21.
 */
public class FileSplitRun {
    public static void main(String[] args)
    {
        //创建文件拆分对象
        FileSplitUtil ssu=new FileSplitUtil();
        //获取拆分文件路径，必须确保该文件夹下只有拆分文件，且都属于一个文件的内容
        String[] source=ssu.getFilePaths("d://test");
        //文件拆分
        //   System.out.println(ssu.splitFile(" 待 拆 分 文 件 路 径
",5,"d://test"));
        //文件合并
        System.out.println(ssu.mergeFile(source,"d:\\test"));
    }
}
```

**2．FileSplitUtil 类**

```
package chapter11File;
import java.io.*;
import java.util.*;
/**
 * 文件拆开与合并操作
 * Created by wph-pc on 2018/10/18.
 */
public class FileSplitUtil {
```

```
/*
*根据完整路径获取文件名
* @param path:文件路径
* @return: 返回文件名
* */
private String getFileName(String path)
{
    //处理路径中含“\”符号，替换成“/”
    path=path.replace("\\","/");
    //获取以“/”符号最后的位置
    int lastIndex=path.lastIndexOf("/");
    //获取文件和扩展名，不含路径
    String fileName=path.substring(lastIndex+1);
    if (!fileName.trim().equals(""))
        //返回有效文件名
        return fileName.substring(0,fileName.lastIndexOf("."));
    else
        return "";
}
/*
*根据完整路径获取文件扩展名
* @param path: 文件名，含完整路径
* @return: 返回文件扩展名
*/
private String getFileExtName(String path)
{
    if (!path.trim().equals(""))
        return path.substring(path.lastIndexOf(".")+1);
    else
        return "";
}
/*
*获取当前路径下所有直接文件的完整路径
* @param path:目录路径
* @return 获取当前目录下所有的文件，含完整路径
* */
public String[] getFilePaths(String path)
{
    //根据目录创建文件对象
    File directory=new File(path);
    //判断对象 directory 是否是路径
```

```
        if (directory.isDirectory()==false) return null;
        //获取所有文件
        String[] source=directory.list();
        //路径下没有文件，则返回 null
        if (source==null || source.length==0) return null;
        //给每个文件配置完整路径
        for(int i=0;i<source.length;i++)
            source[i]=path+"//"+source[i];
        return source;
    }
    /*
    * 将文件 sourceName 拆分成 count 个文件，拆分后的每个文件
    * 第一个字节代表拆分后的序号；
    * 第二个字节代表拆分数量；
    * 第 3 到第 38 个字节代表当前拆解文件的 key;
    * 第一个分解的文件从第 39 个字节开始存放文件名，不再存放其文件信息；
    * 分解文件内容从第二个拆分文件开始存放
    * @param sourceName:待拆分文件的路径
    * @param count:拆分文件的数量不含第一个拆分文件
    * @param direct:拆分文件存放的目录路径
    * @return 如果拆分成功，返回 true，否则返回 false.
    * */
    public Boolean splitFile(String sourceName,int count,String direct)
    {
        //根据源文件路径 sourceName 创建文件对象
        File file=new File(sourceName);
        //如果源文件路径是目录，则返回 false
        if (file.isDirectory()) return false;
        //如果文件不存在，返回 false
        if(file.exists()==false) return false;
        /*判断存放目录是否存在*/
        File targetDirectory=new File(direct);
        if (targetDirectory.exists()==false || targetDirectory.isDirectory
()==false) return false;
        //判断拆分数量是否符合要求
        if (count<2 || count>255) return false;
        //获取文件名
        String fileName=getFileName(sourceName);
        //获取扩展名
        String extName=getFileExtName(sourceName);
        //设置每个拆分文件存放的大小，但不确保一样大
```

```
        long splitSize=file.length()/count;
        //每次读取文件的字节数量
        int len=0;
        //当前读取文件的位置
        int pos=0;
        //读取数据缓存
        byte[] buffer=new byte[2048];
        try {
            //创建文件流输入对象
            InputStream in=new FileInputStream(file);
            //创建缓冲输入流对象
            BufferedInputStream bis=new BufferedInputStream(in);
            //产生文件随机秘钥 key
            String key=UUID.randomUUID().toString();
            /*每循环一次，写入一个拆分文件*/
            for(int i=0;i<=count;i++)
            {
                //创建输出字节流对象
                OutputStream  os=new  FileOutputStream(direct+"//"+fileName
+".part"+i);
                //创建缓冲输出流对象
                BufferedOutputStream bos=new BufferedOutputStream(os);
                try {
                    //第一个字节写入文件索引
                    bos.write(i);
                    //第二个字节写入文件分解数量
                    bos.write(count);
                    //将秘钥写入文件中,秘钥长度为 36
                    bos.write(key.substring(0,36).getBytes());
                    //第一个分解文件中写入文件名和扩展名
                    if (i==0) {
                        //第一个文件写入文件名和扩展名
                        bos.write((fileName+"."+extName).getBytes());
                    } else
                    while((len=bis.read(buffer))>0)
                    {
                        //更新源文件读取的位置
                        pos+=len;
                        //写入数据到拆分文件中
                        bos.write(buffer,0,len);
                        //如果超过指定模块的大小，则终止当前子文件写入
```

```
                    if (pos>=(i+1)*splitSize) break;
                }
                //关闭当前子文件缓冲输出流对象
                bos.close();
                //关闭当前子文件输出流对象
                os.close();
            } catch (IOException e) {
                e.printStackTrace();
                return false;
            }
        }
        try {
            bis.close();
            in.close();
        } catch (IOException e) {
            e.printStackTrace();
            return false;
        }
    } catch (FileNotFoundException e) {
        e.printStackTrace();
        return false;
    }
     return true;
}
/*
* 对拆分文件名进行从小到大排序:
*   1.拆分文件第 1 个字节为顺序索引
*   2.第 2 个字节为拆分数量总数;
*   3.第 3 到 38 个字节是文件的秘钥 key
*   4.验证每个拆分文件的 key 是否一致，如果不一致，返回 null
*   5.验证文件的有效数量是否与总数相等，不等返回 null
* @param sourceNames:拆分文件，含完整路径;
* @return 返回拆分文件有效数据格式。
* */
private List<FileSplitDataFormat> fileNamesSort(String[] sourceNames)
{
    //判断参数有效性
    if (sourceNames==null || sourceNames.length<=0) return null;
    //定义返回文件路径格式存放结果
    List<FileSplitDataFormat> lResult=new ArrayList<>();
    //分解文件中的 key
```

```
        String key="";
        //分解的文件的总数量
        int count=0;
        //获取 key 字节数组
        byte[] keys=new byte[36];
        /*对参数路径进行有效格式转换*/
        for(int i=0;i<sourceNames.length;i++)
        {
            //根据路径创建文件对象
            File file=new File(sourceNames[i]);
            //如果文件不存在或是路径，均视为条件错误
            if (file.exists()==false || file.isDirectory()) return null;
            try {
                //创建数据读取的输入流对象
                FileInputStream fis=new FileInputStream(file);
                try {
                    /*读取文件中的前 38 个字节，验证有效性，并进行格式转换*/
                    FileSplitDataFormat dataFormat=new FileSplitDataFormat();
                    //读取第 1 个字节，文件索引
                    dataFormat.setIndex(fis.read());
                    //读取第 2 个字节，文件分解总数量
                    dataFormat.setCount(fis.read());
                    //读取文件的秘钥 key
                    int len=fis.read(keys,0,36);
                    //如果没有 36 个，秘钥错误
                    if (len!=36) return null;
                    //将秘钥字节数组生成字符串
                    String newKeys=new String(keys);
                    if (key.trim().equals("")){
                        //设置秘钥参数
                        key=newKeys;
                        //获取文件分解总数量
                        count= dataFormat.getCount();
                    }
                    else if  (!key.trim().equals(newKeys)  ||  dataFormat.
getCount()!=count){
                        //当前拆分文件秘钥或数量出现不一致情况
                       return null;
                    }
                    //将拆分文件路径转换成目标数据格式
                    dataFormat.setFileName(sourceNames[i]);
```

```
                lResult.add(dataFormat);
                //关闭输入流对象
                fis.close();
            } catch (IOException e) {
                e.printStackTrace();
            }
        } catch (FileNotFoundException e) {
            e.printStackTrace();
            return null;
        }
    }
    if (lResult.size()==0 || lResult.size()!=count+1)
        //拆分文件数量不符合要求
        return null;
    else
    {
        /*根据拆分文件索引进行从小到大排序*/
        Collections.sort(lResult, new Comparator<FileSplitDataFormat>() {
            public    int    compare(FileSplitDataFormat    o1,
FileSplitDataFormat o2) {
                return o1.getIndex() - o2.getIndex();
            }
        });
        //返回有效转换拆分文件路径格式的数据
        return lResult;
    }
}
/*
*从数据源 data 中获取文件信息，并根据路径
* directory 恢复拆分前源文件对象，不含文件内容。
* @param data:含源文件信息数据源
* @param directory:恢复存放路径，不是文件
* @return 返回拆分前的文件名称，并存放在 directory 下，
*         如不符合条件，返回 null.
*/
private File getFileNameFromSplitFile(FileSplitDataFormat data,String
directory){
    //判断数据源的有效性
    if (data==null) return null;
    /*判断恢复路径的有效性*/
    File direct=new File(directory);
```

```
        if (!direct.isDirectory()) return null;
         /*读取文件中的文件名*/
        try {
            //根据文件路径创建输入流对象
            FileInputStream fis=new FileInputStream(data.getFileName());
            //创建缓冲输入流对象
            BufferedInputStream bis=new BufferedInputStream(fis);
            try {
                        fis.skip(38);
                //存放源文件的文件名，最大字节数 1024，超过则不支持
                byte[] fileBytes=new byte[1024];
                //读取文件名
                int len=bis.read(fileBytes);
                //定义字节对象，存放有效字节
                byte[] fileNames=new byte[len];
                //将有效文件名复制到 fileNames 中
                System.arraycopy(fileBytes,0,fileNames,0,len);
                /*关闭输入流对象*/
                bis.close();
                fis.close();
                //根据恢复文件名创建文件
                File file=new File(directory+"//"+(new String(fileNames)));
                try {
                    if (file.createNewFile())
                        //返回有效文件对象
                        return file;
                    else
                        return null;
                } catch (IOException e) {
                    e.printStackTrace();
                    return null;
                }
            } catch (IOException e) {
                e.printStackTrace();
                return null;
            }
        } catch (FileNotFoundException e) {
            e.printStackTrace();
            return null;
        }
    }
```

```
/*
* 将分解文件 sourceName 合并，存放在 target 目录下
* @param sourceName:文件路径
* @param target:存放目录
* */
public Boolean mergeFile(String[] sourceName,String target)
{
    if (sourceName==null || sourceName.length==0) return false;
    //文件排序，并检查分解文件的有效性
    List<FileSplitDataFormat> sources=fileNamesSort(sourceName);
    //判断拆分文件组的有效性
    if (sources==null || sourceName.length==0) return false;
    /*判断目标文件目录的有效性*/
    File direct=new File(target);
    if (!direct.isDirectory()) return false;
    try {
         /*创建恢复合并的文件*/
        File file=getFileNameFromSplitFile(sources.get(0),target);
        if (file==null) return false;
        //根据文件对象 file 创建文件输出流对象
        FileOutputStream fos=new FileOutputStream(file);
        //创建缓冲输出流对象
        BufferedOutputStream bos=new BufferedOutputStream(fos);
        //定义数据读取缓冲数组
        byte[] buffer=new byte[1024];
        /*处理有效的拆分文件，从第 2 个拆分文件开始*/
        for (int i=1;i<sources.size();i++
            ) {
            //获取当前拆分文件的基本信息
            FileSplitDataFormat data=sources.get(i);
            //根据拆分文件路径，创建文件对象
            File tempFile=new File(data.getFileName());
            //数据源不是有效的文件
            if  (tempFile.exists()==false  ||  tempFile.isDirectory())
return false;
            //创建文件输入流对象
            FileInputStream fis=new FileInputStream(tempFile);
            //创建缓冲输入流对象
            BufferedInputStream bis=new BufferedInputStream(fis);
            try {
                //验证工作在排序中已经处理，直接跳过 38 个字节
```

```
                bis.skip(38);
                //读取字节有效长度
                int len=0;
                while((len=bis.read(buffer))>0)
                    //写入有效字节到合并文件中
                    bos.write(buffer,0,len);
            } catch (IOException e) {
                e.printStackTrace();
            }finally {
                /*关闭输入流对象*/
                try {
                    bis.close();
                    fis.close();
                } catch (IOException e) {
                    e.printStackTrace();
                    return false;
                }
            }
        }
        /*关闭输出流对象*/
        try {
            bos.close();
            fos.close();
            return true;
        } catch (IOException e) {
            e.printStackTrace();
            return false;
        }
    } catch (FileNotFoundException e) {
        e.printStackTrace();
        return false;
    }
  }
}
```

**3. FileSplitDataFormat 类**

```
package chapter11File;
/**
 * Created by wph-pc on 2018/10/19.
 */
public class FileSplitDataFormat {
    //拆分文件位置索引
```

```
    private int index=-1;
    //拆分文件总数量
    private int count=0;
    //拆分文件名，含路径
    private String fileName="";

    public int getIndex() {
        return index;
    }
    public void setIndex(int index) {
        this.index = index;
    }
    public int getCount() {
        return count;
    }
    public void setCount(int count) {
        this.count = count;
    }
    public String getFileName() {
        return fileName;
    }
    public void setFileName(String fileName) {
        this.fileName = fileName;
    }
}
```

### 11.3.4 运行结果

通过运行 FileSplitRun 中的 main()方法，可以进行文件的拆分与合并操作。通过调用 main()方法中的 ssu.splitFile 实现文件拆分，mergeFile 实现文件合并操作；文件拆分与合并操作结果返回 true 表示成功，false 表示失败。

文件拆分技术可以应用在文件保密工作中。当一个文件被拆分后，是无法正常阅读的，需要所有的数据整合在一起才能查看，如果将机密文件拆分成若干份多人保管，需要所有的拆分文件合并后才能阅读，起到保密作用。另外对于下载大文件，也可以将大文件拆分成若干小文件，然后在客户机合并。

## 习题

利用文件流技术，实现对任何文件进行加密及解密操作。具体要求如下：

1．通过控制台或 Form 窗体读取任何文件，判断该文件是否加密过，如果加密了，则不能再加密；

2．加密处理：读取到未加密的文件，设置加密密码，利用文件流技术进行文件加密，加密后，形成新的加密文件，源文件由用户选择是否删除。

3．解密处理：判断需要解密的文件是否已经加密，如果没有加密，则取消解密操作，如果已经加密，则要求输入正确的密码，利用文件流技术进行解密，解密后，形成解密文件，删除加密的源文件。

4．加密和解密的密码要求采用 MD5 技术。